교육방송교재

제과제빵
산업기사 필기

— 기사/기능사 단기합격 —
기사단

GUIDE

제과
산업기사

❶ 개요

제과에 관한 숙련기능을 가지고 제과 제조와 관련되는 업무를 수행할 수 있는 능력을 가진 전문인력을 양성하고자 자격제도를 제정하였다.

❷ 수행직무

각 제과제품 제조에 필요한 재료의 배합표 작성, 재료 평량을 하고 각종 제과용 기계 및 기구를 사용하여 성형, 굽기, 장식, 포장 등의 공정을 거쳐 각종 제과제품을 만드는 업무를 수행한다.

❸ 진로 및 전망

식빵류, 과자빵류를 제조하는 제빵 전문업체, 비스킷류, 케익류 등을 제조하는 제과 전문생산업체, 빵 및 과자류를 제조하는 생산업체, 손작업을 위주로 빵과 과자를 생산 판매하는 소규모 빵집이나 제과점, 관광업을 하는 대기업이 제과, 제빵부서, 기업체 및 공공기관의 단체 급식소, 장기간 여행하는 해외 유람선이나 해외로 취업이 가능하다. 현재 자격이 있다고 해서 취직에 결정적인 요소로 작용하는 것은 아니지만, 제과점에 따라 자격수당을 주며, 인사고과 시 유리한 혜택을 받을 수 있다.

❹ 출제기준

과목	주요항목	
위생안전관리	1. 과자류제품 생산작업준비 3. 과자류제품 품질관리	2. 과자류제품 위생안전관리
제과점관리	1. 과자류제품 재료 구매관리 3. 베이커리경영	2. 매장관리
제과류 제품제조	1. 과자류제품 재료 혼합 3. 과자류제품 반죽익힘 5. 장식케이크 만들기 7. 과자류제품 포장	2. 과자류제품 반죽정형 4. 초콜릿제품 만들기 6. 무스케이크 만들기 8. 과자류제품 저장유통

제빵
산업기사

① 개요

제빵에 관한 숙련기능을 가지고 제빵을 제조와 관련되는 업무를 수행할 수 있는 능력을 가진 전문인력을 양성하고자 자격제도를 제정하였다.

② 수행직무

제빵제품 제조에 필요한 재료의 배합표 작성, 재료 평량을 하고 각종 제빵용 기계 및 기구를 사용하여 반죽, 발효, 성형, 굽기 등의 공정을 거쳐 각종 빵류를 만드는 업무를 수행한다.

③ 진로 및 전망

식빵류, 과자빵류를 제조하는 제빵 전문업체, 비스킷류, 케익류 등을 제조하는 제과 전문생산업체, 빵 및 과자류를 제조하는 생산업체, 손작업을 위주로 빵과 과자를 생산 판매하는 소규모 빵집이나 제과점, 관광업을 하는 대기업이 제과, 제빵부서, 기업체 및 공공기관의 단체 급식소, 장기간 여행하는 해외 유람선이나 해외로 취업이 가능하다. 현재 자격이 있다고 해서 취직에 결정적인 요소로 작용하는 것은 아니지만, 제과점에 따라 자격수당을 주며, 인사고과 시 유리한 혜택을 받을 수 있다.

④ 출제기준

과목	주요항목	
위생안전관리	1. 빵류제품 생산작업준비	2. 빵류제품 위생안전관리
	3. 빵류제품 품질관리	
제과점관리	1. 빵류제품 재료 구매관리	2. 매장관리
	3. 베이커리경영	
빵류 제품제조	1. 빵류제품 스트레이트 반죽	2. 빵류제품 스펀지 도우 반죽
	3. 빵류제품 특수 반죽	4. 빵류제품 반죽발효
	5. 빵류제품 반죽정형	6. 빵류제품 반죽익힘
	7. 기타빵류 만들기	8. 빵류제품 마무리
	9. 빵류제품 냉각포장	

GUIDE

검정방법

구분	검정기준	
	필기시험	실기시험
산업기사	• 객관식 4지택일형(과목당 20문항) • 과목당 40점 이상, 전과목 평균 60점 이상	• 작업형 실기시험 (100점 만점에 60점 이상)
기능사	• 객관식 4지택일형(60문항) • 100점 만점에 60점 이상	• 작업형 실기시험 (100점 만점에 60점 이상)

※ 필기시험 시간 : 산업기사 - 과목별 30분, 기능사 - 60분
※ 고용노동부령으로 정하는 국가기술자격의 종목은 실기시험만 실시하거나, 작업형 실기시험을 주관식 필기시험 또는 주관식 필기와 실기를 병합한 시험으로 갈음할 수 있다.

응시자격 조건체계

기술사
• 기사 취득 후 + 실무능력 4년
• 산업기사 취득 후 + 실무능력 5년
• 기능사 취득 후 + 실무경력 7년
• 4년제 대졸(관련학과) 후 + 실무경력 6년
• 동일 및 유사직무분야의 다른 종목 기술사 등급 취득자

기능장
• 산업기사(기능사) 취득 후 + 기능대
• 기능장 과정 이수
• 산업기사등급 이상 취득 후 + 실무경력 5년
• 기능사 취득 후 + 실무경력 7년
• 실무경력 9년 등
• 동일 및 유사직무분야의 다른 종목 기능장 등급 취득자

기사
• 산업기사 취득 후 + 실무능력 1년
• 기능사 취득 후 + 실무경력 3년
• 대졸(관련학과)
• 2년제 전문대졸(관련학과) 후 + 실무경력 2년
• 3년제 전문대졸(관련학과) 후 + 실무경력 1년
• 실무경력 4년 등
• 동일 및 유사직무분야의 다른 종목 기사 등급 이상 취득자

산업기사

• 기능사 취득 후 + 실무경력 1년
• 대졸(관련학과)
• 전문대졸(관련학과)
• 실무경력 2년 등
• 동일 및 유사직무분야의 다른 종목 산업기사 등급 이상 취득자

기능사

• 자격제한 없음

시험 응시 절차

필기 원서접수

- 원서접수는 온라인(인터넷, 모바일앱)에서만 가능
- 스마트폰, 태블릿pc 사용자는 모바일앱 프로그램을 설치한 후 접수 및 취소/환불 서비스를 이용
- 사진 : 6개월 이내 촬영한 컬러 사진(3.5×4.5㎝, 120×160 픽셀의 JPG 파일)
- 시험장소 본인 선택(선착순)
- 접수 확인 및 수험표 출력기간 : 접수 당일부터 시험시행일까지 출력 가능

필기 시험

- 신분증, 수험표, 필기구 지참
- 전자통신기기(전자계산기, 수험자 지참공구 등 공단에서 사전 소지를 지정한 물품은 제외)의 시험장 반입은 원칙적으로 금지한다.
- 시험 시작 시간 이후 입실 및 응시가 불가하며, 수험표 및 접수내역 사전확인을 통한 시험장 위치, 시험장 입실 가능 시간을 숙지해야 한다.

필기 합격자 발표

실기 원서접수

- 사진 : 6개월 이내 촬영한 컬러 사진(3.5×4.5㎝, 120×160 픽셀의 JPG 파일)
- 시험장소 본인 선택(선착순)

실기 시험

- 신분증, 수험표, 수험자 지참 준비물
- 작업형 : 시험시간 2~4시간(과제별로 다름)
- 시험시작 전에 지급된 재료의 이상 유무를 확인하고 이상이 있을 경우에는 시험위원으로부터 조치를 받아야 한다(시험 시작 후 재료교환 및 추가지급 불가).

최종합격자 발표

자격증 발급

- 인터넷 · 공인인증 등을 통해 발급한다. 택배 가능
- 방문 수령 : 신분증 지참

GUIDE

이 책의 구성과 특징

핵심이론

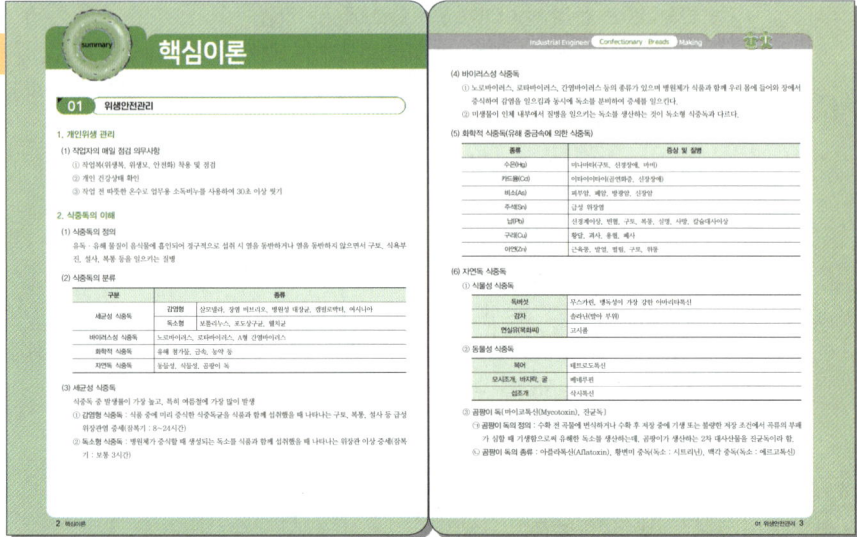

시험에 반복 출제되는 핵심 내용만을 정리하여 수록하였다.
학습의 시작 전 「선행학습」으로 학습 방향을 제시하고, 학습의 마무리 단계 「최종 정리 학습」에 도움이
될 것이다.

핵심문제·적중예상
문제 풀어보기

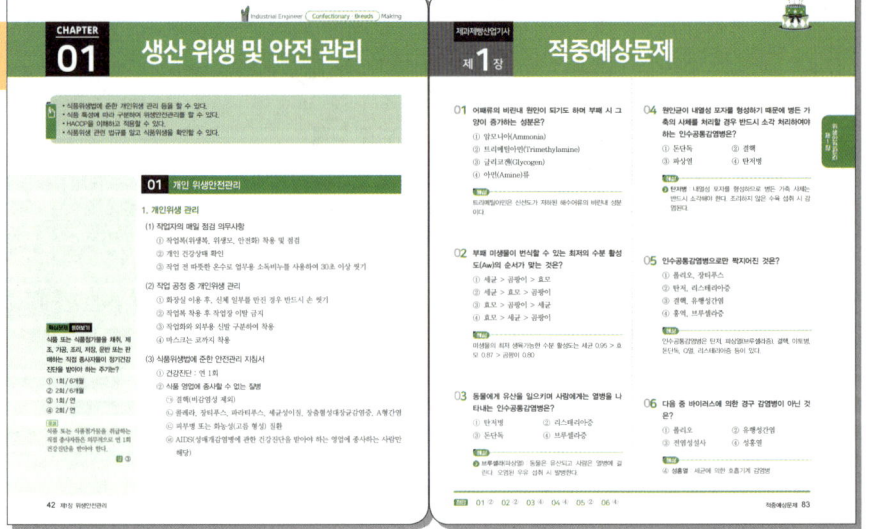

이론의 중요 포인트를 핵심문제로 제시하여 이론의 개념과 정의를 이해하고 문제 적응력을 키울 수 있도록 하였다.
단원별 적중예상문제를 수록하여 각 단원에서 중요한 내용을 한번 더 학습하도록 하였다.

기출복원문제

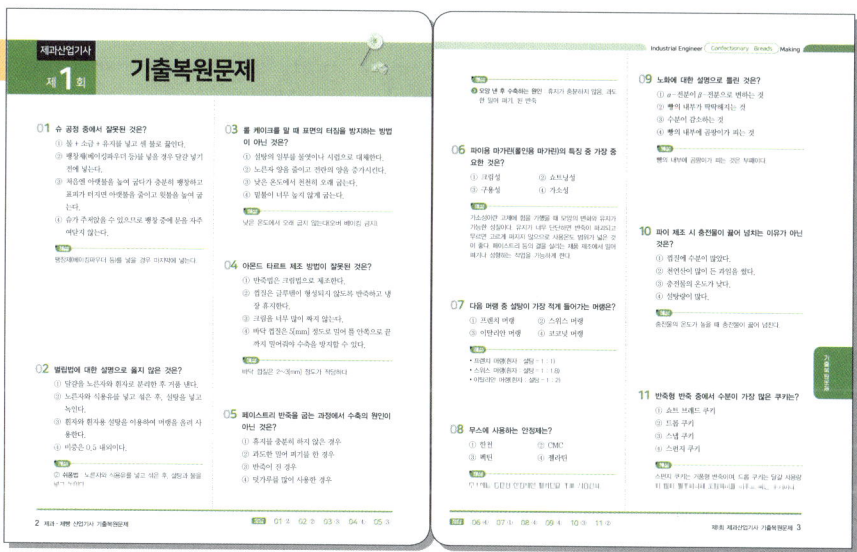

제과산업기사, 제빵산업기사 기출문제를 수록하여 출제경향을 파악하여 학습 계획을 세울 수 있도록 하였다.

CBT 실전모의고사 정답·해설

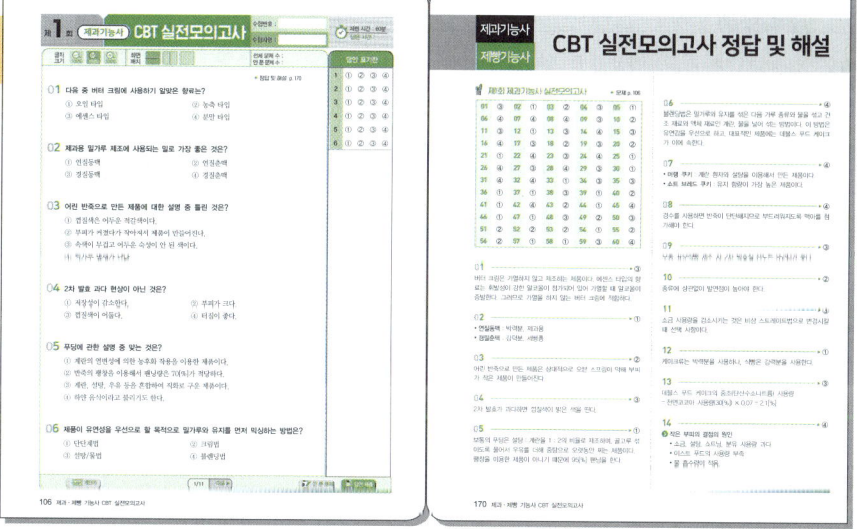

실제 CBT 시험 환경에 적응할 수 있도록 CBT 시험 유형을 적용한 모의고사를 수록하여 충분한 연습을 통하여 실제 시험 현장에서 본인의 실력을 발휘할 수 있도록 하였다.

GUIDE

CBT 응시 요령

수험자 정보 확인

 수험자 정보 확인

신분확인이 끝나면 시험이 곧 시작됩니다. 잠시만 기다려 주세요.

수험번호	00000000	
성명		**07**
생년월일	******	
응시종목		좌석번호
좌석번호	07번	

📍 수험자 정보 확인

- 시험장 감독위원이 컴퓨터에 나온 수험자 정보와 신분증이 일치하는지를 확인하는 단계입니다.
- 수험번호, 성명, 생년월일, 응시종목, 좌석번호를 확인합니다.

안내사항

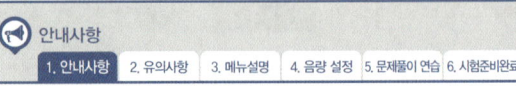

🔊 안내사항

| 1. 안내사항 | 2. 유의사항 | 3. 메뉴설명 | 4. 음량 설정 | 5. 문제풀이 연습 | 6. 시험준비완료 |

- ✓ 시험은 총 5문제로 구성되어 있으며, 5분간 진행됩니다.
- ✓ 시험도중 수험자 PC 장애발생시 손을 들어 시험감독관에게 알리면 긴급 장애조치 또는 자리이동을 할 수 있습니다.
- ✓ 시험이 끝나면 채점결과(점수)를 바로 확인할 수 있습니다.
- ✓ 응시자격서류 제출 및 서류 심사가 완료되어야 최종합격 처리되며, 실기시험 원서접수가 가능하오니, 유의하시기 바랍니다.
- ✓ 공학용 계산기는 큐넷 공지된 허용 기종 외에는 사용이 불가함을 알려드립니다.
- ✓ 과목 면제자 수험자의 경우 면제과목의 시험문제를 확인할 수 없습니다.

📍 안내사항

- 시험에 관한 안내사항을 확인합니다.

유의사항 – [1/4]

🔊 유의사항 – [1/4]

| 1. 안내사항 | 2. 유의사항 | 3. 메뉴설명 | 4. 음량 설정 | 5. 문제풀이 연습 | 6. 시험준비완료 |

- 다음과 같은 부정행위가 발각될 경우 감독관의 지시에 따라 퇴실 조치되고, 시험은 무효로 처리되며, 3년간 국가기술자격검정에 응시할 자격이 정지됩니다.
  - ✓ 시험 중 다른 수험자와 시험에 관련한 대화를 하는 행위
  - ✓ 시험 중에 다른 수험자의 문제 및 답안을 엿보고 답안지를 작성하는 행위 다른 수험자를 위하여 답안을 알려주거나, 엿보게 하는 행위
  - ✓ 시험 중 시험문제 내용과 관련된 문건을 휴대하여 사용하거나 이를 주고받는 행위

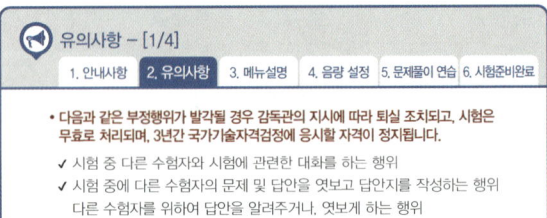

📍 유의사항

- 부정행위에 관한 유의사항이므로 꼼꼼히 확인합니다.

문제풀이 메뉴설명

🔊 문제풀이 메뉴설명

| 1. 안내사항 | 2. 유의사항 | 3. 메뉴설명 | 4. 음량 설정 | 5. 문제풀이 연습 | 6. 시험준비완료 |

- 아래 문제풀이 기능 설명을 유의해서 읽고 기능을 숙지해 주십시오.

  글자크기/화면배치
  글자크기와 화면배치를 조절할 수 있습니다.

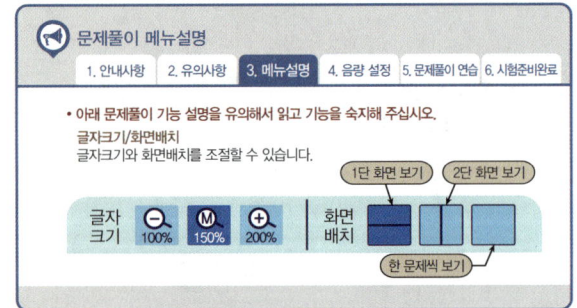

📍 문제풀이 메뉴설명

- 문제풀이 메뉴의 기능에 관한 설명을 유의해서 읽고 기능을 숙지해 주세요.

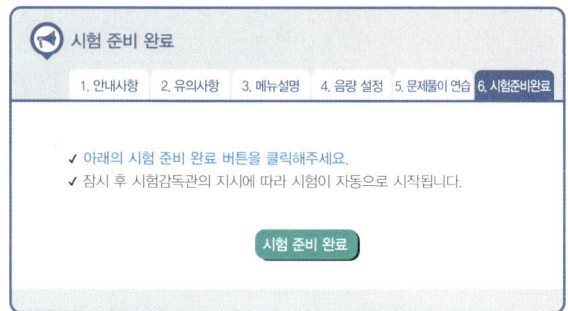

📍 시험 준비 완료

- 시험 안내사항 및 문제풀이 연습까지 모두 마친 수험자는
  시험 준비 완료 버튼을 클릭한 후 잠시 대기합니다.

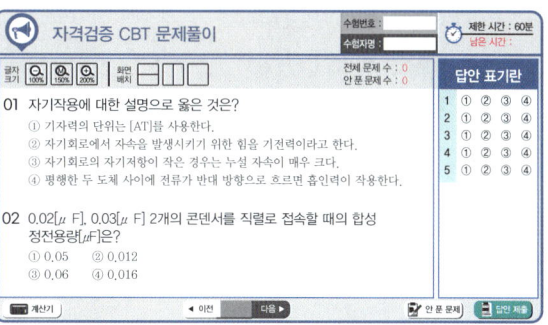

📍 시험 화면

- 시험 화면이 뜨면 수험번호와 수험자명을 확인하고, 글자크기 및
  화면배치를 조절한 후 시험을 시작합니다.

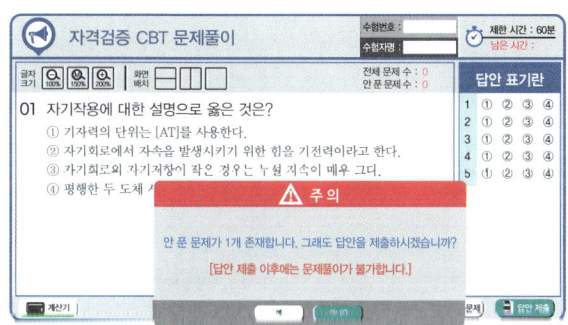

📍 답안 제출

- [답안 제출] 버튼을 클릭하면 답안 제출 승인 알림창이 나옵니다.
  시험을 마치려면 [예] 버튼을 클릭하고 시험을 계속 진행하려면
  [아니오] 버튼을 클릭하면 됩니다.
- 답안 제출은 실수 방지를 위해 두 번의 확인 과정을 거칩니다.
  [예] 버튼을 누르면 답안 제출이 완료되며 득점 및 합격여부 등을
  확인할 수 있습니다.

CBT 필기시험 Hint

1. CBT 시험이란 인쇄물 기반 시험인 PBT와 달리 컴퓨터 화면에 시험문제가 표시되어 응시자가 마우스를 통해 문제를 풀어나가는 컴퓨터기반의 시험을 말합니다.

2. 입실 전 본인좌석을 반드시 확인 후 착석하시기 바랍니다.

3. 진신으로 진행됨에 따라, 인칭직 운영을 위해 입실 후 감독위원의 안내에 적극 협조하여 응시하여 주시기 바랍니다.

4. 최종 답안 제출 시 수정이 절대 불가하오니 충분히 검토 후 제출 바랍니다.

5. 제출 후 본인 점수 확인완료 후 퇴실 바랍니다.

CONTENTS

제과 · 제빵 산업기사 핵심이론 1

01 위생안전관리 2
02 제과점 관리 11
03 제과류 제품 제조 29
04 빵류 제품 제조 34

제1장 위생안전관리 41

01 생산 위생 및 안전 관리 42
02 품질관리 77
▶ 적중예상문제 83

제2장 제과점 관리 91

01 재료구매 관리 92
02 매장 관리 146
03 베이커리경영 150
▶ 적중예상문제 159

제3장 제과류 제품 제조 171

01 과자류 제품 재료 혼합 172
02 반죽 정형 및 익힘 190
03 제품 마무리 195
▶ 적중예상문제 200

제4장 빵류 제품 제조 ——————————————————————— 207

01	빵류 제품 반죽법 ———————————————————— 208
02	반죽 발효, 정형, 익힘 ——————————————— 216
03	기타 빵류, 충전물 제조 ——————————————— 223
04	제품 마무리 —————————————————————— 229
▶	적중예상문제 —————————————————————— 234

제과 · 제빵 산업기사 기출복원문제 ——————————————— 1

- 제1회 제과산업기사 ——————————————————————— 2
- 제2회 제과산업기사 ——————————————————————— 14
- 제3회 제과산업기사 ——————————————————————— 25
- 제1회 제빵산업기사 ——————————————————————— 36
- 제2회 제빵산업기사 ——————————————————————— 48
- 제3회 제빵산업기사 ——————————————————————— 59

제과 · 제빵 산업기사 CBT 실전모의고사 ————————————— 71

- 제과산업기사(제1회~제2회) ——————————————————— 72
- 제빵산업기사(제1회~제2회) ——————————————————— 96
- 제과 · 제빵 산업기사 실전모의고사 정답 및 해설 ———————————— 120
  - _ 제과산업기사 실전모의고사 정답 및 해설 —————————————— 120
  - _ 제빵산업기사 실전모의고사 정답 및 해설 —————————————— 127

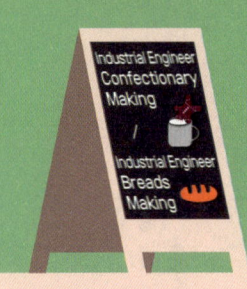

제과 · 제빵 산업기사
핵심이론

01 위생안전관리

02 제과점 관리

03 제과류 제품 제조

04 빵류 제품 제조

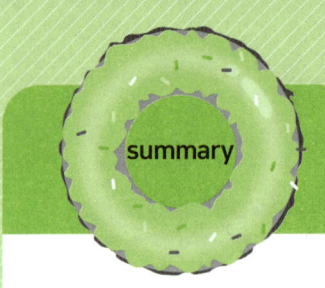

summary

핵심이론

위생안전관리

1. 개인위생 관리

(1) 작업자의 매일 점검 의무사항

① 작업복(위생복, 위생모, 안전화) 착용 및 점검

② 개인 건강상태 확인

③ 작업 전 따뜻한 온수로 업무용 소독비누를 사용하여 30초 이상 씻기

2. 식중독의 이해

(1) 식중독의 정의

유독·유해 물질이 음식물에 흡인되어 경구적으로 섭취 시 열을 동반하거나 열을 동반하지 않으면서 구토, 식욕부진, 설사, 복통 등을 일으키는 질병

(2) 식중독의 분류

구분		종류
세균성 식중독	감염형	살모넬라, 장염 비브리오, 병원성 대장균, 캠필로박터, 여시니아
	독소형	보툴리누스, 포도상구균, 웰치균
바이러스성 식중독		노로바이러스, 로타바이러스, A형 간염바이러스
화학적 식중독		유해 첨가물, 금속, 농약 등
자연독 식중독		동물성, 식물성, 곰팡이 독

(3) 세균성 식중독

식중독 중 발생률이 가장 높고, 특히 여름철에 가장 많이 발생

① **감염형 식중독** : 식품 중에 미리 증식한 식중독균을 식품과 함께 섭취했을 때 나타나는 구토, 복통, 설사 등 급성 위장관염 증세(잠복기 : 8~24시간)

② **독소형 식중독** : 병원체가 증식할 때 생성되는 독소를 식품과 함께 섭취했을 때 나타나는 위장관 이상 증세(잠복기 : 보통 3시간)

(4) 바이러스성 식중독

① 노로바이러스, 로타바이러스, 간염바이러스 등의 종류가 있으며 병원체가 식품과 함께 우리 몸에 들어와 장에서 증식하여 감염을 일으킴과 동시에 독소를 분비하여 증세를 일으킨다.

② 미생물이 인체 내부에서 질병을 일으키는 독소를 생산하는 것이 독소형 식중독과 다르다.

(5) 화학적 식중독(유해 중금속에 의한 식중독)

종류	증상 및 질병
수은(Hg)	미나마타(구토, 신경장애, 마비)
카드뮴(Cd)	이타이이타이(골연화증, 신장장애)
비소(As)	피부암, 폐암, 방광암, 신장암
주석(Sn)	급성 위장염
납(Pb)	신경계이상, 빈혈, 구토, 복통, 실명, 사망, 칼슘대사이상
구리(Cu)	황달, 괴사, 용혈, 폐사
아연(Zn)	근육통, 발열, 떨림, 구토, 위통

(6) 자연독 식중독

① 식물성 식중독

독버섯	무스카린, 맹독성이 가장 강한 아마리타톡신
감자	솔라닌(발아 부위)
면실유(목화씨)	고시폴

② 동물성 식중독

복어	테트로도톡신
모시조개, 바지락, 굴	베네루핀
섭조개	삭시톡신

③ 곰팡이 독[마이코톡신(Mycotoxin), 진균독]

㉠ 곰팡이 독의 정의 : 수확 전 곡물에 번식하거나 수확 후 저장 중에 기생 또는 불량한 저장 조건에서 곡류의 부패가 심할 때 기생함으로써 유해한 독소를 생산하는데, 곰팡이가 생산하는 2차 대사산물을 진균독이라 함.

㉡ 곰팡이 독의 종류 : 아플라톡신(Aflatoxin), 황변미 중독(독소 : 시트리닌), 맥각 중독(독소 : 에르고톡신)

더 알아보기

- 곰팡이의 생육 조건 : 온도 20~25[℃], 상대습도 80[%] 이상, 수분 활성도 0.8 이상, pH 4.0
- 곰팡이 독소 생성 방지 조건 : 곰팡이가 독소를 생성하는 수분 활성도는 0.93~0.98이며 pH 5.5 이상이다. 농산물을 저장할 때는 건조한 상태인 낮은 수분 활성도를 유지해야 함.

3. 감염병의 이해

(1) 감염병 생성 요인(감염병 발병의 3대 요소)

① 병원체(병인) : 병을 일으키는 원인이 되는 미생물

② 감염경로(병원소 탈출) – 새로운 숙주에 침입

③ 숙주의 감수성

(2) 경구 감염병의 정의

병원체가 음식물, 손, 기구, 물, 위생동물(파리, 바퀴벌레, 쥐 등) 등을 통해 경구(입)적으로 체내에 침입하여 일으키는 소화기계 질병

(3) 경구 감염병의 종류

세균성 감염병	장티푸스, 파라티푸스, 콜레라, 세균성이질, 파상열, 비브리오 패혈증, 성홍열, 디프테리아, 탄저, 결핵, 브루셀라
바이러스성 감염병	일본뇌염, 인플루엔자, 광견병, 천열, 소아마비(급성회백수염, 폴리오), 감염형 설사증, 홍역, 유행성간염
리케차성 감염병	발진티푸스, 발진열, 쯔쯔가무시병, Q열
원충류	아메바성 이질

(4) 경구 감염병과 세균성 식중독의 비교

구분	경구 감염병	세균성 식중독
세균수	적은 양	많은 양
잠복기	길다.	짧다.
원인균 검출	어려움.	비교적 쉬움.
사람 대 사람 간의 전염병(2차 감염)	있음.	거의 없음.
예방조치	불가능	가능
면역	가능	불가능

※ 감염병 발생신고 : 보건소장 → 시 · 도지사 → 보건복지부 장관

(5) 인수공통감염병

① 인수공통감염병 : 동물과 사람 사이에서 직접적 혹은 간접적으로 전염이 되는 질병

② 감염병의 종류 : 탄저, 파상열(브루셀라), 결핵, 광견병, 페스트, 라임병, 야토병, 돈단독, Q열, 리스테리아

(6) 기생충 감염병

① 채소류를 통한 기생충 : 회충, 요충 등

② 어패류를 통한 기생충

구분	간디스토마(간흡충)	폐디스토마(폐흡충)	광절열두조충	유극악구충	요코가와흡충(장흡충)
제1중간숙주	왜우렁이	다슬기	물벼룩	물벼룩	다슬기
제2중간숙주	민물고기	게, 가재	연어, 숭어	가물치	담수어

4. 소독과 살균

(1) 소독과 살균

소독	병원성 미생물을 파괴시켜 감염 및 증식력을 없애는 것 (병원균만 사멸시키며 포자는 죽이지 못한)
살균	강한 살균력으로 모든 미생물의 영양은 물론 포자까지 완전 파괴시키는 것 (무균, 멸균 상태로 됨)

(2) 물리적 소독법

① 무가열법 : 일광소독, 자외선 살균법, 방사선 멸균법 등

② 가열법 : 자비 멸균법(열탕 소독법) 등

(3) 화학적 소독법

① 소독약이 갖추어야 할 조건

ㄱ 살균력이 클 것

ㄴ 부식성과 표백성이 없을 것

ㄷ 석탄산계수가 높을 것

ㄹ 침투력이 강할 것

ㅁ 인체에 무해할 것

ㅂ 안전성이 있을 것

ㅅ 값이 싸고, 구입이 쉬울 것

ㅇ 사용방법이 간단할 것

ㅈ 용해성이 높을 것(잘 녹을 것)

(4) 소독약의 종류

종류	사용처
3~5[%] 석탄산수	실내벽, 실험대
2.5~3.5[%] 과산화수소	상처 소독, 구내염
70~75[%] 알코올	건강한 피부(창상피부에 사용 금지)
3[%] 크레졸	배설물, 화장실 소독
0.01~0.1[%] 역성비누	손 소독에 적당(중성비누와 혼합하면 효과 없음)
0.1[%] 승홍	손 소독
생석회	화장실, 살균력 강함.
염소(Cl_2)	수영장, 상하수도

5. 미생물

(1) 미생물의 발육 조건

수분 활성도(Water Activity, Aw), 최적 pH, 영양원, 산소, 삼투압, 온도

(2) 미생물의 종류와 특징

① 미생물의 특징

㉠ 단세포 또는 균사로 이루어짐.

㉡ 식품의 제조 · 가공에 유익하게 이용되기도 하고, 유해하게 식중독과 전염병의 원인이 되기도 함.

② 세균류의 형태 : 구균, 간균, 나선균으로 분류

③ 세균류과 진균류의 종류

㉠ 세균류

종류	특징
Bacillus 속 (바실루스)	• 내열성 아포형성, 호기성 간균 • 자연계에 가장 널리 분포 - 식품오염의 주역 • 종류 : B. Natto(나토, 청국장 제조), 빵의 점조성의 원인이 되는 로프균
Lactobacillus 속 (락토바실루스)	• 간균 • 당을 발효시켜 젖산균 생성 • 젖산(유산) 음료에 이용됨.
Clostridium 속 (클로스트리디움, 보툴리누스)	• 아포형성 간균, 혐기성균 • 부패 시 악취의 원인 • 종류 : C. Botulinum(보툴리눔), C. Perfringens(퍼프린젠스)
Vibrio 속 (비브리오)	• 무아포, 혐기성 간균 • 비브리오 패혈증 일으킴. • 종류 : 콜레라, 장염 비브리오균

ⓒ 진균류〔곰팡이(Mold), 효모〕

종류	특징
Rhizopus 속(리조푸스) – 거미줄곰팡이	• 딸기, 귤, 야채 등 변패의 원인균
Aspergillus 속(아스퍼질러스) – 누룩곰팡이	• 가장 보편적인 균 • 술, 간장, 된장 등 • 생육 조건 : 온도 25~30[℃], 습도 80[%] 이상, pH 4
Penicillium 속(페니실리움) – 푸른색 곰팡이	• 항생 물질 제조에 사용

6. 제품 변질

(1) 식품의 변질

식품을 방치했을 때 미생물, 햇볕, 산소, 효소, 수분의 변화 등에 의하여 성분 변화, 영양가 파괴, 맛의 손상을 가져오는 것

① 부패 : 미생물의 번식으로 단백질이 분해되어 아미노산, 아민, 암모니아, 악취 등이 발생하는 현상

② 변패 : 탄수화물이 미생물에 의해 변질되는 현상

③ 산패 : 지방의 산화로 알데히드(Aldehyde), 케톤(Ketone), 에스테르(Ester), 알코올 등이 생성되는 현상

④ 발효 : 탄수화물이 유익하게 분해되는 현상

(2) 부패 과정

단백질 → 메타프로테인 → 프로테오스 → 펩톤 → 폴리펩티드 → 펩티드 → 아미노산 → 아민, 메탄

7. HACCP(위해요소 중점관리기준)

(1) HACCP의 정의

식품의 원료관리, 제조, 가공, 보존, 조리, 유통의 모든 과정에서 위해한 물질이 식품에 섞이거나 식품이 오염되는 것을 방지하기 위하여 각 과정의 위해요소를 확인, 평가하여 중점적으로 관리하는 기준

(2) HACCP 개요

① HACCP 적용 7원칙

ⓖ 위해요소 분석(Hazard Analysis)

ⓛ 중요관리점(Critical Control Point : CCP)

ⓒ 한계기준(Critical Limit)

ⓔ 모니터링(Monitoring)

ⓜ 개선조치(Corrective Action)

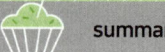

  ⓑ 검증방법(Verification) 설정

  ⓢ 기록(Record)의 유지관리

 ② HACCP 준비 5단계

  ㉠ HACCP팀 구성

  ㉡ 제품 설명서 작성

  ㉢ 의도된 제품 용도 확인

  ㉣ **공정 흐름도 작성** : 제조 공정도 및 배치도

  ㉤ 공정 흐름도 확인

 ③ **선행요건** : 식품위생법, 건강기능식품에 관한 법률, 축산물 위생관리법에 따라 안전관리인증기준(HACCP)을 적용하기 위한 위생관리 프로그램

  ㉠ 영업장 관리

  ㉡ 위생 관리

  ㉢ 제조 · 가공시설 · 설비 관리

  ㉣ 냉장 · 냉동시설 · 설비 관리

  ㉤ 용수 관리

  ⓑ 보관 · 운송 관리

  ⓢ 검사 관리

  ⓞ 회수 프로그램 관리

8. 식품위생법규

(1) WHO(세계보건기구)의 식품위생의 정의

식품의 생육, 생산, 제조로부터 최종적으로 사람에게 섭취되기까지의 모든 단계에 있어서 식품의 완전 무결성, 안전성, 건전성을 확보하기 위해 필요한 모든 관리수단

(2) 식품위생의 대상범위

식품(의약으로 섭취하는 것 제외), 식품첨가물, 기구 또는 용기 · 포장을 대상으로 하는 음식에 관한 위생

9. 품질기획관리

(1) 품질기획

① 품질기획의 목적은 제품을 개발하고 제품에 대한 품질을 향상시키기 위함이다.

② 제품의 생산 목적, 재료의 구성, 제조법 등을 전체적으로 계획하고 수립하기 위한 방법을 설정하는 것이다.

③ 품질기획 시 '계획 → 실행 → 확인 → 조치'의 단계를 지속적으로 실행할 수 있는지 고려해야 한다.

(2) 품질관리기법의 종류

ISO9001 (품질경영시스템)	• 제품 및 서비스 자체에 대한 품질인증이 아니라 제품을 생산 · 공급하는 품질경영시스템을 평가하여 인증하는 것
ISO22000 (식품안전경영시스템)	• 식품산업의 안전경영시스템을 국제적으로 인증받는 제도
HACCP (Hazard Analysis and Critical Control Point)	• 위해요소 중점관리기준이라고도 함. • 제품의 안전성을 확보하기 위해 중점적으로 관리하는 공정 또는 단계

10. 품질관리의 단계

(1) 원료관리

① 신선하고 안전하며 사용기한을 확인한다.

② 제품 특성에 맞는 원료인지 확인한다.

③ 꼭 필요한 원료인지 확인한다.

(2) 공정관리

① 생산에 필요한 원료 선택부터 완제품을 생산하는 모든 공정을 관리하는 것을 말한다.

② 품질관리가 필요한 공정을 파악하지 못하면 원하는 제품을 생산할 수 없다.

③ 제품의 종류에 따라 생산 흐름을 보여주는 제조 공정도를 작성해서 관리해야 한다.

④ 제조 공정도는 제조 원료, 반죽 방법, 반죽 온도, 발효, 굽기, 포장 등을 상세히 기재하여야 한다.

(3) 상품관리

① 상품의 판매 · 재고량을 효율적으로 관리하는 것이다.

② 상품의 품절, 불량재고를 방지해 상품 회전율을 높이는 데 목적을 두고 있다.

③ 상품관리는 금액관리(매출가격관리, 원가관리)와 수량관리로 나눈다.

11. 제품 품질검사

(1) 품질검사규격

① 제품 요구조건을 확인하기 위해 직접 제품을 측정 또는 관측하는 공정이다.

② 원자재 검사, 부자재 검사, 공정 검사, 완성품 검사 등으로 나눌 수 있다.

③ 각각의 제품별 품질 규격(중량, 맛, 모양, 크기, 색깔, 포장 등)이 필요하므로 품질검사규격을 마련해야 하나,

(2) 품질검사조건

　① **외부특성** : 크기, 외부 색깔, 균형

　② **내부특성** : 조직감, 내부 색깔, 기공

　③ 식감

　④ 기계적 특성

　⑤ 생물학적 특성

12. 원 · 부재료 품질검사

(1) 원료상태검사

　① 육안검사

　　㉠ 포장상태 검사

　　㉡ 색상 검사

　　㉢ 외형 검사

　　㉣ 이물질, 변질, 변색 검사

　② 이화학검사

　　㉠ 육안검사를 통한 선별된 불량 원료는 이화학검사 및 검사 성적서를 바탕으로 부적합 유무를 판단해야 한다.

　　㉡ 이화학검사는 설비에 의한 정밀검사이므로 규모가 작은 업체에서는 실행하기 어렵고 비용이 많이 들어가는 단점이 있다.

(2) 원료품질검사

　① 밀가루 반죽의 품질검사

　② 이스트의 품질검사

　③ 소금의 품질검사

　④ 유지의 품질검사

02 제과점 관리

1. 재료의 구분

주재료와 부재료는 제품의 부품자재관리를 기준으로 나눠진다.

주재료	제품을 생산하는 데 반드시 필요한 재료
부재료	주재료를 제외한 재료 중 특정한 제품에만 쓰이는 재료

2. 재료구매 관리

(1) 구매의 정의

제품 생산에 필요한 원재료 등의 품질, 수량, 시기, 간격, 공급된 장소 등을 고려하여 가능한 한 유리한 가격으로 공급자로부터 구입하는 것이다.

(2) 원료수급과 구매계획

① 원료수급관리

㉠ 보유 중인 재료를 파악하는 등 재고관리를 철저히 하여 원활하게 재료를 수급해야 한다.

㉡ 재고파악 시 사용기한을 체크해야 한다.

㉢ 생산계획과 재고량을 감안하여 원료를 구매한다.

② 구매계획

㉠ 생산계획에 근거한 생산기간과 생산량을 계산하여 계획한다.

㉡ 원 · 부재료의 검수방법, 저장장소, 저장능력 및 방법 등을 매뉴얼화한다.

(3) 구매가격의 종류

① 경쟁가격 : 수요와 공급의 관계에서 경쟁하에 결정되는 가격

② 관리가격 : 독과점 업자가 가격 결정

③ 통제가격 : 정부가 공익성을 띤 상품에 인위적으로 통제하여 가격 결정

④ 공정가격 : 공공기관에서 판매하는 상품 서비스를 정부가 결정

3. 수요예측

(1) 수요예측의 정의

생산하려는 제품과 재료의 특성에 따라 장 · 단기적으로 예측하여 생산일정계획이나 운영계획을 세우는 것

(2) 구매절차

> 수요판단 → 공급처 선정 → 구매계약 → 수납, 검사 → 대금지급 → 납품업체 평가

4. 발주관리

(1) 발주

필요한 재료를 공급업자에게 주문하는 것이다.

(2) 발주량 결정 시 주의사항

① 재료의 장기적 가격 변화

② 저장기간, 계절적 가격변동, 저장방법에 따른 재료의 특성을 고려한다.

③ 주문량에 따른 가격인하율

5. 저장관리

(1) 저장관리

① 식재료를 안전하게 보관하는 것이다.

② 최상의 품질 유지와 안전을 위해 관리하는 것이다.

(2) 저장 창고의 분류

① 건조저장실

② 냉장실

③ 냉동실

6. 재고관리

(1) 재고관리

능률적이고 계속적인 생산 활동을 위해 재료나 제품의 적절한 보유량을 계획하고 통제하는 일이다.

(2) 재고관리의 목적

① 갑작스러운 재고 부족으로 인한 생산 차질 예방

② 보유재고의 적절한 사용과 새로운 발주에 따른 재료의 관리

③ 위생적이고 안전한 관리

(3) 재고회전율

① 일정기간 동안의 상품 판매량에 대한 창고 내 재고량의 비율, 즉 재고의 회전속도를 나타낸다.

② 재고량과는 반비례하고 수요량과는 정비례한다.

③ 회전율이 높을수록 재고자산의 관리가 효율적으로 이루어지며, 재고자산이 매출로 빠르게 이어진다.

④ 회전율이 낮은 경우는 재고자산이 매출로 이어지기까지 시간이 오래 걸리며, 재고 보관 중 누수, 파손, 분실 등 재고 손실의 발생 가능성이 높고, 보관 및 관리를 위한 부대비용이 많이 들어간다.

7. 재료의 성분 및 특징

(1) 밀가루

① 밀의 구조 : 껍질(14[%]), 내배유(83[%]), 배아(2~3[%])

② 밀가루의 분류

구분	강력분	중력분	박력분	듀럼밀
용도	제빵용	제면용 다목적용(우동, 면류)	제과용	스파게티
단백질량[%]	11.0~13.5	9~10	7~9	11~12
글루텐 질	강하다.	부드럽다.	아주 부드럽다.	
밀가루 입도	거칠다(초자질).	약간 미세하다.	아주 미세하다(분상질).	초자질
회분 함량 1급[%]	0.4~0.5	0.4	0.4 이하	
원료밀	경질밀	중간 경질, 연질	연질밀	

③ 제분과 제분율

㉠ 제분

ⓐ 껍질과 배아를 분리하고 전분의 손상을 최소화하여 가루로 만드는 것

ⓑ 밀을 제분하면 탄수화물과 수분이 증가하며, 단백질은 1[%] 감소, 회분은 $\frac{1}{5}$ ~ $\frac{1}{4}$ 감소

㉡ 제분율

ⓐ 밀에 대한 제분한 밀가루의 양을 [%]로 나타낸 것

$$제분율[\%] = \frac{제분\ 중량}{원료\ 소맥\ 중량} \times 100$$

ⓑ 제분율이 높았을 때

• 회분 함량이 많아지지만 입자가 점점 거칠어지고 색상도 점점 어두워짐.

• 비타민 B_1, 비타민 B_2, 무기질량, 섬유소, 단백질 증가

• 영양적으로는 우수하나 소화 흡수율이 떨어짐.

ⓒ 제분율이 낮을수록 고급분임(일반 밀가루의 제분율은 72[%]).

④ 밀가루의 성분

　㉠ 단백질

　　ⓐ 빵 품질 기준의 중요한 지표 중의 하나

　　ⓑ 여러 단백질 중 글리아딘과 글루테닌이 물과 만나 글루텐을 형성

　　ⓒ 글리아딘은 신장성, 글루테닌은 탄력성에 영향을 줌.

글리아딘	약 36[%]
글루테닌	약 20[%]
메소닌	약 17[%]
알부민, 글로불린	약 7[%]

　㉡ 탄수화물

　　ⓐ 70[%]를 차지하며 대부분이 전분으로 이루어져 있음.

　　ⓑ 전분의 함량은 단백질의 함량과 반비례 관계를 가짐.

　　ⓒ 전분의 함량 : 박력분 > 강력분

　　ⓓ 이스트의 주된 영양 성분이 됨.

　　ⓔ 손상전분 : 제분 공정 중 전분 입자가 손상된 것으로 권장량은 4.5~8[%]

　㉢ 회분

　　ⓐ 밀가루의 등급을 나타내는 기준(밀가루 색상과 관련 있음)

　　ⓑ 껍질 부위가 적을수록 회분 함량이 적어짐.

　　ⓒ 제분 공정의 점검 기준

　㉣ 수분

　　ⓐ 밀가루에 10~15[%] 정도 함유되어 있음.

　　ⓑ 밀가루 수분 함량이 1[%] 감소하면 반죽의 흡수율은 1.3~1.6[%] 증가함.

　　ⓒ 실질적인 중량을 결정하는 중요한 요소(밀가루 구입 시)

⑤ 밀가루 표백, 숙성 및 저장

　㉠ 표백 : 제분 직후의 밀가루 속 카로티노이드 색소를 산소로 산화시켜 탈색시키는 과정

　㉡ 숙성 : 제분 직후 밀가루는 불안정한 상태이므로 표백 및 제빵 적성을 향상시키는 과정

숙성 전 밀가루 특징	• 노란빛을 띰. • pH는 6.1~6.2 정도 • 효소 작용이 활발함.
숙성 후 밀가루 특징	• 흰색을 띰. • pH는 5.8~5.9로 낮아짐(발효 촉진, 글루텐 질 개선, 흡수성 향상). • 환원성 물질이 산화되어 반죽 글루텐 파괴를 막아줌.

　㉢ 저장 : 온도 18~24[℃], 습도 55~65[%]에서 보관

⑥ 반죽의 물리적 시험

아밀로그래프 (Amylograph)	• α-아밀라아제의 활성, 밀가루의 호화 정도를 알 수 있음. • 제빵용 밀가루의 적정 그래프 = 400~600[B.U.]
패리노그래프 (Farinograph)	• 밀가루의 흡수율, 믹싱 내구성, 믹싱 시간 측정 • 500[B.U.]에 도달해서 이탈하는 시간 등으로 특성 판단
익스텐소그래프 (Extensograph)	• 반죽의 신장성과 신장에 대한 저항을 측정하는 기계
맥미카엘 점도계	• 케이크, 쿠키, 파이, 페이스트리용 밀가루의 제과 적성 및 점성을 측정하는 기계

(2) 기타 가루

① 호밀 가루

단백질	• 밀가루에 비해 단백질 양적인 차이는 없으나 질적인 차이가 있음. • 글루텐을 형성하는 단백질은 밀의 경우 90[%]이고, 호밀의 경우 25.7[%]임. • 글리아딘과 글루테닌의 함량이 적어 밀가루와 혼합하여 사용함.
탄수화물	• 전분이 70[%] 이상이며, 펜토신의 함량이 많음. • 펜토산 함량이 높아 반죽을 끈적이게 하고 글루텐의 탄력성을 약화시킴. • 사워종을 같이 사용하여 좋은 호밀빵을 만듦.

② 활성 밀 글루텐(건조 글루텐)

㉠ 밀가루에서 단백질(글루텐)을 추출하여 만든 연한 황갈색 분말

㉡ 다른 분말로 인해 밀가루 양이 적어질 경우 개량제로 사용

㉢ 젖은 글루텐과 건조 글루텐

- 젖은 글루텐[%] = (젖은 글루텐 반죽의 중량 ÷ 밀가루 중량) × 100
- 건조 글루텐[%] = 젖은 글루텐[%] ÷ 3

(3) 정제당

불순물과 당밀을 제거하여 만든 설탕

① 설탕(Sucrose, 자당)

㉠ 전화당 : 자당을 산이나 효소로 가수분해하여 생성되는 포도당과 과당의 시럽 형태의 혼합물

㉡ 분당 : 3[%]의 옥수수 전분을 혼합하여 만들며 덩어리지는 것을 방지

㉢ 액당 : 자당 또는 전화당이 물에 녹아 있는 시럽

$$액당의 \; 당도[\%] = \frac{설탕의 \; 무게}{설탕의 \; 무게 + 물의 \; 무게} \times 100$$

더 알아보기

✦ 전화당의 특징
 • 설탕의 1.3배 감미도(130)를 가짐.
 • 단당류의 단순한 혼합물로 갈색화 반응이 빠름.
 • 10~15[%]의 전화당 사용 시 제과의 설탕 결정화가 방지됨.

(4) 전분당

① 전분을 가수분해하여 얻는 당

② 포도당, 물엿, 이성화당 등

(5) 당밀(Molasses)

① 사탕수수나 사탕무에서 원당을 분리하고 남은 1차 산물

② 럼주는 당밀을 발효시킨 후 증류해서 만든 술

(6) 소금

① 소금 : 나트륨(Na)과 염소(Cl)의 화합물로, 염화나트륨(NaCl)이라고 함.

② 제빵에서 소금의 역할

　㉠ 글루텐을 강하게 하여 반죽이 탄력성을 갖게 함.

　㉡ 설탕의 감미와 작용하여 풍미를 증가시킴.

　㉢ 글루텐 막을 얇게 하여 빵 내부의 기공을 좋게 함.

　㉣ 잡균 번식을 억제(삼투압 작용)시킴.

(7) 이스트

① 이스트의 정의

　㉠ 출아법으로 번식, 고형분 25~30[%], 수분 70~75[%] 정도 함유

　㉡ 자신이 가지고 있는 효소를 이용해 당을 분해시키며, 이산화탄소와 알코올을 생성하는 발효 역할을 함.

　㉢ 이스트의 학명은 Saccharomyces Cerevisiae(사카로미세스 세레비시아)

② 구성 성분

수분[%]	단백질[%]	회분[%]	인산[%]	pH
68~83	11.6~14.5	1.7~2.0	0.6~0.7	5.4~7.5

③ 이스트에 들어 있는 효소 : 말타아제, 치마아제(찌마아제), 리파아제, 인버타아제(인베르타아제), 프로테아제

효소	기질	분해산물
말타아제	맥아당	2분자의 포도당
치마아제	포도당, 과당	에틸알코올, 탄산가스, 에너지
리파아제	지방	지방산, 글리세린
인버타아제	설탕(자당)	포도당, 과당
프로테아제	단백질	아미노산, 펩티드, 폴리펩티드, 펩톤

④ 발효 작용 : 이스트(효모)의 효소로 반죽 속의 당을 분해하여 탄산가스와 알코올을 만들고, 열을 발생

부피 팽창	이산화탄소(탄산가스) 발생으로 팽창
향의 발달	알코올 및 유기산, 알데히드의 생성으로 인해 pH가 하강하고 향이 발달
글루텐 숙성	pH 하강으로 반죽이 연화되고 탄력성과 신장성이 생김.
반죽 온도 상승	에너지(열량) 발생으로 온도 상승

⑤ 이스트 번식 조건

공기	호기성으로 산소가 필요
온도	28~32[℃]가 적당(38[℃]가 가장 활발)
산도	pH 4.5~4.8
영양분	당, 질소, 무기질(인산과 칼륨)

(8) 물

① 물의 기능

㉠ 효모와 효소의 활성을 제공

㉡ 제품에 따라 맞는 반죽 온도 조절

㉢ 원료를 분산하고 글루텐을 형성시키며 반죽의 되기 조절

② 아경수 : 제빵에 가장 적합한 물

연수	아연수	아경수	경수
60[ppm] 이하	61~120[ppm] 미만	120~180[ppm] 미만	180[ppm] 이상

(9) 유지류

① 유지의 종류

버터	• 우유의 유지방으로 제조하며 수분 함량이 16[%] 내외 • 융점이 낮고 가소성 범위가 좁음. • 융점이 낮아 입안에서 녹고 독특한 향과 맛을 가짐.
마가린	• 버터 대용품으로 쓰이며 식물성 유지로 만듦. • 가소성, 유화성, 크림성은 좋으나 버터보다 풍미에서 약간 떨어짐.
라드	• 보존성이 떨어지며 품질이 일정하지 않음. • 가소성의 범위가 비교적 넓고 쇼트닝성을 가지고 있음.
쇼트닝	• 라드의 대용품으로 동 · 식물성 유지에 수소를 첨가한 경화유 • 수분 함량 0[%]로 무색, 무미, 무취 • 가소성의 온도 범위가 넓음.
튀김 기름	• 100[%] 지방으로 수분이 0[%] • 도넛 튀김용 유지는 발연점이 높은 면실유가 적당 • 고온으로 계속적으로 가열하면 유리지방산이 많아져 발연점이 낮아짐.

※ 튀김 기름의 4대 적 : 온도, 공기, 수분, 이물질

② 유지의 화학적 반응

산패	• 유지를 공기 중에 오래 두었을 때 산화되어 불쾌한 냄새가 나고 맛이 떨어지며 색이 변하는 현상
가수분해	• 유지가 가수분해 과정을 통해 모노글리세리드, 디글리세리드와 같은 중간 산물을 만들고 지방산과 글리세린이 되는 것
건성	• 이중결합이 있는 불포화지방산의 불포화도에 따라 유지가 공기 중에서 산소를 흡수하여 산화, 중화, 축합을 일으킴으로써 점성이 증가하여 고체가 되는 성질 • 요오드가 100 이하는 불건성유, 100~130은 반건성유, 130 이상은 건성유

③ 유지의 안정화

항산화제 (산화방지제)	• 산화적 연쇄반응을 방해함으로써 유지의 안정 효과를 갖게 하는 물질 • 항산화제 : 비타민 E(토코페롤), PG(프로필갈레이트), BHA, BHT, NDGA 등 • 항산화 보완제 : 비타민 C, 주석산, 구연산, 인산 등
수소 첨가 (유지의 경화)	• 지방산의 이중결합에 니켈을 촉매로 수소(H)를 첨가하여 유지의 융점이 높아지고 유지가 단단해지는 현상, 불포화도를 감소시키는 것 예 쇼트닝, 마가린 등

④ 제과 · 제빵 유지의 특성

안정성	지방의 산화와 산패를 장기간 억제하는 성질
가소성	유지가 상온에서 너무 단단하지 않으면서 고체 모양을 유지하는 성질
크림성	유지가 믹싱 조작 중 공기를 포집하는 성질
쇼트닝성	빵 · 과자 제품에 부드러움을 주는 성질
유화성	유지가 물을 흡수하여 물과 기름이 잘 섞이게 하는 성질

⑤ 제과 · 제빵 유지의 기능

　㉠ 밀가루 단백질에 대해 연화 작용(부드럽게 하는 작용)

　㉡ 수분 증발을 방지하고 노화를 지연시키는 작용

　㉢ 껍질을 얇고 부드럽게 함.

　㉣ 유지 특유의 맛과 향을 부여

　㉤ 반죽의 신장성을 좋게 하고 가스 보유력을 증대시켜 부피를 크게 만듦.

(10) 유제품

① 우유의 구성 성분

　㉠ 수분 87.5[%], 고형물 12.5[%]로 이루어짐.

　㉡ 단백질 3.4[%], 유지방 3.65[%], 유당 4.75[%], 회분 0.7[%] 함유

　㉢ 비중 : 평균 1.030 전후

　㉣ 수소이온농도(pH) : pH 6.6

② 치즈 : 우유나 그 밖의 유즙에 레닌을 넣어 카제인을 응고시킨 후 발효 숙성시켜 만든 제품

③ 제빵에서 우유의 기능

　㉠ 글루텐 강화로 반죽의 내구성을 높이고 오버 믹싱의 위험을 감소

　㉡ 유당의 캐러멜화로 껍질색이 좋아짐.

　㉢ 이스트에 의해 생성된 향을 착향시켜 풍미 개선

　㉣ 보수력이 있어 촉촉함을 오래 지속

　㉤ 영양 강화와 단맛을 냄.

(11) 달걀

모든 빵과 과자 제품에 쓰이는 중요한 재료로 무기질도 많으며, 특히 인(P)과 철(Fe)이 풍부

① 달걀의 구성

　㉠ 달걀의 수분　전란 : 노른자 : 흰자 = 75[%] : 50[%] : 88[%]

　㉡ 달걀의 구성 비율 − 껍질 : 노른자 : 흰자 = 10[%] : 30[%] : 60[%]

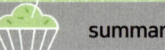

② 달걀의 성분

전란	수분 75[%], 고형분 25[%]로 구성
노른자	수분과 고형분의 함량은 각각 50[%]로 이루어짐.
흰자	수분은 88[%], 고형분은 12[%]로 이루어짐.
껍질	세균의 침입이 일어날 수 있음(살모넬라).

③ 달걀의 기능

　㉠ 농후화제(결합제) : 가열에 의해 응고되어 제품을 되직하게 함(커스터드 크림, 푸딩).

　㉡ 유화제 : 노른자에 들어 있는 인지질인 레시틴은 기름과 물의 혼합물에서 유화제 역할을 함.

　㉢ 팽창제 : 흰자의 단백질에 의해 거품을 형성함(스펀지 케이크, 엔젤 푸드 케이크 등).

(12) 이스트 푸드 : 제빵 반죽이나 제품의 질을 개선시켜 주는 물질

① 이스트 푸드의 역할 및 성분

　㉠ 물 조절제(물의 경도 조절) : 칼슘염(인산칼슘, 황산칼슘, 과산화칼슘)

　㉡ 반죽의 pH 조절 : 효소제, 칼슘염(산성인산칼슘)

　㉢ 이스트의 영양원인 질소 공급 : 암모늄염(인산암모늄, 황산암모늄, 염화암모늄)

② 반죽 조절제(물리적 성질 조절)

효소제	• 반죽의 신장성 강화 • 프로테아제, 아밀라아제 등
산화제	• 반죽의 글루텐을 강화시켜 제품의 부피 증가 • 비타민 C(아스코르브산), 브롬산칼륨, 아조디카본아마이드(ADA)
환원제	• 반죽의 글루텐을 약화시켜 반죽 시간을 단축함. • 글루타치온, 시스테인

(13) 계면 활성제(유화제)

① 계면 활성제의 역할

　㉠ 물과 유지를 균일하게 분산시켜 반죽을 안정시킴.

　㉡ 유화력, 기포력, 분산력, 세척력, 삼투력을 가지고 있음.

　㉢ 제품의 조직과 부피를 개선하고 노화를 지연시킴.

② 계면 활성제의 종류 : 레시틴(노른자에 함유), 모노-디 글리세리드, 아실 락틸레이트, SSL 등

(14) 초콜릿

① 초콜릿의 구성 성분

　㉠ 코코아 : $62.5[\%](\frac{5}{8})$

　㉡ 카카오버터(코코아버터) : $37.5[\%](\frac{3}{8})$

ⓒ 유화제 : 0.2~0.8[%]

② 템퍼링(Tempering) : 커버추어 초콜릿을 각각의 적정 온도까지 녹이고, 식히고, 다시 살짝 온도를 올리는 온도 조절 과정을 통해 초콜릿의 분자 구조를 안정하고 좋은 상태로 만드는 것을 템퍼링이라고 함.

③ 템퍼링을 하는 이유

　　ㄱ 초콜릿의 결정 형태가 안정하고 일정해짐.

　　ㄴ 내부 조직이 치밀해지고 수축 현상이 일어나 틀에서 분리가 잘됨.

　　ㄷ 매끄러운 광택이 남.

　　ㄹ 팻 블룸(Fat Bloom)이 일어나지 않음.

　　ㅁ 용해성이 좋아져 입안에서 잘 녹음.

④ 초콜릿 블룸(Bloom) 현상

　　ㄱ 블룸(Bloom) : 초콜릿 표면에 하얀 반점이나 얼룩 같은 것이 생기는 현상으로, 꽃이 핀 것처럼 보여 블룸이라고 함.

　　ㄴ 팻 블룸(Fat Bloom)

　　　　ⓐ 초콜릿의 카카오버터가 분리되었다가 다시 굳어서 얼룩이 생기는 현상

　　　　ⓑ 높은 온도에 보관하거나 템퍼링이 잘 안되었을 때 자주 발생

　　ㄷ 슈가 블룸(Sugar Bloom)

　　　　ⓐ 초콜릿의 설탕이 공기 중의 수분을 흡수하여 녹았다가 재결정화되면서 표면이 하얗게 되는 현상

　　　　ⓑ 습도가 높은 곳에 보관한 경우에 발생

(15) 팽창제

① 베이킹파우더 : 빵·과자 제품을 부풀려 부피를 크게 하고 부드러움을 주기 위해 반죽에 사용하는 첨가물

　　ㄱ 베이킹파우더의 구성 : 베이킹파우더 = 탄산수소나트륨 + 산성제 + 분산제

　　ㄴ 베이킹파우더 과다 사용 시 제품의 결과

　　　　ⓐ 밀도가 낮고 부피가 큼.

　　　　ⓑ 속색이 어두움.

　　　　ⓒ 기공이 많아서 속결이 거칠고, 빨리 건조되어서 노화가 빠르게 진행됨.

　　　　ⓓ 오븐 스프링이 커서 찌그러지기 쉬움.

② 탄산수소나트륨(중조, 소다)

　　ㄱ 단독으로 사용하거나 베이킹파우더 형태로 사용

　　ㄴ 가스 발생량이 적고 이산화탄소 외에 탄산나트륨이 생겨 식품을 알칼리성으로 만듦.

(16) 안정제

① 안정제의 특징

　　ㄱ 유동성이 있는 액체 혼합물의 불안정한 상태를 점도를 증가시켜 안정된 상태로 만듦.

ⓛ 안정적인 반고체 상태로 바꿔 주는 식품첨가제 중 하나

ⓒ 겔화제, 증점제, 응고제, 유화 안정제의 역할

② 안정제의 종류 : 펙틴(과일), 젤라틴(동물성), 한천(우뭇가사리)

③ 안정제의 사용 목적

ⓐ 머랭의 수분 배출 억제

ⓑ 아이싱의 끈적거림과 부서짐 방지

ⓒ 젤리, 무스 등의 제조에 사용

ⓓ 흡수제로 노화 지연 효과

ⓔ 파이 충전물의 농후화제로 사용

8. 재료의 영양학적 특성

(1) 재료의 영양적 특성

① 영양소의 정의

ⓐ 생리적 기능 및 생명 유지를 위해 섭취하는 식품에 함유되어 있는 성분

ⓑ 종류 : <u>탄수화물, 지방, 단백질, 무기질, 비타민, 물</u>
　　　　　　5대 영양소

② 영양소의 분류

구분	기능	종류
열량 영양소	에너지원(열량) 공급, 체온 유지, 열량 발생	탄수화물, 지방, 단백질
구성 영양소	몸의 조직을 구성	단백질, 무기질, 물
조절 영양소	체내의 생리 작용 조절	무기질, 비타민, 물

(2) 영양과 건강

① 에너지원의 1[g]당 열량

탄수화물	지방	단백질	알코올	유기산
4[kcal]	9[kcal]	4[kcal]	7[kcal]	3[kcal]

② 기초 대사량 : 생명 유지에 꼭 필요한 최소 에너지 대사량을 뜻함.

(3) 탄수화물의 기능

① 1[g]당 4[kcal]의 에너지 공급

② 피로회복에 효과적

③ 단백질 절약 작용

④ 혈당량 유지, 변비 방지, 감미료 등으로 이용

(4) 지방의 기능

　　① 1[g]당 9[kcal]의 에너지 공급

　　② 충격으로부터 인체의 내장 기관 보호

　　③ 피하지방은 체온의 발산을 막아 체온을 조절

　　④ 비타민 A와 비타민 D가 지방의 대사에 관여

　　⑤ 윤활제 역할을 해 변비 예방 효과

(5) 제한 아미노산

　　① 단백질 식품에 함유된 여러 필수 아미노산 중에서 최적이라고 여겨지는 표준 필요량에 비해 가장 부족해서 영양
　　　가를 제한하는 아미노산

　　② 식품의 단백질 중 제한 아미노산으로는 트립토판이 대표적

(6) 단백질의 기능

　　① 1[g]당 4[kcal]의 에너지 발생

　　② 체내 삼투압 조절로 체내 수분 함량을 조절하고 체액의 pH를 유지

　　③ 1일 총 열량의 10~20[%] 정도 단백질로 섭취

　　④ 1일 단백질 권장량은 체중 1[kg]당 단백질의 생리적 필요량을 계산한 1.13[g]임.

(7) 무기질의 정의

　　① 무기질 또는 미네랄이라 함.

　　② 신체의 골격과 구조를 이루는 구성 요소이며, 체액의 전해질 균형, 체내 생리 기능 조절 작용

(8) 무기질의 조절 영양소 기능

　　① 호르몬과 비타민의 구성 요소

　　② 효소의 활성을 촉진

　　③ 신경 자극을 전달

　　④ 체액의 pH를 조절하여 산, 염기의 평형 유지

　　⑤ 혈액 응고 : 칼슘(Ca)

　　⑥ 체액의 삼투압 조절 : 칼륨(K), 나트륨(Na), 염소(Cl)

　　⑦ 조혈 작용 : 철(Fe), 구리(Cu), 코발트(Co)

(9) 무기질의 종류

　　칼슘(Ca), 칼륨(K), 나트륨(Na), 마그네슘(Mg), 인(P), 황(S), 염소(Cl), 아연(Zn), 철(Fe), 구리(Cu), 불소(F),
　　요오드(I), 코발트(Co) 등

(10) 비타민의 영양학적 특성

　① 신체 기능을 조절하는 조절 영양소

　② 체조직을 구성하거나 열량을 발생하지 못함.

　③ 반드시 음식물에서 섭취

(11) 비타민의 분류

구분	지용성 비타민	수용성 비타민
종류	A, D, E, K	B군, C, 나머지
흡수	지방과 함께 흡수	물과 함께 흡수
용매	지방, 유기용매	물
저장	간이나 지방조직	저장하지 않음.
조리 시 손실	적음(열에 강함).	많음(열, 알칼리에 약함).
공급	매일 공급할 필요 없음.	매일 공급해야 함.
과잉 섭취	체내에 축적되고, 과잉증 및 독성 유발	소변을 통해 배출됨.
전구체	있음.	없음.
결핍증	증상이 서서히 나타남.	증상이 빠르게 나타남.

(12) 지용성 비타민

　지방이나 지방을 녹이는 유기용매에 녹는 비타민(비타민 A, 비타민 D, 비타민 E, 비타민 K)

(13) 수용성 비타민

　물에 녹는 비타민(비타민 B_1, 비타민 B_2, 비타민 B_3, 비타민 B_6, 비타민 B_9, 비타민 B_{12}, 비타민 C, 비타민 P)

9. 인력관리

(1) 인적자원관리

　필요로 하는 인력의 조달과 유지, 활용, 개발에 관한 계획적이고 조직적인 관리 활동이다.

(2) 베이커리 인적자원관리

　① 인당 생산성을 높일 수 있는 생산성 목표와 인간관계, 직무만족을 유지시키는 유지 목표를 동시에 추구해야 한다.

　② 장기간 근무자를 우대하는 연공주의와 능력 있는 사람을 우대하는 능력주의가 조화를 이루어야 한다.

　③ 근로의 질적 향상을 추구함으로써 근로자의 작업환경, 직무내용, 최저 소득수준 증가 및 개인과 사회복지에 기여하여야 한다.

　④ 경영전략과의 적합관계가 유지되도록 인적자원전략의 목표를 설정한다.

10. 원가관리

(1) 원가

특정 재화의 제조나 용역을 제공하기 위해 소비되는 경제가치를 화폐단위로 표시한 것

(2) 원가의 3요소

재료비, 노무비, 경비

(3) 원가의 구성

직접 원가, 제조 원가, 총원가

11. 고객 응대관리

(1) 고객관리

고객 중심의 사고를 통해 고객의 욕구와 기대에 부응하여 제품과 서비스에 만족감을 주어 재구매와 신뢰감을 이어갈 수 있도록 관리하는 것이다.

(2) 고객 응대 예절

① 친절한 첫인상과 정성스러운 마음가짐
② 단정한 용모와 깨끗한 복장
③ 인사의 종류

㉠ 목례
ⓐ 상체를 15도 정도 굽히고 가볍게 머리를 숙여 인사
ⓑ 남자는 차렷 자세, 여자는 두 손을 모아 하복부에 위치
ⓒ 인사했던 고객을 다시 만난 경우, 통로나 실내에서 만난 경우

㉡ 보통례
ⓐ 상체를 30도 숙여 인사
ⓑ 가장 일반적인 인사
ⓒ 접객, 환영, 헤어질 때의 인사

㉢ 정중례
ⓐ 상체를 45도 정도 깊게 숙여 인사
ⓑ 깊은 감사나 시과를 해야 할 때의 인사

12. 생산관리(Production Management)

(1) 생산

자연으로부터 자원을 개발하여 인간의 욕구에 맞도록 변형시키는 활동으로 사람이 살아가는 데 필요한 재화와 용역을 만들어내는 일이다.

(2) 생산관리

생산과 관련된 계획수립, 집행, 통솔 등의 활동을 실행하는 것으로, 좋은 품질의 상품을 낮은 원가로 필요량을 납기 내에 만들어내기 위한 관리 또는 경영을 말한다.

▶ 베이커리 생산관리 체계

생산 준비	생산계획서에 따라 준비를 하며 사전에 생산 공정 능력을 체크하고 작업자들을 교육한다.
생산량 확인	생산하는 양을 계획하고 생산을 위한 재료 등을 확인한다.
제품 품질관리	품질에 해가 될 수 있는 요인을 개선하고 관리한다.
제품의 표준화	작업자 누구나 생산을 했을 때 똑같은 제품을 생산할 수 있도록 통일한 형태로 만드는 것이다.
제품의 단순화	제품의 품목이나 절차를 간소화시킴으로써 간단하게 만든다.
제품의 전문화	특정 제품을 전문적으로 생산하는 과정을 말한다.
원가관리	제품의 가치를 높이기 위해 최고품질을 유지하면서 원가를 관리할 수 있어야 한다.

13. 생산계획 수립

(1) 제품 분석

시장의 경쟁관계 등을 파악하는 중요한 항목으로 제품군 정의, 브랜드 속성, 문제점 및 기회를 알 수 있는 중요한 지표 중의 하나이다.

(2) 생산계획

① **생산계획** : 생산 수량에 따른 생산계획을 세운다.
② **인원계획** : 생산 수량, 설비 능력치에 따라 인원계획을 세운다.
③ **설비계획** : 설비 보전 및 기계 사이의 생산능력을 계획한다.
④ **제품계획** : 신제품, 제품 구성비, 개발 계획을 세우는 것을 말한다.
⑤ **교육훈련계획** : 관리감독 교육과 작업능력 교육을 계획한다.

14. 마케팅

(1) 마케팅(Marketing)

자사 제품이나 서비스가 소비자에게 경쟁사보다 우선적으로 선택되기 위하여 행하는 아이디어, 재화, 서비스, 가격, 판매촉진, 유통 등의 제반 활동이다.

(2) 마케팅 전략 수립

마케팅 환경 분석	마케팅 전략	마케팅 실행방안	평가 및 피드백
1. 거시 환경 분석	7. 마케팅 목표 수립	9. 마케팅 믹스(4P)	10. 마케팅 성과 측정
2. 시장 분석	8. STP 전략		11. 개선과제 도출
3. 시장에서의 KFS 도출			
4. 3C 분석			
5. SWOT 분석			
6. 자사의 핵심 성공요소 도출			

▲ 마케팅 전략 수립 과정

15. 판매 마케팅 전략

(1) 마케팅 전략 수립

① 세분화 : 포화상태인 제과 · 제빵시장을 지리적, 인구, 심리, 행동을 분석하여 세분화한다.

② 타깃 선정 : 타깃을 결정하여 우선 선점한다.

③ 포지셔닝(차별적 우위 선점) : 소비자의 마음속에 특정 브랜드를 인식시키는 전략(자체 브랜드의 차별성과 일관성이 있어야 함)

④ 마케팅 믹스 관리 7P : 4P + 3P를 추가하여 직용한다.

(2) 마케팅 믹스

4P를 적용하여 제품의 성격, 고객정보, 판매목표, 경쟁사와의 입지 등을 고려하여 적용

16. 손익관리

(1) 손익계산

① 손익계산 : 특정기간 동안 기업의 경영성과를 평가하여 사업의 손익을 계산하여 확정하는 것

② 손익계산서 : 일정기간 동안 기업이 경영성과를 나타내기 위한 재무제표 양식

(2) 손익계산서의 기본요소 – 수익, 비용, 순이익

① 수익

　㉠ 수익

> • 매출액 = 기업의 영업 활동으로 얻은 수익
> • 순매출액 = 총매출액 − (매출 에누리 + 매출 환입)
> • 매출 총이익 = 매출액 − 매출 원가

　㉡ 영업 외 이익 : 기업의 영업 활동과 관련되지 않은 수익(이자, 임대료 등)

　㉢ 특별 이익 : 고정자산 처분이익 등

② 비용

　㉠ 매출 원가

> 매출 원가(순수 재료비용) = 기초 재고액 + 당기 재고액 − 기말 재고액

　㉡ 판매비 : 판매 활동에 따른 비용(직원의 급여, 광고비, 판매 수수료)

　㉢ 일반관리비 : 관리와 유지에 따른 비용(급여, 보험료, 감가상각비, 교통비, 임차료)

　㉣ 영업 외 비용 : 지급 이자, 창업비 상각, 매출 할인, 대손상각

　㉤ 특별 손실 : 자산 처분 등

　㉥ 세금 : 사업소득세, 법인세

　㉦ 부가가치세 : 국세, 보통세, 간접세

③ 순이익

> 순이익 = 매출 총이익 − (판매비 + 일반관리비 + 세금)

03   제과류 제품 제조

1. 반죽의 분류

(1) 반죽 특성에 따른 분류

① 반죽형(Batter Type) 반죽 제품 : 밀가루, 달걀, 설탕, 유지를 주재료로 이용하여 여기에 우유나 물을 넣고 화학 팽창제(베이킹파우더 등)를 사용하여 부풀린 반죽(비중 : 0.75~0.85)

㉠ 크림법

반죽 순서	유지 → 설탕 → 달걀 → 밀가루
장점	큰 부피감

㉡ 블렌딩법

반죽 순서	유지 + 밀가루 → 기타 가루 + 물 $\frac{1}{2}$ → 달걀 → 물 $\frac{1}{2}$
장점	부드러운 조직 유연감

㉢ 설탕/물 반죽법

반죽 순서	설탕과 물을 2 : 1의 비율로 액당 제조 → 건조 재료 → 달걀
장점	균일한 껍질색, 계량 편리, 스크래핑을 줄일 수 있고 베이킹파우더의 양을 10[%] 줄일 수 있다.

㉣ 단단계법(1단계법)

반죽 순서	유화제, 베이킹파우더와 함께 전 재료를 넣고 반죽
장점	대량 생산으로 노동력과 시간 절약

② 거품형(Foam Type) 반죽 제품 : 달걀, 설탕, 밀가루, 소금을 주재료로 이용하여 달걀 단백질의 기포성과 유화성, 그리고 열에 대한 응고성(변성)을 이용한 반죽(비중 : 0.45~0.55)

▶ 공립법과 별립법 비교

방법		특징
공립법	더운 방법	• 고율배합 반죽에 적당(거품형 반죽 중 달걀과 설탕이 많은 반죽) • 중탕하여 거품 냄. • 껍질색이 예쁘고 기포성이 좋음.
	친 빙법	• 저율배합 반죽에 적당 • 중탕하시 않고 섞음. • 화학 팽창제 사용
	별립법	• 공립법보다 부피가 큼.

③ 머랭법 : 흰자와 설탕을 1 : 2의 비율로 단단하게 거품 낸 반죽. 머랭 제조 시 흰자에 노른자가 들어가지 않도록 주의한다. 예 머랭 쿠키, 마카롱, 다쿠아즈 등

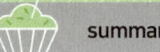

④ **시퐁법** : 별립법처럼 노른자와 흰자를 분리하지만, 노른자는 거품 내지 않음. 머랭과 화학 팽창제(베이킹파우더)
를 넣고 팽창시킴. **예** 시퐁 케이크

2. 기타 과자류 만들기

(1) 파운드 케이크

① 밀가루 : 설탕 : 달걀 : 버터의 비율이 1 : 1 : 1 : 1로 각 재료를 1파운드씩 사용하여 제조한 것에서 유래됨.

② 제조 방법 : 크림법

  ㉠ 순서 : 유지 → 설탕 → 달걀 → 체 친 가루

  ㉡ 반죽 온도 : 23[℃]

  ㉢ 비중 : 0.75~0.85

  ㉣ 팬닝 : 70[%](비용적 : 1[g]당 2.4[cm^3])

(2) 스펀지 케이크

달걀의 기포성을 이용한 대표적인 거품형 반죽 과자

① 기본 배합률

밀가루	100[%]	설탕	166[%]
달걀	166[%]	소금	2[%]

② 제조 방법

  ㉠ 공립법이나 별립법 이용

  ㉡ 반죽의 마지막 단계에 녹인 버터(60[℃] 정도)를 넣고 가볍게 섞기(제노와즈)

  ㉢ 팬닝 : 50~60[%](비용적 : 1[g]당 5.08[cm^3])

  ㉣ 구워낸 직후 충격을 주어 수축시키고 틀에서 즉시 분리

(3) 엔젤 푸드 케이크

달걀의 흰자만을 사용하여 만든 거품형 케이크. 비중이 가장 낮은 케이크

① 기본 배합률(True %)

밀가루	15~18[%]
흰자	40~50[%]
설탕	30~42[%]
주석산 크림	0.5~0.625[%]
소금	0.375~0.5[%]

※ True % 배합표를 사용하는 이유 : 밀가루와 흰자, 주석산 크림과 소금 사용량을 교차 선택해야 하므로

② 사용재료의 특성

　㉠ 밀가루 : 특급 박력분 사용

　㉡ 설탕량의 $\frac{2}{3}$ 는 입상형으로 머랭 반죽 시 사용하고, 설탕량의 $\frac{1}{3}$ 은 분당으로 밀가루와 혼합해 체 쳐 사용

③ 제조 공정

　㉠ 머랭 반죽 제조 시 주석산 크림을 넣는 시기에 따라 산전처리법과 산후처리법으로 나눌 수 있다.

　㉡ 팬닝 : 틀에 이형제로 물을 분무하고 60~70[%]를 담는다.

(4) 퍼프 페이스트리

대표적인 유지에 의한 팽창 제품. 반죽에 유지를 넣고 감싼 뒤 여러 번 접어 밀기를 반복해 유지 층을 만들어 팽창시키는 제품

① 기본 배합률

밀가루	100[%]
유지(반죽용 유지 + 충전용 유지)	100[%]
물	50[%]
소금	1[%]

② 제조 공정

　㉠ 반죽 온도 : 20[℃]

　㉡ 제조 공정(프랑스식 접기형) : 3절 3회 접기

> 반죽 안에 충전용 유지 감싸기 → 밀어 펴기 → 3절 접기(1차) → 휴지하기 → 밀어 펴기 → 3절 접기(2차) → 휴지하기 → 밀어 펴기 → 3절 접기(3차) → 휴지하기 → 밀어 펴기 → 재단

　㉢ 휴지의 목적(냉장고)

　　ⓐ 글루텐의 안정과 재정돈

　　ⓑ 밀어 펴기 용이

　　ⓒ 반죽과 유지의 되기를 같게 하여 층을 선명하게 함.

　　ⓓ 반죽 재단 시 수축 방지

(5) 파이(쇼트페이스트리)

반죽에 여러 가지 과일이나 견과류 충전물을 채워 굽는 제품 예 사과파이, 호두파이 등

① 사용재료의 특성

　㉠ 밀가루 : 준려분 사용

　㉡ 유지 : 가소성 범위가 넓은 파이용 마가린 사용

ⓒ 착색제 : 반죽에 설탕이 거의 들어가지 않으므로 설탕, 포도당, 녹인 버터, 달걀물, 소다 등을 발라 주면 색을 예쁘게 낼 수 있음.

② 제조 공정

ⓐ 반죽하기(스코틀랜드식)

    ⓐ 밀가루에 유지를 넣고 호두 크기로 다져서 물을 넣고 반죽

    ⓑ 반죽 온도 : 18[℃](유지의 입자 크기에 따라 파이 결의 길이가 결정됨)

ⓑ 과일 충전물용 농후화제(옥수수 전분, 타피오카 전분)의 사용 목적

    ⓐ 충전물을 조릴 때 호화를 빠르고 진하게 함.

    ⓑ 광택 효과

    ⓒ 과일의 색을 선명하게 함.

    ⓓ 냉각되었을 때 적정 농도 유지

(6) 쿠키

① 반죽형 쿠키

ⓐ 드롭 쿠키(소프트 쿠키) : 달걀 사용량이 많아 짤주머니에 모양깍지를 끼우고 짜는 쿠키

ⓑ 스냅 쿠키(슈가 쿠키) : 설탕은 많고 달걀이 적은 반죽을 밀어 모양틀로 찍는 쿠키

ⓒ 쇼트 브레드 쿠키 : 스냅 쿠키보다 유지 사용량이 많은 반죽을 밀어 모양틀로 찍는 부드러운 쿠키

② 스펀지 쿠키(거품형 쿠키)

ⓐ 스펀지 쿠키 : 전란을 사용하여 공립법으로 제조한 쿠키. 쿠키 중 가장 수분이 많은 짜는 쿠키

ⓑ 머랭 쿠키 : 흰자와 설탕으로 머랭을 만들어 짠 뒤, 100[℃] 이하의 낮은 온도로 건조시키며 굽는 쿠키

3. 반죽 익히기

(1) 반죽 굽기

반죽에 열을 가해 익혀 주고 색을 내는 것

(2) 굽기 온도와 시간이 적당하지 않은 굽기

① 오버 베이킹(Over Baking)

ⓐ 적정 온도보다 낮은 온도에서 오래 굽는 경우

ⓑ 특징 : 윗면이 평평, 수분 손실이 커 노화가 빠름, 부피가 큼.

② 언더 베이킹(Under Baking)

ⓐ 적정 온도보다 높은 온도에서 짧게 굽는 것

ⓑ 특징 : 윗면이 갈라지고 솟아오름, 설익기 쉽고 조직이 거칠며 주저앉기 쉬움, 부피가 작음.

(3) 튀기기

    ① 튀김 기름을 산화시켜 산패를 일으키는 요인 : 온도, 공기, 수분, 이물질, 금속(구리, 철) 등

    ② 튀김 기름이 갖추어야 할 조건

        ㉠ 발연점이 높아야 함(220[℃] 이상).

        ㉡ 산패취가 없어야 함.

        ㉢ 안정성, 저장성이 높아야 함.

        ㉣ 산가가 낮아야 함.

        ㉤ 융점이 낮아야 함(겨울).

4. 제품 평가의 기준

평가 항목	
외부평가	터짐성, 외형의 균형, 부피, 굽기의 균일화, 껍질색, 껍질 형성
내부평가	조직, 기공, 속결 색상
식감평가	냄새, 맛

5. 제품의 냉각 및 포장

(1) 냉각의 목적

    ① 곰팡이 및 세균 등의 피해 억제

    ② 제품의 재단 및 포장 용이

(2) 냉각의 방법

    ① 자연 냉각 : 상온 온도와 습도로 냉각하는 방법으로 3~4시간 걸린다.

    ② 에어컨디션식 냉각 : 공기 조절식 냉각 방법으로 온도 20~25[℃], 습도 85[%]의 공기를 통과시켜 60~90분 냉각시키는 방법(냉각 방법 중 가장 빠름)

    ③ 터널식 냉각 : 공기 배출기를 이용한 냉각으로 120~150분 걸린다.

(3) 포장의 목적

    ① 미생물, 세균에 의한 오염 방지

    ② 제품의 가치 및 상태를 보호하고 상품의 가치 향상

    ③ 수분 손실을 막아 제품의 노화 지연으로 저장성 향상

04 빵류 제품 제조

1. 반죽의 종류

(1) 스트레이트법(Straight Dough Method)

직접 반죽법(직접법)이라고도 하며, 모든 재료를 믹서에 한 번에 넣고 반죽하는 방법

① 스트레이트법 제조 공정

재료 계량 → 반죽 → 1차 발효(발효 온도 : 27[℃], 상대습도 : 75~80[%]) → 분할 → 둥글리기 → 중간 발효(벤치 타임) → 정형 → 팬닝 → 2차 발효(발효 온도 : 35~43[℃], 상대습도 : 85~90[%]) → 굽기 → 냉각

② 장단점(스펀지법 비교 시)

장점	단점
• 제조 공정 단순 • 시설 및 장비 간단 • 발효 손실 감소 • 노동력, 시간 절감	• 노화 빠름. • 향미, 식감 덜함. • 잘못된 공정 수정 어려움. • 발효 내구성, 기계 내성 약함.

(2) 비상 스트레이트법(Emergency Straight Dough Method)

① 비상 스트레이트법 : 비상 반죽법이라고도 하며, 전체 공정 시간을 줄임으로써 짧은 시간 내에 제품을 생산할 수 있다(표준 발효 시간 ↓, 발효 속도 ↑).

② 비상 스트레이트법 변화 시 조치사항

필수적 조치(6가지)		선택적 조치(4가지)	
물 사용량	1[%] 증가	이스트 푸드(제빵 개량제)	0.5[%] 증가
설탕 사용량	1[%] 감소	식초나 젖산	0.75[%] 첨가
이스트 양	2배 증가	소금	1.75[%] 감소
믹싱 시간	20~30[%] 증가	분유	1[%] 감소
반죽 온도	30[℃]		
1차 발효 시간	15~30분		

③ 장단점(스트레이트법 비교 시)

장점	단점
• 비상시 빠른 대처 가능 • 노동력, 임금 절약 가능(제조 시간 ↓)	• 저장성 짧아 노화 빠름. • 이스트 향 강해짐. • 제품의 부피가 고르지 않음.

(3) 스펀지 도우법(Sponge Dough Method)

① 스펀지 도우법 : 두 번 반죽을 하므로 중종법이라고 하며, 처음 반죽을 스펀지(Sponge) 반죽, 나중 반죽을 본(Dough) 반죽이라고 함.

② 재료의 사용 범위(Baker's %)

스펀지(Sponge)		도우(Dough)	
재료	비율[%]	재료	비율[%]
밀가루	60~100	밀가루	40~0
물	스펀지 밀가루의 55~60	물	전체 밀가루의 60~66 – 스펀지 물 사용량
생이스트	1~3	생이스트	2~0
이스트 푸드(제빵 개량제)	0~0.5(0~2)	–	–
		소금	1.75~2.25
		설탕	4~10
		유지	2~7
		탈지분유	2~4

③ 제조 공정

재료 계량 → 스펀지 반죽(반죽 온도 : 24[℃], 반죽 시간 : 4~6분, 저속) → 1차 발효(발효 온도 : 스펀지 24[℃], 도우 27[℃], 상대습도 : 75~80[%], 발효 시간 : 처음 부피의 4~5배(3~4시간)) → 본 반죽(반죽 온도 : 27[℃]) → 플로어 타임(발효 시간 : 10~40분) → 분할 → 둥글리기 → 중간 발효(벤치 타임) → 정형 → 팬닝 → 2차 발효(발효 온도 : 35~43[℃], 상대습도 : 85~90[%]) → 굽기 → 냉각

④ 장단점(스트레이트법 비교 시)

장점	단점
• 공정 중 잘못된 공정을 수정할 기회가 있음. • 발효 내구성 강함. • 부피 크고, 속결 부드러움. • 저장성 좋음(노화 지연).	• 발효 시간 증가로 발효 손실 증가 • 노동력, 시설 등 경비 증가

(4) 액체 발효법(액종법, Pre-ferment Dough Method)

① 액체 발효법

㉠ 액체 발효법 또는 완충제(분유)를 사용하기 때문에 ADMI(아드미)법이라고도 불림.

㉡ 스펀지 도우법의 결함(많은 공가 필요)을 없애기 위해 만들어진 제조법

② 재료의 사용 범위(Baker's %)

액종		본 반죽	
재료	사용 범위(100[%])	재료	사용 범위(100[%])
물	30	액종	35
생이스트	2~3	강력분	100
이스트 푸드	0.1~0.3	물	32~34
탈지분유	0~4	설탕	2~5
설탕	3~4	소금	1.5~2.5
		유지	3~6

③ 장단점

장점	단점
• 발효 내구력이 약한 밀가루로 빵 생산 가능 • 한 번에 많은 양 발효 가능 • 발효 손실에 따른 생산 손실 감소 • 균일한 제품 생산이 가능 • 공간, 설비가 감소	• 산화제 사용량 증가 • 환원제, 연화제 필요

(5) 연속식 제빵법

① 연속식 제빵법 : 액체 발효법을 한 단계 발전시킨 방법

② 장단점

장점	단점
• 발효 손실 감소 • 노동력 감소 • 공장 면적과 믹서 등 설비의 감소	• 일시적 기계 구입 비용 부담 • 산화제 첨가로 인한 발효 향 감소

(6) 노타임 반죽법(No-time Dough Method)

① 노타임 반죽법 : 1차 발효를 하지 않거나 매우 짧게 하는 대신, 산화제와 환원제를 사용하여 믹싱 시간 및 발효 시간을 단축하는 방법

② 산화제와 환원제

산화제	• 1차 발효 시간을 단축할 수 있음. • 비타민 C(아스코르브산), 브롬산칼륨, 요오드칼륨, 아조디카본아마이드(ADA)를 사용하여 발효 시간 단축
환원제	• 반죽 시간을 단축할 수 있음. • L-시스테인, 소르브산을 사용하여 반죽 시간 단축

(7) 냉동 반죽법

① 냉동 반죽법 : 반죽 시 수분량을 63[%] → 58[%]로 줄여서 반죽하며, 이스트의 활동을 억제시킨 후 해동과정을 통해 제빵 공정을 진행하는 방법

② 장단점

장점	단점
• 인당 생산량 증가 • 계획 생산 가능함. • 다품종 소량 생산 가능 • 발효 시간 줄어 전체 제조 시간 단축 • 신선한 빵 제공(반죽의 저장성 향상) • 생산 시간 효율적 조절 가능	• 냉동 중 이스트 사멸로 가스 발생력 약화 및 가스 보유력 저하 • 냉동 저장의 시설비 증가 • 많은 양의 산화제 사용 • 제품의 노화가 빠름.

2. 1차 발효와 2차 발효

(1) 1차 발효 목적

팽창 작용	이산화탄소(CO_2) 발생 → 팽창 작용
숙성 작용	효소 작용 → 반죽을 유연하게 만듦.
풍미 생성	발효 생성물 축적 → 독특한 맛과 향 생성 ↳ 알코올, 유기산, 에스테르, 알데히드, 케톤 등

(2) 2차 발효 목적

① 기본적 요소는 온도, 습도, 시간
② 신장성을 잃고 단단해진 반죽이 다시 부풀어 오르는 것
③ 반죽의 숙성으로 알코올, 유기산 등의 방향성 물질을 생성
④ 신장성과 탄력성을 높여 오븐 팽창이 잘 일어나게 하기 위해 발효시킴.

3. 반죽 분할 및 중간 발효

(1) 반죽 분할의 정의

① 1차 발효가 끝난 반죽을 정해진 무게로 나누는 작업
② 통산 1배합당 10~15분 이내로 분할

(2) 중간 발효의 정의

벤치 타임(Bench Time)이라고도 하며, 둥글리기가 끝난 반죽을 정형하기 편하게 휴지시키는 과정

(3) 중간 발효의 목적

① 반죽의 유연성 회복

② 끈적거리지 않게 반죽 표면에 얇은 막을 형성

③ 정형 과정에서의 밀어 펴기 작업 용이

④ 분할, 둥글리기 하는 과정에서 손상된 글루텐 구조를 재정돈

4. 정형

(1) 정형의 정의

① 제품의 모양을 만드는 공정

② 실내 환경 : 온도 27~29[℃], 상대습도 75~80[%]

(2) 정형 공정

밀기 → 말기 → 봉하기

5. 반죽 익히기

(1) 반죽 굽기 하는 목적

① α화(호화) 전분으로 소화 잘되는 제품을 만듦.

② 구조 형성 및 맛과 향을 향상시킴.

③ 가스에 의한 열팽창으로 빵의 부피를 만듦.

(2) 굽기 중 일어나는 변화

오븐 라이즈 (Oven Rise)	• 반죽 내부 온도가 60[℃]에 이르지 않은 상태 • 반죽 속 가스로 인해 반죽의 부피가 조금씩 커짐.
오븐 스프링 (Oven Spring)	• 짧은 시간 동안 급격히 약 $\frac{1}{3}$ 정도 부피가 팽창(내부 온도 49[℃]) • 용해 탄산가스와 알코올이 기화(79[℃]) → 가스압 증가로 팽창
전분의 호화	• 전분 입자 40[℃]에서 팽윤 → 56~60[℃]에서 호화 시작(수분과 온도에 영향을 받음)
효소 작용	• 이스트 60[℃]에서 사멸 시작 • 적정 온도 범위에서 아밀라아제는 10[℃] 상승할 때 활성 2배 진행
단백질 변성	• 반죽 온도 74[℃]부터 단백질이 굳기 시작 • 호화된 전분과 함께 구조 형성
껍질의 갈색 변화	• 메일라드 반응 : 당류 + 아미노산 = 갈색 색소(멜라노이딘) 생성 • 캐러멜화 반응 : 당류 + 높은 온도 = 갈색이 변하는 반응
향의 발달	• 향은 주로 껍질에서 생성 → 빵 속으로 흡수 • 향의 원인 : 재료, 이스트 발효 산물, 열 반응 산물, 화학적 변화 • 관여 물질 : 유기산류, 알코올류, 케톤류, 에스테르류

(3) 튀기기

① 튀김용 기름을 열전달의 매체로 가열하여 익히는 방법

② 튀김용 기름의 온도는 150~200[℃] 정도로 가열되는 속도가 빠름.

③ 튀김 중 식품 수분 증발과 기름이 식품에 흡수되어 물과 기름의 교환이 일어남.

(4) 튀김용 유지 조건

① 발연점이 높은 것이 좋음.

② 튀김 중이나 튀김 후 불쾌한 냄새가 나지 않아야 함.

③ 기름에 튀겨지는 동안 구조 형성에 필요한 열전달을 할 수 있어야 함.

④ 엷은 색을 띠며 특유의 향이나 착색이 없어야 함.

⑤ 제품 냉각 시 충분히 응결되어 설탕이 탈색되거나 지방 침투가 되지 않아야 함.

⑥ 기름의 대치에 있어서 성분, 기능이 바뀌어서는 안 됨.

⑦ 수분 함량은 0.15[%] 이하로 유지

⑧ 튀김 기름의 유리지방산 함량이 0.1[%] 이상이 되면 발연 현상이 나타남.

6. 제품 관리(식빵류의 결함과 원인)

결함	원인
부피가 작음	• 이스트 사용량 부족 • 팬의 크기에 비해 부족한 반죽량 • 소금, 설탕, 쇼트닝, 분유 사용량 과다 • 2차 발효 부족 • 이스트 푸드 사용량 부족 • 알칼리성 물 사용 • 오븐에서 거칠게 다룸. • 부족한 믹싱 • 오븐의 온도가 초기에 높을 때 • 미성숙 밀가루 사용 • 물 흡수량이 적음.
표피에 수포 발생	• 진 반죽 • 2차 발효실 습도 높음. • 성형기의 취급 부주의 • 오븐의 윗불 온도가 높음. • 발효 부족

결함	원인
빵의 바닥이 움푹 들어감	• 믹싱 부족 • 초기 굽기의 지나친 온도 • 진 반죽 • 뜨거운 틀, 철판 사용 • 팬에 기름칠을 하지 않음. • 팬 바닥에 구멍이 없음. • 2차 발효실 습도 높음.
윗면이 납작하고 모서리가 날카로움	• 진 반죽 • 소금 사용량 과다 • 발효실의 높은 습도 • 지나친 믹싱
껍질색이 옅음	• 설탕 사용량 부족 • 1차 발효 시간의 초과 • 연수 사용 • 2차 발효실 습도 낮음. • 굽기 시간의 부족 • 오븐 속의 습도와 온도가 낮음.
껍질색이 짙음	• 설탕, 분유 사용량 과다 • 높은 오븐 온도 • 높은 윗불 온도 • 과도한 굽기 • 2차 발효실 습도 높음.
부피가 큼	• 우유, 분유 사용량 과다 • 소금 사용량 부족 • 스펀지의 양이 많을 때 • 과도한 1차 발효와 2차 발효 • 낮은 오븐 온도 • 팬의 크기에 비해 많은 반죽
빵 속 줄무늬 발생	• 덧가루 사용량 과다 • 표면이 마른 스펀지 사용 • 건조한 중간 발효 • 된 반죽 • 과다한 기름 사용

제 **1** 장

위생안전관리

01 생산 위생 및 안전 관리

02 품질관리

▶ 적중예상문제

CHAPTER 01 생산 위생 및 안전 관리

• 식품위생법에 준한 개인위생 관리 등을 할 수 있다.
• 식품 특성에 따라 구분하여 위생안전관리를 할 수 있다.
• HACCP을 이해하고 적용할 수 있다.
• 식품위생 관련 법규를 알고 식품위생을 확인할 수 있다.

01 개인 위생안전관리

1. 개인위생 관리

(1) 작업자의 매일 점검 의무사항

① 작업복(위생복, 위생모, 안전화) 착용 및 점검

② 개인 건강상태 확인

③ 작업 전 따뜻한 온수로 업무용 소독비누를 사용하여 30초 이상 씻기

(2) 작업 공정 중 개인위생 관리

① 화장실 이용 후, 신체 일부를 만진 경우 반드시 손 씻기

② 작업복 착용 후 작업장 이탈 금지

③ 작업화와 외부용 신발 구분하여 착용

④ 마스크는 코까지 착용

(3) 식품위생법에 준한 안전관리 지침서

① 건강진단 : 연 1회

② 식품 영업에 종사할 수 없는 질병

㉠ 결핵(비감염성 제외)

㉡ 콜레라, 장티푸스, 파라티푸스, 세균성이질, 장출혈성대장균감염증, A형간염

㉢ 피부병 또는 화농성(고름 형성) 질환

㉣ AIDS(성매개감염병에 관한 건강진단을 받아야 하는 영업에 종사하는 사람만 해당)

핵심문제 풀어보기

식품 또는 식품첨가물을 채취, 제조, 가공, 조리, 저장, 운반 또는 판매하는 직접 종사자들이 정기건강진단을 받아야 하는 주기는?

① 1회 / 6개월
② 2회 / 6개월
③ 1회 / 연
④ 2회 / 연

해설
식품 또는 식품첨가물을 취급하는 직접 종사자들은 의무적으로 연 1회 건강진단을 받아야 한다.

 답 ③

2. 교차오염 관리

(1) 교차오염의 정의

식품과 식품, 표면과 표면 사이에서 오염물질의 이동. 조리하지 않은 고기로부터 조리된 또는 즉석식품으로 직접적으로 또는 도마를 통해 간접적으로 병균이 전달되는 현상

(2) 교차오염 방지요령

① 일반구역과 청결구역으로 구역 설정하여 전처리, 조리, 세척 등을 별도의 구역에서 실행

② 칼, 도마 등의 기구나 용기는 용도별(조리 전후)로 구분하여 각각 전용으로 준비하여 사용

③ 세척용기는 육류, 채소류로 구분하기

④ 식품, 취급 등의 작업은 바닥으로부터 60[cm] 이상에서 실시하여 바닥의 오염물 이입 방지

⑤ 전처리한 식품과 비전처리한 식품을 분리 보관

⑥ 전처리에 사용하는 물은 반드시 먹는물 사용

3. 식중독 예방관리

(1) 식중독의 정의

유독 · 유해 물질이 음식물에 흡인되어 경구적으로 섭취 시 열을 동반하거나 열을 동반하지 않으면서 구토, 식욕부진, 설사, 복통 등을 일으키는 질병

(2) 식중독 예방원칙

① 신선한 식품을 충분히 세척 후 사용함.

② 방충 · 방서망 설치

③ 식품 취급 시 손, 복장을 청결히 함.

④ 잔여 음식 폐기

⑤ 화농성 질환 종사자의 작업 금지

⑥ 종사자의 정기적인 건강진단

⑦ 식품의 냉장보관과 신속한 섭취

⑧ 안전히 익혀 먹기

⑨ 물은 끓여 먹기

ꙮ 그람 염색법이란?

세포벽의 구조 차이에 따라 세균을 다른 색으로 착색시켜 분류하는 염색법

• 열을 가하여 세균을 염기성 색소인 요오드 혼합용액으로 처리한 다음 알코올이나 아세톤을 사용하여 세척하게 되는데, 이때 색소가 세척되어 탈색되는 세균을 그람음성균, 탈색되지 않는 세균을 그람양성균이라 부른다.
• 세척 작용 후 사프라닌과 같은 붉은색을 띠는 색소를 사용하여 다시 시료를 염색할 때 그람음성균은 붉은색으로 관찰된다.

(3) 식중독 발생 시 대책

① 식중독이 의심되면 환자의 상태를 메모하고 관할 보건소에 신고
② 추정 원인식품을 수거하여 검사기관에 송부
③ 의사 · 한의사는 관할 시장 · 군수 · 구청장에 보고 → 식품의약품안전처장, 시 · 도지사에 보고

(4) 식중독의 분류

구분		종류
세균성 식중독	감염형	살모넬라, 장염 비브리오, 병원성 대장균, 캠필로박터, 여시니아
	독소형	보툴리누스, 포도상구균, 웰치균
바이러스성 식중독		노로바이러스, 로타바이러스, A형 간염바이러스
화학적 식중독		유해 첨가물, 금속, 농약 등
자연독 식중독		동물성, 식물성, 곰팡이 독

① **세균성 식중독** : 식중독 중 발생률이 가장 높고, 특히 여름철에 가장 많이 발생한다.

㉠ **감염형 식중독** : 식품 중에 미리 증식한 식중독균을 식품과 함께 섭취하여 구토, 복통, 설사 등 급성 위장관염 증세(잠복기 : 8~24시간)를 나타낸다.

ⓐ 살모넬라

외부형태	그람음성, 무포자 간균
원인균의 특징	최적 온도 : 37[℃], pH : 7~8
증상	고열, 구토, 복통, 설사
원인식품	달걀, 어육, 샐러드, 마요네즈, 유제품, 사람이나 가축의 분변
잠복기	12~24시간
예방	60[℃]에서 20분 가열 또는 70[℃] 이상에서 3분 가열
발생 시기	6~9월

ⓑ 장염 비브리오

외부형태	그람음성, 무포자 간균
원인균의 특징	• 열에 약함, 호염균, 3~4[%] 식염에서 잘 자람. • 중온균(15[℃] 이상에서 증식) • 증식 속도 매우 빠름(여름철 주의). • 비브리오 패혈증의 원인
증상	설사, 복통, 발열
원인식품	어패류, 생선(교차오염 주의)
잠복기	10~18시간
예방	수돗물로 세척, 60[℃]에서 15분 가열, 2차 오염 방지
발생 시기	6~10월(여름)

ⓒ 병원성 대장균

외부형태	그람음성, 구균, 무아포성, 호기성 또는 (통성혐기성)
원인균의 특징	• 농물의 대장 안에 서식 • 식품이나 물 등에 검출되었다면 분변에 식품이 오염되있음을 알 수 있다. 분변오염의 지표 • 베로톡신(Verotoxin) 생성
증상	O-157은 뇌신경계질환, 설사, 복통
원인식품	환자의 분변, 덜 익은 육류, 살균 덜 된 우유
잠복기	12~72시간
예방	O-157균은 75[℃]에서 1분 가열, 세척, 교차오염 방지

☑ 병원성 대장균 O-157균(장출혈성 대장균)
• 저온에 강하고 열에 약하며 산에 강함.
• 베로톡신이라는 독소 생성
• 장관출혈성, 용혈성 요독증으로 사망

ⓓ 캠필로박터

외부형태	S자형 나선모양 편모가 있으며 나선운동을 함.
원인균의 특징	• 캠필로박터 제주니(원인균), 미호기성(5[%] 농도 산소) 세균 • 30·42[℃]에서 발육, 극소량이 존재만으로도 발병 • 선진국에서 살모넬라 다음으로 많이 발생
증상	발열, 구토, 복통, 설사, 치사율 낮음.
원인식품	소, 돼지, 닭고기(가금류), 소독되지 않은 물(인축공통)
잠복기	2~7일
예방	열에 약해 70[℃] 이상에서 1분 만에 사멸

ⓔ 리스테리아 모노사이토제네스

외부형태	그람양성, 통성혐기성 무아포 간균
원인균의 특징	리스테리아균, 저온균(4[℃]), 호기성, 호염성
증상	발열, 설사, 뇌염, 뇌수막염, 조산(사산 유발)
원인식품	식육, 알류, 유제품, 생선류
잠복기	2~6주
예방	가열

ⓕ 여시니아 엔테로콜리티카

외부형태	그람음성 간균, 편모 있음.
원인균의 특징	호냉성(4~5[℃]), 내열성 장독소 생산
증상	발열, 복통, 설사
원인식품	돼지의 장 내용물, 토양
잠복기	2~5일
예방	소독, 세척

핵심문제 풀어보기

독소형 식중독에 속하는 것은?

① 포도상구균
② 장염 비브리오균
③ 병원성 대장균
④ 살모넬라균

해설
• 감염형 세균성 식중독에는 살모넬라, 장염 비브리오, 병원성 대장균 식중독이 있다.
• 독소형 세균성 식중독에는 보툴리누스, 포도상구균, 웰치균 식중독이 있다.

답 ①

ⓒ 독소형 식중독 : 병원체가 증식할 때 생성되는 독소를 식품과 함께 섭취했을 때 나타나는 위장관 이상 증세(잠복기 : 보통 3시간)이다.

ⓐ 포도상구균

외부형태	그람양성, 통성혐기성, 아포형성, 편모 없음, 포도송이 모양
원인균의 특징	• 장독소인 엔테로톡신에 의해 발병 • 화농성 질환의 원인균 • 건조, 염도, 산, 알칼리에 안정
증상	구토, 복통, 설사
원인식품	김밥, 도시락, 샌드위치, 화농성 질환자가 만든 음식
잠복기	평균 3시간
예방	황색포도상구균은 80[℃]에서 30분 가열로 사멸되지만, 대사산물인 장독소(엔테로톡신)는 210[℃]에서 30분 가열(내열성)

ⓑ 클로스트리디움 보툴리누스

외부형태	그람양성, 편성혐기성 간균, 내열성 아포형성, 편모 있음.
원인균의 특징	대사산물인 보툴린이라는 신경독(뉴로톡신) 섭취로 발생
증상	• 신경마비, 구토, 복통, 설사, 언어장애, 호흡곤란 • 발열 없음. • 치사율 높음.
원인식품	통조림, 병조림, 소시지, 훈연제품
잠복기	12~36시간
예방	• 멸균 : 120[℃] 4분, 100[℃] 6시간 가열 시 살균 • 증식 억제 : 4[℃] 이하에서 저장, pH 4.5 이하

ⓒ 바실루스 세레우스

외부형태	토양세균, 그람양성 간균, 통성혐기성, 편모 있음, 아포형성	
원인균의 특징	설사형	구토형
증상	설사, 복통	구토
원인식품	식육, 수프, 소스	쌀, 밀 등 곡류
잠복기	8~16시간	1~5시간
예방	가열	가열

ⓓ 웰치균(클로스트리디움 퍼프리젠스)

외부형태	그람양성, 편성혐기성 간균
원인균의 특징	감염형과 독소형을 합친 형태
증상	점액변, 혈변
원인식품	동물성 단백질, 단체급식에서 대량조리한 제품
잠복기	12시간
예방	• 가열에 의한 사멸 어려움(내열성). • 조리식품 내부 온도 74[℃] 이상으로 재가열

② 바이러스성 식중독 : 노로바이러스, 로타바이러스, 간염바이러스 종류가 있으며 병원체가 식품과 함께 우리 몸에 들어와 장에서 증식하여 감염을 일으킴과 동시에 독소를 분비하여 증세를 일으키다. 미생물이 인체 내부에서 질병을 일으키는 독소를 생산하는 것이 독소형 식중독과 다르다. 기온의 영향을 받지 않아 겨울철에 주로 유행, 원인식품에서 검출된 예가 없고 감염경로가 매우 다양하다.

핵심문제 풀어보기

세균성 식중독이 아닌 것은?

① 살모넬라　　② 여시니아

③ 캠필로박터　④ 노로바이러스

해설
노로바이러스는 바이러스성 식중독이다.

답 ④

위생안전관리 제1장

㉠ 노로바이러스

외부형태	원형, 소형바이러스
원인균의 특징	• 감염력 강함. • 크기가 작아 쉽게 오염시킴. • 생존능력 강함. • 오염된 지하수, 식품, 사람 간 전염성 매우 높음.
증상	탈수, 구토, 복통, 설사, 급성 위장관염
원인	감염된 환자의 구토물, 분변, 신체접촉, 오염된 물
잠복기	1~2일
예방	백신이나 치료법 없음. 예방이 중요
발생 시기	12~2월

㉡ 로타바이러스

외부형태	바퀴모양(로타)
원인균의 특징	많이 발생
증상	발열, 설사, 탈수로 인한 쇼크
원인	물, 음료수, 분변, 접촉, 공기
잠복기	1~3일
예방	영유아, 어린이집 주의

㉢ 간염바이러스

외부형태	A, E형 간염바이러스
원인균의 특징	식품 매개 바이러스
증상	고열, 복통, 황달, 독감
원인	바이러스가 장관을 통과해 혈액으로 진입 후 간세포 안에서 증식하여 장관으로 감염되는 식품 매개 바이러스
잠복기	1~2주

③ 화학적 식중독

㉠ 허가되지 않은 유해 첨가물의 식중독

구분		특징
유해 감미료	둘신	• 설탕의 250배 단맛 • 혈액독, 중추신경장애 유발
	사이클라메이트	• 암 유발 • 설탕의 40~50배 단맛
	페닐라틴	• 염증 유발 • 설탕의 2,000배 단맛
	에틸렌글리콜	• 자동차 부동액
유해 표백제		• 롱가리트, 삼염화질소, 과산화수소
유해 착색료		• 아우라민(단무지, 카레에 사용되었던 황색 색소) • 로다민 B(어육, 붉은 생강에 사용된 분홍색 색소) • 실크 스칼렛
유해 보존료		• 붕산, 포름알데히드, 승홍, 불소화합물

허용 가능한 화학적 감미료
사카린나트륨, 아스파탐, 스테비오시드

㉡ 유해 중금속에 의한 식중독

종류	오염원	증상 및 질병
수은(Hg)	• 유기수은에 오염된 수산물	미나마타(구토, 신경장애, 마비)
카드뮴(Cd)	• 공장폐수에 오염 • 생활폐기물	이타이이타이(골연화증, 신장장애)
비소(As)	• 밀가루로 오인 가능 • 두부에 가해지는 소석회 등에 불순물로 들어 있음.	피부암, 폐암, 방광암, 신장암
주석(Sn)	• 통조림관 내부의 질산이온(도금 재료)	급성 위장염
납(Pb)	• 통조림의 땜납 • 법랑의 유약성분	신경계이상, 빈혈, 구토, 복통, 실명, 사망, 칼슘대사이상
구리(Cu)	• 녹청에 의한 식중독 • 쥐에 오염된 사료 → 송아지에게서 쉽게 발생	황달, 괴사, 용혈, 폐사
아연(Zn)	• 기구의 합금, 도금 재료	근육통, 발열, 떨림, 구토, 위통

ⓒ 조리 · 가공 중 생성, 혼입 가능한 유해 물질에 의한 식중독

종류	원인물질	증상
메틸알코올	• 메타놀(과실주 발효 시 생성)	두통, 현기증, 설사, 실명, 시신경장애
벤조피렌	• 타르(담배연기, 배기가스, 구운 고기의 탄 부위)	발암물질
니트로사민	• 질산염, 아질산염이 위 속의 산성 조건 하에서 식품 성분과 반응하여 생성 • 소시지, 햄, 베이컨 등 육류 가공품	발암물질
아크릴아마이드	• 곡류 같은 탄수화물 식품을 가열(감자를 고온에서 가열할 때 많이 발생)	발암물질
다이옥신	• 폐기물 소각	발암물질

ⓔ 합성플라스틱

종류	발생물질
요소수지	포르말린 용출
페놀수지	포르말린과 페놀로 제조
멜라닌수지	포름알데히드, 중금속 용출

④ 자연독 식중독
　ⓐ 식물성 식중독

독버섯	무스카린, 맹독성이 가장 강한 아마리타톡신
감자	솔라닌(발아 부위)
독미나리	시큐톡신
면실유(목화씨)	고시폴
청매(은행)	아미그달린
피마자	리신, 리시닌
고사리	프타퀼로사이드

　ⓑ 동물성 식중독

복어	테트로도톡신	• 고환, 난소에 많음. • 치사율 높음. • 운동마비, 언어장애
모시조개, 바지락, 굴	베네루핀	• 점막출혈, 황달
섭조개	삭시톡신	• 신경마비

☑ 농약에 의한 식중독
DDT(잔류성이 큰 농약)

☑ PCB 중독
미강유 중독사건의 원인물질로, 미강유 탈취 공정에서 미강유에 혼입된 화학물질, 지방조직에 축적되어 피부괴사 유발

핵심문제 풀어보기
자연독 식중독과 그 독성물질을 잘못 연결한 것은?
① 섭조개 – 삭시톡신
② 버섯 – 베네루핀
③ 감자 – 솔라닌
④ 복어 – 테트로도톡신

해설
베네루핀은 모시조개, 바지락, 굴의 독성물질이다.

답 ②

ⓒ 곰팡이 독〔마이코톡신(Mycotoxin), 진균독, 사상균〕
　ⓐ 곰팡이 독의 정의
　　• 수확 전 곡물에 번식하거나 수확 후 저장 중에 기생 또는 불량한 저장 조건
　　　에서 곡류의 부패가 심할 때 기생함으로써 유해한 독소를 생산하는데, 곰
　　　팡이가 생산하는 2차 대사산물을 진균독이라 한다.
　　• 만성장애를 일으키며, Mycotoxin 생산 곰팡이는 Aspergillus(아스퍼질
　　　러스), Penicillium(페니실리움), Fusarium(푸사리움) 속 등이 있다.
　ⓑ 곰팡이 독의 종류
　　• 아플라톡신(Aflatoxin)

현상	• 간장, 된장을 담글 때 발생 • 땅콩, 옥수수, 쌀, 보리
증상	• 간암 유발
독소	• pH 4인 식품에 번식 • 아스퍼질러스 속의 2차 대사산물
독소 예방	• 곡류는 수분 13[%] 이하, 땅콩은 7[%] 이하에 저장하여 독소 발생 예방

　　• 황변미 중독(독소 : 시트리닌)

현상	쌀의 수분량이 14~15[%]가 되면 누렇게 변함.
증상	신경독, 간암
독소	페니실리움 속 곰팡이가 원인
독소 예방	쌀의 수분량을 13[%] 이하로 유지

　　• 맥각 중독(독소 : 에르고톡신)

현상	보리, 밀에 번식
증상	구토, 복통, 설사, 환각
녹소	에르고타민, 에르고톡신

ⓓ 알레르기성 식중독

원인균	모르간균(로테우스균)
잠복기	5분~1시간(평균 30분)
증상	안면 홍조, 상반신 홍조, 두드러기, 두통 등
원인식품	꽁치, 고등어, 참치 등 붉은색 어류나 그 가공품
치료법	항히스타민제 복용, 수 시간에서 1일 지나면 회복

☑ **곰팡이의 생육 조건**
온도 20~25[℃], 상대습도 80[%] 이상, 수분 활성도 0.8 이상, pH 4.0

☑ **곰팡이 독소 생성 방지 조건**
곰팡이가 독소를 생성하는 수분 활성도는 0.93~0.980이며 pH 5.5 이상이다. 농산물을 저장할 때는 건조한 상태인 낮은 수분 활성도를 유지해야 함.

핵심문제 풀어보기
황변미 중독은 쌀에 무엇이 증식해서 발생하는가?
① 세균　　　② 효모
③ 곰팡이　　④ 방사선균

해설
쌀에 곰팡이기 피면 황색으로 변화하며 발암물질인 아플라톡신이 생성된다.
답 ③

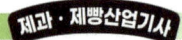

4. 감염병

(1) 감염병의 정의

① 미생물에 의해 전파되는, 즉 전염이 가능한 질병

② 특정 병원체나 병원체의 독성물질로 인하여 발생하는 질병

③ 감염체로부터 감수성이 있는 숙주에게 감염되는 질환

(2) 감염병 생성 요인(감염병 발병의 3대 요소)

① **병원체**(병인) : 병을 일으키는 원인이 되는 미생물

② 감염경로(병원소 탈출) – 새로운 숙주에 침입

③ 숙주의 감수성(면역력이 약한 경우 질병이 발병함)

(3) 감염병의 발생 과정

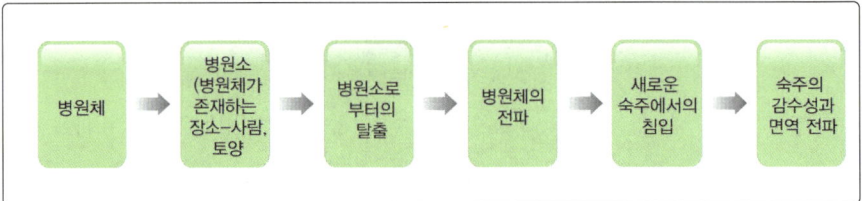

(4) 법정 감염병의 분류 및 종류

구분	감염병의 종류
제1급 감염병 (17종)	에볼라바이러스병, 마버그열, 라싸열, 크리미안콩고출혈열, 남아메리카출혈열, 리프트밸리열, 두창, 페스트, 탄저, 보툴리눔독소증, 야토병, 신종감염병증후군, 중증급성호흡기증후군(SARS), 중동호흡기증후군(MERS), 동물인플루엔자인체감염증, 신종인플루엔자, 디프테리아
제2급 감염병 (21종)	결핵, 수두, 홍역, 콜레라, 장티푸스, 파라티푸스, 세균성이질, 장출혈성대장균감염증, A형간염, 백일해, 유행성이하선염, 풍진, 폴리오, 수막구균 감염증, b형헤모필루스인플루엔자, 폐렴구균 감염증, 한센병, 성홍열, 반코마이신내성황색포도알균(VRSA) 감염증, 카바페넴내성장내세균목(CRE) 감염증, E형간염
제3급 감염병 (27종)	파상풍, B형간염, 일본뇌염, C형간염, 말라리아, 레지오넬라증, 비브리오패혈증, 발진티푸스, 발진열, 쯔쯔가무시증, 렙토스피라증, 브루셀라증, 공수병, 신증후군출혈열, 후천성면역결핍증(AIDS), 크로이츠펠트-야콥병(CJD) 및 변종크로이츠펠트-야콥병(vCJD), 황열, 뎅기열, 큐열, 웨스트나일열, 라임병, 진드기매개뇌염, 유비저, 치쿤구니야열, 중증열성혈소판감소증후군(SFTS), 지카바이러스감염증, 매독

구분	감염병의 종류
제4급 감염병 (22종)	인플루엔자, 회충증, 편충증, 요충증, 간흡충증, 폐흡충증, 장흡충증, 수족구병, 임질, 클라미디아감염증, 연성하감, 성기단순포진, 첨규콘딜롬, 반코마이신내성장알균(VRE) 감염증, 메티실린내성황색포도알균(MRSA) 감염증, 다제내성녹농균(MRPA) 감염증, 다제내성아시네토박터바우마니균(MRAB) 감염증, 장관감염증, 급성호흡기감염증, 해외유입기생충감염증, 엔테로바이러스감염증, 사람유두종바이러스 감염증

(5) 경구 감염병

① 경구 감염병의 정의 : 병원체가 음식물, 손, 기구, 물, 위생동물(파리, 바퀴벌레, 쥐 등) 등을 통해 경구(입)적으로 체내에 침입하여 일으키는 소화기계 질병

② 경구 감염병의 종류

구분	종류
세균성 감염병	장티푸스, 파라티푸스, 콜레라, 세균성이질, 파상열, 비브리오 패혈증, 성홍열, 디프테리아, 탄저, 결핵, 브루셀라
비이리스성 감염병	일본뇌염, 인플루엔자, 광견병, 천연, 소아마비(급성회백수염, 폴리오), 감염형 설사증, 홍역, 유행성간염
리케차성 감염병	발진티푸스, 발진열, 쯔쯔가무시병, Q열
원충류	아메바성 이질

㉠ 세균성 감염병

ⓐ 장티푸스

원인균(병원체)	Salmonella typhi(살모넬라 티피)
형태	그람음성 간균, 편모 있음.
잠복기	1~3주
증상	발열, 두통, 급성 전신감염
전파방식	환자나 보균자의 분변, 파리
병원소	사람(환자, 보호자)

핵심문제 풀어보기

다음 중 경구 감염병이 아닌 것은?
① 콜레라
② 이질
③ 캠필로박터
④ 유행성간염

해설
경구 감염병에는 장티푸스, 파라티푸스, 콜레라, 이질, 디프테리아, 유행성간염, 성홍열 등이 있다.

답 ③

ⓑ 파라티푸스

원인균(병원체)	Salmonella paratyphi(살모넬라 파라티피)
특징	2급 법정 감염병
잠복기	1~3주
증상	발열, 두통, 장티푸스와 비슷
전파방식	파리, 바퀴, 분변
병원소	사람(환자, 보호자)

ⓒ 콜레라

원인균(병원체)	Vibrio cholerae(비브리오 콜레라)
특징	2급 법정 감염병
잠복기	2~5일
증상	청색증, 구토, 탈수증, 체온저하
전파방식	환자의 분변, 구토물이 해수와 식품을 오염시켜 경구적으로 오염, 파리
병원소	사람

ⓓ 세균성이질

원인균(병원체)	Shigella dysenteriae(시겔라 디센테리아)
형태	그람음성 간균, 호기성, 아포, 협막 만들기 ×
잠복기	4일
증상	발열, 오심, 설사, 혈변
전파방식	환자, 보호자의 변에 의해 오염된 물, 파리

ⓔ 디프테리아

원인균(병원체)	Corynebacterium diphtheria(코리네박테리움 디프테리아)
특징	1급 법정 감염병, 경구 감염도 됨.
잠복기	2~7일
증상	편도이상, 발열, 심근염
전파방식	환자의 분비물(비말감염), 오염된 식품

ⓛ 바이러스성 감염병

ⓐ 폴리오(급성회백수염, 소아마비), 천열, 홍역

원인균(병원체)	바이러스
잠복기	7~12일
증상	발열, 마비, 경직
전파방식	파리, 음료수

ⓑ 유행성간염

원인균(병원체)	A형 바이러스
잠복기	30~35일
증상	황달, 간부전
전파방식	분변오염, 사람

ⓒ 경구 감염병과 세균성 식중독의 비교

구분	경구 감염병 (소화기계 감염병)	세균성 식중독
세균수	적은 양	많은 양
잠복기	길다.	짧다.
원인균 검출	어려움.	비교적 쉬움.
사람 대 사람 간의 전염병(2차 감염)	있음.	거의 없음.
예방조치	불가능	가능
면역	가능	불가능

※ 감염병 발생신고 : 보건소장 → 시 · 도지사 → 보건복지부 장관

ⓓ 경구 감염병의 예방대책

ⓐ 환자, 보호자이 조기 발견 및 격리치료

ⓑ 환자, 보호자의 조리를 금함.

ⓒ 음료수의 위생적 관리와 소독

ⓓ 환경 위생 철저

ⓔ 병균을 매개하는 파리, 바퀴, 쥐를 구제

ⓕ 날음식 섭취를 피하고 위생 처리함

✓ 질병을 일으키는 동물과 해충

파리, 바퀴벌레	장티푸스, 파라티푸스, 세균성이질, 콜레라 등
이	발진티푸스, 재귀열
벼룩	페스트, 재귀열
모기	일본뇌염, 말라리아, 사상충, 황열
쥐	발진티푸스, 페스트, 쯔쯔가무시병, 천열, 유행성출혈열, 렙토스피라승
진드기	유행성출혈열, 쯔쯔가무시병, 재귀열

위생안전관리 제1장

(6) 인수공통감염병

① 인수공통감염병의 정의 : 동물과 사람 사이에서 직접적 혹은 간접적으로 전염이 되는 질병

② 인수공통감염병의 종류

종류	원인체	증상	특징
탄저	• 바실루스 안트라시스	• 패혈증 • 피부탄저 • 폐탄저 • 장탄저	• 병든 가죽의 사체는 반드시 소각처리해야 함. • 소, 양, 염소, 돼지 등에 의해 감염됨.
파상열 (브루셀라)	• 브루셀라 아보터스 • 브루셀라 멜리텐시스	• 소, 염소, 양, 돼지에게 감염되면 유산을 일으킴.	• 병에 걸린 동물의 젖 • 유제품
결핵	• 동물의 젖(우유)	• 정기적인 투베르쿨린반응 검사	• BCG 예방접종을 통해 조기발견 가능
광견병, 페스트, 라임병	• 너구리, 박쥐, 개 등 포유 동물, 쥐(설치류), 파리, 사슴, 진드기	• 발열, 발작, 기침	• 혼수상태에 빠져 사망에 이를 수 있음.
야토병	• 산토끼	• 발열, 결막염	• 1급 법정 감염병
돈단독	• 돼지	• 패혈증	
Q열	• 리케차성 질병	• 급성 열성 질환, 발열	• 우유 살균 • 치사율이 65[%]로 높음.
리스테리아	• 식육, 유제품	• 소아나 성인에게 뇌수막염을 일으킴.	• 저온에 생존력 강함. • 임산부의 자궁 내 패혈증

③ 인수공통감염병의 예방대책

㉠ 이환 동물의 조기 발견 및 격리치료

㉡ 우유의 살균처리

㉢ 가축 예방 접종

㉣ 이환된 동물 식용 금지

㉤ 수입되는 유제품, 고기, 가축의 검역 철저

✓ 수인성 감염병

오염된 물에 의해 병원성 미생물이 전달되는 질병

[예] 장티푸스, 파라티푸스, 콜레라, 세균성이질, 유행성간염, 소아마비

✓ 불완전 살균우유로 감염되는 병

결핵, Q열, 파상열(브루셀라증)

(7) 기생충 감염병

① 채소류를 통한 기생충

종류	감염경로, 모양	특징
회충	• 경구 침입	• 70[℃]로 가열하면 사멸 • 일광소독, 흐르는 물에 5회 씻기 • 우리나라에서 감염률이 높음.
요충	• 경구 침입	• 집단 생활 장소에 발생 • 항문 주위에 산란
십이지장충	• 경피 감염 • 경구 감염	• 피부염 • 소장에 기생
편충	• 말채찍모양	• 설사증 • 맹장에 기생
동양모양선충		• 소장에 기생

② 어패류를 통한 기생충

구분	간디스토마 (간흡충)	폐디스토마 (폐흡충)	광절열두조충	유극악구충	요코가와흡충 (장흡충)
제1중간숙주	왜우렁이	다슬기	물벼룩	물벼룩	다슬기
제2중간숙주	민물고기	게, 가재	연어, 숭어	가물치	담수어

③ 육류를 통한 기생충

유구조충 (갈고리촌충, 돼지고기 촌충)	돼지고기 생식
무구조충 (민촌충, 소고기 촌충)	소고기 생식
선모충	쥐 → 돼지고기

02 환경 위생안전관리

1. 작업환경 위생 관리

(1) 제빵기기의 위생 관리

① 오븐, 발효기, 믹서 등은 전원이 꺼진 것을 확인히고 청소한다.

② 진열용 빵 플레이트는 3년에 한 번 정도 교체한다.

③ 스테인리스 용기, 기구는 중성세제로 세척 후 열탕소독, 약품소독하여 사용한다.

④ 냉장, 냉동고는 주 1회 세정한다.

⑤ 칼, 도마, 행주는 중성세제나 약알칼리제를 사용하거나 세척 후 매일 1회 소독한다.

(2) 작업장 위생 관리

① 모든 작업장은 세척, 소독이 용이한 재질을 사용한다(바다 근처는 피한다).

② 배수로는 폐수처리시설로 이동하는 공간이므로 작업장 외부 등에 교차오염 방지를 위해 덮개 및 마감 등을 한다.

③ **화장실** : 남녀화장실 분리, 환기시설 설치, 수세식, 벽면은 타일로 하며 항상 청결 상태를 유지한다.

④ **발바닥 소독기** : 매일 점검하며, 0.75[%]의 P3-옥소니아 용액이나 차아염소산나트륨을 희석(물 5[L]에 락스 50[mL])하여 사용한다.

(3) 작업환경 관리

① 온도, 습도

㉠ 작업장 또는 재료 창고는 재료의 특성에 맞게 변질이 되지 않도록 적정한 온도와 습도를 유지해야 한다.

㉡ 주방은 주기적으로 세척과 교체를 함으로써 교차오염이 되지 않게 해야 한다.

② 방충 및 방서 시설

㉠ 작업장 또는 창고 출입구는 자동문이나 스스로 닫힐 수 있도록 설계된 미닫이 문으로 설치한다.

㉡ 바닥, 벽 등의 경계면은 15[cm] 이상의 금속판 등을 설치하여 쥐, 벌레 등의 출입을 막는다.

㉢ 창문 및 환기시설은 지면에서 90[cm] 이상으로 높은 곳에 설치를 해야 하며 철망을 설치하여 방충, 방서가 이루어지도록 한다.

③ 환기시설

　㉠ 주방의 환기시설은 충분한 용량으로 배출이 될 수 있도록 설치를 해야 하며, 다른 작업장으로 유입되는 것을 차단해야 한다.

　㉡ 계량실, 반죽실 등 밀가루 분진이 많이 발생하는 곳은 분진을 제거할 수 있는 제거 장치를 설치해야 한다.

④ 용수 : 검사 기준에 맞게 항상 깨끗이 사용하고 주기적인 검사가 이루어져야 한다.

⑤ 창문

　㉠ 창문틀의 각도는 45[°] 이하로 하고, 창의 면적은 벽 면적의 70[%]이다.

　㉡ 창의 면적은 바닥 면적의 20~30[%]이다(채광상 바닥 면적의 10[%] 이상이 되도록 함).

　㉢ 방충망은 중성세제로 세척 후 마른 행주로 닦는다.

⑥ 주변 환경

　㉠ 주방의 바닥은 이동 통로에 적재를 하지 말아야 하며, 안전을 위해 항상 깨끗하게 관리해야 한다.

　㉡ 바닥에 기름이나 물기가 없게끔 관리해 사고의 위험을 예방해야 한다.

(4) 제과 · 제빵 작업실의 표준 조도(단위 : Lux)

발효 과정	50[Lux]
계량, 반죽, 조리, 성형 과정	200[Lux]
굽기 과정	100[Lux]
포장, 장식, 마무리 작업	500[Lux]

(5) 소독 및 살균

① 소독의 정의 : 병원성 미생물을 파괴시켜 감염 및 증식력을 없애는 것(병원균만 사멸시키며 포자는 죽이지 못함)

② **살균의 정의** : 강한 살균력으로 모든 미생물의 영양은 물론 포자까지 완전 파괴시키는 것(무균, 멸균 상태로 됨)

③ 소독 방법

　㉠ 물리적 소독법

　　ⓐ 무가열법

종류	방법
일광소독	• 1~2시간, 의류 및 침구 소독

용수 검사 기준

대상	검사 규정
대장균	불검출 / 100[mL]
총 대장균군 수	5,000 이하 / 100[mL]
일반세균 수	100[CFU / mL] 이하
노로바이러스	불검출

핵심문제 풀어보기
작업실의 조도는?
① 100~200[Lux]
② 150~300[Lux]
③ 200~500[Lux]
④ 300~600[Lux]

해설
• 계량, 반죽, 조리, 성형 과정 : 200[Lux]
• 포장, 장식, 마무리 작업 : 500[Lux]

답 ③

종류	방법
자외선 살균법	• 물, 공기 소독에 적합 • 살균력 강한 파장 : 2,400~2,800[Å] • 장점 : 취급, 사용법 용이 • 단점 : 균에 내성을 주지 않고 표면만 살균 • 자외선 살균 등의 물체와의 거리는 50[cm] 이하로 가까울수록 좋다. • 조리실의 물이나 공기·용액의 살균, 도마·조리기구의 표면을 살균(작업공간 살균에 효과적)
방사선 멸균법	• 저온 살균법 • 살균력이 강한 순서는 γ선 > β선 > α선 • 포장 또는 용기 중에 밀봉된 식품을 그대로 조사할 수 있다.

ⓑ 가열법

종류	방법
자비 멸균법 (열탕 소독법)	• 가장 간단, 쉽게 사용 • 아포형성균, 간염바이러스균은 사멸 안 됨. • 100[℃], 30분 이상 끓임. • 식기, 도마, 조리도구
증기 소독법	• 증기 발생 장치로 살균

ⓛ 화학적 소독법

　ⓐ 소독약이 갖추어야 할 조건

　　• 살균력이 클 것

　　• 부식성과 표백성이 없을 것

　　• 석탄산계수가 높을 것

　　• 침투력이 강할 것

　　• 인체에 무해할 것

　　• 안전성이 있을 것

　　• 값이 싸고, 구입이 쉬울 것

　　• 사용방법이 간단할 것

　　• 용해성이 높을 것(잘 녹을 것)

　ⓑ 석탄산계수(페놀계수)의 특징

　　• 살균력의 지표이며, 소독력의 평가 기준이 된다.

　　• 시험균으로 장티푸스균과 포도상구균을 이용한다.

　　• 시험균이 5분 내에 죽지 않고 10분 내에 죽이는 희석배수를 의미한다.

　　• 석탄산계수(페놀계수)가 높을수록 살균력이 좋다.

④ 소독약의 종류

종류	사용처
3~5[%] 석탄산수	실내벽, 실험대
2.5~3.5[%] 과산화수소	상처 소독, 구내염
70~75[%] 알코올	건강한 피부(창상피부에 사용 금지)
3[%] 크레졸	배설물, 화장실 소독
0.01~0.1[%] 역성비누	손 소독에 적당(중성비누와 혼합하면 효과 없음)
0.1[%] 승홍	손 소독
생석회	화장실, 살균력 강함.
염소(Cl_2)	수영장, 상하수도

✓ 역성비누 사용법
200~400배로 희석하여 5~10분 간 처리

⑤ 가열 살균법

저온 살균	63~65[℃], 30분 살균	우유, 과즙, 맥주
고온 단시간 살균	72~75[℃], 15초 살균	과즙, 우유
초고온 순간 살균	125~138[℃], 최소한 2~3초 살균	우유

✓ 우유 살균법
• 우유의 살균지표(Phosphatase, 포스파타아제)로 사용
• 영양성분은 파괴하지 않고 유해균만 살균

2. 미생물 관리

(1) 미생물의 발육 조건

① 수분 활성도(Water Activity, Aw) : 식품 내 수분 중에 자유수, 약한 결합수와 같이 미생물이 사용할 수 있는 물의 비율

$$0 < \text{수분 활성도(Aw)} = \frac{\text{식품의 수증기압}}{\text{순수한 물의 수증기압}} < 1$$

✓ 미생물별로 최저 생육가능한 수분 활성도
세균 > 효모 > 곰팡이
(0.95) (0.87) (0.80)

② 최적 pH

세균	pH 6.5~7.2
곰팡이, 효모	pH 4~6

③ 영양원

탄소원	포도당, 유기산, 알코올, 지방산에서 주로 섭취
질소원	아미노산을 통해 얻음.
무기염류	P(인), S(황)을 필요로 함.
비타민 B군	발육에 필요한 영양소

④ 산소

편성호기성균	산소가 있어야만 증식하는 균
편성혐기성균	산소가 없어야 증식하는 균
통성호기성균	산소가 없어도 증식하지만, 있으면 더 잘 증식하는 균
통성혐기성균	산소가 있든 없든 증식하는 균

⑤ 삼투압 : 농도가 다른 두 액체를 반투막으로 막아 놓았을 때, 용질의 농도가 낮은 쪽에서 높은 쪽으로 용매가 옮겨가는 현상에 의해 나타나는 압력

　ᄀ 설탕, 식염에 의한 삼투압은 세균 증식에 영향을 끼친다.

　ᄂ 일반세균은 3[%] 식염에서 증식 억제, 호염세균은 3[%] 식염에서 증식 가능

　ᄃ 압력(기압)은 미생물 증식에 직접적으로 영향을 미치지 않는다.

⑥ 온도

구분	온도	종류
저온균	최적 온도 10~20[℃]	수중세균
중온균	25~37[℃]	대부분의 병원균(효모, 곰팡이 등)
고온균	50~60[℃]	온천수 세균

(2) 미생물의 종류와 특징

① 미생물의 특징

　ᄀ 단세포 또는 균사로 이루어짐.

　ᄂ 식품의 제조·가공에 유익하게 이용되기도 하고, 유해하게 식중독과 전염병의 원인이 되기도 함.

② 세균류의 형태

구분	모양	종류
구균	공처럼 동그란 모양	단구균, 쌍구균, 연쇄상구균, 포도상구균
간균	길쭉한 막대모양	결핵균
나선균	나선형태의 입체적 S형 균	캠필로박터균

③ 진균(곰팡이)의 특징

　ᄀ 원인균은 곡류가 많다.

　ᄂ 호기성균

　ᄃ 체외로 독소를 분비시켜 질병 유발

　ᄅ 간장, 과즙, 과일 등의 부패 유발

✔ **미생물의 크기**

곰팡이 > 효모 > 세균 > 리케차 > 바이러스

ⓜ 고농도의 당, 식염을 함유한 탄수화물 식품에 잘 번식함.

ⓑ 수분 10[%] 건조식품에도 잘 번식함.

ⓢ 세균발육이 잘 안되는 곳에서 번식함.

ⓞ 저온에서 발육

ⓩ 질병치료에 이용됨.

ⓒ 항생제의 효과 없음.

④ 세균류과 진균류의 종류

㉠ 세균류

종류	특징
Bacillus 속 (바실루스)	• 내열성 아포형성 • 호기성 간균 • 가장 보편적인 균 • 단백질과 전분 분해력이 강함(부패세균). • 자연계에 가장 널리 분포 – 식품오염의 주역 • 종류 : 결핵세균, 대장균, 디프테리아, 페스트, B. Natto(나토, 청국장 제조), 빵의 점조성의 원인이 되는 로프균
Lactobacillus 속 (락토바실루스)	• 간균 • 당을 발효시켜 젖산균 생성 • 젖산(유산) 음료에 이용됨.
Clostridium 속 (클로스트리디움, 보툴리누스)	• 아포형성 간균 • 혐기성균 • 부패 시 악취의 원인 • 종류 : C. Botulinum(보툴리눔), C. Perfringens(퍼프린젠스)
Micrococcus 속 (마이크로코쿠스)	• 그람양성 • 토양, 물, 생우유에서 발견됨. • 피부, 점막, 구강, 인후 등에 자라는 사람의 정상균 • 폐렴, 내수막염, 화농성 관절염, 균혈증, 복막염 등을 일으킴. • 종류 : M. Luteus(루테우스)
Pseudomonas 속 (슈도모나스)	• 그람음성, 무아포, 편모 • 항록색 색소 생산 • 20~30[℃]에서 잘 자람. • 우유, 어류, 육류, 달걀, 야채 등의 부패세균 • 저온에서도 번식 • 어류의 부패와 관련 깊음. • 증식 속도 빠름 • 방부제에 대해 저항성이 강함. • 종류 : P. Fluorescence(플루오레센스), P. Aeruginosa(에루지노사)

종류	특징
Escherichia 속 (에세리키아)	• 유당과 가스 생성
Serratia 속 (세라티아)	• 적색 변화를 일으킴.
Vibrio 속 (비브리오)	• 무아포, 혐기성 간균 • 비브리오 패혈증을 일으킴. • 종류 : 콜레라, 장염 비브리오균
Proteus 속 (프로테우스)	• 그람음성 간균 – 장내세균 • 히스타민을 축적하여 알레르기성 식중독 유발 • 37[℃]에서 발육 • 동물성 식품의 대표적 부패균 • 단백질 분해력이 강한 호기성균 • 종류 : P. Morganii(모르가니)

주요 식품과 부패 미생물
• 우유, 유제품 : Lactobacillus 속
• 어육류 : Pseudomonas 속
• 과일, 주스 : Saccharomyces 속
• 빵, 과일, 곡류 : Rhizopus 속

ⓛ 진균류〔곰팡이(Mold), 효모〕

종류	특징
Mucor 속 (뮤코르) – 솜털곰팡이	• 식품 변패에 관여
Rhizopus 속 (리조푸스) – 거미줄곰팡이	• 번식 : 빵, 곡류, 과일 • 뮤코르와 다른 점 – 가근 형성 – 알코올 발효공업에 이용 – 딸기, 귤, 야채 등 변패의 원인균 – 원예작물의 부패에 관여
Aspergillus 속 (아스퍼질러스) – 누룩곰팡이	• 가장 보편적인 균 • 술, 간장, 된장 등 • 생육 조건 : 온도 25~30[℃], 습도 80[%] 이상, pH 4 • 종류 – A. Oryzae : 황록균(오리제) – A. Niger : 흑변현상(니제르), 대표적인 균 – A. Flavus : 발암물질(플라버스) – A. Parasicus : 아플라톡신을 생성하여 간암 유발(파라시티쿠스)

종류	특징

Penicillium 속
(페니실리움)
– 푸른색 곰팡이
	• 항생 물질 제조에 사용
	• 유지 제조, 치즈 숙성
	• 종류
	  – P. Citrinum : Mycotoxin인 Citrinin 생성
	  – Mycotoxin : 곰팡이의 유독물질로 만성적인 건강장애 일으킴.

효모(Yeast)	• 최적 온도 : 25~30[℃] • 자낭균류와 불완전균류, 출아법 증식 • 통성혐기성, 단세포 • 유익균이 많음. • 토양, 물, 식품 등에 생식, 주류 제조에 이용 • 간장, 된장, 빵에 이용 • Saccharomyces 속 : 빵, 맥주, 포도주, 알코올 등의 제조에 이용 • Saccharomyces Cerevisiae 속 : 맥주, 포도주 등 주류 제조에 이용

3. 방충 · 방서

(1) 방충 · 방서의 목적
① 생산시설이나 위생시설 내에 쥐나 해충 등의 침입을 막아 생산 활동 중 발생할 수 있는 영향을 최소화하는 것이다.
② 쥐로 인해 발생할 수 있는 질병인 유행성출혈열, 렙토스피라증, 쯔쯔가무시증, 페스트(흑사병)에 주의한다.

(2) 방충 · 방서의 방법
① 해충의 서식 방지를 위해 작업장 주변에 음식물 폐기물이 방치되지 않도록 관리하고, 주기적으로 방역작업을 실시하여 해충이 번식하지 못하도록 한다.
② 작업장 수변의 조경은 나무와 잔디보다는 자갈을 깔고 쓰레기장, 오폐수 저리장, 하수구는 수 1회, 월 1회 수기적으로 소독한다.

(3) 방충 · 방서 시설
① 모든 물품은 바닥 15[cm], 벽 15[cm] 떨어진 곳에 보관한다.
② 제과 · 제빵 공정의 방충 · 방서용 금속망은 30[mesh]가 적당하다
③ 방충망은 2개월에 1회 이상 물이나 먼지를 제거한다.

④ 주방의 환기는 대형 시설물 1개를 설치하는 것보다 소형의 시설물을 여러 개 설치하는 것이 효과적이다.

⑤ 작업장에는 포충등, 바퀴트랩, 페로몬 패치트랩 및 쥐덫 등을 설치하여 유입된 해충이나 설치류의 개체수를 확인하고 예방한다.

03 식품위생 안전관리

1. 위해요소관리

(1) HACCP(위해요소 중점관리기준)의 정의

① Hazard Analysis(위해요소 분석) + Critical Control Point(중점관리기준)

② 식품의 원료관리, 제조, 가공, 보존, 조리, 유통의 모든 과정에서 위해한 물질이 식품에 섞이거나 식품이 오염되는 것을 방지하기 위하여 각 과정의 위해요소를 확인, 평가하여 중점적으로 관리하는 기준

③ 식품의약품안전처장이 HACCP을 식품별로 정하여 고시한다.

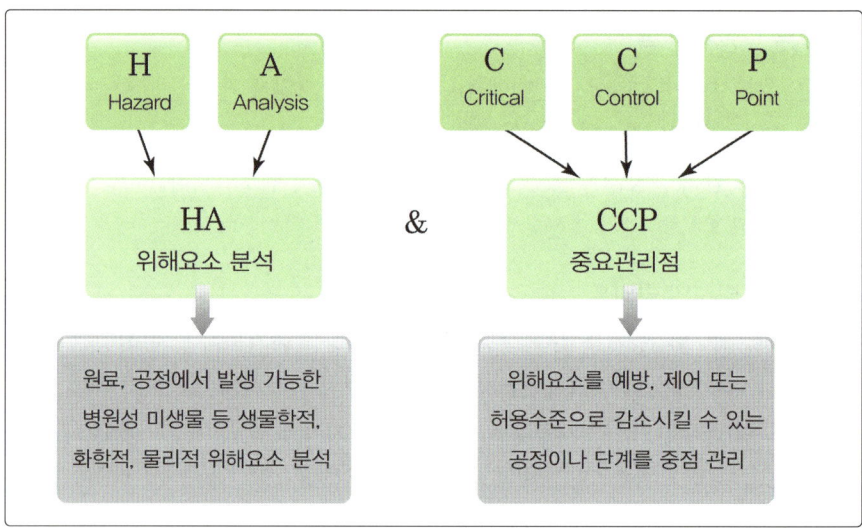

▲ HACCP의 정의

(2) HACCP의 개요

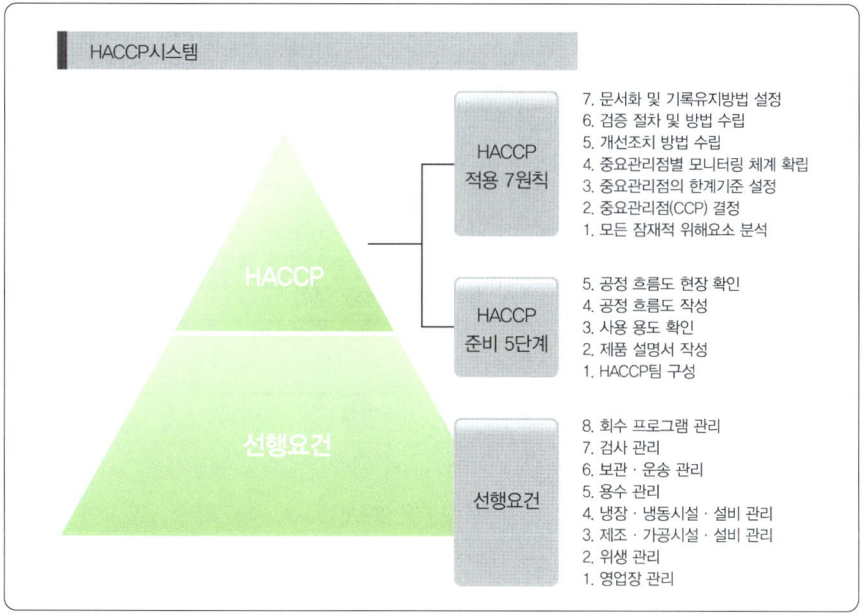

⊘ HACCP

HACCP = HACCP 적용 7원칙 + HACCP 준비 5단계 + 선행요건

① HACCP 적용 7원칙

1원칙	
위해요소 분석 (Hazard Analysis)	식품안전에 영향을 줄 수 있는 위해요소와 이를 유발할 수 있는 조건이 존재하는지 여부를 판별하기 위하여 필요한 정보를 수집하고 평가하는 일련의 과정
2원칙	
중요관리점 (Critical Control Point:CCP)	위해요소 중점관리기준을 적용하여 식품의 위해요소를 예방, 제거하거나 허용수준 이하로 감소시켜 당해 식품의 안전성을 확보할 수 있는 중요한 단계
3원칙	
한계기준 (Critical Limit)	위해요소 관리가 허용범위 이내로 충분히 이루어지고 있는지 여부를 판단할 수 있는 기준
4원칙	
모니터링 (Monitoring)	기준을 적절히 관리하고 있는지 여부를 확인하기 위하여 수행하는 일련의 계획된 관찰이나 측정하는 행위
5원칙	
개선조치 (Corrective Action)	모니터링 결과 중요관리점이 한계기준을 이탈한 경우에 취하는 일련의 조치

핵심문제 풀어보기

HACCP의 7원칙이 아닌 것은?

① 중요관리점
② 모니터링
③ 기록유지의 관리
④ 제품 설명서 작성

해설
제품 설명서 작성은 준비 5단계에 해당한다.

답 ④

⊍ 한계기준

중요관리점에서 위해요소 관리가 허용범위 이내로 충분히 이루어지고 있는지 여부를 판단할 수 있는 기준치(최대치 또는 최소치)를 말한다.

6원칙	
검증방법(Verification) 설정	HACCP 관리계획의 적절성과 실행 여부를 정기적으로 평가하는 일련의 활동

7원칙	
기록(Record)의 유지관리	식품의 원료 구입에서부터 최종 판매에 이르는 전 과정에서 위해가 발생할 우려가 있는 요소를 사전에 확인하여 허용수준 이하로 감소시키거나 제거 또는 예방할 목적으로 HACCP 원칙에 따라 작성한 제조, 가공 또는 조리 공정 관리 문서나 계획

② HACCP 준비 5단계

1단계	
HACCP팀 구성	HACCP 관리계획 개발을 담당할 전문성을 갖춘 팀 구성하기

2단계	
제품 설명서 작성	식품 안전성에 관계되는 사항을 기록한 내용(품명, 제조일자, 제조자, 작성자, 작성일자, 제품유형, 성분원산지표시, 성분배합비율, 포장단위, 규격, 제품의 용도, 사용기한, 표시사항, 포장재질, 보관 및 유통상 주의사항 등을 작성)

3단계	
의도된 제품 용도 확인	최종 소비자에게 공급되는 제품의 위험률 평가와 위해요소의 허용한계치를 결정하는 데 도움

4단계	
공정 흐름도 작성 : 제조 공정도 및 배치도	원재료의 입고에서부터 최종 제품이 생산되는 모든 과정 중 위해요소가 발생 가능한 단계를 찾아내기 위해 단순하고 쉬운 공정도를 작성

5단계	
공정 흐름도 확인	실제 작업 공정과 현장이 동일하게 작성되었는지 확인

③ 선행요건 : "선행요건(Pre-requisite Program)"이란 식품위생법, 건강기능식품에 관한 법률, 축산물 위생관리법에 따라 안전관리인증기준(HACCP)을 적용하기 위한 위생관리 프로그램을 말한다.
　㉠ 영업장 관리
　㉡ 위생 관리
　㉢ 제조 · 가공시설 · 설비 관리
　㉣ 냉장 · 냉동시설 · 설비 관리

ⓜ 용수 관리

ⓗ 보관 · 운송 관리

ⓢ 검사 관리

ⓞ 회수 프로그램 관리

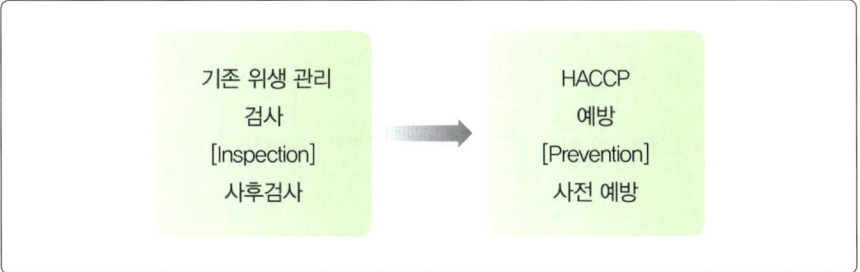

▲ 기존 위생 관리와 HACCP의 차이점

2. 공정안전관리

(1) 위해요소

① 중요관리점(Critical Control Point, CCP)의 정의 : 제품의 안전성을 확보하기 위해 중점적으로 관리하는 공정 또는 단계

② 위해요소의 종류

ⓐ 생물학적 위해요소

위해요소	박테리아	캠필로박터 제주니, 리스테리아 모노사이토제네스, 살모넬라, 비브리오, 여시니아 엔테로콜리티카, 바실루스 세레우스, 클로스트리디움 보툴리눔, 스테필로코커스, 병원성 대장균
	바이러스	식품 매개 바이러스
	곰팡이	독소 생성 곰팡이류
	기생충	간디스토마, 폐흡충, 장흡충, 회충, 구충, 편충, 갈고리촌충, 무구조충
	조류	녹조류, 갈조류
예방방법		• 시간 및 온도 관리 • 가열 및 조리 공정 • 냉장 및 냉동 • 발효 및 pH 조절 • 부존제 또는 염 첨가 • 건조 · 수분 활성도(Aw) 감소 • 교차오염 예방을 위한 기준 마련 및 훈련

ⓛ 화학적 위해요소

위해요소	자연독소	곰팡이 독소(아플라톡신), 버섯 독
	농업용 화학물질	농약, 살충제, 제초제, 살균제, 성장호르몬
	식품첨가물	보존료, 질산염, 색소
	독성 원소화합물 (중금속)	납, 수은, 카드뮴, 비소
예방방법		• 식품첨가물 : 시험 성적서 확인, 법적 기준 • 포장지, 용기 등의 구성 성분 : 분석 성적서 확인 • 청소 세제, 윤활제 등 : 적절한 청소 절차, 관리직원 훈련 • 잔류농약, 중금속, 동물용 의약품 등 : 승인된 공급자 입고 단계에서 확인

ⓒ 물리적 위해요소

핵심문제 풀어보기

HACCP 공정별 위해요소 중 물리적 위해요소가 아닌 것은?

① 유리　　② 농약
③ 금속　　④ 플라스틱

해설
농약은 화학적 위해요소이다.

답 ②

위해요소	유리	원 · 부재료, 병, 전구, 창, 유리도구
	목재	작업장, 상자, 팔레트
	돌	원 · 부재료, 작업장, 건물
	금속물질	기계, 작업장, 철사, 작업자, 청소장비(수세미 등)
	플라스틱	작업장, 가공장의 포장재, 팔레트
	개인 소지품	작업자
예방방법		• 유리 : 승인된 공급자, 종업원 교육, 유리 조명기구를 LED 조명기구로 교체하거나, 유리 조명기구에 플라스틱 커버 설치, 식품 취급 구역에서 유리의 금지 • 금속 : 식품 취급 지역에서 금속의 금지, 예방정비, 금속탐지기 • 돌, 잔가지, 나뭇잎 : 승인된 공급자, 식품 구역 주위를 청결히 유지 • 플라스틱 : 직원 훈련, 올바른 세척 절차, 포장지

(2) 공정별 위해요소 파악 및 예방

① 일반 제조 공정(가열 전) : 일반적으로 위생 관리 수준으로 관리하는 공정

ⓐ 입고 및 보관 : 입고된 원 · 부재료의 외관, 내관 상태 및 온도 유지 등을 확인 후 정상 제품만 냉동, 냉장, 실온으로 구분하여 보관한다. 세균은 온도에 민감하므로 온도 관리가 필요하다.

ⓑ 계량 : 계량 공정은 제품별 배합비에 맞도록 계량하는 공정으로 교차오염, 이물질 혼입 등이 쉽게 일어날 수 있는 공정이다. 그러므로 능숙한 인원으로 배치하여 관리가 필요하다.

ⓒ 반죽 : 제품별 다양한 제법으로 제품을 만드는 중요한 공정이다. 작업 시 믹서기의 노후 및 파손 등 확인으로 인해 금속 파편이 혼입되지 않도록 주의해야 하며, 매일 노후 상태를 확인 관리해야 한다.

ⓔ 성형 : 반죽의 종류에 따라 분할, 정형, 팬닝을 하며 설비의 금속 파편 및 이물질 등이 제품에 혼입되지 않도록 매번 확인 관리해야 한다.

② 청결 제조 공정(가열 후) : 생물학적 위해요소(식중독균) 제거

ⓐ 가열 : 원·부재료에 존재할 수 있는 식중독균(병원성 대장균, 살모넬라균, 장염 비브리오균, 황색포도상구균 등)과 직원 및 설비에 대한 교차오염을 관리하기 위한 중요관리점(CCP)으로 가열 온도, 가열 시간 등을 기록하여 공정을 관리한다.

ⓑ 냉각 : 냉장 온도로 냉각하거나 급속하게 냉각할 경우 제품의 노화가 일어나기 때문에 상온에서 천천히 냉각한다. 가열 공정 이후 청결한 상태로 관리되어야 하는 공정이다. 직원은 반드시 개인위생을 준수하고 손 세척 및 소독을 하여 수시로 관리해야 한다.

ⓒ 내포장 : 이상이 없는 포장재를 사용하기 위해 재질 확인 및 시험 성적서 등을 입수 후 관리해야 한다. 또한 제품마다 중량 체크 후 포장을 하는 공정이다. 이 공정은 가열 공정 이후 가장 청결한 상태로 관리되어야 하는 공정이다. 따라서 포장을 하는 직원은 반드시 개인위생을 준수하고 손 세척 및 소독을 하여 수시로 관리해야 한다.

③ 일반 제조 공정(내포장 후)

ⓐ 금속검출기 : 포장된 제품을 금속검출기를 통해 철(Fe), 스테인리스 스틸(SUS) 등의 이물질을 검출하여 관리한다.

ⓑ 외포장 : 금속검출기를 통과한 제품은 외포장실로 이동하여 플라스틱 상자, 보관용품 상자 등에 의해 포장한다.

ⓒ 보관 및 출고 : 바닥에서 이격하여 제품에 손상이 안 가도록 창고에 적재 후 보관 및 출고시킨다.

3. 재료위생관리

(1) 식품의 보관방법

① 물리적 처리방법

ⓐ 냉동 · 냉장법(저온 냉장법)

ⓐ 전체 용량의 80[%] 정도만 저장, 냉장고는 벽에서 10[cm] 떨어뜨려 설치한다.

  ⓑ 냉장 온도 0~10[℃]

    • 1단(0~3[℃]) : 육류, 어류

    • 중간 온도(5[℃] 이하) : 유지 가공품

    • 하단 온도(7~10[℃]) : 과일, 야채류

  ⓒ 냉동 온도 −18[℃] 이하 유지 : 육류, 건조 김 보관

ⓛ 가열 살균법 : 100[℃] 정도로 가열

ⓒ 건조, 탈수법 : 건조식품의 수분 함량이 15[%] 이하가 되도록 한다.

ⓡ 방사선 조사법

  ⓐ 방사선(Co−60, Cs−137)을 이용

  ⓑ 살균, 살충, 발아 억제, 기생충 등 사멸, 식중독 억제

  ⓒ 특징 : 온도 상승 없이 살균 가능

② 화학적 처리방법

ⓗ 방부제 첨가 : 데히드로초산(DHA), 안식향산, 프로피온산나트륨 등

ⓛ 산화방지제 첨가 : BHA, BHT, PG, 토코페롤 첨가

ⓒ 염장법 : 10[%] 이상의 식염에 저장(젓갈류)

ⓡ 당장법 : 50[%] 이상의 설탕에 저장(잼, 젤리류)

ⓜ 산저장 : pH 4.7(5) 이하로 저장 – 초산이나 젖산 이용(장아찌, 피클 등)

ⓑ 미생물 처리법 : 미생물 이용 – 간장, 된장, 고추장, 김치, 요구르트 등

ⓢ 훈연법 : 휘발성 물질(페놀, 포름알데히드)과 pH 저하를 이용하여 육류의 수분 제거, 살균, 맛의 변화, 향기 물질 생성(햄, 소시지, 베이컨)

ⓞ 가스저장 : 공기 중의 이산화탄소 농도(2~10[%]), 산소 농도(1~5[%])를 감소시켜 냉장 상태로 저장(과일류)

(2) 식품의 변질

① 식품의 변질 : 식품을 방치했을 때 미생물, 햇볕, 산소, 효소, 수분의 변화 등에 의하여 성분 변화, 영양가 파괴, 맛의 손상을 가져오는 것

ⓗ 부패 : 미생물의 번식으로 단백질이 분해되어 아미노산, 아민, 암모니아, 악취 등이 발생하는 현상

ⓛ 변패 : 탄수화물이 미생물에 의해 변질되는 현상

ⓒ 산패 : 지방의 산화로 알데히드(Aldehyde), 케톤(Ketone), 에스테르(Ester), 알코올 등이 생성되는 현상(유지의 산패도 측정방법 : 산가, 아세틸가, 과산화물가, 카르보닐가, 관능검사)

ⓡ 발효 : 탄수화물이 유익하게 분해되는 현상

❂ 방사선 조사 마크

핵심문제 풀어보기

다음은 저장 방법의 종류이다. 화학적 처리방법이 아닌 것은?

① 염장법
② 당장법
③ 방사선 조사법
④ 방부제 첨가

해설

방사선 조사법은 물리적 처리방법에 속한다.

답 ③

ⓜ 유지의 자동산화

　　ⓐ 하이드로퍼옥사이드(Hydroperoxide) : 자동산화에 의해 생성된 물질로 독성을 띤 물질이다.

　　ⓑ 유지의 자동산화를 촉진하는 요소 : 불포화도, 산소, 온도, 햇볕

　　ⓒ 유지 가공식품의 보존방법 : 비금속성 용기에 넣어 보관

② 부패

　ⓐ 부패인자 : 기온, 습도, pH, 열

　ⓑ 부패생성물 : 아민, 메탄, 황화수소, 메캅탄, 함질소 화합물, 암모니아, 페놀

　ⓒ 초기부패 판정

　　ⓐ 관능검사 : 관능(미, 촉, 후, 시각)으로 검사

　　ⓑ 물질적 검사 : 경도, 점성, 탄성, 색도, 탁도, 전기저항 등

　　ⓒ 화학적 검사 : 트리메틸아민, 디메틸아민, 휘발성 염기질소(휘발성 아민류, 암모니아), 휘발성 유기산, 질소가스, 히스타민, pH, K값

　　　• 아민 : 아미노산의 탈탄산반응으로 생성됨.

　　　• 트리메틸아민 : 어류 비린내의 원인물질

　　ⓓ 미생물학적 판정(생균수 측정)

　　　• 식품의 1[g]당 세균수가 10^8 이상이면(10^8/[g]) 쉰 냄새가 남. 초기부패로 판정

　　　• 식품의 1[g]당 세균수가 10^5 이하이면 안전

4. 식품위생법규

(1) 식품위생의 개요

① WHO(세계보건기구)의 식품위생의 정의 : 식품의 생육, 생산, 제조로부터 최종적으로 사람에게 섭취되기까지의 모든 단계에 있어서 식품의 완전 무결성, 안전성, 건전성을 확보하기 위해 필요한 모든 관리수단

② 식품위생의 대상범위 : 식품(의약으로 섭취하는 것 제외), 식품첨가물, 기구 또는 용기 · 포장을 대상으로 하는 음식에 관한 위생

③ 식품위생의 목적

　㉠ 식품으로 인한 위생상의 위해 방지

　㉡ 식품영양의 질적 향상 도모

　㉢ 국민 건강의 보호 · 증진에 기여

⏱ 단백질의 부패 과정

단백질 → 메타프로테인 → 프로테오스 → 펩톤 → 폴리펩티드 → 펩티드 → 아미노산 → 아민, 메탄

핵심문제 풀어보기

부패의 물리학적 판정에 이용되지 않는 것은?

① 냄새
② 점도
③ 색 및 전기저항
④ 탄성

해설
냄새로 확인하는 것은 관능검사에 속한다.

답 ①

핵심문제 풀어보기

식품위생법상의 식품위생의 대상이 아닌 것은?

① 식품
② 식품첨가물
③ 조리방법
④ 기구와 용기, 포장

해설
식품 등의 공전에서 규제하고 있는 식품위생의 대상은 식품, 식품첨가물 및 식품과 직접 접촉하는 기구와 용기 · 포장이다.

답 ③

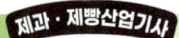

⊘ 식품의약품안전처장
식품의 성분, 제조, 가공, 조리, 보관
방법과 식품첨가물의 기준과 규격
을 고시하는 자

(2) 「식품위생법」

① 「식품위생법」 체계

　ㄱ 「식품위생법」 : 법률로 정함.

　ㄴ 「식품위생법」 시행령 : 대통령령으로 정함.

　ㄷ 「식품위생법」 시행규칙 : 총리령, 부령으로 정함.

　ㄹ 각종 고시 : 시행세칙으로 정함.

② 영업허가 · 신고 업종 및 허가 · 신고 관청

구분	업종	허가 · 신고 관청
영업허가 업종	식품조사처리업	식품의약품안전처장
	단란주점영업, 유흥주점영업	특별자치시장 · 특별자치도지사 또는 시장 · 군수 · 구청장
영업신고 의무 업종	즉석판매제조 · 가공업, 식품운반업, 식품소분 · 판매업, 식품냉동 · 냉장업, 용기 · 포장류 제조업, 휴게음식점영업, 일반음식점영업, 위탁급식영업, 제과점영업	식품의약품안전처장 또는 특별자치시장 · 특별자치도지사 또는 시장 · 군수 · 구청장

③ 식품위생교육 대상

식품위생교육을 받아야 하는 사람	식품제조와 가공업자, 즉석판매와 제조업자, 유흥접객원, 식품운반업자, 식품접객업자
식품위생교육을 받지 않아도 되는 사람	영양사 · 조리사 관련 자격증 소지자 또는 식품접객업을 하려는 영양사

④ 조리사 면허 결격 사유

조리사 면허를 받을 수 없는 사람	정신질환자, 마약류 중독자
조리사 면허를 받을 수 있는 사람	지체장애인, 미성년자, 알코올 중독자

⑤ 집단급식소 종사 가능 여부 질병

건강진단 결과 집단급식소에 종사할 수 없는 질병	후천성면역결핍증(AIDS)
건강진단 결과 집단급식소에 종사할 수 있는 질병	홍역

⑥ 영업의 종류

식품판매업에 해당되는 업종	식용얼음판매업, 식품자동판매기영업, 유통전문판매업, 집단급식소 식품판매업
식품판매업에 해당되지 않는 업종	즉석판매제조 및 가공업
공중위생에 주는 영향이 큰 업종	식품접객업(일반음식점, 휴게음식점, 단란주점, 유흥주점으로 시행령 제21조에 의해 시설에 관한 기준을 정해야 함)

(3) 제조물책임법(Product Liability Act, PL법)

① **목적** : 제조물의 결함으로 발생한 손해에 대한 제조업자 등의 손해배상책임을 규정함으로써 피해자의 보호를 도모하고 국민생활의 안전 향상과 국민경제의 건전한 발전에 이바지함을 목적으로 한다. 2002년 7월 1일부터 시행되고 있다.

② **특징** : 손해배상 요건이 제조자의 고의·과실 책임(민법)에서 무과실 책임인 결함 책임(PL법)으로 됨에 따라 소비자가 제품의 결함을 입증하면 쉽게 피해구제를 받을 수 있다는 것이다.

㉠ 법에서 규정하고 있는 제조물이란 제조되거나 가공된 동산(다른 동산이나 부동산의 일부를 구성하는 경우를 포함한다)을 말한다.

㉡ 결함이란 해당 제조물에 제조상·설계상 또는 표시상의 결함이 있거나 그 밖에 통상적으로 기대할 수 있는 안전성이 결여되어 있는 것을 말한다.

㉢ 식품도 PL법의 적용을 받는 것이며, 식품과 관련된 PL 사례에 대하여 예를 들면 다음과 같다.

ⓐ 제조상 결함의 예
- 오렌지주스에 유리 파편이 들어 있어 상처를 입은 경우
- 쌀겨 기름의 탈취 공정에서 열매체로 사용한 PCB가 기름에 혼입되어 섭취한 사람에게 유기염소 중독이 발생한 경우

ⓑ 설계상 결함의 예
- easy open식 통조림 뚜껑이 예리하여 부상을 당한 경우
- 신선도를 돋보이게 하기 위하여 냉동참치에 허용되지 않은 일산화탄소를 첨가하였을 때 이를 섭취하여 식중독을 일으킨 경우

ⓒ 표시상 결함의 예
- 이유식에 온도 등 보존방법에 따라 변질 우려가 있음을 비표시한 경우

핵심문제 풀어보기

다음 중 식품접객업에 해당되지 않은 것은?

① 식품냉동·냉장업
② 유흥주점영업
③ 위탁급식영업
④ 일반음식점영업

해설
식품접객업에는 휴게음식점영업, 일반음식점영업, 단란주점영업, 유흥주점영업, 위탁급식영업, 제과점영업이 있다.
① 식품냉동·냉장업은 식품보존업의 일종이다.

답 ①

③ 책임기간(소멸시효)

    ㉠ 이 법에 따른 손해배상의 청구권은 피해자 또는 그 법정대리인이 손해 및 손해배상책임을 지는 자를 모두 알게 된 날부터 3년간 행사하지 아니하면 시효의 완성으로 소멸한다.

    ㉡ 손해배상의 청구권은 제조업자가 손해를 발생시킨 제조물을 공급한 날부터 10년 이내에 행사하여야 한다.

    ㉢ 다만, 신체에 누적되어 사람의 건강을 해치는 물질에 의하여 발생한 손해 또는 일정한 잠복기간이 지난 후에 증상이 나타나는 손해에 대하여는 그 손해가 발생한 날부터 기산한다.

④ 식품업계의 제조물책임(PL) 대책

    ㉠ 안전기준에 따라 재료나 식품첨가물을 사용한다.

    ㉡ 제조 · 조리 공정에서 품질관리를 철저히 한다.

    ㉢ 구매하는 원재료 구입선에 대해 꼼꼼하게 체크한다.

    ㉣ 포장 · 용기의 안전성을 확보한다.

    ㉤ 제조연월일, 사용기한이나 제품의 설명서를 체크한다.

CHAPTER 02 품질관리

 • 품질기획 및 관리가 무엇인지 알고 실무에 적용할 수 있다.
• 품질의 중요성을 알고, 품질검사 및 품질개선을 할 수 있다.

위생안전관리
제1장

01 품질기획 및 관리

1. 품질기획관리

(1) 품질기획

① 품질기획의 목적은 제품을 개발하고 제품에 대한 품질을 향상시키기 위함이다.

② 제품의 생산 목적, 재료의 구성, 제조법 등을 전체적으로 계획하고 수립하기 위한 방법을 설정하는 것이다.

③ 품질기획 시 '계획 → 실행 → 확인 → 조치'의 단계를 지속적으로 실행할 수 있는지 고려해야 한다.

(2) 품질관리기법의 도입

① 국제표준화기구(ISO : International Organization for Standardization) : 물자 및 서비스의 국제 간 교류를 용이하게 하고, 아울러 지적·과학적·기술적 및 경제적 분야에서 국제 간의 협력을 도모하기 위한 세계적인 표준화 및 그 관련 활동의 발전 개발을 도모하는 것이다.

② 도입의 필요성

㉠ 고객의 요구가 그대로 품질로 실현되는 기업 역량 강화를 위해 필요하다.

㉡ 원가 절감, 품질 고급화, 품질 향상, 기술 축적 등으로 경쟁력을 가질 수 있다.

㉢ 고객의 기대와 요구에 부응할 수 있는 최적의 경영시스템을 구축할 수 있다.

(3) 품질관리기법의 종류

ISO9001 (품질경영시스템)	• 제품 및 서비스에 이르는 전 생산 과정에 걸친 품질보증 체계를 의미 • 제품 및 서비스 자체에 대한 품질인증이 아니라 제품을 생산 · 공급하는 품질경영시스템을 평가하여 인증하는 것
ISO22000 (식품안전경영시스템)	• 식품산업의 위생관리를 품질경영시스템(QMS) 차원에서 접근하여 국제표준화한 규격 • 식품산업의 안전경영시스템을 국제적으로 인증받는 제도
HACCP (Hazard Analysis and Critical Control Point)	• 위해요소 중점관리기준이라고도 함. • 제품의 안전성을 확보하기 위해 중점적으로 관리하는 공정 또는 단계

2. 품질관리의 단계

(1) 원료관리

① 신선하고 안전하며 사용기한을 확인한다.

② 제품 특성에 맞는 원료인지 확인한다.

③ 꼭 필요한 원료인지 확인한다.

④ 원료 입고 및 보관

　㉠ 선별을 위한 적합한 환경에서 원료 상태를 정밀하게 선별한다.

　㉡ 창고에서 보관 전에 원료의 온도, 습도, 광선 등 보관 유형에 맞게 보관한다.

　㉢ 선입 선출을 하여 보관대에 진열한다.

(2) 공정관리

① 생산에 필요한 원료 선택부터 완제품을 생산하는 모든 공정을 관리하는 것을 말한다.

② 품질관리가 필요한 공정을 파악하지 못하면 원하는 제품을 생산할 수 없다.

③ 제품의 종류에 따라 생산 흐름을 보여주는 제조 공정도를 작성해서 관리해야 한다.

④ 제조 공정도는 제조 원료, 반죽 방법, 반죽 온도, 발효, 굽기, 포장 등을 상세히 기재하여야 한다.

(3) 상품관리

① 상품의 판매 · 재고량을 효율적으로 관리하는 것이다.

② 상품의 품절, 불량재고를 방지하여 상품 회전율을 높이는 데 목적을 두고 있다.

③ 상품관리는 금액관리(매출가격관리, 원가관리)와 수량관리로 나누어진다.

✅ 보관 기준에 따른 온도

구분	온도[℃]	구분	온도[℃]
미온	30~40	냉암소	0~15
상온	15~25	냉장	0~10
실온	1~35	냉동	-18 이하

02 품질검사

1. 제품 품질검사

(1) 품질검사규격

① 제품 요구조건을 확인하기 위해 직접 제품을 측정 또는 관측하는 공정이다.

② 원자재 검사, 부자재 검사, 공정 검사, 완성품 검사 등으로 나눌 수 있다.

③ 각각의 제품별 품질 규격(중량, 맛, 모양, 크기, 색깔, 포장 등)이 필요하므로 품질 검사규격을 마련해야 한다.

(2) 품질검사조건

① 외부특성

㉠ 크기 : 성형, 발효, 굽기 등 공정별로 일정해야 제품의 크기도 일정해진다.

㉡ 외부 색깔 : 제품별 특성에 따른 색을 내기 위해 색깔 선택에 대한 내용을 관리 지침서에 포함해야 한다.

㉢ 균형 : 균형감과 세품의 겉껍질(브레이크, 슈레드)이 일정해야 한다.

② 내부특성

㉠ 조직감 : 제품별 특성에 맞는 조직감을 유지해야 한다.

㉡ 내부 색깔 : 제품 재료에 따른 고유 색상을 유지해야 한다.

㉢ 기공

ⓐ 내부 기공의 생성과 분포에 영향을 주는 중요한 공정이다.

ⓑ 제빵에서는 발효 공정, 제과에서는 기포 형성이 여기서 속한다.

ⓒ 제품의 특싱에 따른 기공의 일정힘을 유지해야 힌다.

③ 식감

㉠ 맛과 입안의 촉감에 대한 특성은 개개인마다 차이가 있어 관능검사에 의해 관리되어야 한다.

㉡ 식감은 완제품 수분 함량에 따라 다르므로 굽기, 냉각 등 과정에 유의해야 한다.

④ 기계적 특성

㉠ 경도의 물성(물질이 가지고 있는 성질)학적 특성을 측정하는 방법으로 경도 측정기(Baker's Hardness Meter)가 이용되어 왔으나, 최근 들어 조직검사기(Texture Meter)를 많이 이용하고 있다.

ⓛ 그 외에 패리노그래프(Farinograph), 아밀로그래프(Amylograph), X-선 회 질분석기, 열변화기(Differential Scanning Calorimeter) 등이 이용되고 있다.

⑤ 생물학적 특성

ⓐ 빵, 과자 품질관리에 중요한 항목 중 하나이다.

ⓛ 식품의 미생물 기준 및 규격

    ⓐ 빵류는 황색포도상구균과 살모넬라균이 음성이어야 한다.

    ⓑ 견과류, 캔디류, 초콜릿류, 껌류, 잼류는 미생물 검사가 없다.

    ⓒ 떡류는 대장균이 음성이어야 한다.

2. 원 · 부재료 품질검사

(1) 원료상태검사

① 육안검사

    ㉠ 포장상태 검사

        ⓐ 제품에 밀봉이 잘되어 있는지, 젖거나 이물질이 묻어 있는지 등 제품의 손상 이 없어야 한다.

        ⓑ 캔 제품은 찌그러지거나 녹슬거나 하지 않아야 한다.

    ㉡ 색상 검사

        ⓐ 주변 환경에 따라 주관적 판단이 될 수 있으므로 변색을 주지 않은 조명 아 래 일정한 장소에서 검사해야 한다.

        ⓑ 재료별 고유색을 변색 없이 간직하고 있는지 확인한다.

    ㉢ 외형 검사

        ⓐ 포장지 불량 또는 파손으로 내용물 이상이 없는지 확인해야 한다.

        ⓑ 신선재료의 내용물이 상했는지 확인해야 한다.

    ㉣ 이물질, 변질, 변색 검사 : 재료별 이물질과 변질, 변색된 부분이 있는지 확인 한다.

② 이화학검사

    ㉠ 육안검사를 통한 선별된 불량 원료는 이화학검사 및 검사 성적서를 바탕으로 부적합 유무를 판단해야 한다.

    ㉡ 이화학검사는 설비에 의한 정밀검사이므로 규모가 작은 업체에서는 실행하기 어렵거나 비용이 많이 들어가는 단점이 있다.

(2) 원료품질검사

① 밀가루 반죽의 품질검사

② 이스트의 품질검사

③ 소금의 품질검사

④ 유지의 품질검사

3. 관능검사

(1) 관능검사의 정의

① 사람의 감각에 의해 하는 측정법으로 심리계측법의 하나이다.

② 빛깔, 맛, 향기 등 기호에 관한 것은 물리·화학적 계측법으로는 종합적인 평가를 하기 어렵기 때문에 관능검사가 자주 이용된다.

③ 목적에 따라서 평점법, 순위법, 역치법 등이 많이 쓰인다.

(2) 관능검사의 종류

① **차이 식별 시험** : 표준 샘플과 유의성 차이가 있는지 판단하는 시험

② **질과 양의 시험** : 제품에 대해 질적, 양적으로 시험, 평가하는 방법

③ **기호 및 선택 시험** : 제품에 대해 소비자의 반응을 알아보기 위한 방법

④ **감도 시험** : 제품에 대한 감도량 또는 기본 맛 등에 대한 예민도 또는 정상 상태를 시험하는 방법

03 품질개선

1. 품질개선 관리

(1) 제품 품질개선 문제 파악

① **품질개선의 정의**

㉠ 공정 중 발생하는 문제를 파악하고 원인을 분석한 후 해결하고 그 후에도 발생하지 않도록 하는 것이다.

㉡ 품질개선을 위해서는 기본 지식과 전반적인 지식(작업공정, 설비 등)이 필요하다.

② **품질개선 방안**

㉠ 원인을 분석하고 해결할 수 있는 능력을 길러 제품의 문제를 개선할 수 있도록 노력해야 한다.

ⓛ 단순 개선작업과 시스템 개선작업으로 나눌 수 있다.
    ⓐ 단순 개선작업 : 현장에서 바로 처리할 수 있는 작업
    ⓑ 시스템 개선작업 : 반복적으로 발생하는 작업을 방지하기 위해 규정을 만들고 반복적 교육을 실시하는 등 관리 시스템을 개선하는 작업

③ **품질개선 원인분석**
  ㉠ **원료 문제** : 부적합한 원료 또는 재료 보관문제로 변질된 것을 사용했을 때 문제가 발생한다.
  ㉡ **배합비 문제** : 실수로 다른 배합비를 사용하거나 계량 실수를 했을 때 문제가 발생한다.
  ㉢ **공정상 문제** : 믹싱 시간, 반죽 온도, 휴지 시간, 발효 온습도 조절, 발효 시간 등을 잘못 지켰을 때 문제가 발생한다.
  ㉣ **설비 문제** : 제품의 이물질 혼입이나 설비 파손, 또는 오작동으로 인해 생기는 문제가 발생한다.
  ㉤ **작업자 문제** : 생산자의 실수 및 숙련 부족, 판매자의 부주의로 문제가 발생한다.

(2) 품질개선

현장 조사하기 → 원인 파악 및 문제 해결 → 개선 결과 보고서 작성 → 문제 사례 정리 → 시스템 개선

01 어패류의 비린내 원인이 되기도 하며 부패 시 그 양이 증가하는 성분은?

① 암모니아(Ammonia)

② 트리메틸아민(Trimethylamine)

③ 글리코겐(Glycogen)

④ 아민(Amine)류

해설

트리메틸아민은 신선도가 저하된 해수어류의 비린내 성분이다.

02 부패 미생물이 번식할 수 있는 최저의 수분 활성도(Aw)의 순서가 맞는 것은?

① 세균 > 곰팡이 > 효모

② 세균 > 효모 > 곰팡이

③ 효모 > 곰팡이 > 세균

④ 효모 > 세균 > 곰팡이

해설

미생물의 최저 생육가능한 수분 활성도는 세균 0.95 > 효모 0.87 > 곰팡이 0.80

03 동물에게 유산을 일으키며 사람에게는 열병을 나타내는 인수공통감염병은?

① 탄저병

② 리스테리아증

③ 돈단독

④ 브루셀라증

해설

▶ 브루셀라(파상열) : 동물은 유산되고 사람은 열병에 걸린다. 오염된 우유 섭취 시 발병한다.

04 원인균이 내열성 포자를 형성하기 때문에 병든 가축의 사체를 처리할 경우 반드시 소각 처리하여야 하는 인수공통감염병은?

① 돈단독

② 결핵

③ 파상열

④ 탄저병

해설

▶ 탄저병 : 내열성 포자를 형성하므로 병든 가축 사체는 반드시 소각해야 한다. 조리하지 않은 수육 섭취 시 감염된다.

05 인수공통감염병으로만 짝지어진 것은?

① 폴리오, 장티푸스

② 탄저, 리스테리아증

③ 결핵, 유행성간염

④ 홍역, 브루셀라증

해설

인수공통감염병은 탄저, 파상열(브루셀라증), 결핵, 야토병, 돈단독, Q열, 리스테리아증 등이 있다.

06 다음 중 바이러스에 의한 경구 감염병이 아닌 것은?

① 폴리오

② 유행성간염

③ 선염성설사

④ 성홍열

해설

④ 성홍열 : 세균에 의한 호흡기계 감염병

정답 01 ② 02 ② 03 ④ 04 ④ 05 ② 06 ④

07 파리에 의한 전파와 관계가 먼 질병은?

① 장티푸스 ② 콜레라

③ 이질 ④ 진균중독증

> **해설**

④ 진균중독증 – 곰팡이

08 쥐를 매개체로 감염되는 질병이 아닌 것은?

① 돈단독증

② 쯔쯔가무시병

③ 신증후군출혈열(유행성출혈열)

④ 렙토스피라증

> **해설**

인수공통감염병인 돈단독은 주로 돼지 등 가축의 장기나 고기를 다룰 때 피부의 상처로 침입해 직접 감염된다.

09 식품 또는 식품첨가물을 채취, 제조, 가공, 조리, 저장, 운반 또는 판매하는 직접 종사자들이 정기 건강진단을 받아야 하는 주기는?

① 1회 / 월 ② 1회 / 3개월

③ 1회 / 6개월 ④ 1회 / 연

> **해설**

식품취급자는 정기적으로 연 1회 건강진단을 받아야 한다.

10 경구 감염병의 예방대책에 대한 설명으로 틀린 것은?

① 건강 유지와 저항력의 향상에 노력한다.

② 의식전환 운동, 계몽활동, 위생교육 등을 정기적으로 실시한다.

③ 오염이 의심되는 식품은 폐기한다.

④ 모든 예방접종은 1회만 실시한다.

> **해설**

예방접종을 1회가 아니라 경우에 따라서 접종하여 면역력을 증강시킨다.

11 중독 시 두통, 현기증, 구토, 설사 등과 시신경 염증을 유발시켜 실명의 원인이 되는 화학물질은?

① 카드뮴(Cd) ② P.C.B

③ 메탄올 ④ 유기수은제

> **해설**

메탄올(메틸알코올)은 중독되면 두통, 현기증, 구토, 설사 등과 시신경 염증을 유발시켜 실명의 원인이 된다.

12 마이코톡신(Mycotoxin)의 설명으로 틀린 것은?

① 진균독이라고 한다.

② 탄수화물이 풍부한 곡류에서 많이 발생한다.

③ 원인식품의 세균이 분비하는 독성분이다.

④ 중독의 발생은 계절과 관계가 깊다.

> **해설**

곰팡이(진균)가 분비하는 곰팡이 독은 다른 말로 진균독 또는 마이코톡신이라고 한다.

13 다음 중 독버섯의 독성분은?

① 솔라닌(Solanine)

② 에르고톡신(Ergotoxin)

③ 무스카린(Muscarine)

④ 베네루핀(Venerupin)

> **해설**

① 솔라닌 – 감자 독

② 에르고톡신 – 맥각의 독성분

④ 베네루핀 – 모시조개, 굴

14 식중독에 관한 설명 중 잘못된 것은?

① 세균성 식중독에는 감염형과 독소형이 있다.

② 자연독 식중독에는 동물성과 식물성이 있다.

③ 곰팡이 독 식중독은 맥각, 황변미 독소 등에 의하여 발생한다.

④ 식이성 알레르기는 식이로 들어온 특정 탄수화물 성분에 면역계가 반응하지 못하여 생긴다.

해설

식이성 알레르기는 식이로 들어온 특정 단백질 성분에 면역계가 반응하지 못하여 생긴다. 아미노산인 히스티딘이 분해되어 생성된 히스타민 성분을 섭취하면 발병한다.

15 클로스트리디움 보툴리눔 식중독과 관련 있는 것은?

① 화농성 질환의 대표균

② 저온 살균 처리로 예방

③ 내열성 포자 형성

④ 감염형 식중독

해설

보툴리눔 식중독의 원인균인 보툴리누스균은 뉴로톡신이라는 독소를 분비하는데, 가열하여 독소를 파괴한 이후에도 열에 매우 강한 포자로 인해 120[℃]에서 4분 이상 가열해야만 사멸된다.

16 음식물을 섭취하고 약 2시간 후에 심한 설사 및 구토를 하게 되었다. 다음 중 그 원인으로 가장 유력한 독소는?

① 테트로도톡신　② 엔테로톡신

③ 아플라톡신　④ 에르고톡신

해설

황색포도상구균의 잠복기는 3시간이며, 독소는 엔테로톡신이고, 포도상구균 식중독의 증상은 구토, 복통, 설사이다.

17 아래에서 설명하는 식중독 원인균은?

- 미호기성 세균이다.
- 발육 온도는 약 30~46[℃] 정도이다.
- 원인식품은 오염된 식육 및 식육가공품, 우유 등이다.
- 소아에서는 이질과 같은 설사 증세를 보인다.

① 캠필로박터 제주니　② 바실루스 세레우스

③ 장염 비브리오　　　④ 병원성 대장균

해설

닭, 소, 오리 등의 동물 내장에 존재하며, 75[℃]에서 1분간 가열하면 사멸한다. 증상은 구토, 복통, 설사, 발열 등이다.

18 다음의 식중독 원인균 중 원인식품과의 연결이 잘못된 것은?

① 장염 비브리오균 – 감자

② 살모넬라균 – 달걀

③ 캠필로박터 – 닭고기

④ 포도상구균 – 도시락

해설

장염 비브리오균의 원인식품은 어패류이며, 여름에 많이 발생한다.

19 살모넬라균에 의한 식중독 증상과 가장 거리가 먼 것은?

① 심한 설사　　② 급격한 발열

③ 심한 복통　　④ 신경마비

해설

살모넬라균의 증상은 발열, 구토, 복통, 설사이다.

위생안전관리 제1장

20 감염형 식중독에 해당되지 않는 것은?

① 살모넬라균 식중독

② 포도상구균 식중독

③ 병원성 대장균 식중독

④ 장염 비브리오균 식중독

해설

포도상구균 식중독은 독소형 식중독이다.

21 세균성 식중독의 일반적인 특성으로 틀린 것은?

① 1차 감염만 된다.

② 많은 양의 균 또는 독소에 의해 발생한다.

③ 소화기계 감염병보다 잠복기가 짧다.

④ 발병 후 면역이 획득된다.

해설

세균성 식중독은 세균이 다량 들어간 음식물을 먹어서 발병하며 면역력이 생기지 않는다.

22 여름철에 세균성 식중독이 많이 발생하는데, 이에 미치는 영향이 가장 큰 것은?

① 세균의 생육 Aw

② 세균의 생육 pH

③ 세균의 생육 영양원

④ 세균의 생육 온도

해설

세균의 생육 온도의 영향으로 여름철에 식중독이 많이 발생한다.

23 내부에 팬이 부착되어 열풍을 강제 순환시키면서 굽는 타입으로, 굽기의 편차가 극히 적은 오븐은?

① 터널 오븐   ② 컨벡션 오븐

③ 밴드 오븐   ④ 래크 오븐

해설

컨벡션 오븐은 대류열로 식품을 익힌다.

24 HACCP에 대한 설명 중 틀린 것은?

① 식품위생의 수준을 향상시킬 수 있다.

② 원료부터 유통의 전 과정에 대한 관리이다.

③ 종합적인 위생관리 체계이다.

④ 사후처리의 완벽을 추구한다.

해설

HACCP은 식품의 공정 각 단계에서 발생할 수 있는 위해 요소를 사전에 예방하고 식품 안전성을 확보하기 위한 것이다.

25 우리나라의 식품위생법에서 정하고 있는 내용이 아닌 것은?

① 건강기능식품의 검사

② 건강진단 및 위생교육

③ 조리사 및 영양사의 면허

④ 식중독에 관한 조사보고

해설

건강기능식품에 대한 검사는 관계가 없다.

26 식품첨가물의 사용에 대한 설명 중 틀린 것은?

① 식품첨가물공전에서 식품첨가물의 규격 및 사용 기준을 제한하고 있다.

② 식품첨가물은 안전성이 입증된 것으로 최대 사 용량의 원칙을 적용한다.

③ GRAS란 역사적으로 인체에 해가 없는 것이 인 정된 화합물을 의미한다.

④ ADI란 일일 섭취 허용량을 의미한다.

해설

식품첨가물공전의 규격 및 사용기준에 준하여 최소한으로 사용한다.

27 식품첨가물의 규격과 사용기준을 정하는 자는?

① 식품의약품안전처장

② 국립보건원장

③ 시 · 도 보건연구소장

④ 시 · 군 보건소장

해설

식품첨가물의 규격과 사용기준은 식품의약품안전처장이 정한다.

28 소독력이 강한 양이온 계면 활성제로서 종업원의 손을 소독할 때나 용기 및 기구의 소독제로 알맞 은 것은?

① 석탄산   ② 과산화수소

③ 역성비누   ④ 크레졸

해설

손 소독에 가장 적당한 소독제는 역성비누이다.

29 다음 중 저온 장시간 살균법으로 가장 일반적인 조건은?

① 72~75[℃], 15초간 가열

② 60~65[℃], 30분간 가열

③ 130~150[℃], 1초 이하 가열

④ 100~120[℃], 30초 이하 가열

해설

저온 장시간 살균	63~65[℃], 30분 살균
고온 단시간 살균	72~75[℃], 15초 살균
초고온 순간 살균	125~138[℃]에서 최소한 2~4초 동안 살균

30 다음 중 작업공간의 살균에 가장 적당한 것은?

① 자외선 살균   ② 적외선 살균

③ 가시광선 살균   ④ 자비 살균

해설

작업공간, 실내공기, 작업대, 기구 등의 소독은 자외선 살균 이 적당하며 표면만 살균되는 특징이 있다.

31 공기 중의 가스를 조절밈으로씨 채소와 과일의 변 질을 억제하는 방법은?

① 변형공기포장   ② 무균포장

③ 상업적 살균   ④ 통조림

해설

과일이나 채소에 탄산가스나 질소가스를 넣어 호흡작용을 억제함으로써 저장기간을 늘리는 방법으로 가스저장법이 라고도 한다.

32 부패의 화학적 판정 시 이용되는 지표물질은?

① 대장균
② 곰팡이 독
③ 휘발성 염기질소
④ 휘발성 유기산

해설

휘발성 염기질소란 미생물의 작용에 의해 단백질 식품이 부패할 때 생기는 암모니아, 아민 등의 부패산물을 말하며, 얼마나 생겼는지를 측정함으로써 부패 정도를 파악할 수 있는 화학적 판정 방법이다.

33 다음 중 부패로 볼 수 없는 것은?

① 육류의 변질
② 달걀의 변질
③ 어패류의 변질
④ 열에 의한 식용유의 변질

해설

식용유의 변질은 산패에 해당한다.

34 식품시설에서 교차오염을 예방하기 위하여 바람직한 것은?

① 작업장은 최소한의 면적을 확보한다.
② 냉수 전용 수세 설비를 갖춘다.
③ 작업 흐름을 일정한 방향으로 배치한다.
④ 불결 작업과 청결 작업이 교차하도록 한다.

해설

작업장은 가능한 한 넓은 면적에, 온수 겸용 수세 설비를 갖춘다.

35 다음 중 세균에 의한 오염 위험성이 가장 낮은 것은?

① 상수도가 공급되지 않는 지역의 세척수나 음료수
② 습도가 낮은 상태의 냉동고 내에서 보관 중인 식품
③ 어항이나 포구 주변에서 잡은 물고기
④ 분뇨처리가 미비한 농촌지역의 채소나 열매

해설

세균은 영양분이 적을수록, 수분이 적을수록, 온도가 낮을수록 오염 위험성이 낮다.

36 대장균에 대한 설명으로 틀린 것은?

① 유당을 분해한다.
② 그람(Gram)양성이다.
③ 호기성 또는 통성혐기성이다.
④ 무아포 간균이다.

해설

그람이라는 사람이 만든 '그람 염색법'이라는 방법으로 염색했을 때 붉은색으로 염색되는 세균이다.
대장균은 그람음성, 무아포 간균이다.

37 식품의 부패 요인과 가장 거리가 먼 것은?

① 수분   ② 온도
③ 가열   ④ pH

해설

가열하면 미생물의 발육은 억제된다.

38 다음 중 식중독 관련 세균의 생육에 최적인 식품의 수분 활성도는?

① 0.30~0.39　　② 0.50~0.59

③ 0.70~0.79　　④ 0.90~1.00

해설

수분은 미생물 몸체의 주성분이며, 생리 기능을 조절하는 데 필요하다. 수분 활성도가 세균은 0.95, 효모는 0.87, 곰팡이는 0.80 이하일 때 증식이 저지된다.

39 일반세균이 잘 자라는 pH 범위는?

① 2.0 이하　　② 2.5~3.5

③ 4.5~5.5　　④ 6.5~7.5

해설

pH 4~6	곰팡이, 효모
pH 6.5~7.5	일반세균
pH 8.0~8.6	콜레라균

40 다음 중 곰팡이가 생존하기에 가장 어려운 서식처는?

① 물　　② 곡류식품

③ 두류식품　　④ 토양

해설

곰팡이는 탄수화물이 풍부한 곡류 및 수분이 많은 곳에서 잘 자라며, 물에서는 자라지 않는다.

41 식품과 부패에 관여하는 주요 미생물의 연결이 옳지 않은 것은?

① 곡류 – 곰팡이

② 육류 – 세균

③ 어패류 – 곰팡이

④ 통조림 – 포자형성세균

해설

세균은 육류, 어패류의 변질 및 식품 부패에 가장 많이 관여하는 미생물이다.

위생안전관리
제1장

제 **2** 장

제과점 관리

01 재료구매 관리

02 매장 관리

03 베이커리경영

▶ 적중예상문제

CHAPTER 01
재료구매 관리

- 제품에 맞는 재료의 시장조사, 수요 등에 맞게 구매 및 검수를 할 수 있다.
- 각각의 재료의 구성 성분 및 특성을 파악할 수 있다.
- 재료의 영양학적 특성을 알고 응용할 수 있다.

01 재료구매 관리

1. 재료구매 · 검수

(1) 재료의 구분

주재료와 부재료는 제품의 부품자재관리를 기준으로 나눠진다.

주재료	제품 생산하는 데 반드시 필요한 재료
부재료	주재료를 제외한 재료 중 특정한 제품에만 쓰이는 재료

(2) 재료구매 관리

① **구매의 정의** : 제품 생산에 필요한 원재료 등의 품질, 수량, 시기, 간격, 공급된 장소 등을 고려하여 가능한 한 유리한 가격으로 공급자로부터 구입하는 것이다.

② **원료수급과 구매계획**

　　㉠ 원료수급관리

　　　　ⓐ 보유 중인 재료를 파악하는 등 재고관리를 철저히 하여 원활하게 재료를 수급해야 한다.

　　　　ⓑ 재고파악 시 사용기한을 체크해야 한다.

　　　　ⓒ 생산계획과 재고량을 감안하여 원료를 구매한다.

　　㉡ 구매계획

　　　　ⓐ 생산계획에 근거한 생산기간과 생산량을 계산하여 계획한다.

　　　　ⓑ 원 · 부재료의 검수방법, 저장장소, 저장능력 및 방법 등을 매뉴얼화한다.

③ **시장조사**

　　㉠ 시장조사의 6요소 : 품질, 가격, 수량, 조건, 시기, 구매처

　　㉡ 시장조사의 목적 : 합리적인 재료비를 산출하여 제품의 질을 높이기 위함이다.

✿ 주재료와 부재료의 예

주재료	
제과	밀가루, 달걀, 설탕, 유지
제빵	밀가루, 소금, 이스트, 물

부재료	
곡물류	옥수수 가루, 호밀 가루, 통밀 가루 등
당류	전화당, 물엿, 올리고당 등
유지류	쇼트닝, 버터, 마가린 등
과일 및 견과류	과일 퓌레, 건조 과일, 견과류 등
소모품	럼주, 초콜릿, 개량제 등

ⓒ 식재료 구매시장 가격결정 요인

    ⓐ 재료의 원가와 품질

    ⓑ 특수성을 가진 시장 : 시장이 가진 특수성과 전문성을 고려하여 원료 구입

    ⓒ 시장수요의 탄력성(재화의 가격이 변했을 때 수요량에 나타나는 변화를 보여주는 비율) → 수요탄력성이 높으면 가격은 낮아지고, 수요탄력성이 낮으면 가격은 높아진다.

    ⓓ 경쟁업체의 가격을 체크하여 재료 구입

    ⓔ 유통단계 마진 : 유통단계에 따른 가격변동 체크

    ⓕ 마케팅 전략 : 홍보 활동을 통한 판매촉진

④ 구매가격의 종류

    ㉠ 경쟁가격 : 수요와 공급의 관계에서 경쟁하에 결정되는 가격

    ㉡ 관리가격 : 독과점 업자가 가격 결정

    ㉢ 통제가격 : 정부가 공익성을 띤 상품에 인위적으로 통제하여 가격 결정

    ㉣ 공정가격 : 공공기관에서 판매하는 상품 서비스를 정부가 결정

(3) 수요예측

① 수요예측의 정의 : 생산하려는 제품과 재료의 특성에 따라 장 · 단기적으로 예측하여 생산일정계획이나 운영계획을 세우는 것

② 효과적인 수요예측방법

    ㉠ 과거의 업무기록을 철저히 기록하여 미래의 수요예측에 도움이 되도록 한다.

    ㉡ 제품별 판매사항을 기록하여 재료 수급 여부를 결정하는 데 도움이 되도록 한다.

    ㉢ 장기예측보다는 단기예측을 통해 예측률을 높인다.

    ㉣ 관공서에서 발행된 경제 선행지표를 참고하여 관련 분야의 제품 수요를 예측한다.

    ㉤ 델파이(Delphi)기법 : 전문가에게 질문서를 보내 전문가적 지식, 통찰력, 상상력 등을 수집하여 결과를 예측하는 법

(4) 발주관리

① 발주 : 필요한 재료를 공급업자에게 주문하는 것이다.

② 발주량 결정 시 주의사항

    ㉠ 재료의 장기적 가격 변화

    ㉡ 저장기간, 계절적 가격변동, 저장방법에 따른 재료의 특성을 고려한다.

    ㉢ 주문량에 따른 가격인하율

♂ 구매절차
수요판단 → 공급처 선정 → 구매계약 → 수납, 검사 → 대금지급 → 납품업체 평가

(5) 검수관리

① 검수 : 주문과 일치하는지에 대한 확인 작업

㉠ 품질, 규격, 성능, 수량 등을 확인한다.

㉡ 구매부서와 검수부서는 분리하여 관리한다.

② 검수방법

㉠ 검수대의 조도는 540[Lux] 이상이어야 한다.

㉡ 냉장식품의 검수 온도는 10[℃] 이하이고, 냉동식품은 얼어 있는 상태를 유지하여야 한다.

㉢ 전처리된 채소는 10[℃] 이하로 입고되어야 한다.

㉣ 육류, 어패류, 채소류, 냉장 · 냉동식품은 당일 구입 당일 사용을 원칙으로 한다.

(6) 저장관리

① 저장관리 : 식재료를 안전하게 보관하고 최상의 품질 유지와 안전을 위해 관리하는 것이다.

② 저장관리 요건

㉠ 물품 카드를 작성하여 재료의 위치 파악

㉡ 저장 창고의 적정한 온도 유지

㉢ 재료의 용도, 기능별로 분류, 제습기나 환풍기를 설치할 수도 있다.

㉣ 선입 선출이 가능하도록 저장

㉤ 저장공간, 이동공간의 확보

③ 저장 창고의 분류

㉠ 건조저장실

ⓐ 온도와 습도 : 10[℃] 내외이며 50~60[%]의 통풍이 잘되는 곳, 제습기나 환풍기를 설치할 수도 있다.

ⓑ 식재료 이외의 소독제, 살충제 등의 화학물질과 함께 보관하지 않는다.

㉡ 냉장실

ⓐ 온도 : 평균 0~4[℃]

ⓑ 습도 : 75~90[%]

㉢ 냉동실

ⓐ 온도 : −24~−18[℃]

ⓑ 육류, 생선류의 장기보관

ⓒ 해동은 냉장해동이나 해빙고에서 하고, 한번 냉동한 후에는 재냉동하지 않는다.

2. 재료 재고관리

(1) 재고관리

① 재고관리 : 능률적이고 계속적인 생산 활동을 위해 재료나 제품의 적절한 보유량을 계획하고 통제하는 일이다.

② 재고관리의 목적
  ㉠ 갑작스러운 재고 부족으로 인한 생산 차질 예방
  ㉡ 보유재고의 적절한 사용과 새로운 발주에 따른 재료의 관리
  ㉢ 위생적이고 안전한 관리

③ 재고회전율
  ㉠ 일정기간 동안의 상품 판매량에 대한 창고 내 재고량의 비율, 즉 재고의 회전속도를 나타낸다.
  ㉡ 재고량과는 반비례하고 수요량과는 정비례한다.
  ㉢ 회전율이 높을수록 재고자산의 관리가 효율적으로 이루어지며, 재고자산이 매출로 빠르게 이어진다.
  ㉣ 회전율이 낮은 경우는 재고자산이 매출로 이어지기까지 시간이 오래 걸리며, 재고 보관 중 누수, 파손, 분실 등 재고 손실의 발생 가능성이 높고, 보관 및 관리를 위한 부대비용이 많이 들어간다.

④ 재고관리 비용
  ㉠ **주문 비용** : 재료를 구매, 수송, 검사할 때 발생하는 비용
  ㉡ **유지 비용** : 보관비, 세금, 보험료 등 재고를 보유하는 과정에서 발생하는 비용
  ㉢ **재고 부족 비용** : 재료의 재고 부족으로 인해 발생하는 비용
  ㉣ **폐기로 인한 비용** : 재료의 변질, 사용기한 초과로 인힌 폐기 등으로 발생하는 비용

(2) 사용기한

① 보통 빵은 2일, 케이크는 4~5일이며, 양산 빵은 4~5일 정도이고, 샌드위치는 24시간이다.

② 사용기한이란 소비자에게 판매가 가능한 최대 기간을 말하며, 제품 특성에 따라 설정한 사용기한 내에서 자율적으로 정할 수 있다. 단, 표시된 사용기한 내에서 식품공전에서 정하는 식품의 기준 및 규격에 따른다.

③ 설탕, 빙과류, 식용얼음, 과자, 껌류, 세제, 가공소금, 탁주와 약주를 제외한 주류는 사용기한 표시를 생략할 수 있다.

④ 냉장, 냉동제품은 '냉장보관', '냉동보관'을 표시해야 한다.

⏱ 밀의 구조

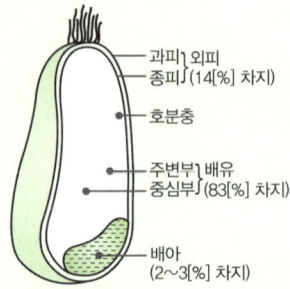

[제과제빵 재료의 종류 및 기능(「완벽 제과제빵실무」, 2000, 이정훈, 채점석, 정재홍)]

- 경질밀 : 경질춘맥(봄에 파종 → 가을 수확)
- 연질밀 : 연질동맥(가을, 겨울 파종 → 여름 수확)

02 재료의 성분 및 특징

1. 밀가루

(1) 밀의 구조

외피(껍질)	• 밀의 14[%] 차지 • 제분 과정에서 분리 • 저질 단백질을 다량 함유 • 밀가루에 많을수록 품질이 떨어짐.
배유(내배유)	• 밀의 83[%] 차지 • 배유를 분말화한 것이 밀가루 • 전체 단백질의 70~75[%] 차지
배아	• 밀의 2~3[%] 차지 • 지방이 많아 밀가루 저장성이 나쁨. • 제분 시 분리에 따라 식용, 사료용, 약용으로 사용

(2) 밀가루의 분류

구분	강력분	중력분	박력분	듀럼밀
용도	제빵용	제면용, 다목적용(우동, 면류)	제과용	스파게티, 마카로니
단백질량[%]	11.0~13.5	9~10	7~9	11~12
글루텐 질	강하다.	부드럽다.	아주 부드럽다.	
밀가루 입도	거칠다. (초자질)	약간 미세하다.	아주 미세하다. (분상질)	초자질
회분 함량 1급[%]	0.4~0.5	0.4	0.4 이하	
원료밀	경질밀	중간 경질, 연질	연질밀	

⏱ 밀가루 제분 공정

- '마쇄 → 체질 → 정선' 과정이 연속적으로 진행된다.
- '표백 → 저장 → 영양 강화 → 포장'의 과정을 거친다.

(3) 제분과 제분율

① 제분

㉠ 껍질과 배아를 분리하고 전분의 손상을 최소화하여 가루로 만드는 것이다.

㉡ 밀을 제분하면 탄수화물과 수분이 증가하며, 단백질은 1[%] 감소, 회분은 $\frac{1}{5}$ ~ $\frac{1}{4}$ 감소한다.

② 제분율

㉠ 밀에 대한 제분한 밀가루의 양을 [%]로 나타낸 것이다.

$$제분율[\%] = \frac{제분\ 중량}{원료\ 소맥\ 중량} \times 100$$

ⓛ 제분율이 높았을 때

    ⓐ 회분 함량이 많아지지만 입자가 점점 거칠어지고 색상도 점점 어두워진다.

    ⓑ 비타민 B₁, 비타민 B₂, 무기질량, 섬유소, 단백질이 증가한다.

    ⓒ 영양적으로는 우수하나 소화 흡수율이 떨어진다.

ⓒ 제분율이 낮을수록 고급분이다(일반 밀가루의 제분율은 72[%]).

(4) 밀가루의 성분

① 단백질

    ㉠ 빵 품질 기준의 중요한 지표 중의 하나이다.

    ⓛ 여러 단백질 중 글리아딘과 글루테닌이 물과 만나 글루텐을 형성한다.

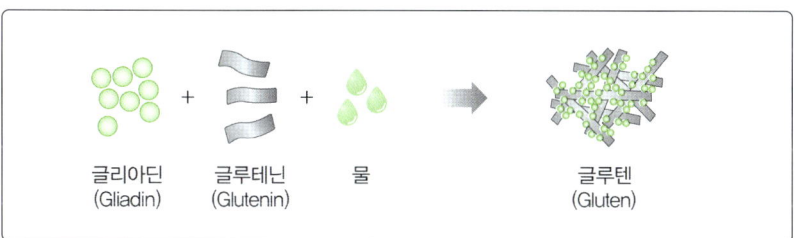

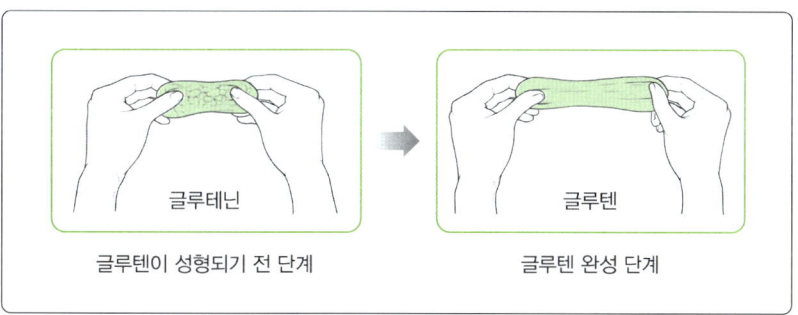

글루테닌이 성형되기 전 단계	글루텐 완성 단계

▶ **글루텐 형성 단백질의 종류 및 함량**

글리아딘	약 36[%]
글루테닌	약 20[%]
메소닌	약 17[%]
알부민, 글로불린	약 7[%]

② 탄수화물

    ㉠ 70[%]를 차지하며 대부분이 전분으로 이루어져 있다.

    ⓛ 전분의 함량은 단백질의 함량과 반비례 관계를 갖는다.

    ⓒ 전분의 함량 : 박력분 > 강력분

    ⓒ 이스트의 주된 영양 성분이 된다.

핵심문제 **풀어보기**

밀가루의 제분율[%]에 따른 설명 중 잘못된 것은?

① 제분율이 증가하면 일반적으로 소화율[%]은 감소한다.

② 제분율이 증가하면 일반적으로 비타민 B₁, B₂ 함량이 증가한다.

③ 목적에 따라 제분율이 조정되기 도 한다.

④ 제분율이 증가하면 일반적으로 무기질 함량이 감소한다.

해설

제분율이란 밀을 깎고 남은 부분으 로, 제분율이 증가한다는 뜻은 껍질 부분의 성분이 많이 함유되어 있다 는 뜻으로 무기질량이 증가한다.

답 ④

ⓒ **글루텐 형성 단백질**

• 글리아딘 : 신장성에 영향을 주며 70[%] 알코올, 묽은 산, 알칼리에 녹해

• 글루테닌 : 탄력성에 영향을 주 며, 묽은 산, 알칼리에 용해

• 메소닌 : 묽은 초산에 용해

• 알부민과 글로불린 : 수용성, 묽 은 염류에 녹고 열에 응고

제관점 관리 제 2 장

ⓜ 손상전분

　　ⓐ 제분 공정 중 전분 입자가 손상된 것으로 권장량은 4.5~8[%]이다.

　　ⓑ 자기 중량의 2배 흡수율을 갖는다.

③ 지방

　㉠ 밀가루에 1~2[%] 포함되어 있다.

　㉡ 산패와 밀접한 관련이 있다.

④ 회분

　㉠ 밀가루의 등급을 나타내는 기준(밀가루 색상과 관련 있음)이다.

　㉡ 껍질 부위가 적을수록 회분 함량이 적어진다.

　㉢ 제분 공정의 점검 기준이 된다.

⑤ 수분

　㉠ 밀가루에 10~15[%] 정도 함유되어 있다.

　㉡ 밀가루 수분 함량이 1[%] 감소하면 반죽의 흡수율은 1.3~1.6[%] 증가한다.

　㉢ 실질적인 중량을 결정하는 중요한 요소(밀가루 구입 시)이다.

⑥ 효소

　㉠ 아밀라아제 : 전분을 가수분해하여 당으로의 분해를 촉매하는 효소이다.

　㉡ 프로테아제 : 단백질과 펩티드결합을 가수분해하는 효소이다.

(5) 밀가루 표백, 숙성 및 저장

① 표백 : 제분 직후의 밀가루 속 카로티노이드 색소를 산소로 산화시켜 탈색시키는 과정을 말한다.

　㉠ 자연 표백 : 2~3개월 정도 자연 숙성하여 산소와 산화시켜 탈색시키는 과정이다.

　㉡ 인공 표백 : 화학적 첨가제를 사용해 빠른 시간에 탈색시키는 과정이다.

② 숙성 : 제분 직후 밀가루는 불안정한 상태이므로 표백 및 제빵 적성을 향상시키는 과정을 말한다.

　㉠ 자연 숙성 : 2~3개월 정도 자연 숙성하여 산소와 산화시키는 과정이다.

　㉡ 인공 숙성 : 산화제를 사용하여 산화시키는 과정이다.

　㉢ 밀가루 숙성 전후 비교

숙성 전 밀가루 특징	• 노란빛을 띤다. • pH는 6.1~6.2 정도 • 효소 작용이 활발함.

• 아밀라아제 = 아밀레이스 (Amylase)

✔ **인공 표백 시 화학적 첨가제**
과산화질소, 염소, 이산화염소, 과산화벤조일 등

✔ **제빵 적성**
잘 부풀 수 있는 정도, 알맞은 텍스처, 발효 동안 균일한 기공의 분포, 또는 좋은 품질의 제품을 생산할 수 있는 정도를 의미한다.

✔ **산화제**
비타민 C, 브롬산칼륨, ADA(아조디카본아마이드) 등

숙성 후 밀가루 특징	• 흰색을 띤다. • pH는 5.8~5.9로 낮아짐(발효 촉진, 글루텐 질 개선, 흡수성 향상). • 환원성 물질이 산화되어 반죽 글루텐 파괴를 막아줌.

③ 저장

　㉠ 온도 18~24[℃], 습도 55~65[%]에서 보관해야 한다.

　㉡ 바닥과 이격해서 보관해야 하며 선입 선출한다.

　㉢ 환기가 잘되고 서늘한 곳에서 보관해야 한다.

　㉣ 해충 침입에 유의해야 한다.

　㉤ 휘발유, 석유, 암모니아 등 냄새가 강한 물건에 유의해야 한다.

④ 제빵용 밀가루의 선택 기준

　㉠ 2차 가공 내성이 좋아야 한다.

　㉡ 품질이 안정되어 있어야 한다.

　㉢ 단백질 양이 많고 질이 좋아야 한다.

　㉣ 흡수량이 낳아야 한다.

　㉤ 제품 특성을 잘 파악하고 쓰임에 맞는 밀가루를 선택해야 한다.

(6) 반죽의 물리적 시험

아밀로그래프 (Amylograph)	• 밀가루의 점도 변화를 자동 기록하는 장치 • α-아밀라아제의 활성, 밀가루의 호화 정도를 알 수 있음. 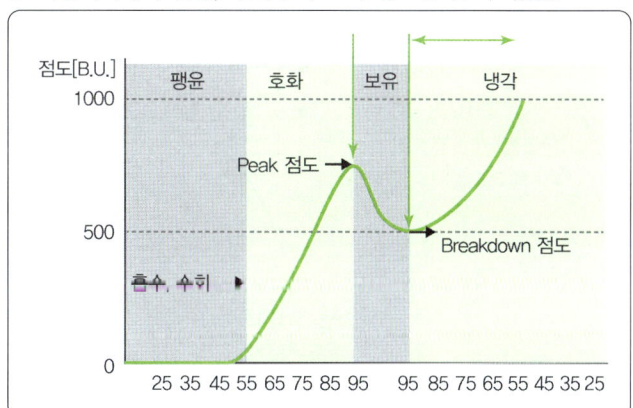 • 밀가루와 물의 현탁액을 저어주면서 1.5[℃/분] 상승시킬 때 점도의 변화를 계속적으로 자동 기록하는 장치 • 제빵용 밀가루의 적정 그래프 - 400·600[B.U.]

• B.U.(Brabender Units)

일반적으로 양질의 빵 속을 만들기 위한 아밀로그래프의 수치는 어느 범위가 가장 적당한가?

① 0~150[B.U.]

② 200~300[B.U.]

③ 400~600[B.U.]

④ 800~1,000[B.U.]

해설

아밀로그래프 : 온도 변화에 따라 밀가루의 α-아밀라아제의 활성을 측정하는 기계로 400~600[B.U.] 범위가 적당하다.

답 ③

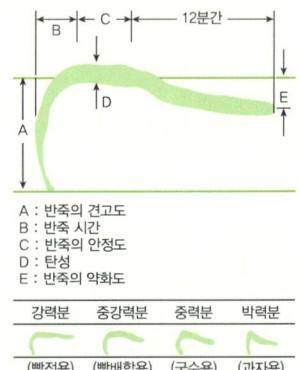

A : 반죽의 견고도
B : 반죽 시간
C : 반죽의 안정도
D : 탄성
E : 반죽의 약화도

강력분	중강력분	중력분	박력분
(빵전용)	(빵배합용)	(국수용)	(과자용)

핵심문제 풀어보기

패리노그래프(Farinograph)의 기능 및 특징이 아닌 것은?

① 흡수율 측정
② 믹싱 시간 측정
③ 500[B.U.]를 중심으로 그래프 작성
④ 전분 호화력 측정

해설
④ 아밀로그래프 : 밀가루의 호화 정도 측정

답 ④

패리노그래프 (Farinograph)	• 밀가루의 흡수율, 믹싱 내구성, 믹싱 시간 측정 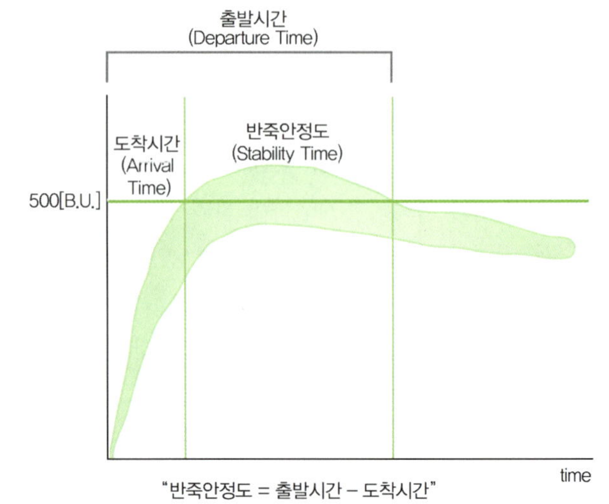 출발시간 (Departure Time) 도착시간 (Arrival Time) 반죽안정도 (Stability Time) 500[B.U.] time "반죽안정도 = 출발시간 − 도착시간" 글루텐 함량이 크면 반죽안정도가 크게 나타남. 강력분의 반죽안정도가 제일 크다. • 믹서와 연결된 파동곡선 기록기로 기록하여 측정 • 500[B.U.]에 도달해서 이탈하는 시간 등으로 특성 판단
익스텐소그래프 (Extensograph)	• 반죽의 신장성과 신장에 대한 저항을 측정하는 기계 • 패리노그래프 결과를 보완해 주는 기계 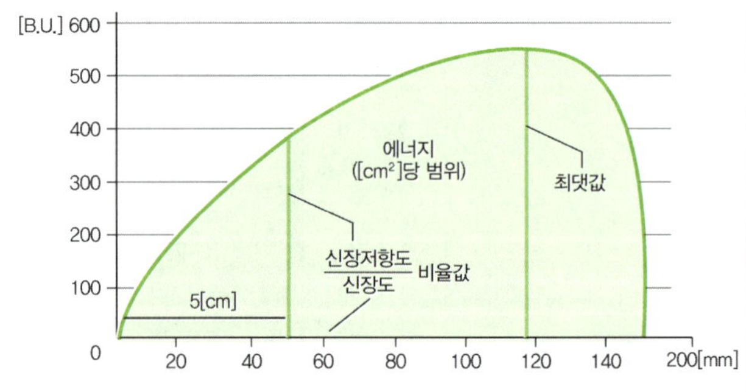 [B.U.] 600 / 500 / 400 / 300 / 200 / 100 / 0 에너지 ([cm²]당 범위) 최댓값 신장저항도/신장도 비율값 5[cm] 20 40 60 80 100 120 140 200[mm] • 익스텐소그래프는 패리노그래프의 결과를 보완해 주는 것으로 일정한 경도에서 반죽의 신장도, 인장항력을 측정 기록 • 반죽 내부 에너지의 시간에 따른 변화를 측정하여 2차 가공, 즉 발효에 의한 반죽의 성질을 판정하는 것으로 개량제의 효과 측정 가능
레오그래프 (Rheograph)	• 반죽이 기계적 발달을 할 때 일어나는 변화를 측정하여 나타내는 기록형 믹서 • 흡수율 계산에 적합함.

믹소그래프 (Mixograph)	• 온도, 습도 조절 가능한 고속 기록 믹서 • 반죽의 형성 및 글루텐 발달 정도를 기록, 측정 • 밀가루 단백질의 함량과 흡수의 관계를 판단함.
믹사트론 (Mixatron)	• 밀가루에 대한 흡수 시간과 혼합 시간을 신속히 측정 • 사람의 잘못으로 일어나는 사항과 계량기 부정확 또는 믹서 작동 부실 등 기계의 잘못을 계속적으로 확인
맥미카엘 점도계	• 케이크, 쿠키, 파이, 페이스트리용 밀가루의 제과 적성 및 점성을 측정하는 기계

2. 기타 가루

(1) 호밀 가루의 특징

단백질	• 밀가루에 비해 단백질 양적인 차이는 없으나 질적인 차이가 있음. • 글루텐을 형성하는 단백질(글리아딘, 글루테닌)은 밀의 경우 90[%]이고, 호밀의 경우 25.7[%]임. • 글리아딘과 글루테닌의 함량이 적어 밀가루와 혼합하여 사용함.
탄수화물	• 전분이 70[%] 이상이며, 펜토산의 함량이 많음. • 펜토산 함량이 높아 반죽을 끈적이게 하고 글루텐의 탄력성을 약화시킴. • 호밀 가루의 양이 많아지면 속이 설익거나 끈적이게 되므로 사워종을 같이 사용하여 좋은 호밀빵을 만듦.
지방	• 호밀의 배아 부분에 주로 존재함. • 인지질이 레시틴을 0.5[%] 함유함. • 호밀분이 지방 함량이 높으면 저장성이 나쁨.

(2) 활성 밀 글루텐(건조 글루텐)

① 밀가루에서 단백질(글루텐)을 추출하여 만든 연한 황갈색 분말을 말한다.

② 구성 : 약 단백질 76[%], 지방 1[%], 회분 1[%], 수분 4~6[%]

③ 젖은 글루텐과 건조 글루텐

> • 젖은 글루텐[%] = (짖은 글루텐 반죽의 중량 ÷ 밀가루 중량) × 100
> • 건조 글루텐[%] = 젖은 글루텐[%] ÷ 3

(3) 감자 가루

감자로 만든 가루로 이스트 영양제, 향료제, 노화 지연제로 사용된다.

(4) 옥수수 가루

① 옥수수로 만든 가루로 제빵, 제과에 직접 사용한다.

🌱 **사워(Sour)종**

• 호밀 가루와 물로 만든 발효종으로 호밀빵에 이용되는 제법(최근 밀가루빵에도 이용)

• 풍미를 향상시키기 위해 사용

• 공기 중에 존재하는 효모균을 이용하여 발효 반죽을 만들기 시작한 것이 시초

• 산미가 있는 반죽으로 '신 반죽'이라고도 함.

🌱 **활성 밀 글루텐 효과**

• 다른 분말로 인해 밀가루 양이 적어질 경우 개량제로 사용

• 반죽의 믹싱 내구성, 안정성 증가

• 흡수율 1.5[%] 증가

• 세씀의 부피, 기공, 조직, 저장성 증가

밀가루 반죽 100[g]에서 36[g]의 젖은 글루텐을 얻었다면 단백질의 함량과 밀가루의 종류는?

① 9[%], 중력분
② 12[%], 강력분
③ 12[%], 중력분
④ 13[%], 강력분

해설
· 젖은 글루텐 함량[%]
  = (36 ÷ 100) × 100 = 36[%]
· 건조 글루텐 함량[%]
  = 36 ÷ 3 = 12[%](강력분)

답 ②

② 옥수수 단백질 제인은 리신과 트립토판이 결핍된 불완전 단백질이다.

③ 일반 곡류에 부족한 트레오닌과 함황 아미노산인 메티오닌이 많기 때문에 다른 곡류와 섞어서 사용한다.

④ 글루텐 형성 능력이 적어 밀가루와 섞어서 사용하기도 한다.

(5) 땅콩 가루

땅콩으로 만든 가루로 단백질과 필수 아미노산이 높아 영양 강화 식품으로 이용된다.

(6) 보리 가루

① 보리로 만든 가루로 비타민, 무기질, 섬유질이 많아 건강빵을 만들 때 이용된다.

② 주단백질인 호르데인은 글루텐 형성 능력이 작아 다른 밀가루 반죽 분할 중량에 비해 증가해서 분할해야 한다.

(7) 대두분

① 각종 아미노산을 함유하고 있어 밀가루의 영양소 보강을 위해 사용한다.

② 제빵에 쓰이는 대두분 : 탈지 대두분으로 리신(필수 아미노산)의 함량이 높아 밀가루 영양 보강제로 사용된다.

③ 케이크 도넛에 쓰이는 대두분 : 흡수율 감소, 껍질 구조 강화, 껍질색 강화, 식감 개선 효과를 얻을 수 있다.

(8) 면실분

① 목화씨를 갈아서 만든 가루이다.

② 단백질이 높은 생물가와 광물질, 비타민이 풍부하다.

(9) 프리믹스

밀가루, 설탕, 달걀분말, 분유, 향료 등의 건조 재료에 팽창제 및 유지 재료를 알맞은 배합비로 일정하게 혼합한 가루로 물과 섞어 편리하게 만들 수 있는 가루를 말한다.

3. 감미제

(1) 정제당

불순물과 당밀을 제거하여 만든 설탕

① 설탕(Sucrose, 자당)

　㉠ 전화당

　　ⓐ 자당을 산이나 효소로 가수분해하여 생성되는 포도당과 과당의 시럽 형태의 혼합물을 말한다.

 전화당의 특징
· 설탕의 1.3배 감미도(130)를 가짐.
· 단당류의 단순한 혼합물로 갈색화 반응이 빠름.
· 10~15[%]의 전화당 사용 시 제과의 설탕 결정화가 방지됨.

ⓑ 흡습성이 강해 제품의 보존기간(사용기한)의 확보가 가능하다.

ⓒ 향, 보습, 광택과 촉감을 위해 사용한다.

ⓒ 분당 : 설탕을 분쇄한 후 3[%]의 옥수수 전분을 혼합하여 만들며 덩어리지는 것을 방지한다.

ⓒ 액당 : 자당 또는 전화당이 물에 녹아 있는 시럽을 말한다.

$$액당의 \ 당도[\%] = \frac{설탕의 \ 무게}{설탕의 \ 무게 + 물의 \ 무게} \times 100$$

ⓓ 황설탕 : 캐러멜 색소를 내는 원료로 사용한다.

ⓔ 함밀당(흑설탕) : 불순물만 제거하고 당밀이 함유되어 있는 설탕을 말한다.

(2) 전분당

전분을 가수분해하여 얻는 당

① 포도당(Glucose)

㉠ 전분을 가수분해하여 만들어진다.

㉡ 설탕 100에 내해 포도당은 75 정도의 감미도를 갖고 있다.

② 물엿

㉠ 전분을 산 또는 효소로 가수분해하여 만든 전분당으로 물이 혼합된 끈끈한 액체 상태이다.

㉡ 감미도는 설탕에 비해 낮지만 보습성이 뛰어나다.

③ 이성화당

㉠ 포도당의 일부를 알칼리 또는 효소를 이용해 과당으로 변화시킨 당액이다.

㉡ 포도당과 과당이 혼합된 액싱의 감미제이다.

(3) 당밀(Molasses)

① 당밀

㉠ 사탕수수나 사탕무에서 원당을 분리하고 남은 1차 산물을 말한다.

㉡ 럼주는 당밀을 발효시킨 후 증류해서 만든 술을 말한다.

② 제과 · 제빵에 당밀을 넣는 이유

㉠ 당밀 특유의 단맛을 내기 위해서 첨가한다.

㉡ 제품의 노화를 지연시키기 위해서 첨가한다.

㉢ 향료와 조하를 위해서 첨가한다.

㉣ 당밀의 독특한 풍미를 얻기 위해서 첨가한다.

✔ 전분당

전분을 산 또는 당화효소로 가수분해하여 얻은 당류를 주체로 한 제품으로, 주로 가공식품의 감미료로 소비된다. 물엿(산당화엿), 가루엿, 고형 포도당, 분말 포도당, 결정 포도당 등의 총칭이다.
설탕은 사탕수수 또는 사탕무로 얻는 당이므로 전분당이 아니다.

핵심문제 풀어보기

다음 중 전분당이 아닌 것은?

① 물엿 ② 설탕
③ 포도당 ④ 이성화당

해설
② 설탕의 원료는 사탕수수이다.
• 전분당 : 전분을 원료로 하는 당을 말한다.
• 전분당의 종류 : 물엿, 맥아당, 포도당, 이성화당 등이 있다.

답 ②

(4) 맥아(Malt)와 맥아 시럽(Malt Syrup)

맥아	• 발아시킨 보리의 낟알 • 탄수화물 분해 효소(아밀라아제)가 전분을 맥아당으로 분해 • 분해산물인 맥아당은 이스트 먹이로 이용되는 발효성 탄수화물
맥아 시럽	• 맥아분에 물을 넣고 열을 가해 만듦. • 설탕의 재결정화를 방지함. • 물엿에 비해 흡습성이 적음.
제빵에서의 역할	• 이스트 발효 촉진 • 가스 생산량 증가 • 특유의 향과 껍질색 개선 • 제품 내부의 수분 함량 증가

(5) 유당(젖당, Lactose)

① 포유동물의 젖에만 존재하는 감미 물질이다.

② 감미도는 설탕(100)에 비해 유당(16)이 낮다.

③ 이스트에 의해 발효되고 남은 잔류당으로 반죽에 존재하며, 갈변 반응을 일으켜 껍질색이 진해진다.

④ 유산균에 의해서 유당이 생성된다.

(6) 감미제의 기능

제과	• 캐러멜화와 메일라드 반응으로 껍질색 생성 • 글루텐을 부드럽게 만들어 제품의 기공, 속, 조직을 부드럽게 만듦. • 노화를 지연시키고 신선도를 지속시킴. • 감미제 특유의 향이 제품에 스며듦.
제빵	• 캐러멜화와 메일라드 반응으로 껍질색 생성 • 기공과 속결을 부드럽게 만듦. • 노화를 지연시키고 신선도를 지속시킴. • 발효 중 이스트에 발효성 탄수화물 공급

4. 소금

(1) 소금의 정의

① 나트륨(Na)과 염소(Cl)의 화합물로, 염화나트륨(NaCl)이라고 한다.

② 식염은 정제염 99[%]와 탄산칼슘, 탄산마그네슘의 혼합물 1[%]로 구성되어 있다.

(2) 제빵에서 소금의 역할

① 글루텐을 강하게 하여 반죽이 탄력성을 갖게 한다.

② 설탕의 감미와 작용하여 풍미를 증가시킨다.

핵심문제 풀어보기

제과에서 설탕의 역할이 아닌 것은?

① 껍질색 개선
② 수분 보유
③ 밀가루 단백질의 강화
④ 연화 작용

해설
제과에서 설탕의 역할은 껍질색 개선, 수분 보유, 연화 작용, 노화 지연 등이 있다.

답 ③

핵심문제 풀어보기

제빵에서 밀가루, 이스트, 물과 함께 기본적인 필수 재료는?

① 분유　　② 유지
③ 소금　　④ 설탕

해설
소금을 넣지 않으면 맛과 향을 살릴 수 없으며, 발효 속도가 너무 빨라진다.
빵의 필수 재료인 밀가루, 이스트, 물, 소금으로만 만든 빵으로는 바게트가 있다.

답 ③

③ 글루텐 막을 얇게 하여 빵 내부의 기공을 좋게 한다.

④ 잡균 번식을 억제(삼투압 작용)시킨다.

⑤ 점착성을 방지한다.

⑥ 빵 내부를 누렇게 또는 회색으로 만든다.

⑦ 이스트 발효 억제로 인해 발효 속도를 조절하여 작업 속도 조절을 가능하게 한다.

5. 이스트

(1) 이스트의 정의

① 출아법으로 번식하는 단세포 미생물이다.

② 자신이 가지고 있는 효소를 이용해 당을 분해시키며, 이산화탄소와 알코올을 생성하는 발효 역할을 한다.

🍎 이스트 학명

Saccharomyces Cerevisiae(사카로미세스 세레비시아)

(2) 구성 성분

수분[%]	단백질[%]	회분[%]	인산[%]	pH
68~83	11.6~14.5	1.7~2.0	0.6~0.7	5.4~7.5

(3) 이스트에 들어 있는 효소

효소	기질	분해산물
말타아제	맥아당	2분자의 포도당
치마아제 (찌마아제)	포도당, 과당	에틸알코올, 탄산가스, 에너지
리파아제	지방	지방산, 글리세린
인버타아제 (인베르타아제)	설탕(자당)	포도당, 과당
프로테아제	단백질	아미노산, 펩티드(펩타이드), 폴리펩티드, 펩톤

🍎 이스트에 들어 있지 않은 효소

• 락타아제 : 유당 분해 효소
유당은 분해되지 않고 잔여당으로 남아 껍질색을 내는 역할을 함.

• 아밀라아제 : 전분 분해 효소
이스트에는 거의 없지만 밀가루에는 아밀라아제가 함유되어 있어 전분이 덱스트린과 맥아당으로 분해

(4) 발효 작용

이스트(효모)의 효소로 반죽 속의 당을 분해하여 탄산가스와 알코올을 만들고, 열을 발생시킨다.

🍎 이스트의 활동

이스트의 사멸 : 60[℃]에서 세포가 파괴되기 시작하여 세포는 63[℃], 포자는 69[℃]에서 사멸함.

치마아제(Zymase)
↓
알코올 발효 : $C_6H_{12}O_6 \rightarrow 2CO_2 + 2C_2H_5OH + 66[kcal]$
포도당   이산화탄소 알코올

부피 팽창	이산화탄소(탄산가스) 발생으로 팽창
향의 발달	알코올 및 유기산, 알데히드의 생성으로 인해 pH가 하강하고 향이 발달
글루텐 숙성	pH 하강으로 반죽이 연화되고 탄력성과 신장성이 생김.
반죽 온도 상승	에너지(열량) 발생으로 온도 상승

✓ 호기성과 혐기성
- 호기성 : 생물에 있어서 공기 또는 산소가 존재하는 조건에서 자라고 또는 살 수 있는 성질
- 혐기성 : 생물에 있어서 산소를 싫어하여 공기 중에서 잘 자라지 않는 성질

✓ 활성 건조 효모의 장점
정확성, 경제성, 균일성, 편리성

(5) 이스트 번식 조건

공기	호기성으로 산소가 필요
온도	28~32[℃]가 적당(38[℃]가 가장 활발)
산도	pH 4.5~4.8
영양분	당, 질소, 무기질(인산과 칼륨)

(6) 이스트 종류

생이스트 (Fresh Yeast)	• 배양 후 압축 정형하여 압착 효모라고 함. • 고형분 25~30[%], 수분 70~75[%] 정도 함유 • 사용법 : 이스트 양의 4~5배의 30[℃]의 물에 풀어 쓰거나 잘게 부숴 밀가루에 섞어 사용함. • 보관 장소 : 냉장보관
활성 건조 효모 (Active dry Yeast)	• 배양 후 낮은 온도에서 수분을 건조한 것으로 입상형 • 수분 함량이 7.5~9[%] 정도이며, 고형분 함량은 생이스트의 3배 • 사용법 : 이스트 양의 4배가 되는 40~45[℃]의 물에 5~10분간 수화하여 사용
불활성 건조 효모 (Inactive Yeast)	• 글루타치온이 함유되어 있어 반죽을 느슨하게 함. • 높은 건조 온도에서 수분을 증발하여 이스트 내의 효소가 완전히 불활성화된 것 • 빵·과자 제품에 영양 보강제로 사용
인스턴트 이스트 (Instant Yeast)	• 건조 이스트의 단점을 보완한 제품 • 물에 풀지 않고 밀가루에 바로 섞어 사용 • 반죽 시간이 짧으며 완전히 용해되기 어려움.

✓ 질 좋은 이스트 조건
- 발효 저해 물질에 대한 저항력이 좋아야 함.
- 수화 시 용해성이 좋아야 하며 발효력이 일정해야 함.
- 보존성이 좋고, 이미와 이취가 없어야 하며 미생물의 오염이 없어야 함.

✓ 글루타치온
효모가 사멸하면서 생성되며 환원성 물질로 반죽을 약화시키고 빵의 맛과 품질을 떨어뜨린다.

※ 건조 이스트 사용 시 생이스트 양의 50[%] 사용
(고형분의 양이 3배 차이가 나지만 건조 공정 중 활성세포가 줄어들기 때문)

(7) 취급과 저장 시 주의할 점
① 냉장실(0~5[℃])에 보관한다.
② 온도가 높은 물과 직접 닿지 않도록 한다(48[℃]에서 파괴 시작).
③ 설탕, 소금과 직접 닿지 않게 한다.
④ 사용 후 밀봉하여 냉장고에 보관한다.

⑤ 잡균에 오염되지 않도록 깨끗한 곳에 보관한다.

⑥ 선입 선출하여 사용한다.

6. 물

(1) 물의 정의

산소와 수소의 화합물로 분자식은 H_2O이며, 인체의 중요한 구성 성분으로 체중의 $\frac{2}{3}$(60~65[%])를 차지한다.

(2) 물의 기능

① 효모와 효소의 활성을 제공한다.

② 제품에 따라 맞는 반죽 온도를 조절할 수 있다.

③ 원료를 분산하고 글루텐을 형성시키며 반죽의 되기를 조절할 수 있다.

(3) 경도에 따른 물의 분류

구분	내용	조치사항
연수 (60[ppm] 이하)	• 난물이라고 함(빗물, 증류수). • 글루텐을 연화시킴. • 끈적거리게 함.	• 2[%] 정도 흡수율을 낮춘다. • 가스보유력이 적으므로 이스트 푸드와 소금을 증가한다.
아연수 (61~120[ppm] 미만)	–	–
아경수 (120~180[ppm] 미만)	• 제빵에 가장 좋다.	–
경수 (180[ppm] 이상)	• 센물이라고 함(광천수, 바닷물, 온천수). • 반죽이 질겨지고 발효 시간이 길어진다.	• 이스트 사용량 증가 • 백아 점가 • 이스트 푸드 양 감소 • 급수량 증가

(4) pH에 따른 물의 분류

구분	내용	조치사항
산성 물 (pH 7 이하)	• 발효가 촉진된다. • 글루텐을 용해시켜 반죽이 찢어지기 쉬움.	• 이온교환수지를 이용해 물을 중화시킴.
알칼리성 물 (pH 7 이상)	• 발효 속도를 지연시킨다. • 부피가 작고 색이 노란 빵을 만듦.	• 황산칼슘을 함유한 산성 이스트 푸드의 양을 증가

물의 경도

물에 칼슘염과 마그네슘염이 녹아 있는 정도를 나타내며, 그 양을 탄산칼슘으로 환산하여 [ppm]으로 표시한다.

ppm이란?

parts per million의 약자로 $\dfrac{1}{1,000,000(백만)}$ 을 의미한다.

7. 유지류

다음 100[g] 중 수분 함량이 가장 적은 것은?

① 마가린   ② 밀가루
③ 버터   ④ 쇼트닝

해설
마가린과 버터의 수분 함량은 18[%] 이하(보통 14~17[%])이고, 밀가루는 13~14[%]이다. 쇼트닝은 100[%] 지방으로 되어 있다.

답 ④

도넛 튀김용 유지로 가장 적당한 것은?

① 라드   ② 유화 쇼트닝
③ 면실유   ④ 버터

해설
튀김용 유지는 발연점이 높은 면실유가 적당하다.

답 ③

◉ 튀김 기름의 4대 적
온도, 공기, 수분, 이물질

◉ 튀김 기름이 갖추어야 할 요건
• 발연점이 높아야 한다.
• 산패(산화)에 대한 안정성이 있어야 한다.
• 불쾌한 냄새가 나지 않아야 한다.
• 저항성이 크고 산가가 낮아야 한다.
• 제품이 냉각되는 동안 충분히 응결되어야 한다.

(1) 유지의 정의

① 3분자의 지방산과 1분자의 글리세린(글리세롤)으로 결합된 유기 화합물이다.
② 실온에서 고체인 지방(Fat)과 액체인 기름(Oil)을 총칭하여 유지라고 말한다.

(2) 유지의 종류

버터	• 우유의 유지방으로 제조하며 수분 함량이 16[%] 내외 • 우유지방 80~85[%], 수분 14~17[%], 소금 1~3[%] 등으로 구성 • 융점이 낮고 가소성의 범위가 좁다. • 융점이 낮아 입안에서 녹고 독특한 향과 맛을 가짐.
마가린	• 버터 대용품으로 쓰이며 식물성 유지로 만듦. • 지방 80[%], 우유 16.5[%], 소금 3[%], 유화제 0.5[%] 등으로 구성 • 가소성, 유화성, 크림성은 좋으나 버터보다 풍미에서 약간 떨어짐.
라드	• 돼지의 지방에서 추출하여 정제한 지방 • 보존성이 떨어지며 품질이 일정하지 않음. • 가소성의 범위가 비교적 넓고 쇼트닝성을 가지고 있음. • 크림성과 산화 안정성이 낮음.
쇼트닝	• 라드의 대용품으로 동·식물성 유지에 수소를 첨가한 경화유 • 수분 함량 0[%]로 무색, 무미, 무취 • 가소성의 온도 범위가 넓음. • 쇼트닝성이 있고 크림성이 크다.
튀김 기름	• 100[%] 지방으로 수분이 0[%] • 튀김 온도는 185~195[℃]로 높은 온도로 기름의 가수분해와 산패가 빨리 일어남. • 도넛 튀김용 유지는 발연점이 높은 면실유가 적당 • 고온으로 계속적으로 가열하면 유리지방산이 많아져 발연점이 낮아짐.

▶ 유지 제품

종류	수분 함량[%]	지방 함량[%]	지방 종류	비고
버터	14~17	80 이상	우유	−
마가린	14~17	80 이상	동·식물성	−
쇼트닝	−	100	동·식물성	−
유화 쇼트닝	−	100	동·식물성	유화제 첨가(모노-디 글리세리드 6 ~ 8[%])
액체류	−	100	식물성	−

(3) 유지의 화학적 반응

산패	• 유지를 공기 중에 오래 두었을 때 산화되어 불쾌한 냄새가 나고 맛이 떨어지며 색이 변하는 현상 • 대기 중의 산소와 반응하여 산패되는 것을 자가 산화라 함.
가수분해	• 유지가 가수분해 과정을 통해 모노글리세리드, 디글리세리드와 같은 중간 산물을 만들고 지방산과 글리세린이 되는 것 • 가수분해 속도는 온도의 상승에 비례하며 유리지방산 함량이 높아지면 산가가 높아지고 튀김은 발연점이 낮아짐.
건성	• 이중결합이 있는 불포화지방산의 불포화도에 따라 유지가 공기 중에서 산소를 흡수하여 산화, 중화, 축합을 일으킴으로써 점성이 증가하여 고체가 되는 성질 • 요오드가가 100 이하는 불건성유, 100~130은 반건성유, 130 이상은 건성유이다. | 건성유	아마인유, 들깨기름
반건성유	채종유, 면실유, 참기름, 콩기름
불건성유	피마자유, 동백유, 올리브유 | ※ 건성유 : 불포화도가 높은 지방산을 함유하여 산소를 흡수하고 산화시킴으로써 차차 점성이 증가하여 굳어버리는 성질을 가진 식물성 기름

(4) 유지의 안정화

항산화제 (산화방지제)	• 산화적 연쇄반응을 방해함으로써 유지의 안정 효과를 갖게 하는 물질 • 항산화제 : 비타민 E(토코페롤), PG(프로필갈레이트), BHA, BHT, NDGA 등 • 항산화 보완제 : 비타민 C, 주석산, 구연산, 인산 등(항산화제와 같이 사용 시 항산화 효과를 높일 수 있다.)
수소 첨가 (유지의 경화)	• 지방산의 이중결합에 니켈을 촉매로 수소(H)를 첨가하여 유지의 융점이 높아지고 유지가 단단해지는 현상, 불포화도를 감소시키는 것 예 쇼트닝, 마가린 등

✔ **발연점(Smoking Point)**
유지를 가열할 때 유지 표면에서 엷은 푸른 연기가 나기 시작할 때의 온도. 보통 식용 기름의 발연점은 200[℃] 이상이다(면실유 223[℃], 올리브유 175[℃], 땅콩기름 162[℃]).

✔ **경화유(트랜스지방)의 특징**
• 콜레스테롤 중 저밀도지단백질(LDL)을 증가시킴.
• 올리브유(엑스트라버진), 참기름에는 트랜스지방이 없음.

(5) 제과 · 제빵 유지의 특성

안정성	• 지방의 산화와 산패를 장기간 억제하는 성질 • 사용기한이 긴 쿠키와 크래커, 높은 온도에 노출되는 튀김 제품에서 중요 (팬 기름, 튀김 기름, 유지가 많이 들어가는 건과자)
가소성	• 유지가 상온에서 너무 단단하지 않으면서 고체 모양을 유지하는 성질(퍼프 페이스트리, 데니시 페이스트리, 파이)
크림성	• 유지가 믹싱 조작 중 공기를 포집하는 성질(버터 크림, 파운드 케이크, 크림 법으로 제조하는 제품)
쇼트닝성	• 빵 · 과자 제품에 부드러움을 주는 성질 • 버터나 쇼트닝이 많이 가지고 있는 성질(식빵, 크래커)
유화성	• 유지가 물을 흡수하여 물과 기름이 잘 섞이게 하는 성질(레이어 케이크류, 파운드 케이크)
검화가	• 유지 1[g]을 검화하는 데 필요한 수산화칼륨(KOH)의 [mg]의 수
산가	• 1[g]의 유지에 들어 있는 유리지방산을 중화하는 데 필요한 수산화칼륨의 [mg]을 [%]로 나타낸 것 • 유지의 질을 판단함.

(6) 제과 · 제빵 유지의 기능

① 밀가루 단백질에 대해 연화 작용(부드럽게 하는 작용)을 한다.

② 수분 증발을 방지하고 노화를 지연시키는 작용을 한다.

③ 껍질을 얇고 부드럽게 한다.

④ 유지 특유의 맛과 향을 부여한다.

⑤ 반죽의 신장성을 좋게 하고 가스 보유력을 증대시켜 부피를 크게 만들어 준다.

8. 유제품

(1) 우유의 구성 성분 및 물리적 성질

① 수분 87.5[%], 고형물 12.5[%]로 이루어진다.

② 단백질 3.4[%], 유지방 3.65[%], 유당 4.75[%], 회분 0.7[%]가 함유되어 있다.

③ 비중 : 평균 1.030 전후

④ 수소이온농도(pH) : pH 6.6

⑤ 우유의 살균

저온 장시간	63~65[℃], 30분간 살균
고온 단시간	72~75[℃], 15초간 살균
초고온 순간	125~138[℃], 최소한 2~4초 동안 살균

(2) 유제품의 종류

① 시유 : 일반적으로 마시기 위해 가공된 액상 우유를 말한다.

보통 우유	우유에 아무것도 넣지 않고 살균, 냉각한 뒤 포장한 것
가공 우유	우유에 탈지분유나 비타민 등을 강화한 것
탈지 우유	우유에서 지방을 제거한 것
응용 우유	우유에 커피, 과즙, 초콜릿 등을 혼합하여 맛을 낸 것

② 농축 우유

　㉠ 우유의 수분 함량을 감소시켜 고형물 함량을 높인 제품이다.

　㉡ 연유나 생크림도 농축 우유의 일종이다.

연유	• 가당 연유 : 우유에 40[%]의 설탕을 첨가하여 약 $\frac{1}{3}$ 부피로 농축시킨 것 • 무가당 연유 : 우유를 그대로 $\frac{1}{3}$ 부피로 농축시킨 것
생크림	• 생크림 : 유지방 함량이 18[%] 이상이 크림 • 버터용 생크림 : 유지방 함량 80[%] 이상 • 휘핑용 생크림 : 유지방 함량 35[%] 이상 • 조리용, 커피용 생크림 : 유지방 함량 16[%] 전후

③ 분유 : 우유의 수분을 제거해 분말 상태로 만든 것을 말한다.

전지분유	원유를 건조시킨 것
탈지분유	지방을 뺀 원유를 건조시킨 것
혼합분유	전지분유나 탈지분유에 가공식품이나 식품첨가물을 25[%] 섞어 분말화한 것

④ 유장(유청) 제품

　㉠ 우유에서 유지방, 카제인을 분리하고 남은 제품으로 유장이라고 한다.

　㉡ 유장에는 수용성 비타민, 광물질, 약 1[%]의 비카제인 계열 단백질과 대부분의 유당이 함유되어 있다.

　㉢ 첨가량은 식빵의 경우 1~5[%] 정도이다.

⑤ 발효유 : 탈지유나 그 밖의 유즙에 젖산균을 넣어 발효시켜 유산을 생성하여 만든 제품으로 요구르트가 대표적 제품이다.

☑ 오버런

생크림이나 아이스크림 제조 시 믹싱에 의해 크림의 체적이 증가한 [%]를 수치로 나타낸 것

예 100[cc]의 생크림으로 150[cc]의 크림을 만들었다면 오버런은? $(150-100) \div 100 \times 100 = 50[\%]$

☑ 제빵에서 분유의 기능

• 완충제 역할을 하여 발효 내구성 증가
• 분유 1[%] 증가하면 수분 흡수율도 1[%] 증가
• 밀가루 단백질을 강화하여 믹싱 내구성 증대

• 카제인(Casein) = 카세인

다음 중 연질 치즈로 곰팡이와 세균으로 숙성시킨 치즈는?

① 크림치즈
② 로마노치즈
③ 파마산치즈
④ 까망베르치즈

해설
크림치즈는 비숙성 치즈이고, 로마노치즈는 이탈리아의 양젖으로 만든 치즈, 파마산치즈는 이탈리아 파르마 시가 원산인 경질 분말치즈이다.

답 ④

⑥ 치즈 : 우유나 그 밖의 유즙에 레닌을 넣어 카제인을 응고시킨 후 발효 숙성시켜 만든 제품이다.

㉠ 자연 치즈

경질 치즈	1년 이상 숙성시킨 치즈	고다, 에담, 체다
반경질 치즈	수 주, 수개월 동안 숙성시킨 치즈	윈스터, 스틸톤
연질 치즈	숙성을 시키지 않거나 숙성기간이 짧은 치즈	코티지 치즈, 까망베르, 크림 치즈

㉡ 가공 치즈

ⓐ 자연 치즈의 강한 향을 입맛에 맞도록 가공한 제품이다.
ⓑ 자연 치즈에 버터, 분유 같은 유제품을 첨가해서 만든 제품이다.
ⓒ 자연 치즈에 비해 보존성이 좋고 위생적이라서 품질의 안정성이 높은 제품이다.

(3) 제빵에서 우유의 기능

① 글루텐 강화로 반죽의 내구성을 높이고 오버 믹싱의 위험을 감소한다.
② 유당의 캐러멜화로 껍질색이 좋아진다.
③ 이스트에 의해 생성된 향을 착향시켜 풍미를 개선시킬 수 있다.
④ 보수력이 있어 촉촉함을 오래 지속할 수 있다.
⑤ 영양 강화와 단맛을 낸다.

9. 달걀

(1) 달걀의 정의

① 모든 빵과 과자 제품에 쓰이는 중요한 재료로 비타민 C를 제외한 다른 비타민류가 풍부하다.
② 무기질도 많으며, 특히 인(P)과 철(Fe)이 풍부하다.

(2) 달걀의 구성

① 달걀의 수분
전란 : 노른자 : 흰자 = 75[%] : 50[%] : 88[%]
② 달걀의 구성 비율
껍질 : 노른자 : 흰자 = 10[%] : 30[%] : 60[%]

흰자 300[g]을 얻으려면 껍질 포함 60[g]인 달걀이 몇 개 필요한가?

① 4개   ② 9개
③ 10개   ④ 15개

해설
껍질 포함해서 달걀 흰자가 차지하는 비율이 60[%]이므로
60[g] × 0.6 = 36[g],
300[g] ÷ 36 ≒ 8.3이므로
달걀 9개가 필요하다.

답 ②

(3) 달걀의 성분 및 구성

① 달걀의 성분

전란	• 껍질을 제외한 노른자와 흰자를 전란이라 함. • 수분 75[%], 고형분 25[%]로 구성
노른자	• 전란의 30[%]를 차지 • 수분과 고형분의 함량은 각각 50[%]로 이루어짐. • 단백질, 지방, 광물질, 포도당이 섞여 있는 복잡한 혼합물 • 레시틴(유화제), 트리글리세리드, 인지질, 콜레스테롤, 카로틴, 지용성 비타민 등으로 구성
흰자	• 전란의 60[%]를 차지 • 수분은 88[%], 고형분은 12[%]로 이루어짐. • 콘알부민, 오브알부민, 오보뮤코이드, 아비딘 등의 단백질을 함유함.
껍질	• 달걀의 10[%] 정도 차지 • 94~95[%]가 탄산칼슘으로 되어 있고 작은 기공이 있어서 수분의 증발, 이산화탄소 가스의 방출, 세균의 침입이 일어남.

▶ 흰자의 단백질

콘알부민	약 15[%] 함유되어 있으며, 철과의 결합 능력이 강해 미생물이 이용하지 못하는 항세균 물질
오브알부민	약 54[%] 함유되어 있으며, 필수 아미노산 고루 함유
오보뮤코이드	효소 트립신의 활동 억제제로 작용함.
아비딘	비오틴의 흡수를 방해하고 대사 및 성장에 필연적인 조효소

② 달걀의 구성비 및 화학적 조성[%]

부위	구성비	수분	고형분	단백질	지방	당(포도당 기준)	회분
껍질	10(10.3)	–	–	–	–	–	–
전란	90(89.7)	75	25	13.5	11.5	0.3	0.9
노른자	30(30.3)	50(49.5)	50(50.5)	16.5	31.6	0.2	1.2
흰자	60(59.4)	88	12	11.2	0.2	0.4	0.7

✅ **난황계수**

달걀을 터트려서 평평한 판 위에 놓고 난황의 최고부의 높이를 난황의 최대 직경으로 나눈 값이다. 일반적으로 신선한 알의 난황계수는 0.361~0.442의 범위이며, 0.3 이하는 신선하지 않은 것으로 본다.

핵심문제 **풀어보기**

다음 중 신선한 달걀의 특징으로 잘못된 것은?

① 6~8[%] 식염수에 가라앉는다.
② 흔들었을 때 소리가 나지 않는다.
③ 난황계수가 0.36 정도이다.
④ 껍질에 광택이 있고 매끄럽다.

해설

신선한 달걀은 껍질에 광택이 없으며 거칠거칠하다.

답 ④

핵심문제 **풀어보기**

이스트에 질소 등의 영양을 공급하는 제빵용 이스트 푸드의 성분은?

① 칼슘염   ② 암모늄염
③ 브롬염   ④ 요오드염

해설

암모늄염(NH_4)은 이스트의 영양원인 질소(N)를 공급한다.

답 ②

---

(4) 달걀의 기능

① 농후화제(결합제) : 가열에 의해 응고되어 제품을 되직하게 한다(커스터드 크림, 푸딩).
② 유화제 : 노른자에 들어 있는 인지질인 레시틴은 기름과 물의 혼합물에서 유화제 역할을 한다.
③ 팽창제 : 흰자의 단백질에 의해 거품을 형성한다(스펀지 케이크, 엔젤 푸드 케이크 등).

(5) 신선한 달걀

① 달걀 껍질에 광택이 없으며 표면이 거칠다.
② 6~10[%] 소금물에 넣으면 가라앉는다.
③ 흔들었을 때 소리가 나지 않으며 등불에 비추어 보았을 때 밝게 보인다.
④ 달걀을 깨트렸을 때 노른자가 깨지지 않고 동그란 모양을 유지해야 한다.
⑤ 신선한 달걀의 난황계수는 0.361~0.442이다.

10. 이스트 푸드

(1) 이스트 푸드의 정의

① 제빵 반죽이나 제품의 질을 개선시켜 주는 물질이다.
② 산화제, 물 조절제, 반죽 조절제이며 제2의 기능은 이스트의 영양원인 질소를 공급하는 것이다.
③ 사용량은 밀가루 대비 0.1~0.2[%]이며, 최근 들어 제빵 개량제로 대체하여 밀가루 중량 대비 1~2[%]를 사용한다.

(2) 이스트 푸드의 역할 및 성분

① 물 조절제(물의 경도 조절)
  ㉠ 물의 경도를 조절하여 아경수가 되도록 한다.
  ㉡ 칼슘염(인산칼슘, 황산칼슘, 과산화칼슘)
② 반죽의 pH 조절
  ㉠ 반죽 숙성에 적합한 pH 4~6이 되도록 pH의 저하를 촉진한다.
  ㉡ 효소제, 칼슘염(산성인산칼슘)
③ 이스트의 영양원인 질소 공급
  ㉠ 이스트의 영양원인 질소(N)를 공급하여 발효에 도움을 준다.
  ㉡ 암모늄염(인산암모늄, 황산암모늄, 염화암모늄)

④ 반죽 조절제(물리적 성질 조절)

효소제	• 반죽의 신장성 강화 • 프로테아제, 아밀라아제 등
산화제	• 반죽의 글루텐을 강화시켜 제품의 부피 증가 • 비타민 C(아스코르브산), 브롬산칼륨, 아조디카본아마이드(ADA)
환원제	• 반죽의 글루텐을 약화시켜 반죽 시간을 단축함. • 글루타치온, 시스테인

⑤ 기타 첨가물

　㉠ 이외에 분산제(전분), 반죽 강화제, 노화 지연제 등이 첨가된다.

　㉡ 분산제로 전분을 첨가하는 이유

　　ⓐ 흡수 방지를 위해 첨가한다.

　　ⓑ 성분 간 반응 억제를 위해 첨가한다.

　　ⓒ 계량의 간소화를 위해 첨가한다.

11. 계면 활성제(유화제)

(1) 계면 활성제의 정의

① 물과 기름처럼 서로 혼합되지 않은 물질들을 잘 섞이게 해주는 다른 성질을 가진 물질이다.

② 친유기와 친수기를 가지며 묽은 용액 속에서 계면에 흡착하여 장력을 줄일 수 있는 물질이다.

(2) 계면 활성제의 종류

레시틴	• 옥수수와 대두유로부터 추출하여 사용 • 쇼트닝과 마가린의 유화제로 쓰임. • 빵 반죽 기준으로 0.25[%], 케이크 반죽은 유지의 1~2[%]를 사용하면 반죽의 유동성이 좋아진다.
모노-디 글리세리드	• 가장 많이 사용하는 계면 활성제 • 지방의 가수분해로 생성되는 중산 생성물 • 쇼트닝 제품에 6~8[%], 빵에는 밀가루 대비 0.365~0.5[%]
아실 락틸레이트	• 비흡습성 분말인 아실 락틸레이트는 물에 녹지 않지만, 대부분의 비극성 용매와 뜨거운 유지에는 녹음.
SSL	• 크림색 분말로 물에 분사되고 뜨거운 기름에 용해돼.

(3) 계면 활성제의 역할

① 물과 유지를 균일하게 분산시켜 반죽을 안정시킨다.

핵심문제 풀어보기

이스트 푸드에 관한 사항 중 틀린 것은?

① 물 조절제 – 칼슘염
② 이스트 영양분 – 암모늄염
③ 반죽 조절제 – 효소제
④ 이스트 조절제 – 글루텐

해설
이스트의 영양원인 질소를 공급하여 이스트를 조절하는 것은 암모늄염(염화암모늄, 황산암모늄, 인산암모늄)이다.

답 ④

🖉 화학적 구조
친유성단에 대한 친수성단이 크기와 강도의 비를 'HLB'로 표시하는데 HLB의 값이 9 이하이면 친유성으로 기름에 용해되고, HLB(Hydrophilic–Lipophilic Balance)의 수치가 11 이상이면 친수성으로 물에 용해된다.

② 유화력, 기포력, 분산력, 세척력, 삼투력을 가지고 있다.

③ 제품의 조직과 부피를 개선하고 노화를 지연시킨다.

(4) 유화의 종류

수중 유적형 (O/W, Oil in Water)	• 물속에 기름이 분산된 형태 • 아이스크림, 마요네즈, 우유
유중 수적형 (W/O, Water in Oil)	• 기름에 물이 분산된 형태 • 마가린, 버터

12. 초콜릿

(1) 초콜릿

초콜릿(Chocolate)이란 이름 자체는 멕시코 메시카 족이 카카오빈과 고추로 만든 음료인 나후아틀어로 쓴 물을 뜻하는 쇼콜라틀(Xocolatl)에서 유래되었다.

① 초콜릿의 구성 성분

　㉠ 코코아 : $62.5[\%](\frac{5}{8})$

　㉡ 카카오버터(코코아버터) : $37.5[\%](\frac{3}{8})$

　㉢ 유화제 : $0.2 \sim 0.8[\%]$

② 초콜릿의 원료

카카오매스	• 여러 종류의 카카오를 혼합하여 특정한 맛과 향을 만듦. • 카카오매스 자체의 풍미, 지방의 함량, 껍질의 혼입량에 따라 품질이 달라짐.
코코아	• 용도에 따라 색상, 지방의 함량, 용해도, 미생물의 수치를 고려하여 선택 • 알칼리 처리하지 않은 천연코코아와 알칼리 처리한 더치코코아로 나뉨.
카카오버터	• 카카오매스에서 분리한 지방 • 초콜릿의 풍미를 결정하는 가장 중요한 원료임. • 향이 뛰어나고 입안에서 빨리 녹는다.
설탕	• 정백당과 분당을 많이 사용하며, 포도당이나 물엿으로 설탕의 일부를 대치하기도 한다.
우유	• 밀크 초콜릿의 원료로 전지분유, 탈지분유, 크림 파우더 등을 사용한다.
유화제	• 카카오버터에는 1[%] 이하의 수분이 들어 있기 때문에 친유성 유화제를 사용하여야 한다. • 대표적 유화제이자 대두유로부터 추출한 레시틴을 0.2~0.8[%] 사용
향	• 기본적인 향은 바닐라 향을 0.05~0.1[%] 사용하며, 그 외 제품은 특성에 따라 버터 향, 박하 향, 견과류 계통의 향을 사용

핵심문제 풀어보기

비터 초콜릿(Bitter Chocolate) 32[g] 속에 포함된 코코아와 코코아버터의 함량은?

① 20[g], 12[g]
② 18[g], 14[g]
③ 16[g], 16[g]
④ 14[g], 18[g]

해설

비터 초콜릿 원액 속에 포함된 코코아버터의 함량은 $37.5[\%](\frac{3}{8})$이고, 코코아의 함량은 $62.5(\frac{5}{8})$이다.

$32 \times \frac{3}{8} = 12$(코코아버터),

$32 \times \frac{5}{8} = 20$(코코아)

답 ①

③ 초콜릿 만들기 과정

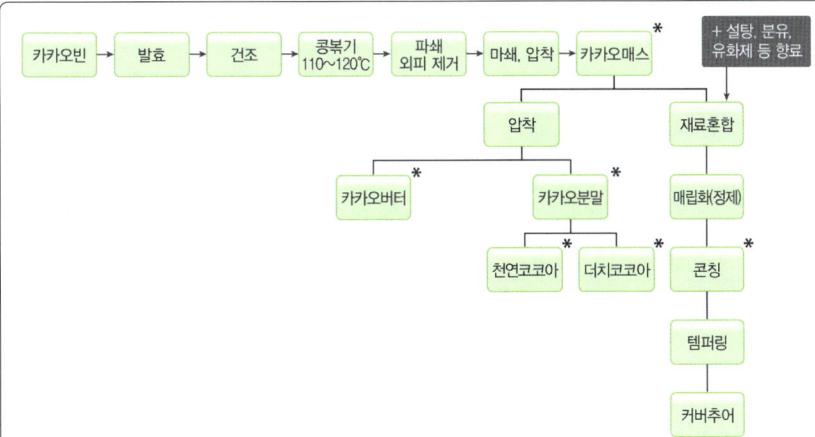

* **카카오매스** : 카카오빈에서 외피와 배아를 제거하고 분해한 액체 상태의 페이스트 (비터 초콜릿이라고도 함). 구성은 카카오버터 $\frac{3}{8}$ + 코코아 $\frac{5}{8}$

* **콘칭** : 미립화된 초콜릿 반죽을 45~80[℃]의 고온에서 12~72시간 정도 교반하여 수분과 불쾌한 냄새 등을 없애는 과정. 초콜릿 특유의 광택과 풍미 생김.

* **카카오버터** : 카카오매스를 압착하여 얻은 식물성 지방

* **카카오분말** : 카카오버터를 뺀 나머지를 건조시켜 분말로 만든 것

* **천연코코아**(Natural Cocoa) : 산성인 카카오배유를 그대로 분쇄한 것

* **더치코코아**(Dutched Cocoa) : 산을 중화하기 위해 알칼리 처리된 코코아. 쓴맛과 떫은맛을 제거하고 풍미와 맛을 개선시킴.

핵심문제 풀어보기

초콜릿의 맛을 크게 좌우하는 가장 중요한 요인은?

① 카카오버터
② 카카오 단백질
③ 코팅기술
④ 코코아 껍질

해설
카카오버터는 카카오매스에서 분리한 지방으로, 초콜릿의 풍미를 결정하는 가장 중요한 원료이다.

답 ①

④ 초콜릿의 종류

다크 초콜릿	• 카카오매스에 설탕과 카카오버터, 레시틴, 바닐라 향을 섞어 만든 초콜릿
밀크 초콜릿	• 다크 초콜릿 구성 성분에 분유를 더한 것 • 가장 부드러운 초콜릿
화이트 초콜릿	• 카카오 고형분과 카카오버터 중 맛깔스러운 카카오 고형분은 빼고 카카오버터에 설탕, 분유, 레시틴, 바닐라 향을 넣어 만든 초콜릿
카카오매스 (비터 초콜릿)	• 카카오빈에서 외피와 배아를 제거하고 잘게 부순 것 • 다른 성분이 포함되어 있지 않아 카카오빈 특유의 쓴맛이 그대로 살아 있음.
컬러 초콜릿	• 화이트 초콜릿에 유성 색소를 넣어 색을 낸 초콜릿
가나슈용 초콜릿	• 카카오매스에 카카오버터를 넣지 않고 설탕만 더한 것 • 카카오 고형분이 갖는 강한 풍미를 살릴 수 있는 것이 장점이다.

커버추어 초콜릿	• 카카오버터의 비율이 높아 일정 온도에서 유동성과 점성을 가짐. • 천연 카카오버터가 주성분이기 때문에 반드시 템퍼링을 거쳐야 초콜릿 특유의 광택이 나며 블룸이 없는 초콜릿을 얻을 수 있다.
코팅용 초콜릿	• 카카오매스에서 카카오버터를 제거한 다음 식물성 유지와 설탕을 넣어 만든 것 • 템퍼링 작업 없이도 사용할 수 있어 코팅용으로 쓰임.
코코아분말	• 카카오매스에서 카카오버터를 $\frac{2}{3}$ 정도 추출한 후 그 나머지를 분말로 만든 것

핵심문제 풀어보기

다크 초콜릿을 템퍼링(Tempering)할 때 처음 녹이는 공정의 온도 범위로 가장 적합한 것은?

① 10~20[℃]
② 20~30[℃]
③ 30~40[℃]
④ 40~50[℃]

[해설]
다크 초콜릿의 템퍼링 온도 : 45~50[℃] → 27[℃] → 30~31[℃]

답 ④

(2) 템퍼링(Tempering)

커버추어 초콜릿을 각각의 적정 온도까지 녹이고, 식히고, 다시 살짝 온도를 올리는 온도 조절 과정을 통해 초콜릿의 분자 구조를 안정하고 좋은 상태로 만드는 것을 템퍼링이라고 한다.

① 템퍼링을 하는 이유
   ㉠ 초콜릿의 결정 형태가 안정하고 일정하다.
   ㉡ 내부 조직이 치밀해지고 수축 현상이 일어나 틀에서 분리가 잘된다.
   ㉢ 매끄러운 광택이 난다.
   ㉣ 팻 블룸(Fat Bloom)이 일어나지 않는다.
   ㉤ 용해성이 좋아져 입안에서 잘 녹는다.

② 템퍼링을 안 하면 일어나는 현상
   ㉠ 초콜릿에 광택과 윤기가 없다.
   ㉡ 잘 굳지 않고 수축 현상이 일어나지 않아 틀에서 잘 빠지지 않는다.
   ㉢ 팻 블룸의 원인이 된다.
   ㉣ 용해성이 나빠져 입안에서 잘 녹지 않는다.

③ 템퍼링 온도 및 방법
   ㉠ 템퍼링 온도

공정	다크[℃]	밀크[℃]	화이트[℃]
녹이기	45~50	45~50	40~45
식히기	27	26	25
최종 온도	30~31	29~30	28~29

ⓛ 템퍼링 방법

접종법	• 초콜릿을 완전히 용해한 다음 온도를 36[℃] 정도로 낮추고 그 안에 템퍼링 한 초콜릿을 잘게 부수어 용해함(이때 온도는 30~32[℃]까지 낮춤).
대리석법	• 초콜릿을 40~45[℃] 정도로 용해하여 전체의 $\frac{1}{2}$ ~ $\frac{2}{3}$ 를 대리석 위에 부어 조심스럽게 혼합하면서 온도를 낮춤. • 점도가 생기면 나머지 초콜릿에 넣고 용해하여 30~32[℃]로 맞춤(이때 대리석 온도는 15~20[℃]가 이상적임).
수냉법	• 초콜릿을 40~45[℃] 정도로 용해하여 15~18[℃]의 물에서 27~29[℃]까지 낮춘 다음 다시 30~32[℃]까지 온도를 올림.
오버나이트법	• 전날 저녁부터 초콜릿을 36[℃]로 보온해서 다음 날 아침 32[℃]로 온도를 낮춘 다음 전체를 균일하게 혼합함.

④ 초콜릿 블룸(Bloom) 현상 및 보관방법

ㄱ 블룸(Bloom) : 초콜릿 표면에 하얀 반점이나 얼룩 같은 것이 생기는 현상으로, 꽃이 핀 것처럼 보여 블룸(Bloom)이라고 한다.

ㄴ 팻 블룸(Fat Bloom)

ⓐ 초콜릿의 카카오버터가 분리되었다가 다시 굳어서 얼룩이 생기는 현상을 말한다.

ⓑ 높은 온도에 보관하거나 템퍼링이 잘 안되었을 때 자주 발생한다.

ㄷ 슈가 블룸(Sugar Bloom)

ⓐ 초콜릿의 설탕이 공기 중의 수분을 흡수하여 녹았다가 재결정화되면서 표면이 하얗게 되는 현상이다.

ⓑ 습도가 높은 곳에 보관한 경우에 발생한다.

13. 팽창제

• 빵 · 과자 제품을 부풀려 부피를 크게 하고 부드러움을 주기 위해 반죽에 사용하는 첨가물을 말한다.

• 팽창제의 종류와 양은 제품의 종류에 맞게 사용해야 한다.

☑ **카카오버터의 결정화 순서**

$\gamma \rightarrow \alpha \rightarrow \beta' \rightarrow \beta$

16~18[℃] 21~24[℃] 27~29[℃] 34~36[℃]
(가장 안정적임)

☑ **초콜릿 보관방법**

• 온도 : 15~18[℃]
• 습도 : 40~50[%]
• 직사광선 피함.

핵심문제 풀어보기

초콜릿의 슈가 블룸이 생기는 원인 중 틀린 것은?

① 습도가 높은 실내에서 작업 및 보존할 경우
② 냉각시킨 초콜릿을 더운 실내에서 보존할 경우
③ 습기가 초콜릿 표면에 붙어 녹아 다시 증발한 경우
④ 냉각시킨 초콜릿을 추운 실내에서 보존할 경우

해설

초콜릿의 슈가 블룸은 초콜릿의 설탕이 공기 중의 수분을 흡수하여 녹았다가 재결정화되면서 표면이 하얗게 되는 현상을 말한다. 특히 습도가 높은 곳에 보관할 경우 자주 발생한다.

답 ④

◎ 화학적 팽창제를 많이 사용한 제품의 결과

- 속결이 거칠다.
- 노화가 빠르다.
- 속색이 어둡다.
- 밀도가 낮고 부피가 크다.
- 기공이 많아 주저앉고 찌그러지기 쉽다.
- 좋지 않은 향이 난다.

(1) 팽창제의 종류

구분	특징	종류
천연 팽창제 (생물학적)	• 빵에 사용되며 가스 발생이 많음. • 부피 팽창, 연화 작용, 향의 개선을 목적으로 사용	• 효모(이스트)
화학적 팽창제	• 천연 팽창제의 단점을 보완하기 위해 개발됨. • 사용하기 간편하나 팽창력이 약함. • 갈변 및 제품의 마지막 맛에 좋지 않은 향이 남아 있음.	• 베이킹파우더 • 탄산수소나트륨(중조, 소다) • 암모늄계열 팽창제(염화암모늄, 탄산수소암모늄)

(2) 화학적 팽창제의 종류

① 베이킹파우더(Baking powder)

㉠ 베이킹파우더의 구성

탄산수소나트륨	• 중조, 중탄산나트륨, 베이킹소다라고도 함. • 탄산가스를 발생시킴. • 부피 팽창의 역할을 함.
산성제 (산염)	• 중조의 알칼리성을 중화시킴. • 가스 발생 속도를 조절함.
분산제 (부형제, 중량제)	• 전분 또는 밀가루를 주로 사용함. • 탄산수소나트륨과 산성제를 격리함. • 흡수제 역할을 하여 중조와 산성제의 수분 흡수를 방지함.

핵심문제 풀어보기

소다 1.2[%]를 사용하는 배합 비율에서 팽창제를 베이킹파우더로 대체하고자 할 때 사용량은?

① 4[%]   ② 5[%]
③ 3.6[%]   ④ 5.5[%]

해설
소다는 베이킹파우더보다 3배의 팽창력을 가지므로 $1.2 \times 3 = 3.6$[%]

답 ③

㉡ 중조와 베이킹파우더

구분	중조(베이킹소다)	베이킹파우더
팽창력	3	1
사용량	1	3

㉢ 베이킹파우더의 종류

ⓐ 가스 발생 속도에 따라

지효성	• 늦은 반응 • 고온에서 대량의 가스를 발생함. • 고온에서 표피를 터트리며 오래 굽는 제품 • 파운드 케이크에 적합
지속성	• 지속적 반응 • 오랜 시간 은근히 익히는 제품에 적합

속효성	• 빨리 반응 • 실온 및 저온에서 대량의 가스를 발생함. • 저온에서 빨리 굽는 제품에 적합 • 찜을 이용한 제품, 도넛 등에 이용

ⓑ pH에 따라

• 산성, 중성, 알칼리성의 베이킹파우더가 있다.

• 많은 양의 산은 반죽의 pH를 낮게, 많은 양의 중조는 pH를 높게 만든다.

• 산성 베이킹파우더는 제품의 색을 희게 할 때 사용한다.

• 알칼리성 베이킹파우더는 제품의 색을 진하게 할 때 사용한다.

㉣ 베이킹파우더 과다 사용 시 제품의 결과

ⓐ 밀도가 낮고 부피가 크다.

ⓑ 속색이 어둡다.

ⓒ 기공이 많아서 속결이 거칠고, 빨리 건조되어서 노화가 빠르게 진행된다.

ⓓ 오븐 스프링이 커서 찌그러지기 쉽다.

㉤ 화학반응 원리

ⓐ 탄산수소나트륨이 분해되어 이산화탄소, 물, 탄산나트륨이 된다.

ⓑ 베이킹파우더 무게의 12[%] 이상의 유효 이산화탄소 가스가 발생되어야
한다.

$$2NaHCO_3 \rightarrow CO_2 + H_2O + Na_2CO_3$$
탄산수소나트륨   이산화탄소   물   탄산나트륨

② 탄산수소나트륨(중조, 소다)

㉠ 단독으로 사용하거나 베이킹파우더 형태로 사용한다.

㉡ 가스 발생량이 적고 이산화탄소 외에 탄산나트륨이 생겨 식품을 알칼리성으로
만든다.

㉢ 사용량이 많으면 소다 맛, 비누 맛이 나며 제품이 누렇게 변한다.

③ 암모늄계 팽창제

㉠ 암모늄계 팽창제의 종류

탄산수소암모늄	탄산가스, 암모니아가스, 물로 분해되어 반죽 중에 잔류물이 없는 팽창제로 이상적이다.
염화암모늄	탄산수소나트륨과 반응하여 탄산가스, 암모니아가스를 발생시킴.
이스파타	만두나 찐빵류, 과자에 많이 사용하며 속색을 하얗게 만들 수 있다(속효성).

핵심문제 풀어보기

베이킹파우더에 들어 있는 산성 물
질 중 작용이 가장 빠른 것은?

① 주석산

② 제1인산칼슘

③ 소명반

④ 산성피로인산나트륨

해설

베이킹파우더는 탄산수소나트륨(중
조), 산작용제, 전분이 혼합된 합성
팽창제이다.
산작용제는 중조의 가스 발생 속도
를 조절하는 역할을 하는데, 속효성
(가스 발생 속도를 빠르게 하는 성
질) 산작용제로는 주석산이 있고,
지효성(가스 발생 속도를 느리게 하
는 성질) 산작용제로는 황산알루미
늄소다가 있다.

답 ①

중화가

• 산 100[g]을 중화시키는 데 필요
한 중조(탄산수소나트륨)의 양

• 산에 대한 중조의 비율로서 적정
량의 유효 이산화탄소를 발생시
키고 중성이 되는 수치

$$중화가 = \frac{중조의 양}{산성제의 양} \times 100$$

ⓛ 암모늄계 팽창제의 장점

ⓐ 물만 있으면 단독으로 작용하며 가스를 발생시킨다.

ⓑ 밀가루 단백질을 부드럽게 하는 효과가 있다.

ⓒ 쿠키에 사용하면 퍼짐성이 좋아진다.

ⓓ 굽기 중 분해되어 잔류물이 남지 않는다.

핵심문제 풀어보기

식물성 안정제가 아닌 것은?

① 젤라틴
② 한천
③ 로커스트빈검
④ 펙틴

해설

젤라틴은 동물성 안정제이다.

답 ①

핵심문제 풀어보기

젤리화의 3요소가 아닌 것은?

① 유기산류   ② 염류
③ 당분류   ④ 펙틴류

해설

젤리화의 3요소 : 당 60~65[%], 펙틴, pH 3.2의 산

답 ②

14. 안정제

(1) 안정제의 특징

① 유동성이 있는 액체 혼합물의 불안정한 상태를 점도를 증가시켜 안정된 상태로 만든다.

② 안정적인 반고체 상태로 바꿔 주는 식품첨가제 중 하나이다.

③ 겔화제, 증점제, 응고제, 유화 안정제의 역할을 한다.

(2) 안정제의 종류

펙틴	• 과일과 식물의 조직 속에 존재하는 당류의 일종 • 감귤류나 사과의 펄프로부터 얻음. • 설탕 농도 50[%] 이상, pH 2.8~3.4의 산 상태에서 젤리를 형성 (젤리화의 3요소 : 산, 당, 펙틴) • 젤리, 잼, 마멀레이드의 응고제로 사용
젤라틴	• 동물의 껍질과 연골 속에 있는 콜라겐을 정제한 것 • 35[℃] 이상의 미지근한 물부터 끓는 물에 용해되어 식으면 단단하게 굳음. • 용액에 대하여 1[%] 농도로 사용 • 산이 존재하면 응고 능력이 감소됨.
한천	• 해조류인 우뭇가사리에서 추출하여 동결, 건조시켜 만듦. • 물에 대하여 1~1.5[%] 사용 • 80[℃] 전후에서 녹고, 30[℃]에서 응고 • 설탕을 첨가할 경우에는 한천이 완전히 용해된 후 첨가 ⓔ 양갱 제조에 많이 사용
알긴산	• 태평양의 큰 해초로부터 추출 • 냉수와 뜨거운 물에도 녹으며 1[%] 농도로 간단한 교질이 됨.
씨엠씨(CMC)	• 냉수에서 쉽게 팽윤되어 진한 용액이 됨. • 셀룰로오스로부터 만든 제품으로 산에 대한 저항성이 약함.
트래거캔스	• 트라칸트 나무를 잘라 얻은 수지 • 냉수에 용해되며 71[℃]로 가열하면 최대로 농후한 상태가 됨.
로커스트빈검	• 지중해 연안 지방의 로커스트빈 나무의 껍질을 벗겨 수지를 채취한 것 • 냉수에 용해되지만 뜨겁게 해야 효과적이며 산에 대한 저항성이 큼.

(3) 안정제의 사용 목적

① 머랭의 수분 배출을 억제한다.

② 아이싱의 끈적거림과 부서짐을 방지한다.

③ 젤리, 무스 등의 제조에 사용한다.

④ 흡수제로 노화 지연 효과를 갖는다.

⑤ 토핑의 거품을 안정시킨다.

⑥ 파이 충전물의 농후화제로 사용한다.

⑦ 포장성 개선의 목적으로 사용한다.

15. 향료와 향신료

(1) 향료(Flavors)

① 성분에 따른 분류

㉠ 천연 향료

ⓐ 천연의 식물에서 추출한 것이다.

ⓑ 코코아, 꿀, 당밀, 초콜릿, 바닐라 등

㉡ 인조 향료 : 화학성분을 조작하여 천연향과 같은 맛을 나게 한 것이다.

㉢ 합성 향료

ⓐ 천연향에 들어 있는 향 물질을 합성시킨 것이다.

ⓑ 계피의 시나몬 알데히드, 바닐라빈의 바닐린 등

② 제조 방법에 따른 분류

알코올성 향료 (수용성 향료 : 에센스)	• 열에 대한 휘발성이 크다(청량음료, 아이싱과 충전물 제조, 빙과에 이용). • 물에 용해될 수 있게 만든 제품으로 지용성 향료보다 내열성이 약해 고농도의 제품을 만들기 어렵다.
비알코올성 향료 (지용성 향료 : 오일)	• 굽기 과정에서 향이 날아가지 않아 알코올성 향료보다 내열성이 좋다. • 캔디, 비스킷, 캐러멜에 사용
유화 향료	• 유화제를 사용하여 향료를 물속에 분산 유화시킨 것 • 내열성이 있고 물에도 잘 섞여 수용성 향료나 지용성 향료 대신 사용할 수 있음.
분말 향료	• 진한 수지액에 유화제를 넣고 향 물질을 용해시킨 후 분무 건조한 것 • 굽는 제품에 적당하고 취급이 용이하여 아이스크림, 츄잉껌 등에 사용

다음 중 향신료를 사용하는 목적이 아닌 것은?

① 냄새 제거
② 맛과 향 부여
③ 영양분 공급
④ 식욕 증진

해설
향신료는 좋은 향과 맛, 색을 내고, 주재료인 육류나 생선의 냄새를 완화시켜 주는 부재료이다.

답 ③

잎을 건조시켜 만든 향신료는?

① 계피   ② 넛메그
③ 메이스   ④ 오레가노

해설
• 계피 : 뿌리를 건조
• 넛메그, 메이스 : 열매를 건조
• 오레가노 : 잎을 건조시켜 만들며, 피자 제조 시 사용한다.

답 ④

(2) 향신료(Spices)

직접 향을 내기보다는 주재료에서 나는 불쾌한 냄새를 막아 주고 그 재료와 어울려 풍미를 향상시키고 제품의 보존성을 높여 주는 기능을 한다.

올스파이스 (Allspice)	• 올스파이스 나무의 열매를 익기 전에 말린 것으로 자메이카 후추라고도 함. • 과일 케이크, 카레, 파이, 비스킷 등에 사용
넛메그(Nutmeg)	• 육두구과 교목의 열매를 3~6주간 햇빛에 건조시킨 것으로 1개의 종자에서 넛메그와 메이스를 얻을 수 있음. • 도넛에 잘 어울리는 향신료
정향(Clove)	• 정향나무의 열매를 말린 것으로 클로브라 함. • 단맛이 강한 크림, 소스 등에 사용
박하(Peppermint)	• 박하잎을 말린 것으로 산뜻하고 시원한 향이 특징
생강(Ginger)	• 뿌리줄기로부터 얻는 향신료
오레가노(Oregano)	• 잎을 건조시킨 향신료로 독특한 매운맛과 쓴맛이 특징 • 토마토 요리와 피자 소스, 파스타, 피자에는 빼놓을 수 없는 향신료 • 뿌리줄기로부터 얻는 향신료
카다몬(Cardamon)	• 생강과의 다년초 열매 속의 작은 씨를 말린 것 • 푸딩, 케이크, 페이스트리에 사용되며 커피 향과 잘 어울림.
후추(Pepper)	• 과실을 건조시킨 향신료로 가장 활용도가 높음. • 상큼한 향기와 매운맛이 남.
캐러웨이(Caraway)	• 씨를 통째로 갈아 만든 것으로 상큼한 향기와 부드러운 단맛과 쓴맛을 가짐. • 채소 수프, 샐러드, 치즈 등에 향신료로 쓰임.

03 재료의 영양학적 특성

1. 영양소

(1) 재료의 영양적 특성

① 영양소의 정의

㉠ 생리적 기능 및 생명 유지를 위해 섭취하는 식품에 함유되어 있는 성분을 말한다.

㉡ 종류 : 탄수화물, 지방, 단백질, 무기질, 비타민, 물
　　　　　　　5대 영양소

② 영양소의 분류

구분	기능	종류
열량 영양소	에너지원(열량) 공급, 체온 유지, 열량 발생	탄수화물, 지방, 단백질
구성 영양소	몸의 조직을 구성	단백질, 무기질, 물
조절 영양소	체내의 생리 작용 조절	무기질, 비타민, 물

③ 열량 영양소의 일일 섭취 권장량

탄수화물	55~70[%]
지방	15~20[%]
단백질	15~20[%]

(2) 영양과 건강

① 에너지원의 1[g]당 열량

탄수화물	지방	단백질	알코올	유기산
4[kcal]	9[kcal]	4[kcal]	7[kcal]	3[kcal]

☑ 칼로리 계산법

열량[kcal] = {(탄수화물의 양 + 단백질의 양) × 4[kcal]} + 지방의 양 × 9[kcal]

② 에너지 대사

㉠ 기초 대사량 : 생명 유지에 꼭 필요한 최소 에너지 대사량을 뜻한다.

1일 기초 대사량	성인 남자	성인 여자
	1,400~1,800[kcal]	1,200~1,400[kcal]

☑ 1일 총 에너지 소요량

총 에너지 = 1일 기초 대사량 + 활동 대사량 + 특이동적 대사량(1일 기초 대사량 + 활동 대사량) × $\frac{10}{100}$)

㉡ 활동 대사량 : 운동이나 일 등 활동을 하면서 소모되는 에너지량을 말한다.

㉢ 특이동적 대사량

ⓐ 섭취한 음식이 소화, 흡수, 대사를 위해 사용되는 에너지 소비량이다.

ⓑ 균형적인 식사를 할 경우 기초 대사량과 활동 대사량을 합산한 수치의 10[%]에 해당한다.

2. 탄수화물(당질)

(1) 탄수화물의 특징

① 탄소(C), 수소(H), 산소(O)의 3원소로 구성된 유기 화합물(탄소를 포함한 화합물)이다.

② 일반식은 $C_mH_{2n}O_n$ 또는 $C_m(H_2O)_n$으로 표시한다.

③ 탄수화물이 분해되면 포도당($C_6H_{12}O_6$)으로 바뀐다.

④ 탄수화물은 결합한 당의 수에 따라 단당류, 이당류, 다당류로 나눌 수 있다.

⑤ 제과 · 제빵에서는 단당류의 6탄당을 중요하게 다룬다.

⑥ 1[g]당 4[kcal]의 열량을 발생하는 에너지원이다.

구분	종류
단당류(6탄당)	포도당(Glucose), 과당(Fructose), 갈락토오스(Galactose), 만노오스(Mannose)
이당류	자당(설탕, Sucrose), 맥아당(엿당, Maltose), 유당(젖당, Lactose)
다당류	전분, 섬유소, 이눌린, 글리코겐, 펙틴, 알긴산, 한천, 키틴 등

(2) 당류 상대적 감미도

설탕(100)을 기준으로 한 상대적 단맛을 표시

과당	>	전화당	>	설탕(자당)	>	포도당	>	맥아당, 갈락토오스	>	유당
(175)		(135)		(100)		(75)		(32)		(16)

(3) 단당류

① 분자식은 $C_6H_{12}O_6$이다.

② 탄수화물이 가수분해(결합물에 물을 끼워 넣어서 쪼개는 화학반응)되지 않는 최소 단위의 당이다.

③ 물에 용해되며 단맛을 가지고 있다.

④ 단당류에 환원(분자, 원자 또는 이온이 산소를 잃거나 수소 또는 전자를 '얻는' 것)되면 알코올을 생성한다.

포도당 (Glucose, 글루코오스)	• 적혈구, 뇌세포, 신경세포의 주요 에너지원으로 이용된다. • 혈액 내의 1[%] 존재(호르몬 작용에 의해 유지)한다. • 전분을 가수분해하여 생성된다. • 과잉 포도당은 지방으로 전환한다. • 감미도는 75이다.
과당 (Fructose, 프락토오스)	• 당류 중 가장 빨리 소화되고 흡수된다. • 과일, 꿀에 많이 들어 있다. • 감미도는 175(단맛이 가장 강함)이다.
갈락토오스 (Galactose)	• 지방과 결합해 뇌, 신경조직의 성분으로 이용된다. • 포도당과 결합해 유당을 생성한다. • 포유동물의 유즙에만 존재한다. • 감미도는 32(단맛이 가장 약함)이다.
만노오스 (Mannose)	• 따로 분리된 상태로 존재하지 않는다. • 다당류와 당단백질의 구성 성분으로 존재한다.

✔ 탄수화물 과잉 섭취 시 일어나는 증상

• 필요한 에너지 양보다 많이 섭취할 경우 과잉 탄수화물의 일부는 지방으로 전환되어 주로 복부에 저장됨.

• 지방으로 전환될 때 특히 포화지방산을 포함하는 중성지방으로 전환되는데 인슐린을 지나치게 분비시켜 체내 지방 및 콜레스테롤을 축적시키므로 당뇨, 고혈압, 심장병, 비만 등을 유발시킴.

핵심문제 풀어보기

다음 당류 중 감미도가 두 번째로 낮은 것은?

① 유당(Lactose)
② 전화당(Invert Sugar)
③ 맥아당(Maltose)
④ 포도당(Glucose)

해설
전화당(135) > 포도당(75) > 맥아당(32) > 유당(16)

답 ③

핵심문제 풀어보기

당대사의 중심 물질로 두뇌와 신경, 적혈구의 에너지원으로 이용되는 단당류는?

① 과당
② 포도당
③ 맥아당
④ 유당

해설
포도당은 적혈구, 뇌세포, 신경세포의 주요 에너지원으로 이용되고 체내 당대사의 중심이 되는 물질이다.

답 ②

(4) 이당류

① 단당류 2개 분자로 이루어진 당을 말한다.

② 분자식은 $C_{12}H_{22}O_{11}$이다.

자당 (설탕, Sucrose)	• 환원성 없는 비환원당 • 설탕 감미도의 기준(감미도 100) • 가수분해 : 자당 $\xrightarrow{인버타아제}$ 과당 + 포도당
맥아당 (엿당, Maltose)	• 가수분해 : 맥아당 $\xrightarrow{말타아제}$ 포도당 + 포도당 • 전분의 노화 방지 효과와 보습 효과가 있음.
유당 (젖당, Lactose)	• 가수분해 : 유당 $\xrightarrow{락타아제}$ 포도당 + 갈락토오스 • 유산균에 발효되어 유산, 초산, 알코올 생성 • 제빵 시 이스트에 발효되지 않고 잔당으로 남아 껍질에 색을 내는 역할 • 포도당, 자당에 비해 용해도가 낮고 결정화가 빠름.

(5) 다당류

① 다당류의 특징

㉠ 3개 이상의 단당류가 결합된 고분자 화합물이다.

㉡ 일반적으로 물에 녹지 않고 콜로이드 상태로 나타난다.

㉢ 단맛이 없으며 환원성 또한 없다.

② 전분

㉠ 많은 포도당이 축합된 다당류이다.

㉡ 가수분해 : 전분 $\xrightarrow{산+효소}$ 덱스트린 + 맥아당

㉢ 식물계(곡류, 고구마, 감자 등)에 많이 함유되어 있는 식물성 탄수화물이다.

㉣ 각각의 종류에 따라 반죽의 정도, 팽윤, 호화 온도 등의 물리적 성질이 다르다.

㉤ 전분의 구조

전분의 종류	구성	
	아밀로오스	아밀로펙틴
밀가루	17~28[%]	72~83[%]
메밀	100[%]	-
찹쌀, 찰옥수수	-	100[%]
천연 전분	아밀로오스와 아밀로펙틴 모두 함유	

환원당
다른 물질을 환원시킬 수 있는 환원성을 가진 당. 설탕을 제외한 이당류와 단당류는 모두 다른 물질을 환원시키는 성질을 가진 카르보닐기를 가지고 있어서, 자신은 산화되면서 다른 물질을 환원시키는 환원당이다.

비환원당
설탕은 환원기 말단이 모두 결합에 참여하므로 더 이상 환원제로 작용할 수 없기 때문에 다른 물질을 환원시키지 않는 비환원당이다.(다당류도 환원성이 없는 비환원당이다.)

핵심문제 풀어보기
전분의 종류에 따른 중요한 물리적 성질과 가장 거리가 먼 것은?
① 냄새 ② 호화 온도
③ 팽윤 ④ 반죽의 정도

해설
제과·제빵에서 중요한 전분의 물리적 성질은 팽윤과 호화 온도, 반죽의 정도이다. 냄새는 전분의 중요한 물리적 성질이 아니다.
답 ①

다음 탄수화물 중 요오드 용액에 의하여 청색 반응을 보이며 β-아밀라아제에 의해 맥아당으로 바뀌는 것은?

① 아밀로오스 ② 아밀로펙틴
③ 포도당 ④ 유당

해설
전분의 구성 성분인 아밀로오스는 요오드 용액에서 청색 반응을 보이고, 효소인 β-아밀라아제에 의해 맥아당으로 분해된다.

답 ①

⏱ 호화 시작 온도

옥수수 전분	80[℃]
감자 전분	60[℃]
밀가루 전분	56~60[℃]

ⓗ 아밀로오스와 아밀로펙틴 비교

구분	아밀로오스	아밀로펙틴
분자량	적음.	많음.
호화, 노화	빠름.	느림.
포도당 결합형태	직쇄상 구조(α-1,4결합)	직쇄상 구조(α-1,4결합) 측쇄상 구조(α-1,6결합)
점성	약함.	강함.
β-아밀라아제에 의한 분해	대부분 맥아당으로 분해	맥아당 + 덱스트린
함유량	곡물 : 17~28[%]	찹쌀, 찰옥수수 : 100[%]
요오드 용액	청색 반응	적자색 반응

ⓢ 호화와 노화

호화 (α화, 덱스트린화, 젤라틴화)	• β-전분(생전분) → α-전분(익은 전분)이 되는 현상을 말한다. • 전분에 물과 열을 가해 팽윤(고분자 물질의 용매를 흡수하여 부피가 팽창하는 일)되고, 반투명의 콜로이드 상태가 되면서 점도가 상승하는 현상 • 수분이 많고 pH가 높을수록 빨리 일어남. • 생전분보다 소화가 잘됨.
노화 (β화, 퇴화)	• α-전분(익은 전분) → β-전분(생전분)이 되는 현상을 말한다. • 전분의 퇴화, 수분 증발로 침전 또는 딱딱하게 굳어지는 퇴화 현상 • 미생물의 변질과는 다르며 오븐에서 제품을 꺼내자마자 시작됨. • 노화가 가장 잘 일어나는 조건 　- 온도 : -7~10[℃](0[℃]가 가장 빠름) 　- 수분 함량 : 30~60[%] 　- pH : 7 근처

ⓞ 전분의 노화를 지연시킬 수 있는 방법

　ⓐ -18[℃] 이하로 냉동하거나 실온보관

　ⓑ 수분 함량을 증가시킴.

　ⓒ 달걀과 유지 제품, 당류, 분유 첨가

　ⓓ 모노-디 글리세리드 계층의 유화제 사용

　ⓔ 방습 포장재 사용

③ 그 외의 다당류

글리코겐(Glycogen)	• 포도당 결합으로 이루어짐. • 간, 근육에 저장 → 포도당으로 가수분해 → 에너지로 사용 • 호화, 노화가 일어나지 않음.
덱스트린(Dextrin)	• 전분이 가수분해 중 생기는 중간 산물 • 전분 분자량이 작은 다당류의 총칭
셀룰로오스(Cellulose)	• 포도당으로 이루어짐. • 식물의 세포벽 구성
알긴산(Alginic Acid)	• 갈조류(다시마, 미역 등) 세포막 구성 성분 • 안정제로 사용

3. 지방

(1) 지방의 특징

① 탄소(C), 수소(H), 산소(O)의 3원소로 구성된 유기 화합물이다.

② 3분자의 지방산과 1분자의 글리세린이 물을 잃고 결합하여 만들어진 에스테르 화합물이다.

③ 물에는 불용성이며 트리글리세리드라고 한다.

④ 1[g]당 9[kcal]의 열량을 내는 에너지원으로 물과 이산화탄소로 분해된다.

(2) 지방의 분류

단순지질	중성지방	• 3분자의 지방산과 1분자의 글리세린의 에스테르 결합 • 천연유지는 대부분 중성지방
	납(왁스)	• 고급 지방산과 고급 알코올이 1 : 1로 결합된 에스테르 결합 • 영양적 가치 없음.
복합지질	인지질	• 지질에 인산이 결합한 것 • 레시틴, 세팔린, 스핑고미엘린 등
	당지질	• 지질에 당이 결합한 것 • 세레브로시드 등
	지단백질	• 지질에 단백질이 결합한 것 • 혈액 내에서 지질 운반

☑ 에스테르

산과 알코올의 결합에서 물이 생성되면서 생성하는 화합물을 말한다.

핵심문제 풀어보기

지방의 기능이 아닌 것은?

① 9[kcal]의 열량을 낸다.

② 지방산과 글리세린으로 분해 흡수된 후 혈액에 의해 세포로 이동한다.

③ 피로회복에 효과적이다.

④ 남은 지방은 피하, 복강, 근육 사이에 저장된다.

해설
③ 피로회복에 효과적인 것은 탄수화물의 기능이다.

답 ③

유도지질	복합지질과 중성지질을 가수분해할 때 생성되는 지용성 물질	
	콜레스테롤	• 동물성 스테롤 • 신경계, 골수, 뇌, 담즙, 혈액 등에 많음. • 다량 섭취 시 고혈압, 동맥경화 원인 • 자외선에 의해 비타민 D_3가 됨.
	에르고스테롤	• 식물성 스테롤 • 효모, 간유, 버섯 등에 많음. • 자외선에 의해 비타민 D가 되어 비타민 D_2의 전구체 역할을 함.

☑ **지방 과잉 섭취 시 일어나는 증상**
체지방으로 쌓여 비만을 야기하고 지방과 콜레스테롤을 과량 섭취하면 심장병, 심근경색, 심부전, 뇌출혈 등의 심혈관계 질환의 위험도가 증가

(3) 지방의 구조

① 지방산의 분류

㉠ 포화지방산

ⓐ 탄소와 탄소의 결합으로 이중결합 없이 단일결합으로 이루어진 지방산이다.

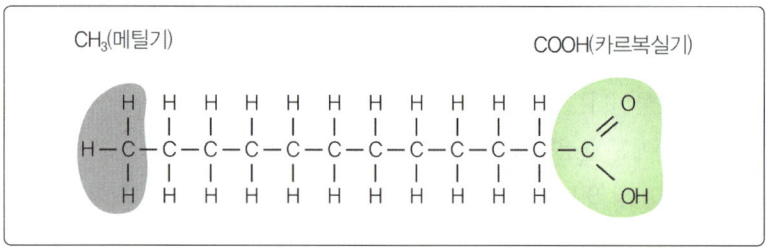

▲ 포화지방산

핵심문제 **풀어보기**

지방산의 이중결합 유무에 따른 분류는?

① 트랜스지방, 시스지방
② 유지, 라드
③ 지방산, 글리세롤
④ 포화지방산, 불포화지방산

해설
지방산은 분자 내 이중결합의 수에 따라 포화지방산과 불포화지방산으로 나뉜다.
• 포화지방 : 이중결합이 없이 단일결합으로만 이루어짐.
• 불포화지방 : 이중결합이 1개 이상임.

답 ④

ⓑ 동물성 유지에 다량 함유되어 있다.

ⓒ 산화되기 어려우며 상온에서 고체 상태이다.

ⓓ 뷰티르산, 스테아르산, 팔미트산, 카프르산, 미리스트산 등이 있다.

ⓔ 탄소수가 많을수록 융점이 높아진다.

㉡ 불포화지방산

ⓐ 탄소와 탄소의 결합으로 이중결합이 1개 이상으로 이루어진 지방산이다.

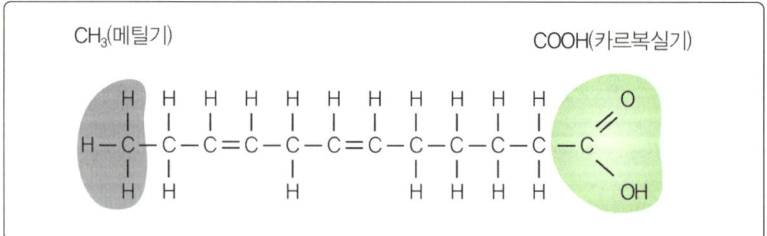

▲ 불포화지방산

ⓑ 식물성 유지에 다량 함유되어 있다.

ⓒ 산화되기 쉽고 상온에서 액체 상태로 존재한다.

ⓓ 올레산($C_{17}H_{33}COOH$, 이중결합 1개), 리놀레산($C_{18}H_{32}O_2$, 이중결합 2개), 리놀렌산($C_{18}H_{30}O_2$, 이중결합 3개), 아라키돈산($C_{20}H_{32}O_2$, 이중결합 4개) 등이 있다.

ⓔ 필수 지방산 : 체내에서는 합성되지 않으며 음식물로만 섭취 가능한 지방산 (리놀레산, 리놀렌산, 아라키돈산 등)이다. 필수 지방산은 모두 불포화지방산이다.

② 글리세린($C_3H_8O_3$)

㉠ 3개의 수산기(−OH)가 있어 3가의 알코올이기 때문에 글리세롤이라고 한다.

㉡ 지방을 가수분해한 후 얻을 수 있다.

㉢ 무색, 무취, 감미(감미도 60)를 가진 액체이다.

㉣ 물보다 비중이 커 물에 가라앉는다.

㉤ 수분 보유력이 크다(보습제로 이용).

㉥ 케이크 제품에 1~2[%]를 사용하며, 향미제의 용매로 사용된다.

4. 단백질

(1) 단백질의 특징

① 탄소(C), 수소(H), 산소(O), 질소(N) 등으로 구성된 유기 화합물이다.

② 동물체를 구성하는 구조 물질, 생리 기능의 조절 물질이다.

③ 질소가 단백질의 특성을 결정한다(질소 함량은 평균 16[%]).

④ 1[g]당 4[kcal]의 열량을 내는 에너지원으로 체조직을 구성한다.

(2) 아미노산

① 아미노산의 특징

㉠ 단백질을 구성하는 기본 단위이다.

㉡ 단백질을 가수분해하면 아미노산을 생성한다.

㉢ 한 분자 내에 산성인 카르복실기(−COOH)와 염기성인 아미노기(−NH$_2$)를 가지고 있는 유기산이다.

● **필수 지방산의 기능**
- 두뇌 발달
- 심장관계 질환 예방
- 피부병 예방
- 기타 생리적 기능(혈액 응고 저지, 혈압 감소, 염증반응 억제)
- 결핍증 : 피부염, 성장지연, 생식 장애, 시각기능장애

핵심문제 풀어보기

글리세린에 대한 설명으로 틀린 것은?

① 지방산을 가수분해하여 만든다.
② 흡습성이 강하다.
③ 무색 투명하며 약간 점조한 액체이다.
④ 자당의 $\frac{2}{3}$ 정도의 감미가 있다.

해설
지방산이 아닌 지방을 가수분해하여 만든다. 지방과 지방산은 다른 개념이다.

답 ①

핵심문제 풀어보기

단백질의 가장 주요한 기능이 아닌 것은?

① 체조직 구성
② 에너지 발생
③ 대사작용 조절
④ 호르몬 형성

해설
단백질의 기능은 체조직과 혈액 단백질, 효소, 호르몬, 항체 능을 구성한다.
③ 대사작용 조절은 무기질, 물, 비타민의 기능이다.

답 ③

② 아미노산의 분류

구분	내용	종류
산성 아미노산	아미노 그룹 1개와 카르복실 그룹 2개를 가짐.	글루탐산
중성 아미노산	아미노 그룹 1개와 카르복실 그룹 1개를 가짐.	류신, 발린, 트레오닌, 이소류신
염기성 아미노산	아미노 그룹 2개와 카르복실 그룹 1개를 가짐.	리신
함황(S) 아미노산	황을 함유	시스테인, 메티오닌, 시스틴

③ 필수 아미노산 : 체내 합성이 불가능하여 반드시 음식으로 섭취해야 하는 아미노산을 말한다.

성인 8종	류신, 이소류신, 리신, 발린, 메티오닌, 트레오닌, 트립토판, 페닐알라닌
성장기 어린이 10종	8종 + 알기닌, 히스티딘

(3) 단백질의 영양학적 분류

구분	내용	종류
완전 단백질	• 필수 아미노산을 골고루 갖춤.	미오겐(생선류), 미오신(육류), 글리시닌(콩), 카제인(우유), 오브알부민(달걀)
부분적 불완전 단백질	• 필수 아미노산의 종류 부족 • 생명 유지 가능, 성장 발육 불가능	오리제닌(쌀), 글리아딘(밀), 호르데인(보리)
불완전 단백질	• 생명 유지, 성장 발육 둘 다 불가능	젤라틴(육류), 제인(옥수수)

(4) 단백질의 화학적 분류

구분	내용		
단순 단백질	• 가수분해에 의해 아미노산이 생성되는 단백질 • 알부민(물에 녹는 단백질)과 글로불린(물에 녹지 않는 단백질)으로 나누어짐.		
	글로불린	• 열에 응고되며 묽은 염류 용액에 용해되나 물에는 용해되지 않음.	달걀, 혈청, 근육

핵심문제 풀어보기

필수 아미노산이 아닌 것은?

① 발린　　　② 트립토판
③ 히스티딘　　④ 글루타민

[해설]
필수 아미노산의 종류 : 이소류신, 류신, 리신, 메티오닌, 발린, 페닐알라닌, 트레오닌, 트립토판(유아 : 히스티딘 추가)

[답] ④

핵심문제 풀어보기

단순단백질이 아닌 것은?

① 프롤라민　　② 헤모글로빈
③ 글로불린　　④ 알부민

[해설]
헤모글로빈은 복합단백질 중 색소단백질로 적혈구 속에 다량 들어있다.

[답] ②

단순 단백질	알부민	• 열, 강한 알코올에 응고되며 물, 묽은 염류에 용해	우유, 혈청, 달걀 흰자
	프롤라민	• 70~80[%] 알코올에 용해 • 곡식에 존재	호르데인(보리), 제인(옥수수), 글리아딘(밀)
	글루텔린	• 중성 용매에 용해되지 않고 묽은 산, 알칼리에 용해 • 곡식의 낱알에 존재	글루테닌(밀)
	히스톤	• 열에 응고되지 않고 물이나 묽은 산에 용해됨. • 동물 세포에만 존재	
	알부미노이드	• 중성 용매에 용해되지 않음. • 가수분해 → 콜라겐 + 케라틴	
	프로타민	• 가장 간단한 구조의 단백질	

복합 단백질	• 단순단백질에 다른 물질이 결합된 단백질	
	핵단백질	• 핵산 + 단백질 • 세포핵을 구성함. • DNA, RNA와 결합하며 동식물 세포에 존재
	인단백질	• 유기인 + 단백실 • 열에 응고되지 않음. • 오보비텔린(달걀 노른자), 카제인(우유) 등
	당단백질	• 탄수화물 + 단백질 • 뮤코이드(건, 연골의 점성 물질), 뮤신(동물의 점액성 분비물) 등
	색소단백질 (크로모단백질)	• 녹색 식물과 동물의 혈관에 존재 • 엽록소, 헤모글로빈 등
	금속단백질	• 칠, 구리, 아연, 망긴 등 + 단백질 • 호르몬 구성 성분

유도 단백질	• 알칼리, 산, 열, 효소 등 작용제에 의해 분해되는 단백질로 제1차, 제2차 단백 질로 나누어짐.	
	메타단백질	• 단백질의 1차 분해산물 • 일길리과 묽은 산에 가용성, 물에 불용성
	프로테오스	• 메타단백질보다 가수분해가 더 진행된 상태 • 수용성이며 열에 응고되지 않음.
	펩티드	• 2개 이상의 아미노산 생성물 • 아미노산 이선의 유노난백실
	펩톤	• 펩티드 이전의 분자량이 적은 생성불, 수용성

(5) 단백질의 성질

용해성	• 종류에 따라, 용매의 pH에 따라 용해도가 다름.
응고성	• 산, 알칼리, 열을 가하면 응고되는 성질 • 치즈(카제인 + 레닌과 산→응고), 요구르트 등
변성	• 산, 알칼리, 열, 자외선, 유기 약품 등에 의해 구조가 변화되는 성질
등전점	• 용매의 +, - 전하량이 같아져 중성이 될 때의 pH

✅ **건조 글루텐**
젖은 글루텐을 가열 건조시킨 후 분말화한 것을 건조 글루텐이라 한다.

(6) 단백질과 글루텐 관계

① 밀가루+ 물 → 젖은 글루텐을 생성한다. 신장성, 탄력성을 가지고 있다.

② 젖은 글루텐 함량[%] = (젖은 글루텐 무게 ÷ 밀가루 무게)× 100

③ 건조 글루텐 함량[%] = 젖은 글루텐 함량[%] ÷ 3 = 밀가루 단백질[%]

(7) 제한 아미노산

① 단백질 식품에 함유된 여러 필수 아미노산 중에서 최적이라고 여겨지는 표준 필요량에 비해 가장 부족해서 영양가를 제한하는 아미노산을 말한다.

② 이러한 제한 아미노산에 의해 섭취한 필수 아미노산들의 이용률이 결정된다.

③ 식품의 단백질 중에서 대표적인 제한 아미노산으로는 트립토판이 있다.

④ 제한 아미노산의 종류

식품	제한 아미노산
쌀, 밀가루	리신(라이신), 트레오닌
옥수수	리신(라이신), 트립토판
두류, 채소류	메티오닌
우유	메티오닌

(8) 단백질의 영양가 평가 방법

① 단백질의 질소계수

㉠ 질소는 단백질만 가지고 있는 원소로 단백질 평균 16[%] 함유되어 있다.

㉡ 식품의 질소 함유량을 알면 질소계수인 6.25를 곱하여 그 식품의 단백질 함량을 산출할 수 있다.

$$\bullet \text{질소의 양} = \text{단백질의 양} \times \frac{16}{100}$$

$$\bullet \text{단백질의 양} = \text{질소의 양} \times \frac{100}{16} \text{(질소계수 6.25)}$$

ⓒ 밀가루는 질소량이 17.5[%]이므로 질소계수 5.7을 곱한다.

② 단백질 효율(PER) : 단백질 1[g] 섭취에 대한 체중 증가량을 나타낸 것으로 단백질의 질을 파악할 수 있다.

$$단백질\ 효율 = \frac{증가한\ 체중의\ 무게}{섭취한\ 단백질의\ 무게}$$

③ 생물가[%]

ⓐ 체내의 단백질 이용률을 나타낸 것이다.

ⓑ 생물가가 높을수록 체내 이용률이 높다는 것을 뜻한다.

$$• 생물가 = \frac{체내에\ 축적된\ 질소의\ 양}{체내에\ 흡수된\ 질소의\ 양} \times 100$$

• 흡수된 질소량 = 섭취한 질소량 – 대변으로 배출된 질소량

• 축적된 질소량 = 흡수된 질소량 – 소변으로 배출된 질소량

※ 우유(90), 달걀(87), 돼지고기(79), 콩(75), 밀(52)

④ 단백가[%] : 필수 아미노산들의 표준 필요량을 정해 두고 식품이 가지고 있는 필수 아미노산 중 제일 적은 수치를 나타내는 제1제한 아미노산의 양과 비교하여 영양가를 측정하는 방법

$$단백가 = \frac{식품의\ 제1제한\ 아미노산의\ 양}{표준\ 구성\ 아미노산의\ 양} \times 100$$

※ 달걀(100), 소고기(83), 우유(78), 대두(73), 밀가루(47)

⑤ 단백질의 기능

ⓐ 1[g]당 4[kcal]의 에너지를 발생한다.

ⓑ 체내 삼투압 조절로 체내 수분 함량을 조절하고 체액의 pH를 유지한다.

ⓒ 1일 총 열량의 15~20[%] 정도 단백질로 섭취한다.

ⓓ 1일 단백질 권장량은 체중 1[kg]당 단백질의 생리적 필요량을 계산한 1.13[g]이다.

⑥ 단백질의 대사

ⓐ 아미노산으로 분해하여 소장에서 흡수된다.

ⓑ 여분의 아미노산은 간으로 운반되어 필요에 따라 분해된다.

ⓒ 흡수된 아미노산은 각 조직에 운반되어 단백질 구성을 한다.

ⓓ 최종 분해산물인 요소와 그 밖의 질소 화합물들은 소변으로 배설되어 몸 밖으로 나온다.

핵심문제 풀어보기

단백질 효율(PER)은 무엇을 측정하는 것인가?

① 단백질의 질
② 단백질의 열량
③ 단백질의 양
④ 아미노산 구성

해설

단백질 효율(Protein Efficiency Ratio ; PER) : $\frac{체중\ 증가량[g]}{섭취\ 단백질[g]}$ 의 비. 단백질의 영양가를 실험동물의 체중 증가에 대한 효율로 평가하는 방법으로 단백질의 생산적 효율을 뜻한다.

답 ①

제2장 제과점 관리

✅ **단백질 과잉 섭취 시 일어나는 증상**
단백질 분해 과정에서 체내 질소노폐물이 많이 형성되어, 노폐물을 걸러주는 기능을 담당하는 신장에 과도한 부담을 주므로 통풍, 신장질환 유발 가능성 높임.

5. 효소

(1) 효소의 특징

① 단백질로 구성

② 생물체의 세포 안에서 합성되어 생체 안에서 일어나는 거의 모든 화학반응의 촉매 구실을 하는 고분자 화합물을 말한다.

③ pH, 수분, 온도 등에 영향을 받는다.

(2) 탄수화물 분해 효소

① 이당류 분해 효소

인버타아제(Invertase)	• 설탕을 포도당과 과당으로 분해 • 이스트, 췌장에 존재
락타아제(Lactase)	• 유당을 포도당과 갈락토오스로 분해 • 소장에서 분비함. • 췌장에는 존재하나, 이스트에는 존재하지 않음.
말타아제(Maltase)	• 맥아당을 포도당 2분자로 분해 • 장에서 분비함. • 이스트, 췌장에 존재

② 다당류 분해 효소

셀룰라아제(Cellulase)	섬유소 → 포도당으로 분해(사람의 소화액에 들어 있지 않아 분해되지 않고 배설됨)
아밀라아제(Amylase)	전분, 글리코겐 → 덱스트린, 맥아당으로 분해
이눌라아제(Inulase)	이눌린 → 과당으로 분해

③ 산화 효소

치마아제(Zymase)	단당류(포도당, 갈락토오스, 과당) → 알코올과 이산화탄소로 분해(이스트가 함유되어 있어 발효에 관여)
퍼옥시다아제(Peroxydase)	카로틴계 황색 색소 → 무색으로 산화

(3) 지방 분해 효소

스테압신(Steapsin)	• 지방 → 지방산과 글리세린으로 분해 • 췌장에 존재
리파아제(Lipase)	• 지방 → 지방산과 글리세린으로 분해 • 밀가루, 이스트에 존재

핵심문제 풀어보기

빵 발효에 관련되는 효소로서 단당류를 분해하는 효소는?

① 아밀라아제(Amylase)
② 말타아제(Maltase)
③ 치마아제(Zymase)
④ 리파아제(Lipase)

[해설]
아밀라아제는 전분을, 말타아제는 맥아당을, 치마아제는 포도당, 과당, 갈락토오스 등의 단당류를, 리파아제는 지방을 가수분해한다.

답 ③

(4) 단백질 분해 효소

프로테아제(Protease)	단백질을 아미노산, 펩티드, 폴리펩티드, 펩톤으로 분해
레닌(Renin)	단백질 응고 효소(위액에 존재)
펩신(Pepsin)	단백질 분해 효소(위액에 존재)
트립신(Trypsin) 펩티다아제(Peptidase) 에렙신(Erepsin)	단백질 분해 효소(췌액에 존재)

(5) 제빵에 관여하는 효소

구분	효소	기질	분해산물
이스트	말타아제	맥아당	포도당
	치마아제	포도당, 과당	에틸알코올, 탄산가스
	리파아제	지방	지방산, 글리세린
	인버타아제	설탕	포도당, 과당
	프로테아제	난백실	아미노산, 펩티드, 폴리펩티드, 펩톤
밀가루	프로테아제	단백질	아미노산, 펩티드, 폴리펩티드, 펩톤
	α-아밀라아제	전분	덱스트린
	β-아밀라아제	덱스트린	맥아당(말토오스)

● 제빵용 아밀라아제
pH 4.6~4.8에서 최대 활성을 가짐.

(6) 효소의 성질

선택성(기질특이성)	열쇠와 자물쇠의 관계처럼 어떤 특정한 기질에만 작용함.
온도	30~40[℃]에서 가장 활동성이 강하며 열에 약함.
pH	pH 4~8에 작용하며 효소 종류에 따라 다름.

6. 무기질

(1) 무기질의 정의

① 유기물을 만들고 있는 탄소(C), 수소(H), 산소(O), 질소(N)를 제외한 나머지 50종의 원소를 통틀어서 무기질 또는 미네랄이라 한다.

② 무기질은 신체의 골격과 구조를 이루는 구성 요소이며, 체액의 전해질 균형, 체내 생리 기능 조절 작용을 한다.

식품을 태웠을 때 재로 남는 성분은?

① 유기질   ② 무기질
③ 단백질   ④ 비타민

해설
무기질은 식품을 태우면 재로 남는 성분으로, 회색의 재라는 뜻으로 회분이라고도 한다.

답 ②

✪ **산성을 띠는 무기질**
황(S), 인(P), 염소(Cl) 등(곡류, 육류, 어패류, 난황 등)

✪ **알칼리성을 띠는 무기질**
칼슘(Ca), 마그네슘(Mg), 칼륨(K), 나트륨(Na), 철(Fe) 등(채소, 과일 등의 식물성 식품과 우유, 굴 등)

✪ **우유의 칼슘 흡수를 방해하는 인자**
• 곡류나 분리 대두에 많이 함유된 피트산
• 시금치에 많이 함유된 옥살산(수산)

✪ **칼슘의 흡수를 돕는 비타민**
비타민 D

---

(2) 무기질의 영양학적 특성

① 인체를 구성하는 구성 영양소이며, 체내의 생리 작용을 조절하는 조절 영양소이다.

② 인체의 4~5[%]를 차지한다.

③ 체내에서 합성되지 않으므로 반드시 음식물로 섭취하여 공급받아야 한다.

④ 태우면 재로 남는 성분을 회분이라고 한다.

(3) 무기질의 기능

① 구성 영양소

경조직 구성	• 골격과 치아의 구성 성분 • 칼슘(Ca), 인(P), 마그네슘(Mg)
연조직 구성	• 피부, 근육, 장기, 혈액의 구성 성분 • 칼슘(Ca), 인(P), 마그네슘(Mg), 칼륨(K), 나트륨(Na), 염소(Cl), 황(S)

② 조절 영양소

㉠ 호르몬과 비타민의 구성 요소이다.

㉡ 효소의 활성을 촉진한다.

㉢ 신경 자극을 전달한다.

㉣ 체액의 pH를 조절하여 산, 염기의 평형을 유지한다.

㉤ 혈액 응고 : 칼슘(Ca)

㉥ 체액의 삼투압 조절 : 칼륨(K), 나트륨(Na), 염소(Cl)

㉦ 조혈 작용 : 철(Fe), 구리(Cu), 코발트(Co)

㉧ 체액 중성 유지 : 칼슘(Ca), 나트륨(Na), 칼륨(K), 마그네슘(Mg)

㉨ 신경 안정 : 나트륨(Na), 칼륨(K), 마그네슘(Mg)

(4) 무기질 종류

① 칼슘(Ca)

기능	• 골격과 치아의 구성 성분 • 혈액 응고, 심장과 근육의 수축 및 이완으로 흥분 억제, 신경 자극 전달 • 부갑상선 호르몬과 비타민 D는 체액의 칼슘 농도 조절
결핍증	구루병, 골다공증, 골연화증
함유식품	우유, 유제품, 멸치, 뼈째 먹는 생선

② 칼륨(K)

기능	• 삼투압 조절 • 신경 자극 전달
결핍증	결핍증이 거의 없음.
함유식품	시금치, 양배추, 감자, 어패류, 육류

③ 나트륨(Na)

기능	• 삼투압 조절, 체액의 pH 조절, 신경 자극 전달 • 주로 세포외액에 들어 있음.
결핍증	소화불량, 식욕부진, 근육경련, 부종, 저혈압 발생
과잉증	동맥경화증, 고혈압, 부종
함유식품	소금, 육류, 조개류

④ 마그네슘(Mg)

기능	• 골격과 치아의 구성 성분 • 에너지 대사에 관여
결핍증	근육 약화, 경련
함유식품	견과류, 콩류, 녹색 채소, 생선

⑤ 인(P)

기능	• 골격과 치아의 구성 성분 • 체액의 pH 조절, 에너지 대사에 관여 • 비타민 D는 인의 흡수를 촉진함. • 신체 구성 무기질 중 $\frac{1}{4}$을 차지함(칼슘 다음으로 많음).
결핍증	골격, 치아의 발육 불량
함유식품	우유, 치즈, 육류, 어패류, 콩류

⑥ 황(S)

기능	피부, 손톱, 모발 등의 구성 성분
함유식품	육류, 우유, 달걀, 파, 마늘, 무, 배추

⑦ 염소(Cl)

기능	• 삼투압 조절 • 위액을 산성으로 유지
결핍증	식욕부진, 소화불량
함유식품	소금, 우유, 달걀, 육류

핵심문제 풀어보기

다음 무기질 중에서 혈액 응고, 효소 활성화에 관여하는 것은?

① 요오드　　② 마그네슘
③ 나트륨　　④ 칼슘

해설

칼슘의 기능
• 골격과 치아의 구성 성분
• 혈액 응고, 심장과 근육의 수축 및 이완으로 흥분 억제, 신경 자극 전달
• 부갑상선 호르몬과 비타민 D는 체액의 칼슘 농도 조절

답 ④

제2장 제과점 관리

⑧ 아연(Zn)

기능	• 인슐린 호르몬의 구성 성분 • 상처 회복, 면역 기능
결핍증	성장지연, 피부발진, 성기능저하, 신경정신증세, 식욕저하 등
함유식품	굴, 간, 육류

⑨ 철(Fe)

기능	• 헤모글로빈, 미오글로빈의 구성 성분 • 적혈구를 생성하는 조혈 작용 • 철분 흡수율은 건강한 성인 기준으로 철 섭취량의 5~15[%] 정도임.
결핍증	빈혈
함유식품	시금치 등 녹색 채소, 콩류, 냉장고기, 살코기, 난황 등

⑩ 구리(Cu)

기능	• 철분의 흡수와 이동을 도움. • 헤모글로빈 형성을 도움.
결핍증	악성빈혈
함유식품	간, 조개류, 콩류, 곡류의 배아 등

⑪ 코발트(Co)

기능	• 비타민 B_{12}의 구성 성분 • 적혈구 생성에 관여
결핍증	빈혈
함유식품	간, 신장, 쌀, 콩

⑫ 불소(F)

기능	충치 예방
결핍증	충치
함유식품	해조류

• 요오드(Iodin) = 아이오딘

⑬ 요오드(I)

기능	갑상선 호르몬의 주성분
결핍증	갑상선종, 피로 등
함유식품	해조류, 유제품

7. 비타민

(1) 비타민의 정의

① 매우 적은 양으로 물질대사나 생리 기능을 조절하는 필수적인 영양소이다.

② 비타민은 체내에서 전혀 합성되지 않거나, 합성되더라도 양이 충분하지 못하기 때문에 식품으로 적절량을 섭취하지 못하면 결핍증이 나타난다.

(2) 비타민의 영양학적 특성

① 신체 기능을 조절하는 조절 영양소이다.

② 체조직을 구성하거나 열량을 발생하지 못한다.

③ 반드시 음식물에서 섭취해야만 한다.

(3) 비타민의 분류

구분	지용성 비타민	수용성 비타민
종류	A, D, E, K	B군, C, 나머지
흡수	지방과 함께 흡수	물과 함께 흡수
용매	지방, 유기용매	물
저장	간이나 지방조직	저장하지 않음.
조리 시 손실	적음(열에 강함).	많음(열, 알칼리에 약함).
공급	매일 공급할 필요 없음.	매일 공급해야 함.
과잉 섭취	체내에 축적되고, 과잉증 및 독성 유발	소변을 통해 배출됨.
전구체	있음.	없음.
결핍증	증상이 서서히 나타남.	증상이 빠르게 나타남.

(4) 지용성 비타민

지방이나 지방을 녹이는 유기용매에 녹는 비타민을 일컫는다.

① 비타민 A(레티놀) : 항야맹증 비타민

기능	• 눈의 망막세포 구성, 피부 상피조직의 보호 • 항암효과, 성장 및 생식 기능의 관여
전구체	카로틴
결핍증	야맹증, 안구 건조증, 상피조직이 각질화
함유식품	간, 난황, 고지방 생선, 치즈, 당근, 고추 등

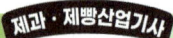

칼슘의 흡수를 도와 골격 형성에 관계하는 비타민은?

① 비타민 A ② 비타민 B_6
③ 비타민 D ④ 비타민 K

해설
비타민 D는 자외선을 쬐면 체내에서 합성이 되며, 칼슘의 흡수를 돕고 골격 발육에 관여한다.

답 ③

ⓥ 주요 비타민 결핍증

비타민 A	야맹증
비타민 B_1	각기병
비타민 C	괴혈병
비타민 D	구루병

② 비타민 D(칼시페롤) : 항구루병 비타민

기능	• 칼슘의 흡수를 돕고 골격 발육에 관여 • 산과 알칼리 및 열에 비교적 안정
전구체	에르고스테롤, 콜레스테롤
결핍증	구루병, 골다공증, 골연화증
함유식품	함유식품이 많지 않음. 간유, 난황, 우유, 버섯 등

③ 비타민 E(토코페롤) : 항산화 비타민

기능	산화 방지, 생식 기능의 유지
결핍증	불임증, 근육 위축증
함유식품	식물성 기름, 견과류

④ 비타민 K(필로퀴논) : 혈액 응고 비타민

기능	혈액 응고, 지혈작용
결핍증	혈액 응고 지연
함유식품	녹색 채소, 양배추, 대두, 차

(5) 수용성 비타민

물에 녹는 비타민을 일컫는다.

① 비타민 B_1(티아민) : 항각기병 비타민

기능	• 탄수화물 대사의 조효소 • 뇌와 신경조직 유지에 관여 • 생체조직 중에 대부분 TPP(티아민피로인산)로 전환되어 존재함.
결핍증	각기병, 신경통, 피로, 식욕부진
함유식품	현미, 간, 돼지고기 등

② 비타민 B_2(리보플라빈) : 항구각염 비타민, 성장 촉진 비타민

기능	• 에너지 대사의 조효소 • 성장 촉진 작용, 피부나 점막 보호
결핍증	구순구각염, 설염, 피부염, 발육장애
함유식품	간, 달걀, 녹색 채소, 유제품 등

③ 비타민 B_3(나이아신) : 항펠라그라 비타민

기능	• 에너지 대사의 조효소 • 신경 전달 물질 생산 • 피부 수분 유지 • 트립토판에 의해 체내 합성
결핍증	펠라그라
함유식품	간, 닭고기, 고등어, 땅콩 등

④ 비타민 B_6(피리독신) : 항피부염 비타민

기능	• 단백질 대사에 관여 • 조혈 작용 • 신경 전달 물질 합성에 관여
결핍증	피부염
함유식품	간, 꽁치, 현미 등

⑤ 비타민 R_9(폴산, 엽산)

기능	헤모글로빈, 적혈구 생성을 도움.
결핍증	빈혈
함유식품	간, 난황, 녹색 채소 등

⑥ 비타민 B_{12}(시아노코발라민) : 항빈혈 비타민

기능	• 적혈구의 생성 • 코발트(Co)를 함유하고 있음.
결핍증	악성빈혈
함유식품	간, 연어, 굴 등

⑦ 비타민 C(아스코르브산) : 항괴혈병 비타민

기능	• 산화 방지를 도움. • 칼슘, 철의 흡수를 도움. • 세균에 대한 저항력 증가, 상처 회복 • 콜라겐 형성에 관여 • 산에 안정, 알칼리 · 공기 · 열 등에 불안정
결핍증	괴혈병, 면역력 감소
함유식품	신선한 과일과 채소

⑧ 비타민 P

기능	• 비타민 C의 기능 보강 • 모세혈관의 삼투성을 조절하여 혈관 강화 작용
결핍증	피하출혈
함유식품	감귤류

⑨ 판토텐산

기능	• 비타민 B의 복합체 • 지질대사의 조효소 • 신경 전달 물질의 생성을 도움.
결핍증	결핍증이 거의 없음.
함유식품	간, 난황, 땅콩 등

8. 물

(1) 물의 정의

생물이 생존하는 데 없어서는 안 될 무색, 무취, 무미의 액체를 말한다.

(2) 물의 기능

① 인체의 $\frac{2}{3}$ 를 구성하고 있으며 생명 유지에 절대적인 기능을 갖는다.

② 영양소와 노폐물을 운반한다.

③ 체온 조절을 한다.

④ 체내 분배액의 주요 성분이다.

⑤ 영양소의 용매로서 체내의 화학반응의 촉매 역할을 한다.

⑥ 외부 자극으로부터 내장 기관을 보호한다.

⑦ 체내에서 물은 대장에서 흡수된다.

(3) 수분 결핍에 의한 증상

① 전해질의 균형이 깨진다.

② 혈압이 떨어진다.

③ 허약, 무감각, 근육부종 등이 일어난다.

④ 심한 경우 혼수상태에 이르게 된다.

⑤ 손발이 차고 창백하며 식은땀이 난다.

⑥ 호흡이 잦고 짧으며 맥박이 빠르고 약해진다.

(4) 수분의 필요량을 증가시키는 요인

    ① 장기간 구토, 설사, 발열

    ② 수술, 출혈, 화상

    ③ 염분 섭취량 과다

    ④ 높은 기온, 많은 활동량

    ⑤ 알코올 또는 카페인 섭취

제2장 제과점 관리

CHAPTER 02 매장 관리

 • 설비, 인력, 원가, 고객 등의 원리를 이해하고 매장에 맞게 설정할 수 있다.

01 매장 관리

1. 설비관리

(1) 주방설계

　① 레이아웃 : 주방작업의 흐름도를 한눈에 쉽게 파악하고자 한다.

　② 주방 레이아웃 작업 시 고려사항

　　㉠ 재료의 투입구와 공사자의 출퇴근 동선

　　㉡ 매장과 주방의 동선

　　㉢ 생산 작업대와 포장 작업대의 동선

　　㉣ 재료창고와 쓰레기 처리공간의 효율적 배치

　　㉤ 사무실, 화장실, 휴게실의 배치

(2) 기계 및 설비

　① 기계설비 점검 : 오븐, 발효기, 반죽기, 냉장고, 냉동고, 도우콘, 분할기, 포장기, 성형기 등을 흐름에 맞게 배치한다.

　② 설비 점검

　　㉠ 생산량에 맞는 공간과 기계용량 체크

　　㉡ 충분한 용량의 전기 에너지 설치

(3) 설비구매관리

　① 기업의 생산성과 수익성을 높이기 위해 설비를 구매하는 것

　② 생산설비구매계획 : 구매계획서와 사용계획서, 지출계획서, 사유서 등을 구매부서에 제출

　③ 계약 과정 : 입찰 → 입찰공고 → 구매계약

2. 인력관리

(1) 인력관리

① 인적자원관리 : 필요로 하는 인력의 조달과 유지, 활용, 개발에 관한 계획적이고 조직적인 관리 활동이다.

② 베이커리 인적자원관리

㉠ 인당 생산성을 높일 수 있는 생산성 목표와 인간관계, 직무만족을 유지시키는 유지 목표를 동시에 추구하여야 한다.

㉡ 장기간 근무자를 우대하는 연공주의와 능력 있는 사람을 우대하는 능력주의가 조화를 이루어야 한다.

㉢ 근로의 질적 향상을 추구함으로써 근로자의 작업환경, 직무내용, 최저 소득수준 증가 및 개인과 사회복지에 기여하여야 한다.

㉣ 경영전략과의 적합관계가 유지되도록 인적자원전략의 목표를 설정한다.

(2) 베이커리 인력관리

① 인력수요예측

㉠ 분기별, 계절별, 연도별로 예측

㉡ 주말별, 이벤트 등 특별행사에 따른 단기수요예측

② 장 · 단기 인력공급방안 마련 후 적재적소에 공급

③ 공급된 인력에 대한 객관적, 능력별 평가 후 문제점을 개선토록 한다.

(3) 채용관리

① 생산직원, 판매직원, 관리직원을 구분하여 채용한다.

② 기업이 필요한 우수 인력을 채용 배치한다.

3. 원가관리

(1) 원가

특정 재화의 제조나 용역을 제공하기 위해 소비되는 경제가치를 화폐단위로 표시한 것이다.

(2) 원가의 3요소

① 재료비 : 제품의 제조 활동에 소비되는 재료비용

㉠ 직접 재료비 : 제품 생산에 직접 소비된 비용(주 · 부원료)

㉡ 간접 재료비 : 보조 재료비(수선용 재료, 포장재)

핵심문제 풀어보기

제빵 생산의 원가를 계산하는 목적으로만 연결된 것은?

① 순이익과 총매출의 계산
② 이익 개선, 가격 결정, 원가관리
③ 노무비, 재료비, 경비 산출
④ 생산량 관리, 재고관리, 판매관리

해설
생산성 향상으로 원가를 절감할 수 있도록 관리하고, 얼마의 이익을 산출할 수 있을지 계산하고, 적절한 판매가격을 책정하기 위해서 원가를 계산한다.

답 ②

② 노무비 : 제품의 생산 활동에 직 · 간접적으로 종사하는 인건비

　　　㉠ 직접 노무비 : 제품 생산에 직접 종사한 인건비(월급, 상여금 등)

　　　㉡ 간접 노무비 : 보조 작업 노무비(수당, 급여 등)

③ 경비 : 재료비, 노무비를 제외한 비용

　　　㉠ 직접 경비 : 제품에 직접 사용된 경비

　　　㉡ 간접 경비 : 판매비와 일반관리비, 감가상각비, 세금 등

(3) 원가의 구성

직접 원가, 제조 원가, 총원가로 구성

(4) 원가를 줄이기 위한 대책

① 원재료비 줄이기

　　　㉠ 재료비 줄이기 : 꼼꼼한 구매관리와 재고 파악 철저

　　　㉡ 원료 사용량 대비 제품 제조량 확대

　　　㉢ 선입 선출 관리하에 재료 손실의 최소화

　　　㉣ 철저한 품질관리하에 불량률 최소화

　　　㉤ 구매를 위한 시장조사, 구매 거래선 선정의 합리화

② 노무비(인건비) 줄이기

　　　㉠ 설계, 작업의 표준화와 단순화

　　　㉡ 생산 기술면에서 제조 방법 개선

　　　㉢ 생산 소요 시간, 공정 시간 단축에 의한 생산성 향상

　　　㉣ 꾸준한 신기술 교육과 직업의식 강화

③ 경비 줄이기

　　　㉠ 설비관리 철저

　　　㉡ 운반방법의 개선

　　　㉢ 출장비, 수선비, 임차료, 통신비 등의 절약

4. 고객 응대관리

(1) 고객관리

고객 중심의 사고를 통해 고객의 욕구와 기대에 부응하여 제품과 서비스에 만족감을 주어 재구매와 신뢰감을 이어갈 수 있도록 관리하는 것이다.

(2) 고객 응대 예절

① 친절한 첫인상과 정성스러운 마음가짐

핵심문제 풀어보기

원가의 절감방법이 아닌 것은?

① 구매관리를 엄격히 한다.
② 제조 공정 설계를 최적으로 한다.
③ 창고의 재고를 최대로 한다.
④ 불량률을 최소화한다.

해설
창고에 있는 재고를 가능한 최소화 시키는 것은 원가 절감의 한 방법 이다.

답 ③

---

② 단정한 용모와 깨끗한 복장

③ 인사의 종류

　　㉠ 목례

　　　　ⓐ 상체를 15도 정도 굽히고 가볍게 머리를 숙여 인사

　　　　ⓑ 남자는 차렷 자세, 여자는 두 손을 모아 하복부에 위치

　　　　ⓒ 인사했던 고객을 다시 만난 경우, 통로나 실내에서 만난 경우

　　㉡ 보통례

　　　　ⓐ 상체를 30도 숙여 인사

　　　　ⓑ 가장 일반적인 인사

　　　　ⓒ 접객, 환영, 헤어질 때의 인사

　　㉢ 정중례

　　　　ⓐ 상체를 45도 정도 깊게 숙여 인사

　　　　ⓑ 깊은 감사나 사과를 해야 할 때의 인사

(3) 고객관리 방법

① 고객 선별하기 : 고객의 세분화

　　㉠ 성별, 연령, 행동 특성 등을 파악

　　㉡ 타깃팅, 포지셔닝 가능 여부 및 실행 가능성 타진

　　㉢ 구매력 여부 파악

　　㉣ 단골고객과 일반고객의 세분화

② 신규고객 확보방법

　　㉠ 고객 접점(MOT : Moment of Truth)이 고객 만족과 직결되므로, 고객을 위한 감농 서비스 정신으로 신규고객을 확보한다.

　　㉡ On-line을 적극 활용한다.

　　㉢ 시식, 쿠폰, 마일리지 적립 등을 활용한다.

CHAPTER 03

베이커리경영

• 데이터를 통해 생산의 수요를 예측할 수 있다.
• 수요예측을 토대로 생산계획을 수립할 수 있다.
• 마케팅이란 무엇인지 이해하고 설명할 수 있다.
• 마케팅을 적용하여 매출, 손익을 관리할 수 있다.

01 생산관리

핵심문제 풀어보기

기업경영의 2차 관리 요인이 아닌
것은?

① 기계(Machine)
② 방법(Method)
③ 재료(Material)
④ 시장(Market)

해설
기업 활동의 구성 요소
• 제차 관리 : 3M – Man(사람),
Money(자금), Material(재료)
• 제2차 관리 : 4M – Method(방
법), Minute(시간), Machine(기
계), Market(시장)

답 ③

1. 수요예측

(1) 생산관리(Production Management)

① 생산

㉠ 자연으로부터 자원을 개발하여 인간의 욕구에 맞도록 변형시키는 활동으로 사
람이 살아가는 데 필요한 재화와 용역을 만들어내는 일이다.

㉡ 생산 요소

ⓐ 생산의 3요소(3M) : 사람(Man), 재료(Material), 자금(Money)

ⓑ 생산의 4요소(4M) : 사람(Man), 재료(Material), 자금(Money) + 경영
(Management)

ⓒ 생산 활동의 4요소(4M) : 사람(Man), 재료(Material) + 기계(Machine)
+ 방법(Method)

② 생산관리

㉠ 생산과 관련된 계획수립, 집행, 통솔 등의 활동을 실행하는 것으로, 좋은 품질
의 상품을 낮은 원가로 필요량을 납기 내에 만들어내기 위한 관리 또는 경영을
말한다.

㉡ 생산관리의 대상(7M) : 사람(Man), 재료(Material), 자금(money), 방법
(Method), 시간(Minute), 기계(Machine), 시장(Market)

③ 베이커리 생산관리 순서

㉠ 생산관리 : 생산 공정 점검

㉡ 생산량 관리 : 주간, 월간, 연간 계획 관리

ⓒ 제품 품질관리

ⓔ 제품의 표준화(Standardization)와 제품의 품목이나 제조 과정 절차를 단순화(Simplification)함으로써 작업능률 향상, 품질 향상, 대량 생산, 제품의 균일성, 교육훈련 용이, 생산 원가 저하 등 효과가 있다.

❂ 제품의 표준화
모양, 규격, 품질, 수량 등

❂ 작업의 표준화
제조 방법, 제조 조건, 제품의 보완, 유통 등

▶ **베이커리 생산관리 체계**

생산 준비	생산계획서에 따라 준비를 하며 사전에 생산 공정 능력을 체크하고 작업자들을 교육한다.
생산량 확인	생산할 양을 계획하고 생산을 위한 재료 등을 확인한다.
제품 품질관리	품질에 해가 될 수 있는 요인을 개선하고 관리한다.
제품의 표준화	작업자 누구나 똑같은 제품을 생산할 수 있도록 통일된 형태로 만드는 것이다.
제품의 단순화	제품의 품목이나 절차를 간소화시킴으로써 간단하게 만든다.
제품의 전문화	특정 제품을 전문적으로 생산하는 과정을 말한다.
원가관리	제품의 가치를 높이기 위해 최고품질을 유지하면서 원가를 관리할 수 있어야 한다.

(2) 수요예측

① 판매, 생산, 계획, 물류 등의 모든 공급계획에 대한 정확한 수요예측을 통해 재고 과잉에 따른 손실과 재고 부족에 의한 판매 손실을 방지한다.

② 수요예측 방법

ⓐ 시대적 트렌드와 고객의 요구(Needs) 파악

ⓑ 과거의 매출액, 생산량 등을 고려하여 미래의 수요를 예측하고 적절한 자료를 수집, 분석한다.

ⓒ 재료 특성에 맞는 적절한 수요예측기법 활용

(3) 생산계획 수립

① **생산계획** : 수요예측에 따른 상품의 종류, 수량, 생산 시기, 예산 등을 체계적으로 계획하는 것

② 생산계획 수립

ⓐ 생산량, 인원, 기계설비, 제품, 생산성, 원가 절감 등을 고려하여 계획한다.

ⓑ 실행예산과 제조 원가를 맞추어 계획한다.

ⓒ 노동 생산성, 가치 생산성, 노동 분배율, 1인당 이익의 목표를 계획한다.

2. 생산계획 수립

(1) 제품 분석

① 시장의 경쟁관계 등을 파악하는 중요한 항목으로 제품군 정의, 브랜드 속성, 문제점 및 기회를 알 수 있는 중요한 지표 중의 하나이다.

② 제품의 가치

$$제품의 \ 가치 = \frac{원료, \ 제법, \ 기술 + 품질(맛, \ 외관, \ 풍미)}{원가(원재료 + 가공비 + 경비)} + \frac{기능}{가격} + \frac{품질}{비용}$$

(2) 생산계획

① 생산계획 구분

㉠ **생산계획** : 생산 수량에 따른 생산계획을 세운다.

㉡ **인원계획** : 생산 수량, 설비 능력치에 따라 인원계획을 세운다.

㉢ **설비계획** : 설비 보전 및 기계 사이의 생산능력을 계획한다.

㉣ **제품계획** : 신제품, 제품 구성비, 개발 계획을 세우는 것을 말한다.

㉤ **교육훈련계획** : 관리감독 교육과 작업능력 교육을 계획한다.

② **예산계획** : 제조 원가를 계획하는 것을 말한다.

$$생산예산 = 판매예산 + 완제품 \ 기말 \ 재고 \ 예산 - 기초 \ 재고$$

③ **계획목표** : 가치 생산성, 노동 분배율, 노동 생산성, 1인당 이익을 세우는 일을 말한다.

$$• \ 가치 \ 생산성 = \frac{생산가치}{현 \ 인원} \qquad • \ 노동 \ 분배율 = \frac{인건비}{생산가치} \times 100$$

$$• \ 노동 \ 생산성 = \frac{생산 \ 금액}{소요 \ 인원수} \qquad • \ 1인당 \ 이익 = \frac{총이익}{현 \ 인원}$$

3. 제품 재고관리

(1) 재고관리 비용

재고 주문 비용	재료를 구매하는 데 필요한 비용
재고 유지 비용	재고 수량 유지를 위한 비용
재고 부족 비용	충분한 식재료를 보유하지 못함으로써 발생하는 비용
폐기 비용	사용기한이 경과한 재료의 폐기 등의 비용

(2) 재고회전율(Inventory Turnover)

일정기간 중 재고가 얼마나 사용되었다가 다시 보충되는 재고 회전속도를 나타낸 것

- 재고회전율 = 매출액 ÷ 재고액
- 평균 재고회전율 = (월초 재고회전율 + 월말 재고회전율) ÷ 2

(3) 재고관리 방법

정량 주문 방식	• 원재료와 재료량이 줄어들면 그만큼의 양을 주문하는 방식 • 베이커리부서에서 많이 쓰임.
ABC 분석	• 재료 품목별로 금액을 정하여 재료를 분류한 후 중요도에 따라 관리하는 방법 • 재료의 효율을 높이는 방법 중 하나

02 마케팅 관리

1. 마케팅

(1) 마케팅(Marketing)

자사 제품이나 서비스가 소비자에게 경쟁사보다 우선적으로 선택되기 위하여 행하는 아이디어, 재화, 서비스, 가격, 판매촉진, 유통 등의 제반 활동이다.

(2) 마케팅 전략 수립

▲ 마케팅 전략 수립 과정

핵심문제 풀어보기

마케팅 전략 수립 과정을 순서대로 나열한 것은?

① 고객 분석 → 4P 관리 → SWOT 분석 → STP 분석
② STP 분석 → 4P 관리 → 고객 분석 → SWOT 분석
③ SWOT 분석 → STP 분석 → 고객 분석 → 4P 관리
④ 고객 분석 → SWOT 분석 → STP 분석 → 4P 관리

해설
마케팅 전략 수립 과정 : 목표 및 계획 → SWOT 분석 → STP 분석 → 4P 관리

답 ④

① **거시 환경 분석, 시장 분석** : 환경 분석은 사회문화(Social), 기술(Technological), 경제(Economy), 정책규제(Political)를 분석한다. 또한 소비자조사, 상품조사, 광고조사 등 필요한 자료를 수집하고 분석을 실시한다. 마케팅 시장조사는 정량적 조사(정밀하고 통계적이며 수치적인 측정을 하는 조사 : 우편, 전화, 개인면접 등)와 정성적 조사(대상의 근본적인 동기에 대해 깊은 정보를 얻기 위한 조사 : 관찰, 심층면접, 포커스그룹 인터뷰 등)로 나눈다.

② **3C 분석** : 조사한 데이터를 바탕으로 고객(Customer), 자사(Company), 경쟁사(Competitor)로 분석하는 단계이다. 또한 중요한 것은 설정 목표에 맞는 분석을 하는 것이다.

③ **SWOT 분석** : 외부 환경과 내부 환경을 나누어 환경 분석을 하고 환경 변화에 따른 SWOT 분석을 한다.

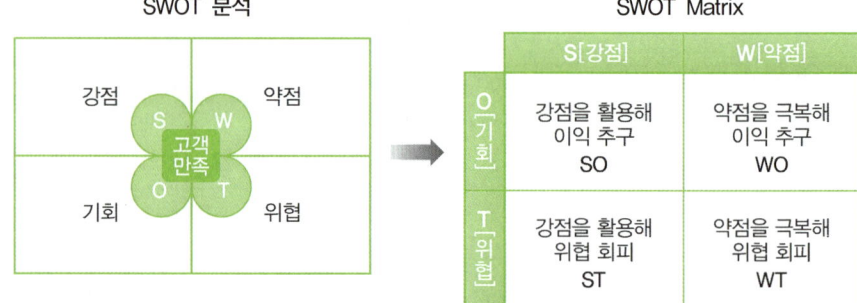

SWOT 분석 / SWOT Matrix

* **SWOT 분석** : 내부 환경과 외부 환경을 분석하여 강점(Strength), 약점(Weakness), 기회(Opportunity), 위협(Threat) 요인으로 강점은 살리고 약점은 보완하며, 기회는 활용하고 위협은 억제하는 분석이다.
  기회, 위협, 자사의 장점, 약점을 파악한 후 오른쪽과 같이 SWOT Matrix를 작성하여 분석에 근거한 전략을 수립하게 된다.

④ **STP(Segmentation, Targeting, Positioning)** : STP는 잠재고객의 다양한 욕구를 발견하기 위해 먼저 시장 세분화를 통해 예상 고객이 존재하는 표적시장을 선정하는 과정이 필요하며, 이를 바탕으로 고객의 특징이 파악되면 자사의 제품이나 브랜드, 서비스를 포지셔닝한다.

ㄱ **시장 세분화(Market Segmentation)** : 시장을 임의의 기준으로 세분화해 분석하는 마케팅 기법

ㄴ **표적시장(Targeting) 설정** : 세분화된 시장 중 우리 회사가 공략할 표적을 설정하는 마케팅 기법

ㄷ **포지셔닝(Positioning)** : 제품의 특성을 소비자들의 마음에 각인시키는 마케팅 기법

⑤ 마케팅 믹스(Marketing Mix) : STP 전략에서 나온 포지셔닝 목표의 효과적인 달성을 위하여 마케팅 활동에서 사용되는 여러 가지 요소를 조합하는 것이다. 마케팅의 핵심요소인 4P(Product-제품, Price-가격, Place-유통, Promotion-판촉)에 대한 전략을 세우는 것이다.

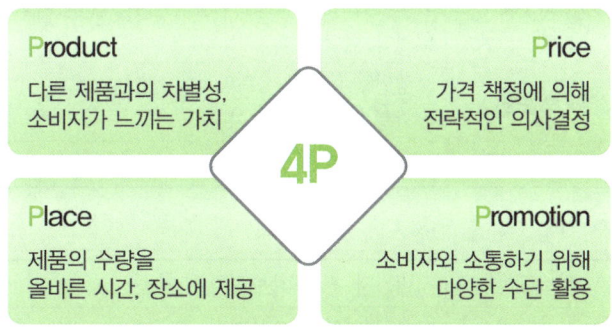

○ 제품(Product) : 소비자에게 가치를 제공할 수 있도록 제품의 차별화 단계

○ 가격(Price) : 가격 책정과 관련해 전략적인 의사결정을 내리는 단계로 판매 전략으로 활용 가능

○ 유통(Place) : 올바른 시간, 올바른 장소에 올바른 수량을 제공할 수 있는지 등 구매의 편의성을 확인하는 단계

○ 판촉(Promotion) : 판매 활동을 원활하게 매출액을 증가시키기 위해 하는 모든 활동

2. 매출관리

(1) 판매 마케팅 전략

판매 마케팅 전략을 위하여 행하는 아이디어, 재화, 서비스, 가격, 판매촉진, 유통 등의 제반 활동

① 마케팅 전략 수립

○ 세분화 : 포지셔닝에 제과 · 제빵 시장을 지리적, 인구, 심리, 행동을 분석하여 세분화한다.

○ 타깃 선정 : 타깃을 결정하여 우선 선점한다.

○ 포지셔닝(차별적 우위 선점) : 소비자의 마음속에 특정 브랜드를 인식시키는 전략(자체 브랜드의 차별성과 일관성이 있어야 함)

○ 마케팅 믹스 관리 7P : 4P + 3P를 추가하여 적용한다.

② 마케팅 믹스 : 4P를 적용하여 제품의 성격, 고객정보, 판매목표, 경쟁사와의 입지 등을 고려하여 적용한다.

핵심문제 풀어보기

마케팅 분석 기법 중 4P가 아닌 것은?

① Plan   ② Price
③ Place   ④ Promotion

해설

마케팅의 4P : 제품(Product), 가격(Price), 유통(Place), 판촉(Promotion)

답 ①

제2장 제과점 관리

▶ 4P

Product(제품)	가장 중요한 전략으로 제품을 생산하지 못하면 판매가 이루어지지 않는다.
Price(가격)	목표이윤, 재료 원가, 경쟁사 가격, 소비자의 반응을 보고 원가를 고려하여 소비자에게 구매 만족과 타사와의 가격 면에서 경쟁력이 있어야 한다.
Place(유통)	보행인구, 주차, 점포면적, 차량 등으로 베이커리 사업의 가장 성공결정요인 중 하나이다.
Promotion(판촉)	판매원, 홍보, 대중 매체 등을 통해 판매 증대를 유도한다.

▶ 3P

Process(과정)	서비스가 진행되는 절차나 활동
Physical Evidence (물리적 근거)	각종 베이커리 시설물, 간판, 주차장, 위생, 기물과 광고, 소모품 등의 관리
People(사람)	종업원의 업무, 작업환경, 복지 등의 만족도와 동기부여를 높임으로써 고객서비스의 품질을 향상시킨다.

3. 손익관리

(1) 손익계산

　① 손익계산 : 특정기간 동안 기업의 경영성과를 평가하여 사업의 손익을 계산하여 확정하는 것

　② 손익계산서 : 일정기간 동안 기업의 경영성과를 나타내기 위한 재무제표 양식

(2) 손익계산서의 기본요소 – 수익, 비용, 순이익

　① 수익

　　㉠ 수익

> • 매출액 = 기업의 영업 활동으로 얻은 수익
> • 순매출액 = 총매출액 − (매출 에누리 + 매출 환입)
> • 매출 총이익 = 매출액 − 매출 원가

　　㉡ 영업 외 이익 : 기업의 영업 활동과 관련되지 않은 수익(이자, 임대료 등)

　　㉢ 특별 이익 : 고정자산 처분이익 등

　② 비용

　　㉠ 매출 원가

> 매출 원가(순수 재료비용) = 기초 재고액 + 당기 재고액 − 기말 재고액

ⓛ 판매비 : 판매 활동에 따른 비용(직원의 급여, 광고비, 판매 수수료)

ⓒ 일반관리비 : 관리와 유지에 따른 비용(급여, 보험료, 감가상각비, 교통비, 임차료)

ⓔ 영업 외 비용 : 지급 이자, 창업비 상각, 매출 할인, 대손상각

ⓜ 특별 손실 : 자산 처분 등

ⓗ 세금 : 사업소득세와 법인세

ⓢ 부가가치세 : 국세, 보통세, 간접세

③ 순이익

> 순이익 = 매출 총이익 − (판매비 + 일반관리비 + 세금)

(3) 비용 분석

① 손익분기점(BEP : Break−even Point)

ⓐ 일정기간의 매출액이 총비용과 일치하는 점

ⓑ 매출액이 그 이하로 떨어지면 손해가 나고 그 이상으로 오르면 이익이 나는 것을 말한다.

② 손익분기점 계산식

ⓐ 매출액으로 손익분기점 구하기

$$손익분기점\ 매출액 = 고정비 \div (1 - \frac{변동비}{매출액})$$
$$= 고정비 \div (1 - 변동비율)$$
$$= 고정비 \div 한계이익률$$

ⓑ 판매수량으로 손익분기점 구하기

$$손익분기점\ 판매량 = \frac{고정비}{단위당\ 판매가격 - 변동비율}$$
$$= 고정비 \div 제품\ 1개당\ 한계이익$$

③ 손익분기점 도표

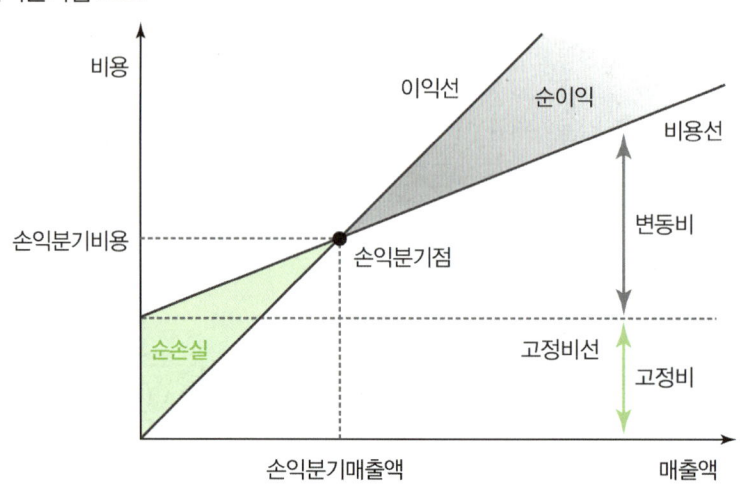

④ 손익분기점의 산출

    ㉠ **고정비** : 기업의 생산, 증감에 관계없이 발생하는 비용(인건비, 감가상각비, 금융비용, 임대료 등)

    ㉡ **변동비** : 매출이 증가할 때 같이 증가 발생하는 비용(재료비, 연료비, 잔업수당 등)

> • 한계이익 = 매출액 − 변동비
> • 한계이익률 = 한계이익 ÷ 매출액

01 모노글리세리드(Monoglyceride)와 디글리세리드(Diglyceride)는 제과에 있어 주로 어떤 역할을 하는가?

① 유화제   ② 항산화제

③ 감미제   ④ 필수영양제

▶ 해설

제과에 있어 모노글리세리드(Monoglyceride)와 디글리세리드(Diglyceride)는 유화제 역할을 한다.

02 글루테닌과 글리아딘이 혼합된 단백질은?

① 알부민   ② 글루텐

③ 글로불린   ④ 프로테오스

▶ 해설

글루테닌과 글리아딘이 혼합하면 글루텐이 생성된다.

03 밀가루의 점도 변화를 측정함으로써 알파-아밀라아제 효과를 판정할 수 있는 기기는?

① 아밀로그래프(Amylograph)

② 믹소그래프(Mixograph)

③ 알베오그래프(Alveograph)

④ 믹사트론(Mixatron)

▶ 해설

밀가루의 점도 변화를 측정함으로써 알파-아밀라아제 효과를 판정할 수 있는 기기는 아밀로그래프이다.

04 패리노그래프 커브의 윗부분이 500[B.U.]에 닿는 시간을 무엇이라고 하는가?

① 반죽 시간(Peak Time)

② 도달 시간(Arrival Time)

③ 반죽 형성 시간(Dough Development Time)

④ 이탈 시간(Departure Time)

▶ 해설

500[B.U.]에 닿는 시간을 도달 시간이라 하며, 이는 밀가루가 물을 흡수하는 데 드는 시간, 즉 속도를 나타내는 것으로 밀가루에 단백질 함량이 증가하면 물의 흡수 속도가 느려지며 도달 시간도 증가한다.

05 아밀로그래프(Amylograph)에서 50[℃]에서의 점도(Minimum Viscosity)와 최종 점도(Final Viscosity) 차이를 표시하는 것으로 노화도를 나타내는 것은?

① 브레이크 다운(Break Down)

② 세트 백(Set Back)

③ 최소 점도(Minimum Viscosity)

④ 최대 점도(Maximum Viscosity)

▶ 해설

최종 점도로 호화되었을 때의 점도와 50[℃]에서의 점도(노화했을 때의 점도)의 차이를 표시하여 비교함으로써 노화도를 나타낸다.

06 제과, 제빵에서 달걀의 역할로만 묶인 것은?

① 영양가치 증가, 유화 역할, pH 강화

② 영양가치 증가, 유화 역할, 조직 강화

③ 영양가치 증가, 조직 강화, 방부 효과

④ 유화 역할, 조직 강화, 발효 시간 단축

해설

달걀의 역할로는 영양적 가치 증가, 유화제 역할, 조직 강화, 팽창제 역할 등이 있다.

07 다음 중 유지의 경화 공정과 관계가 없는 물질은?

① 불포화지방산　　② 수소

③ 콜레스테롤　　　④ 촉매제

해설

수소 첨가(유지의 경화)는 지방산의 이중결합에 니켈을 촉매로 수소(H)를 첨가하여 유지의 융점이 높아지고 유지가 단단해지는 현상, 불포화도를 감소시키는 것을 말한다. 예로 쇼트닝, 마가린 등이 있다.

08 젤라틴(Gelatin)에 대한 설명 중 틀린 것은?

① 동물성 단백질이다.

② 응고제로 주로 이용된다.

③ 물과 섞으면 용해된다.

④ 콜로이드 용액의 젤 형성 과정은 비가역적인 과정이다.

해설

젤라틴은 동물의 껍질과 연골 속에 있는 콜라겐을 정제한 것으로 35[℃] 이상의 미지근한 물부터 끓는 물에 용해되어 식으면 단단하게 굳는다. 산이 존재하면 응고 능력이 감소된다.

09 바닐라 에센스가 우유에 미치는 영향은?

① 생취를 감취시킨다.

② 마일드한 감을 감소시킨다.

③ 단백질의 영양가를 증가시키는 강화제 역할을 한다.

④ 색감을 좋게 하는 착색료 역할을 한다.

해설

바닐라 에센스는 우유의 생취를 바닐라 향으로 감취시키는 역할을 한다.

10 베이킹파우더 사용량이 과다할 때의 현상이 아닌 것은?

① 기공과 조직이 조밀하다.

② 주저앉는다.

③ 같은 조건일 때 건조가 빠르다.

④ 속결이 거칠다.

해설

베이킹파우더를 과다 사용할 때 나타나는 현상으로는 부풀었다가 주저앉을 수 있으며, 건조가 빠르다. 그리고 속결이 거칠다.

① 기공과 조직이 조밀한 것은 베이킹파우더가 소량으로 사용되었을 때 나타나는 현상이다.

11 효모의 대표적인 증식 방법은?

① 분열법　　　　　② 출아법

③ 유성포자 형성　　④ 무성포자 형성

해설

효모의 대표적인 증식 방법은 출아법이다.

12 과자와 빵에 우유가 미치는 영향이 아닌 것은?

① 영양을 강화시킨다.

② 보수력이 없어서 노화를 촉진시킨다.

③ 겉껍질 색깔을 강하게 한다.

④ 이스트에 의해 생성된 향을 착향시킨다.

해설

▶ 제빵에서 우유의 기능

• 유당의 캐러멜화로 껍질색이 좋아진다.

• 이스트에 의해 생성된 향을 착향시켜 풍미를 개선시킬 수 있다.

• 보수력이 있어 촉촉함을 오래 지속시킬 수 있다.

• 영양 강화와 단맛을 낸다.

13 체내에서 물의 역할을 설명한 것으로 틀린 것은?

① 물은 영양소와 대사산물을 운반한다.

② 땀이나 소변으로 배설되며 체온 조절을 한다.

③ 영양소 흡수로 세포막에 농도 차가 생기면 물이 바로 이동한다.

④ 변으로 배설될 때는 물의 영향을 받지 않는다.

해설

체내에서 물의 역할은 영양소와 대사산물 운반, 체온 조절, 영양소 흡수로 농도 차가 생기면 물의 이동 등이다.

14 카제인이 많이 들어 있는 식품은?

① 빵　　　　　　② 우유

③ 밀가루　　　　④ 콩

해설

카제인이 많이 들어 있는 식품은 우유이다

15 다음의 단팥빵 영양가표를 참고하여 단팥빵 200[g]의 열량을 구하면 얼마인가?

구분	탄수화물	단백질	지방	칼슘	비타민 B₁
영양소 100[g] 중 함유량	20[g]	5[g]	10[g]	2[mg]	0.12[mg]

① 190[kcal]　　　② 300[kcal]

③ 380[kcal]　　　④ 460[kcal]

해설

$\{(20+5) \times 4 + (10 \times 9)\} \times 2 = 380[kcal]$

16 무기질의 기능이 아닌 것은?

① 우리 몸의 경조직 구성 성분이다.

② 열량을 내는 열량 급원이다.

③ 효소의 기능을 촉진시킨다.

④ 세포의 삼투압 평형 유지 작용을 한다.

해설

무기질은 열량을 내지 못한다.

17 혈당의 저하와 가장 관계가 깊은 것은?

① 인슐린　　　　② 리파아제

③ 프로테아제　　④ 펩신

해설

인슐린은 당 이용을 촉진하여 혈당을 저하시키고, 글루카곤은 간에 있어서 글리코겐 분해와 글루코오스 신생합성을 촉진하여 현당을 상승시킨다.

18 이스트 2[%]를 사용했을 때 150분 발효시켜 좋은 결과를 얻었다면, 100분 발효시켜 같은 결과를 얻기 위해 얼마의 이스트를 사용하면 좋은가?

① 1[%]
② 2[%]
③ 3[%]
④ 4[%]

> **해설**
>
> $(2 \times 150) \div 100 = 3[\%]$

19 식염이 반죽의 물성 및 발효에 미치는 영향에 대한 설명으로 틀린 것은?

① 흡수율이 감소한다.
② 반죽 시간이 길어진다.
③ 껍질 색상을 더 진하게 한다.
④ 프로테아제의 활성을 증가시킨다.

> **해설**
>
> 식염(소금)의 기능으로는 1[%] 이상 사용하면 발효 속도 저해, 발효를 조절, 글루텐 강화, 잡균 번식 억제, 후염법으로 반죽 시간 감소가 가능하다.
> ④ 프로테아제는 단백질과 펩티드결합을 가수분해하는 효소이다.

20 다음 중 코팅용 초콜릿이 갖추어야 하는 성질은?

① 융점이 항상 낮은 것
② 융점이 항상 높은 것
③ 융점이 겨울에는 높고, 여름에는 낮은 것
④ 융점이 겨울에는 낮고, 여름에는 높은 것

> **해설**
>
> 코팅용 초콜릿의 융점은 겨울에는 낮고, 여름에는 높아야 한다.

21 밀가루의 표백과 숙성 시간을 단축시키는 밀가루 개량제로 적합하지 않은 것은?

① 과산화벤조일
② 과황산암모늄
③ 아질산나트륨
④ 이산화염소

> **해설**
>
> ③ 아질산나트륨 : 햄, 소시지, 어류가공품용 발색제

22 어떤 밀가루에서 젖은 글루텐을 채취하여 보니 밀가루 100[g]에서 36[g]이 되었다. 이때 단백질 함량은?

① 9[%]
② 12[%]
③ 15[%]
④ 18[%]

> **해설**
>
> • 젖은 글루텐 함량 = $(36 \div 100) \times 100 = 36[\%]$
> • 건조 글루텐 함량 = $36 \div 3 = 12[\%]$

23 다음 중 효소에 대한 설명으로 틀린 것은?

① 생체 내의 화학반응을 촉진시키는 생체 촉매이다.
② 효소반응은 온도, pH, 기질농도 등에 영향을 받는다.
③ β-아밀라아제를 액화효소, α-아밀라아제를 당화효소라 한다.
④ 효소는 특정기질에 선택적으로 작용하는 기질 특이성이 있다.

> **해설**
>
> α-아밀라아제를 액화효소, β-아밀라아제를 당화효소라 한다.

24 생이스트의 구성 비율이 올바른 것은?

① 수분 8[%], 고형분 92[%] 정도

② 수분 92[%], 고형분 8[%] 정도

③ 수분 70[%], 고형분 30[%] 정도

④ 수분 30[%], 고형분 70[%] 정도

> **해설**
> - 이스트의 종류 : 생이스트, 활성 건조 이스트, 불활성 건조 이스트, 인스턴트 건조 이스트
> - 활성 건조 이스트 : 수분 7.5~9[%], 고형질 90[%] 이상
> - 이스트의 기능 : 팽창 및 pH를 낮추고 풍미 형성, 이산화탄소 가스를 보유할 수 있도록 글루텐 조절

25 커스터드 크림에서 달걀은 주로 어떤 역할을 하는가?

① 쇼트닝 작용　　　② 결합제

③ 팽창제　　　④ 저장성

> **해설**
> 달걀은 농후화제(결합제), 즉 가열에 의해 응고되어 제품을 되직하게 한다. 예로 커스터드 크림, 푸딩이 있다.

26 다음 중 유지의 산패와 거리가 먼 것은?

① 온도　　　② 수분

③ 공기　　　④ 비타민 E

> **해설**
> 튀김 기름의 4대 적은 온도, 공기, 수분, 이물질이다.

27 버터를 쇼트닝으로 대치하려 할 때 고려해야 할 재료와 거리가 먼 것은?

① 유지 고형질　　　② 수분

③ 소금　　　④ 유당

> **해설**
> 버터는 우유지방 80~85[%], 수분 14~17[%], 소금 1~3[%] 등으로 구성되어 있다.

28 믹서 내에서 일어나는 물리적 성질을 파동곡선 기록기로 기록하여 밀가루의 흡수율, 믹싱 시간, 믹싱 내구성 등을 측정하는 기계는?

① 패리노그래프　　　② 익스텐소그래프

③ 아밀로그래프　　　④ 분광분석기

> **해설**
> 밀가루의 흡수율, 믹싱 시간, 믹싱 내구성을 측정하는 기계는 패리노그래프이다.

29 식빵에 당질 50[%], 지방 5[%], 단백질 9[%], 수분 24[%], 회분 2[%]가 들어 있다면 식빵을 100[g] 섭취하였을 때 열량은?

① 281[kcal]　　　② 301[kcal]

③ 326[kcal]　　　④ 506[kcal]

> **해설**
> $\{(50 + 9) \times 4 + (5 \times 9)\} \times 1 = 281[kcal]$

30 불포화지방산에 대한 설명 중 틀린 것은?

① 불포화지방산은 산패되기 쉽다.

② 고도 불포화지방산은 성인병을 예방한다.

③ 이중결합 2개 이상의 불포화지방산은 모두 필수지방산이다.

④ 불포화지방산이 많이 함유된 유지는 실온에서 액상이다.

해설

> 필수 지방산 : 체내에서는 합성되지 않으며 음식물로만 섭취 가능한 지방산(리놀레산, 리놀렌산, 아라키돈산 등)이다. 필수 지방산은 모두 불포화지방산이지만 불포화지방산이 모두 필수 지방산은 아니다.

31 글리코겐이 주로 합성되는 곳은?

① 간, 신장
② 소화관, 근육
③ 간, 혈액
④ 간, 근육

해설

탄수화물이 에너지로 쓰이고 남은 여분의 포도당은 간과 근육에 글리코겐 형태로 저장된다.

32 밀가루 중에 손상전분이 제빵 시에 미치는 영향으로 옳은 것은?

① 반죽 시 흡수가 늦고 흡수량이 많다.
② 반죽 시 흡수가 빠르고 흡수량이 적다.
③ 발효가 빠르게 진행된다.
④ 제빵과 아무 관계가 없다.

해설

손상전분은 제빵 반죽 시 발효가 빠르게 진행되게 하고, 반죽 시 흡수가 빠르며 흡수량이 많다. 최적 함량은 4.5~8[%]이다.

33 일반적으로 신선한 우유의 pH는?

① 4.0~4.5
② 3.0~4.0
③ 5.5~6.0
④ 6.5~6.7

해설

우유의 pH는 6.60이다.

34 제과 · 제빵 공장에서 생산을 관리하는 데 매일 점검할 사항이 아닌 것은?

① 제품당 평균 단가
② 설비 가동률
③ 원재료율
④ 출근율

해설

제품당 평균 단가는 영업사항으로 생산관리 항목이 아니다.

35 1인당 생산가치는 전체 생산가치를 무엇으로 나누어 계산하는가?

① 인원수
② 시간
③ 임금
④ 원재료비

해설

1인당 생산가치는 총 생산가치를 인원수로 나누어 계산한다.

36 제품의 판매가격은 어떻게 결정하는가?

① 총원가 + 이익
② 제조 원가 + 이익
③ 직접 재료비 + 직접 경비
④ 직접 경비 + 이익

해설

제품의 판매가격 = 총원가 + 이익

37 기업경영의 3요소(3M)가 아닌 것은?

① 사람(Man) ② 자본(Money)
③ 재료(Material) ④ 방법(Method)

> **해설**
>
> 기업을 경영하기 위한 가장 기본이 되는 3대 요소는 사람, 재료, 자본이다.

38 생산관리의 기능과 거리가 먼 것은?

① 품질보증기간 ② 적시 · 적량기능
③ 원가조절기능 ④ 글루텐 응고

> **해설**
>
> ④ 글루텐 응고와는 관계가 없다.

39 총원가에 포함되지 않는 것은?

① 감가상각비 ② 매출 원가
③ 직원의 급료 ④ 판매이익

> **해설**
>
> 총원가 = 제조비 + 판매비 + 일반관리비

40 생산된 소득 중에서 인건비와 관련된 부분은?

① 노동 분배율 ② 생산가치율
② 가치적 생산성 ④ 물량적 생산성

> **해설**
>
> 노동 분배율은 소득분배에서 근로자 측이 차지하는 몫으로, 생산된 소득 중에서 인건비가 차지하는 비율을 말한다.

41 다음 중 제품의 가치에 속하지 않는 것은?

① 교환가치 ② 귀중가치
③ 사용가치 ④ 재고가치

> **해설**
>
> 제품의 가치는 사용가치, 귀중가치, 코스트가치, 교환가치의 네 가지로 분류되고 있다.

42 구매를 위한 시장조사에 대한 설명 중 옳지 않은 것은?

① 시장조사를 위해서는 품질, 가격, 수량, 시기, 구매처의 5요소가 필요하다.
② 제품의 재료비를 산출하여 원가 및 제품의 기초 자료로 활용하여 제품의 질을 높이기 위함이다.
③ 재료 수급에서 발생한 문제는 관련된 자료를 수집하고 분석하여 객관적으로 해결하는 것이 중요하다.
④ 시장의 변동사항을 정확히 파악하고 포장, 생산지 등에 따른 신선도 및 가격 차이를 재료의 감별 및 검수 시 활용할 수 있게 하기 위함이다.

> **해설**
>
> 시장조사를 위해서는 품질, 가격, 수량, 조건, 시기, 구매처의 6요소가 필요하다.

43 인적자원관리의 관리체제와 관계가 없는 것은?

① 계획(Planning)
② 조직(Organizing)
③ 지휘(Leading)
④ 관리(Management)

> **해설**
>
> 인적자원의 관리란 계획, 조직, 지휘, 통제의 관리체제를 의미한다.

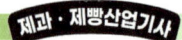

44 다음의 구매절차 중 옳은 것은?

① 수요판단 → 공급처 선정 → 구매계약 → 수납과 검사 → 대금지급 → 납품업체 평가

② 수요판단 → 공급처 선정 → 구매계약 → 대금지급 → 납품업체 평가 → 수납과 검사

③ 납품업체 평가 → 수요판단 → 공급처 선정 → 구매계약 → 대금지급 → 수납과 검사

④ 납품업체 평가 → 수요판단 → 공급처 선정 → 구매계약 → 수납과 검사 → 대금지급

해설

납품업체 평가는 마지막에 한다.

45 인적자원관리의 목표를 달성하기 위한 방법이 아닌 것은?

① 장기간 근무자를 우대하는 연공주의와 능력 있는 사람을 우대하는 능력주의가 조화를 이루어야 한다.

② 근로자의 작업환경, 직무내용, 최저 소득수준 증가 및 기업의 이익과 목표에 기여하여야 한다.

③ 경영전략과의 적합관계가 조화롭게 유지되어야 한다.

④ 인당 생산성 향상을 위한 생산성 목표와 인간관계, 직무만족을 유지시키는 유지 목표를 동시에 추구하여야 한다.

해설

인적자원관리를 통해 근로생활의 질 향상을 추구하는 것으로 기업의 이익과 목표에 기여하는 것과는 관계가 없다.

46 다음 중 생산자가 상품 또는 서비스를 소비자에게 유통시키는 데 관련된 모든 체계적 경영 활동을 무엇이라 하는가?

① 타깃팅(Targeting)

② 포지셔닝(Positioning)

③ 프로젝팅(Projecting)

④ 마케팅(Marketing)

해설

마케팅이란 개인 및 조직의 목표를 만족시키는 교환이라는 목표를 위해 아이디어나 상품 및 용역의 개념을 정립, 가격 결정, 유통 및 프로모션을 계획하고 실행하는 과정을 말한다.

47 마케팅 분석 기법 중 소비자들에게 상품이나 서비스에 대한 정보를 설득력 있게 전달하기 위하여 광고나 PR 등을 어떻게 사용하는가에 관련된 전략을 무엇이라 하는가?

① Projecting

② Price

③ Place

④ Promotion

해설

프로모션(판촉) 전략은 소비자와의 직접 의사소통 과정이므로 매우 중요하다.

48 기업의 환경 분석을 통해 제품을 내부적 요인과 외부적 요인으로 나누어 마케팅 전략을 수립하는 방법을 무엇이라 하는가?

① 듀퐁 분석

② SWOT

③ 분산 분석

④ STP

해설

SWOT 분석이란 Strength(강점), 약점(Weakness), 기회(Opportunity), 위협(Threat)을 말한다.

49 고객의 욕구가 점차 세분화되므로 시장을 객관적 잣대로 분류하고, 고객을 분석하여 고객에게 적정한 상품을 제공하는 전략은 무엇인가?

① 가치 분석
② SWOT
③ STP
④ 감성 분석

해설

STP 분석이란 세분화(Segmentation), 타깃팅(Targeting), 포지셔닝(Positioning)에 대한 분석을 말한다.

50 마케팅 전략상 상품의 특성 및 경쟁상품과의 관계, 자사의 기업 이미지 등 각종 요소를 평가, 분석하여 그 상품을 시장에 있어서 특정한 위치에 설정하는 일을 무엇이라 하는가?

① 세분화(Segmentation)
② 타깃팅(Targeting)
③ 포지셔닝(Positioning)
④ 프로모션(Promotion)

해설

포지셔닝이란 어떤 제품이 소비자의 마음에 인식되고 있는 모습을 말한다.

51 마케팅 믹스 관리 중 가장 중요한 전략은?

① Product
② Price
③ Place
④ Promotion

해설

제품관리는 다른 전략을 잘 세웠더라도 제품 생산이 안 되면 판매가 이루어지지 못하므로 가장 중요하다.

52 마케팅 믹스 관리(4P) 중 가격관리 결정에 영향을 미치지 않는 요인은?

① 목표이익
② 재료 원가
③ 소비자의 반응
④ 마케팅 방법

해설

가격관리 결정에 영향을 미치는 요인은 목표이익, 재료 원가, 소비자의 반응, 경쟁사 가격 등이 있다.

53 단위당 판매가격이 70원, 변동비 50원, 고정비 5,000원이라면 손익분기점의 판매량은 얼마인가?

① 150개
② 200개
③ 250개
④ 300개

해설

매출액
= (단위당 판매가격 70원 − 변동비 50원) × 판매량 x개
= $20x$(변동비는 판매수량에 비례하는 비용이므로, 판매가격에서 빼고 계산)
손익분기점 = 매출액 − 비용 = 0이므로
$20x - 5,000원 = 0$
$20x = 5,000$
$x = 5,000 ÷ 20 = 250개$

54 마케팅 믹스 관리(4P) 외에 3P가 아닌 것은?

① Person(People)
② Process
③ Project
④ Physical Evidence

해설

❯ 3P
• Process(과정) : 서비스가 진행되는 절차나 활동
• Physical Evidence(물리적 근거) : 각종 베이커리 시설물, 간판, 주차장, 위생, 기물과 광고, 소모품 등의 관리
• People(사람) : 종업원의 입무, 작업환경, 복지 등의 만족도와 동기부여를 높임으로써 고객서비스의 품질을 향상시킴.

55 경영 활동 중 일정기간의 경영성과를 계산하는 것으로 수익과 비용의 흐름표를 무엇이라 하는가?

① 대차대조표 ② 손익계산서
③ 경영실적 확인서 ④ 재무분석표

해설

손익계산서는 일정기간의 경영성과를 계산하는 것이다.

56 손익분기점에 대하여 잘못 설명한 것은?

① 일정기간의 매출액이 총비용과 일치하는 점을 말하며 Break-even Point라 한다.
② 매출액이 손익분기점 그 이하로 감소하면 이익이 나고 그 이상으로 증대하면 손해가 나는 것을 의미한다.
③ 매출액에서 변동비를 공제한 차액을 한계이익이라 하고 한계이익을 매출액으로 나누면 한계이익률이 된다. 고정비를 한계이익률로 나누면 손익분기점 매출액이 된다.
④ 손익분기점 분석에서는 비용을 고정비와 변동비로 나누어 매출액과의 관계를 검토한다.

해설

매출액이 손익분기점 그 이하로 감소하면 손실이 나고 그 이상으로 증대하면 이익이 나는 것을 의미한다.

57 식재료 구매시장에서 가격결정 요인이 아닌 것은?

① 재료 원가 및 품질
② 시장의 접근성이나 재료 자체의 구매 빈도 등 시장의 특수성
③ 시장수요의 탄력성이 작을수록 가격은 낮아진다.
④ 경쟁업체의 가격정책을 수시로 파악하여 재료 수급 가격에 반영한다.

해설

시장수요의 탄력성이 작으면 높은 가격이 형성되고, 수요 탄력성이 클수록 가격은 낮아진다.

58 발주량 결정에 관한 내용 중 옳지 않은 설명은?

① 적정 발주량은 저장비용과 주문비용에 의해 영향을 받는다.
② 발주방식은 정기 발주방식과 수시 발주방식이 있다.
③ 적정 발주량은 주문비용을 최소화하도록 결정해야 한다.
④ 발주량 결정 시 계절적인 요인도 고려해야 한다.

해설

발주방식은 정기 발주방식과 정량 발주방식이 있다.

59 검수에 관한 다음 설명 중 옳지 않은 것은?

① 검수방법에는 전 재료를 검사하는 전수 검수법과 일부를 검수하는 발췌 검수법이 있다.
② 효과적인 업무 통제를 위해서는 구매와 검수를 통합하는 것이 이상적이다.
③ 구매 청구서와 거래명세서를 대조하여 물량조달이 원활하도록 한다.
④ 납품되는 원·부재료는 일일보고서를 통해 기록하여 보관한다.

해설

효과적인 업무 통제를 위해서는 구매와 검수를 분리하는 것이 이상적이다.

60 검수 시 유의사항에 대한 설명 중 옳은 것은?

① 검수대의 조도는 350[Lux] 이상을 유지한다.

② 검수온도 기준은 냉장식품은 5[℃] 이하이고, 냉동식품은 언 상태를 유지하고 녹은 흔적이 없어야 한다.

③ 검수가 끝난 식재료는 곧바로 전처리 과정을 거쳐야 한다.

④ 검수기준에 부적합한 식재료는 식품위생법에 따라 반품 등의 조치를 취해야 한다.

> **해설**
> ① 검수대의 조도는 540[Lux] 이상을 유지한다.
> ② 검수온도 기준은 냉장식품은 10[℃] 이하이어야 한다.
> ④ 검수기준에 부적합한 식재료는 자체규정에 따라 반품 등의 조치를 취해야 한다.

61 저장관리 방법에 대한 설명 중 옳은 것은?

① 식자재 표시기준 중 유효기간이 긴 것을 먼저 쓸 수 있게 저장한다.

② 소포장을 할 때에는 원포장의 유효기간은 제거한다.

③ 외국산 식자재의 경우 한글 표시사항이 적히지 않은 포장지는 제거한 후 저장한다.

④ 자체 생산한 식재료는 유효기간을 표시하지 않고 저장해도 된다.

> **해설**
> ① 식자재 표시기준 중 유효기간이 짧은 것을 먼저 쓸 수 있게 저장한다.
> ② 소포장을 할 때에는 원포장의 유효기간을 같이 보관한다.
> ④ 자체 생산한 식재료도 유효기간을 표시하여 저장한다.

62 저장 창고에 대한 설명 중 옳지 않은 것은?

① 건조저장실은 해충의 침입을 막을 수 있어야 하며 저장실 온도는 10[℃] 내외가 이상적이다.

② 냉장저장실 재료는 식품 냄새가 배지 않게 각각 포장하여 보관한다.

③ 냉동저장실 입고 즉시 수분이 증발되지 않도록 보관한다.

④ 냉동저장실 재료는 사용 직전에 냉동고에서 꺼내어 사용한다.

> **해설**
> 냉장저장실의 재료는 사용 직전에 냉장고에서 꺼내어 사용한다.

63 유통기한 표시에 대한 설명 중 옳지 않은 것은?

① 유통기한은 소비자에게 판매가 가능한 최대 기간을 말한다.

② 유통기한이 서로 다른 제품을 함께 포장했을 경우 그중 가장 긴 유통기한을 표시해야 한다.

③ 설탕, 빙과류, 식용얼음, 채소 등은 유통기한 표시를 생략할 수 있다.

④ '냉동보관', '냉장보관' 제품을 표시할 때 온도를 같이 표시해야 한다.

> **해설**
> 유통기한이 서로 다른 제품을 함께 포장했을 경우 그중 가장 짧은 유통기한을 표시한다.

64 생산설비 능력에 대한 다음 설명 중 옳지 않은 것은?

① 설계생산능력이란 현재의 인적자원, 생산설비를 토대로 일정기간 중 최고 성능으로 최대의 생산을 하였을 때를 가정한 능력이다.

② 유효생산능력이란 주어진 생산 시스템에서 여러 가지 내외 여건 아래에서 일정기간 동안 최대의 생산이 가능한 산출량이다.

③ 제빵의 생산 공정에서 믹서기 용량과 발효기의 용량, 오븐의 용량, 노동력 투입은 공정에 따라 반드시 비례한다.

④ 실제 생산량은 현재의 설비나 시스템 능력에서 실제로 달성된 산출량을 말한다.

해설

최근에는 설비 용량과 공간 배치가 축소된 완제품 방식, 노동력 절약과 다품종 소량 생산이 적합한 생지 방식, 기술 숙련도가 낮은 사람도 생산이 가능한 파베이킹과 냉동 완제 방식으로 다양화되어 과거처럼 믹서기 용량과 발효기의 용량, 오븐의 용량, 노동력 투입은 공정에 따라 반드시 비례하지는 않게 되었다.

65 어떤 제품의 판매가격이 600원일 때 제조 원가는? (단, 손실률 10[%], 이익률 15[%], 부가가치세 10[%]가 포함된 가격이다.)

① 431원 ② 474원

③ 545원 ④ 678원

해설

• 부가가치세 포함 전 가격 = 600 ÷ (1 + 0.1) ≒ 545원
• 이익률 포함 전 가격 = 545 ÷ (1 + 0.15) ≒ 474원
• 손실률 포함 전 가격 = 474 ÷ (1 + 0.1) ≒ 431원

66 공장설비 구성의 설명으로 적합하지 않은 것은?

① 공장시설설비는 인간을 대상으로 하는 것이다.

② 공장시설은 식품조리 과정의 다양한 작업을 여러 조건에 따라 합리적으로 수행하기 위한 시설이다.

③ 설계 디자인은 공간의 할당, 물리적 시설, 구조의 모양, 설비가 갖춰진 작업장을 나타낸다.

④ 각 시설은 그 시설이 제공하는 서비스의 형태에 기본적인 어떤 기능을 지니고 있지 않다.

해설

각각의 시설은 고유의 기본적인 기능 및 목적을 충분히 실현시키도록 설계되어야 한다.

제 **3** 장

제과류 제품 제조

01 과자류 제품 재료 혼합

02 반죽 정형 및 익힘

03 제품 마무리

▶ 적중예상문제

CHAPTER 01

과자류 제품 재료 혼합

- 제과 반죽의 분류를 알고 제품별 알맞은 반죽법을 사용할 수 있다.
- 제품에 맞는 충전물을 사용할 수 있다.
- 기타 과자류의 제품을 알고 제품을 만들 수 있다.

01 반죽법의 종류 및 특징

핵심문제 풀어보기

다음 중 화학적 팽창 제품이 아닌 것은?

① 머핀
② 팬케이크
③ 파운드 케이크
④ 젤리 롤 케이크

해설
젤리 롤 케이크는 물리적 팽창(공기 팽창) 제품이다.

답 ④

1. 제과 반죽의 분류

(1) 팽창방법에 따른 분류

① 물리적 팽창방법

㉠ 달걀을 거품 내어 물리적으로 공기를 형성시킨 뒤, 오븐에서 열을 가해 공기로 팽창시키는 방법

예 스펀지 케이크, 엔젤 푸드 케이크, 롤 케이크, 카스텔라 등

㉡ 밀가루 반죽에 유지를 넣고 접어서 밀어 펴기를 반복하여 층을 이루고, 굽는 동안 유지가 녹아 발생하는 증기압에 의해 팽창시키는 방법

예 퍼프 페이스트리, 프렌치파이, 누네띠네 등

㉢ 반죽 내부의 물이 수증기압의 영향으로 조금 부풀게 되는 팽창

예 파이 반죽, 쿠키 등

② 화학적 팽창방법 : 화학적 팽창제(베이킹파우더, 베이킹소다, 이스파타 등)를 사용하여 이산화탄소와 암모니아 가스를 발생시켜 반죽을 팽창시키는 방법

예 레이어 케이크, 파운드 케이크, 케이크 도넛, 비스킷, 냉동쿠키, 머핀, 와플, 핫 케이크 등

(2) 반죽 특성에 따른 분류

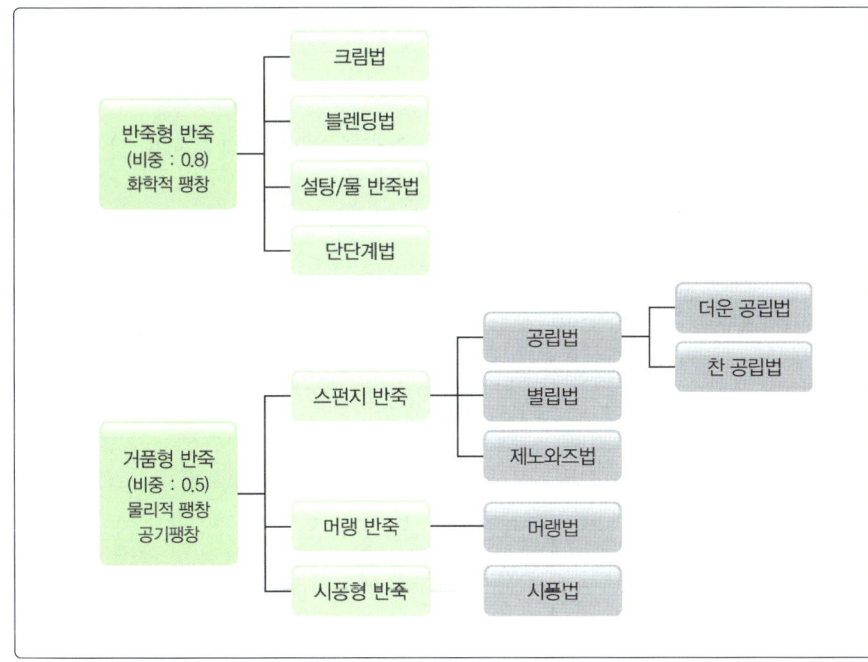

▲ 제과 반죽 Map

① **반죽형(Batter Type) 반죽 제품** : 밀가루, 달걀, 설탕, 유지를 주재료로 이용하여 여기에 우유나 물을 넣고 화학 팽창제(베이킹파우더 등)를 사용하여 부풀린 반죽 (비중 : 0.75~0.85)

㉠ 크림법

반죽 순서	유시 → 실탕 → 달걀 → 밀가루
장점	큰 부피감
단점	스크래핑(믹싱볼의 옆면과 바닥을 긁어주는 동작)을 자주해야 함.
제품	파운드 케이스, 미신, 병동구기다

㉡ 블렌딩법

반죽 순서	유지 + 밀가루 → 기타 가루 + 물 $\frac{1}{2}$ → 달걀 → 물 $\frac{1}{2}$
장점	부드러운 조직 유연감
단점	부서지기 쉽다.
제품	데블스 푸드 케이크

ⓒ 설탕/물 반죽법

반죽 순서	설탕과 물을 2 : 1의 비율로 액당 제조 → 건조 재료 → 달걀
장점	• 균일한 껍질색 • 계량 편리 • 스크래핑을 줄일 수 있고 베이킹파우더의 양을 10[%] 줄일 수 있다.
단점	Air믹서 등 제과 전용 믹서 필요

ⓔ 단단계법(1단계법)

반죽 순서	유화제, 베이킹파우더와 함께 전 재료를 넣고 반죽
장점	대량 생산으로 노동력과 시간 절약
단점	믹서의 기능이 좋아야 함.
제품	케이크시트

ⓘ 거품형(Foam Type) 반죽 제품 : 달걀, 설탕, 밀가루, 소금을 주재료로 이용하여 달걀 단백질의 기포성과 유화성, 그리고 열에 대한 응고성(변성)을 이용한 반죽(비중 : 0.45~0.55)

ⓐ 공립법 : 달걀을 흰자와 노른자로 분리하지 않고 전란 상태로 거품 내는 방법

ⓑ 별립법 : 달걀을 흰자와 노른자로 분리하고 각각 설탕을 넣어 거품 낸 뒤 합쳐 반죽하는 법

ⓒ 제노와즈 : 거품형 반죽의 마지막 단계에서 유지를 60[℃] 정도로 중탕하여 넣은 스펀지 반죽

▶ 공립법과 별립법 비교하기

방법		특징	과정
공립법	더운 방법	• 고율배합 반죽에 적당(거품형 반죽 중 달걀과 설탕이 많은 반죽) • 중탕하여 거품 냄. • 껍질색이 예쁘고 기포성이 좋음.	• 달걀, 설탕, 소금을 넣고 40~43[℃]로 중탕한 후 반죽 • 거품이 연한 미색이며 거품기 자국이 남아 있을 정도로 충분한 거품 반죽을 만듦. • 체 친 가루 재료를 넣고 주걱으로 가볍게 섞음. • 유지를 60[℃] 정도로 중탕하여 마지막 단계에 넣기(제노와즈)

핵심문제 풀어보기

다음 중 거품형 케이크가 아닌 것은?

① 소프트 롤 케이크
② 스펀지 케이크
③ 엔젤 푸드 케이크
④ 초콜릿 케이크

해설
거품형 케이크는 달걀 단백질의 기포성과 열변성을 이용하여 만드는 케이크이다.
④ 초콜릿 케이크는 화학적 팽창 제품이다.

답 ④

방법		특징	과정
공립법	찬방법	• 저율배합 반죽에 적당 • 중탕하지 않고 섞음. • 화학 팽창제를 사용함.	• 달걀을 넣고 풀어준 후 설탕, 소금을 2~3회 나누어 넣어주면서 거품을 냄. • 거품은 연한 미색이며 거품기 자국이 남아 있을 때까지 거품을 냄. • 체 친 가루 재료를 넣고 주걱으로 가볍게 섞음.
별립법		• 공립법보다 부피가 큼.	• 달걀의 흰자와 노른자를 분리 • 노른자에 설탕을 넣고 연한 미색의 거품이 될 때까지 반죽 • 흰자와 설탕을 이용하여 90[%]의 머랭을 제조 • 노른자 반죽한 것에 머랭 $\frac{1}{3}$을 넣고 체 친 밀가루를 넣고 섞음. • 녹은 유지(60[℃])나 우유를 넣고 섞음. • 나머지 머랭을 넣고 가볍게 혼합하여 반죽을 완성

(3) 제품별 반죽

① **머랭법** : 흰자와 설탕을 1 : 2의 비율로 단단하게 거품 낸 반죽. 머랭 제조 시 흰자에 노른자가 들어가지 않도록 주의한다.

　　예 머랭 쿠키, 마카롱, 다쿠아즈 등

② **시퐁법** : 예 시퐁 케이크

　ㄱ 시퐁법 특징

　　ⓐ 별립법처럼 노른자와 흰자를 분리하지만, 노른자는 거품 내지 않는다.

　　ⓑ 머랭과 화학 팽창제(베이킹파우더)를 넣고 팽창시킨다.

　　ⓒ 식용유를 넣어 부드러운 식감을 낸다.

　ㄴ 시퐁법 과정

　　ⓐ 노른자 + 식용유 섞기

　　ⓑ 설탕 섞고 물 넣기

　　ⓒ 밀가루 섞기

　　ⓓ 흰자와 설탕으로 95[%] 머랭을 만들어 반죽에 나눠 섞어 완성

　　ⓔ 비중 : 0.45~0.55

　　ⓕ 시퐁틀에 이형제로 물을 뿌려 털어내고 60[%] 정도 팬닝 후 굽는다.

♥ 거품형 반죽 제조 시 유의사항

• 사용할 반죽기와 도구는 기름기가 없어야 한다.

• 달걀을 노른자와 흰자로 분리할 때, 흰자를 담을 그릇에는 기름기가 전혀 없어야 하고, 노른자가 들어가지 않게 각별히 유의한다.

• 물엿은 설탕과 함께 계량하여, 그릇에 붙어 손실되는 일이 없도록 한다.

• 거품에 체 친 가루 재료를 넣고, 나무 주걱으로 살살 펴 가며 덩어리가 생기지 않도록 섞는다. 너무 지나치게 섞으면, 거품이 꺼지고 글루텐이 많이 생기게 된다.

• 굽기 전에 팬을 작업대 위에 가볍게 내리쳐서 큰 기포는 제거한다.

• 굽는 동안 제품의 균일한 착색을 위하여 오븐의 팬의 위치를 전후좌우 바꾸어 준다.

• 달걀 사용량이 많은 과자는 수분 증발이 많아 수축이 심하므로 오븐에서 꺼내면 바로 팬에서 분리시켜 냉각시킨다.

핵심문제 풀어보기

과자의 반죽 방법 중 시퐁형 반죽이란?

① 화학 팽창제를 사용한다.

② 유지와 설탕을 믹싱한다.

③ 모든 재료를 한꺼번에 넣고 믹싱한다.

④ 달걀과 설탕을 중탕하여 믹싱한다.

해설
별립법처럼 달걀을 흰자와 노른자로 분리하지만 노른자는 거품을 내지 않고 흰자로 머랭을 올리고 화학 팽창제(베이킹파우더)를 넣어 팽창시킨다.

답 ①

제3장 제과류 제품 제조

▶ **거품의 정도에 따른 거품형 케이크의 특성**

거품의 정도	케이크의 특성
적당	• 거품이 거품기에 붙어 차츰 아래로 흐르면서 자국이 천천히 사라지고 거품이 고우며, 반죽에 광택이 남.
부족	• 거품기로 거품을 끌어 올렸을 때 거품기 사이로 거품이 빠르게 흘러내리며, 반죽 위에 떨어진 자국도 바로 사라지고 광택이 거침. • 과자는 기공이 작고 부피도 작아 식감이 나쁨.
지나침	• 거품이 거품기에 부착되어 흘러내리는 시간이 길고, 자국이 오랫동안 남아 있으며, 광택이 거침. • 제품은 기공이 거칠고, 가루 재료 혼합 시 과다 반죽으로 질겨짐.

③ 퍼프 페이스트리법 : 반죽 내 수분이 열에 의해 수증기가 되어 팽창시키며, 껍질이 바삭바삭한 것이 특징이다.

▶ **페이스트리 반죽 형태에 따른 특징**

반죽 형태	특징
밀가루 반죽으로 유지 덩어리를 싸는 경우 (프랑스식)	• 가소성과 신장성이 좋은 충전용 유지를 사용 • 유지와 반죽의 단단한 정도에 따라 층 형태 결정 　- 유지와 반죽의 단단한 정도가 같으면 층이 고른 좋은 형태 　- 유지가 반죽보다 단단하면 유지가 깨져 층이 고르지 않음. 　- 유지가 반죽보다 무르면 유지가 녹아 양 끝으로 밀려 나옴.
밀가루에 유지 덩어리를 넣어 반죽하는 경우 (스코틀랜드식)	• 유지 덩어리 크기에 의해 껍질의 결이 결정됨. 　- 유지 덩어리가 크면 껍질의 결이 길게 됨(호두알 크기). 　- 유지 덩어리가 작으면 껍질의 결이 짧게 됨(콩알 크기). 　- 유지 덩어리가 (밀가루에 섞여) 없으면 껍질의 결이 없음(가루 상태).

✅ **페이스트리 반죽 제조 시 유의사항**
• 오븐에 페이스트리를 넣고 팽창시키는 동안 오븐 문을 열지 않는다.
• 페이스트리 반죽을 밀어 편 후 접기를 할 때는 반드시 덧가루를 털어내고 접는다.
• 접기 후 매번 휴지기를 둔다.
• 페이스트리 반죽은 날이 예리한 칼을 사용하여야 밀가루 반죽이 서로 붙지 않는다.
• 페이스트리는 성형 후 20~60분 실온에서 휴지를 가진 후 굽는다.

02 충전물 제조

1. 충전물

파이, 슈, 타르트 등의 과자 반죽 안에 내용물을 넣고 굽거나, 구워낸 후 채우는 물질

2. 충전물 제조 방법 및 특징

(1) 크림 형태

가나슈 크림	용해된 초콜릿과 가열한 생크림을 1 : 1 비율로 섞어 많은 크림
버터 크림	버터에 연유나 설탕이나 주석산을 114~118[℃]로 끓인 설탕 시럽을 넣고 만든 크림
생크림	우유의 지방 함량이 35~40[%] 정도의 크림을 휘핑하여 만듦.
휘핑크림	식물성 지방 40[%] 이상인 크림을 3~5[℃] 정도의 차가운 상태에서 휘핑해 만듦.
커스터드 크림	우유, 달걀, 설탕을 섞고, 안정제로 옥수수 전분이나 밀가루를 넣어 끓인 크림(달걀은 농후화제와 결합제 역할을 함)
디프로매트 크림	커스터드 크림과 무가당 생크림을 1 : 1 비율로 혼합한 크림
아몬드 크림	버터, 설탕, 달걀, 아몬드 가루를 섞어 만든 크림

(2) 과일 형태

과일과 설탕을 끓여 만든다.

예 사과조림, 과일 콩포트 등

03 기타 과자류 만들기

1. 파운드 케이크

(1) 파운드 케이크의 정의

① 제과 반죽의 기본 재료인 밀가루 : 설탕 : 달걀 : 버터의 비율이 1 : 1 : 1 : 1로 각 재료를 1파운드씩 사용하여 제조한 것에서 유래되었다.

② 반죽형 반죽 과자의 대표적인 제품으로 저율배합 반죽에 속한다.

핵심문제 풀어보기

파운드 케이크의 배합률 중 밀가루 : 설탕 : 달걀 : 버터의 비율이 올바르게 설명된 것은?

① 1 : 2 : 2 : 1
② 2 : 1 : 1 : 2
③ 1 : 1 : 1 : 1
④ 1 : 2 : 1 : 2

해설
파운드 케이크라는 이름은 밀가루, 설탕, 달걀, 버터의 비율을 각가 1파운드(453[g])씩 사용했다고 해서 만들어진 이름이다.

답 ③

제과류 제품 제조
제 3 장

(2) 사용재료의 특성

    ① 밀가루의 종류는 주로 박력분을 사용하나 식감에 따라 중력분과 강력분을 사용할 수 있다.

    ② 기타 가루를 섞을 수 있으나 찰진 가루(찰옥수수, 찹쌀) 등은 사용하지 않는다.

    ③ 크림성과 유화성이 좋은 유지를 사용한다.

(3) 반죽 제조 시 "유지량 증가"에 따른 현상과 조치사항(밀가루와 설탕의 양은 고정)

    ① 유지량 증가시키면 → 팽창력 증가, 연화력 증가

    ② 달걀 양 증가시키면 → 팽창력 증가, 구조력 증가

    ③ 수분량 균형을 위해 → 우유량 감소

    ④ 팽창 균형을 위해 → 베이킹파우더 양 감소

    ⑤ 맛의 균형 및 증진을 위해 → 소금 증가

(4) 제조 방법 : 크림법

    ① 순서 : 유지 → 설탕 → 달걀 → 체 친 가루

    ② 반죽 온도 : 23[℃]

    ③ 비중 : 0.75~0.85

    ④ 팬닝 : 70[%](비용적 : 1[g]당 2.4[cm^3])

(5) 굽기

    ① 2중 팬을 사용한다.

       ◉ **파운드 케이크에 2중 팬을 사용하는 이유**

       • 제품의 옆면과 바닥의 두꺼운 껍질 형성 방지

       • 제품의 식감과 맛을 좋게 함.

    ② 윗면이 자연스럽게 터지도록 굽는다.

       ◉ **파운드 케이크의 윗면이 터지는 이유**

       • 반죽의 수분 부족

       • 높은 온도에서 구워 위 껍질이 빨리 생김.

       • 반죽 속 설탕이 다 녹지 않음.

       • 굽기 전 위 껍질이 건조된 경우

핵심문제 풀어보기

과자 반죽 믹싱법 중에서 크림법은 어떤 재료를 먼저 믹싱하는가?

① 설탕과 유지
② 밀가루와 설탕
③ 달걀과 설탕
④ 달걀과 유지

해설
• 크림법 : 유지 + 설탕
• 블렌딩법 : 유지 + 밀가루
• 1단계법 : 유지 + 모든 재료

답 ①

(6) 파운드 케이크의 응용

① 마블 케이크 : 반죽의 일부를 덜어 코코아나 초콜릿을 섞은 뒤 두 개의 반죽을 대충 섞어 대리석 무늬를 만든 케이크

② 모카 파운드 : 기본 반죽에 커피를 넣어 만듦.

③ 과일 파운드 : 기본 반죽에 건조과일이나 시럽에 담근 과일을 반죽 마지막에 섞어 만든 반죽

▶ **반죽형 케이크 제품의 문제점과 원인**

문제점	원인
반죽 과정 중에 반죽의 유지와 액체가 분리됨	• 유지에 액체 재료(달걀, 우유, 물 등)를 한 번에 또는 급하게 첨가하였을 때 • 첨가하는 액체 재료의 온도가 너무 낮거나 반죽의 온도가 낮은 경우
고율배합 케이크의 부피가 작음	• 반죽 상태가 안 좋아 재료들이 골고루 반죽되지 않았을 때 • 굽는 온도가 높아 껍질 형성이 너무 빠르게 진행되어 팽창이 잘 안되었을 때 • 굽는 온도가 낮아 오래 구워져 수분을 잃고 수축되었을 때 • 구워낸 과자를 너무 급속하게 냉각시켜 수축되었을 때
굽는 도중 케이크가 부풀어 올랐다가 가라앉음	• 밀가루 양에 비해 설탕과 액체가 너무 많을 때 • 팽창제의 사용량이 너무 많아 급격하게 팽창되었다가 수축되었을 때
고율배합 케이크의 기공이 열리고 조직이 거침	• 낮은 온도에서 구웠을 때 • 화학 팽창제를 다량 사용하였을 때 • 반죽을 팬에 놓고 오랫동안 방치하였을 때
케이크 껍질에 반점이 생기거나 색이 균일하지 않음	• 반죽이 불충분하거나 반죽에 수분이 적어 설탕 입자로 인해 표피에 흰 반점이 생겼을 때 • 오버 베이킹 하였을 때 • 밀가루를 체에 쳐 사용하지 않아 반죽에 고루 분산되지 않았을 때 • 오븐의 열 분배가 고르지 않을 때
구워진 케이크가 단단하고 질김	• 강력분을 사용하였을 때 • 달걀 사용량이 많았을 때 • 팽창 정도가 부족하였을 때

핵심문제 풀어보기

반죽형 케이크의 평가이다. 다음 중 결점과 원인을 잘못 짝지은 것은?

① 고율배합 케이크의 부피가 작다. – 설탕과 달걀의 사용량이 적었다.

② 굽는 동안 부풀어 올랐다가 가라앉는다. – 설탕과 팽창제 사용량이 많았다.

③ 케이크 껍질에 반점이 생겼다. – 굵은 입자의 설탕을 사용했고 잘 녹지 않았다.

④ 케이크가 단단하고 질기다. – 고율배합 케이크에 글루텐 함량이 높은 밀가루를 사용했다.

해설

오븐 온도가 높아도 캐러멜화 반응이 빨리 일어나 언더 베이킹이 되어 부피가 작다.

답 ①

제과류 제품 제조
제 3 장

♂ 롤 케이크를 말 때 표면의 터짐을 방지하는 방법

• 설탕의 일부를 물엿이나 시럽으로 대체한다.
• 덱스트린, 글리세린 등을 첨가하여 점착성을 증가시킨다.
• 팽창이 과도하지 않도록 조절한다.
• 노른자 양을 줄이고 전란의 양을 증가시킨다.
• 낮은 온도에서 오래 굽지 않는다. (오버 베이킹 금지)
• 밑불이 너무 높지 않게 굽는다.
• 비중이 높지 않게 믹싱한다.
• 반죽 온도가 낮으면 굽는 시간이 길어지므로 적정 온도를 맞춘다.

2. 스펀지 케이크

(1) 스펀지 케이크의 정의

달걀의 기포성을 이용한 대표적인 거품형 반죽 과자

(2) 기본 배합률

밀가루	100[%]
달걀	166[%]
설탕	166[%]
소금	2[%]

(3) 사용재료의 특성

① 거의 박력분을 사용하지만 전분을 소량(12[%] 이하) 섞어 사용할 수 있다.

② 달걀의 기포성이 좋아 따로 팽창제를 첨가하지 않아도 된다.

③ 달걀 양 1[%] 감소 시

  ㉠ 수분량 0.75[%] 증가시킴.

  ㉡ 밀가루 양 0.25[%] 증가시킴.

  ㉢ 베이킹파우더 0.03[%] 증가시킴.

  ㉣ 유화제 0.03[%] 증가시킴.

④ 반죽 온도 : 25[℃]

⑤ 비중 : 0.45~0.55

(4) 제조 방법

① 공립법이나 별립법 이용

② 반죽의 마지막 단계에 녹인 버터(60[℃] 정도)를 넣고 가볍게 섞기(제노와즈)

③ 팬닝 : 50~60[%](비용적 : 1[g]당 5.08[cm^3])

④ 구워낸 직후 충격을 주어 수축시키고 틀에서 즉시 분리

(5) 스펀지 케이크의 응용

① 카스텔라 : 굽기 시 나무틀을 사용해 굽는다(나가사키 카스텔라).

  ㉠ 반죽의 건조를 방지하기 위해

  ㉡ 높은 부피를 가진 제품을 만들기 위해

② 롤 케이크 : 기본 배합률에서 달걀과 설탕의 양을 166[%]에서 200[%]까지 사용
  – 터짐 방지

3. 엔젤 푸드 케이크

(1) 엔젤 푸드 케이크의 정의

달걀의 흰자만을 사용하여 만든 거품형 케이크. 비중이 가장 낮은 케이크

(2) 기본 배합률(True %)

밀가루	15~18[%]
흰자	40~50[%]
설탕	30~42[%]
주석산 크림	0.5~0.625[%]
소금	0.375~0.5[%]

※ True % 배합표를 사용하는 이유 : 밀가루와 흰자, 주석산 크림과 소금 사용량을 교차 선택
해야 하므로

(3) 배합률 조절하기

① 밀가루와 흰자 중 교차 선택

㉠ 밀가루 양 결정 : 밀가루 15[%] 선택 시 흰자 50[%]

㉡ 흰자 양 결정 : 밀가루 18[%] 선택 시 흰자 40[%]

② 주석산 크림(0.5[%]) + 소금(0.5[%]) = 1[%]

③ 설탕 사용량 결정하기

설탕 = 100 − (흰자 + 밀가루 + 주석산 크림 + 소금)

④ 설탕량의 $\frac{2}{3}$ 는 입상형, $\frac{1}{3}$ 은 분당 사용

예 설탕량이 30[g]이라면 20[g]은 설탕으로, 10[g]은 분당으로 사용

(4) 사용재료의 특성

① 밀가루 : 특급 박력분 사용

② 설탕량의 $\frac{2}{3}$ 는 입상형으로 머랭 반죽 시 사용하고, 설탕량이 $\frac{1}{3}$ 은 분당으로 밀가
루와 혼합해 체 쳐 사용

(5) 제조 공정

① 머랭 반죽 제조 시 주석산 크림을 넣는 시기에 따라 산전처리법과 산후처리법으로
나눌 수 있다.

② 팬닝 : 틀에 이형제로 물을 분무하고 60·70[%]를 담는다.

흰자에 주석산을 사용하는 이유

- 흰자의 알칼리성을 낮추어 산성으로 만들어 색을 하얗고 밝게 해 줌.
- 머랭이 튼튼하여 탄력성이 생김.

핵심문제 풀어보기

엔젤 푸드 케이크 제조에 필요하지 않은 재료는?

① 달걀   ② 설탕
③ 쇼트닝   ④ 주석산 크림

해설
쇼트닝은 엔젤 푸드 케이크에 사용하지 않는다.

답 ③

4. 퍼프 페이스트리

(1) 퍼프 페이스트리의 정의

① 대표적인 유지에 의한 팽창 제품

② 반죽에 유지를 넣고 감싼 뒤 여러 번 접어 밀기를 반복해 유지 층을 만들어 팽창시키는 제품

(2) 기본 배합률

밀가루	100[%]
유지(반죽용 유지＋충전용 유지)	100[%]
물	50[%]
소금	1[%]

(3) 사용재료의 특성

① 밀가루 : 강력분 사용(글루텐 형성을 위해)

② 유지

⊙ 반죽용 유지 : 유지를 많이 넣을수록

장점	• 밀어 펴기가 쉽다. • 제품의 식감이 부드럽다.
단점	• 결이 나빠지고 부피가 작아진다(50[%] 미만으로 사용).

ⓛ 충전용 유지 : 유지를 많이 넣을수록

장점	• 접기 횟수가 증가할수록 부피가 증가하다 최고점을 지나면 서서히 감소 • 가소성 범위가 넓은 유지 사용
단점	• 밀어 펴기가 어렵다.

ⓒ 물 : 찬물 사용

(4) 제조 공정

① 반죽 온도 : 20[℃]

② 제조 공정(프랑스식 접기형) : 3절 3회 접기

> 반죽 안에 충전용 유지 감싸기 → 밀어 펴기 → 3절 접기(1차) → 휴지하기 → 밀어 펴기 → 3절 접기(2차) → 휴지하기 → 밀어 펴기 → 3절 접기(3차) → 휴지하기 → 밀어 펴기 → 재단

✔ 유지

• 반죽용 유지 : 반죽할 때 넣는 용도의 유지를 말한다.

• 충전용 유지 : 롤인용 유지라고도 하며, 반죽을 밀기 전 반죽 안에 넣고 감싸는 용도의 유지를 말한다.

③ 휴지의 목적(냉장고)

　　㉠ 글루텐의 안정과 재정돈

　　㉡ 밀어 펴기 용이

　　㉢ 반죽과 유지의 되기를 같게 하여 층을 선명하게 함.

　　㉣ 반죽 재단 시 수축 방지

④ 재단 시 주의사항

　　㉠ 과도한 밀어 펴기 방지(파이롤러 사용하기)

　　㉡ 굽기 전 30~60분 휴지

　　㉢ 다량의 달걀물과 파치(반죽 자투리) 사용 금지

⑤ 굽기

　　㉠ 색이 날 때까지 문을 열지 않기

　　㉡ 일반적인 제과류보다 굽는 온도를 높게 설정한다(일반적으로 200~210[℃]).

(5) 퍼프 페이스트리의 문제점과 원인

문제점	원인
밀어 펼 때 반죽이 찢어짐	• 밀가루가 박력분일 때 • 충전 유지가 균일하게 분포되어 있지 않음. • 차가운 반죽을 둥근 막대로 거칠게 밀었음.
모양 낸 후 수축	• 휴지가 충분하지 않음. • 과도한 밀어 펴기 • 된 반죽
페이스트리 부피가 작음	• 충전 유지가 너무 무름. • 접어서 밀어 편 횟수가 너무 적음. • 너무 높은 온도에서 구웠음. • 모양 내기 후 건조한 상태에서 오래 방치했음. • 휴지 시간 부족 • 과다한 덧가루 • 밀어 펴기 부적절
굽는 동안 유지가 흘러 나옴	• 밀어 펴기 부적절 • 오븐 온도가 너무 높거나 낮음. • 박력분 사용 • 오래된 반죽 사용

5. 파이(쇼트페이스트리)

(1) 파이의 정의

반죽에 여러 가지 과일이나 견과류 충전물을 채워 굽는 제품

예 사과파이, 호두파이 등

(2) 사용재료의 특성

① 밀가루 : 중력분 사용

② 유지 : 가소성 범위가 넓은 파이용 마가린 사용

③ 착색제 : 반죽에 설탕이 거의 들어가지 않으므로 설탕, 포도당, 녹인 버터, 달걀물, 소다 등을 발라 주면 색을 예쁘게 낼 수 있음.

(3) 제조 공정

① 반죽하기(스코틀랜드식)

㉠ 밀가루에 유지를 넣고 호두 크기로 다져서 물을 넣고 반죽

㉡ 반죽 온도 : 18[℃](유지의 입자 크기에 따라 파이 결의 길이가 결정됨)

② 과일 충전물용 농후화제(옥수수 전분, 타피오카 전분)의 사용 목적

㉠ 충전물을 조릴 때 호화를 빠르고 진하게 함.

㉡ 광택 효과

㉢ 과일의 색을 선명하게 함.

㉣ 냉각되었을 때 적정 농도 유지

(4) 파이 반죽 휴지의 목적

① 유지와 반죽이 굳은 후 되기를 같게 함.

② 밀어 펴기를 쉽게 함.

③ 끈적거림 방지

(5) 파이의 문제점과 원인

문제점	원인
충전물이 끓어 넘침	• 껍질에 수분이 많았다. • 오븐의 온도가 낮다. • 껍질에 구멍을 뚫지 않았다. • 천연산이 많이 든 과일을 썼다. • 충전물의 온도가 높다. • 바닥 껍질이 얇다. • 설탕량이 많다. • 위아래 껍질을 잘 붙이지 않았다.

핵심문제 풀어보기

파이 제조 시 휴지의 목적이 아닌 것은?

① 심한 수축을 방지하기 위하여
② 풍미를 좋게 하기 위하여
③ 글루텐을 부드럽게 하기 위하여
④ 재료의 수화(水化)를 돕기 위하여

해설

파이 휴지 목적
• 심한 수축을 방지하기 위하여
• 글루텐을 부드럽게 하기 위하여
• 재료의 수화(水化)를 돕기 위하여

답 ②

문제점	원인
파이 껍질이 질기고 단단함	• 강력분 사용 • 반죽 시간이 길다. • 반죽을 너무 치대 글루텐 형성이 지나쳤다. • 자투리 반죽을 많이 썼다. • 된 반죽 사용 정형 시 과도한 밀어 펴기
바닥 껍질이 축축함	• 반죽에 유지 함량이 많다. • 낮은 오븐 온도 • 얇은 바닥 반죽
껍질이 단단하고 정형, 굽기 후 수축한 경우	• 강력분을 사용한 경우 • 반죽 시간과 휴지 시간이 부족한 경우 • 지나치게 반죽하고 밀어 폈을 경우 • 자투리 반죽을 많이 썼을 경우 • 바닥 껍질이 위 껍질보다 얇은 경우 • 틀에 기름칠을 잘못하여 반죽이 달라붙은 경우

핵심문제 풀어보기

파이의 일반적인 결점 중 바닥 크러스트가 축축한 원인이 아닌 것은?

① 오븐 온도가 높음.
② 충전물 온도가 높음.
③ 파이 바닥 반죽이 고율배합
④ 불충분한 바닥열

해설
① 오븐 온도가 낮음.

답 ①

6. 쿠키

(1) 구키의 징의

① 수분이 적고(5[%] 이하) 크기가 작은 과자

② 반죽 온도 : 18~24[℃]

③ 보관 온도 : 10[℃]

(2) 쿠키의 종류

① 반죽 특성에 따른 분류

ㄱ 반죽형 쿠키

ⓐ 드롭 쿠키(소프트 쿠키) : 달걀 사용량이 많아 짤주머니에 모양깍지를 끼우고 짜는 쿠키 **예** 버터 쿠키

ⓑ 스냅 쿠키(슈가 쿠키) : 설탕은 많고 달걀이 적은 반죽을 밀어 모양틀로 찍는 쿠키

ⓒ 쇼트 브레드 쿠키 : 스냅 쿠키보다 유지 사용량이 많은 반죽을 밀어 모양틀로 찍는 부드러운 쿠키

ㄴ 스펀지 쿠키(거품형 쿠키)

ⓐ 스펀지 쿠키 : 전란을 사용하여 공립법으로 제조한 쿠키, 쿠키 중 가장 수분이 많은 짜는 쿠키 **예** 핑거 쿠키

ⓑ 머랭 쿠키 : 흰자와 설탕으로 머랭을 만들어 짠 뒤, 100[℃] 이하의 낮은 온도로 건조시키며 굽는 쿠키 **예** 머랭 쿠키, 마카롱

② 제조 특성에 따른 분류

밀대로 밀어 펴서 정형	• 스냅 쿠키, 쇼트 브레드 쿠키 • 반죽 완료 후 냉장고에서 충분한 휴지를 주고 균일한 두께로 밀어 펌.
짜는 형태	• 드롭 쿠키, 거품형 쿠키 • 짤주머니를 이용하여 짜는 쿠키 • 굽기 중 퍼지는 정도를 감안해 일정한 간격을 유지하며 짜기
냉동쿠키	• 쇼트 브레드 쿠키 같은 밀어 펴는 형태의 반죽 • 유지가 많은 배합의 반죽에 응용 • 굽기 전 살짝 해동하여 사용
수작업 쿠키	• 냉동쿠키 반죽을 손으로 정형하여 만듦. • 기계를 사용하여 만들기 어려운 모양 제조 가능
판에 등사하는 쿠키	• 묽은 상태의 반죽을 철판에 올려놓은 틀에 넣고 구움. • 틀에 그림이나 글자가 있어 찍히며 얇고 바삭바삭함.
마카롱 쿠키	• 흰자와 설탕으로 거품 내서 만드는 쿠키 • 밀가루를 사용하지 않고 아몬드 가루를 사용

🍪 쿠키의 퍼짐률

$$퍼짐률 = \frac{쿠키\ 제품의\ 지름}{쿠키\ 제품의\ 두께}$$

핵심문제 풀어보기

다음 중 쿠키의 과도한 퍼짐의 원인이 아닌 것은?

① 반죽이 질은 경우
② 유지 함량이 적은 경우
③ 설탕 사용량이 많은 경우
④ 굽기 온도가 너무 낮은 경우

해설

쿠키의 모양과 구조력을 약하게 하는 유지, 설탕, 화학 팽창제의 사용량 증가는 쿠키의 퍼짐이 과도해진다.

답 ②

(3) 쿠키의 퍼짐성에 관한 원인

구분	원인
쿠키의 퍼짐이 심한 경우	• 알칼리성 반죽 • 많은 설탕량 • 많은 유지량 • 진 반죽 • 굽기 온도 낮음.
쿠키의 퍼짐이 작은 경우	• 산성 반죽 • 적은 설탕량 • 적은 유지량 • 된 반죽 • 굽기 온도 높음.
쿠키가 팬에 눌어붙은 경우	• 진 반죽 • 깨끗하지 않은 팬 사용 • 반죽 내 녹지 않은 설탕량이 많은 경우 • 달걀 사용량 과다

(4) 쿠키의 퍼짐성을 좋게 하기 위한 방법

① 팽창제 사용
② 입자가 큰 설탕 사용

③ 오븐 온도를 낮게 설정

④ 알칼리성 재료의 사용량 증가

7. 슈(Choux)

(1) 슈의 정의

구워진 형태가 양배추와 비슷하다 하여 프랑스어로 "슈"라 하고, 텅 빈 내부에 크림을 충전한다(응용제품 : 에클레어, 추러스, 파리브레스트).

(2) 기본 배합률

중력 밀가루	100[%]
버터	100[%]
달걀	200[%]
물	125[%]
소금	1[%]

(3) 사용재료의 특성

① 먼저 밀가루를 충분히 익힌 뒤 굽는다.

② 기본 재료에는 설탕이 들어가지 않지만 슈에 설탕을 넣게 되면,

　㉠ 윗면이 둥글게 된다.

　㉡ 내부 구멍 형성이 좋지 않다.

　㉢ 표면에 균열이 생기지 않는다.

　㉣ 색이 빨리 난다.

(4) 제조 공정

① 물 + 소금 + 유지를 넣고 센 불로 끓인다.

② 밀가루를 넣고 저으며 완전히 호화시킨다.

③ 60~65[℃]로 식혀 달걀을 나눠 넣으며 되기를 조절하며 윤기 나고 매끈한 반죽을 만든다.

④ 팽창제(베이킹파우더 등)를 넣을 경우 마지막에 넣는다.

⑤ 반죽의 되기 조절은 달걀로 조절한다.

⑥ 철판에 간격을 충분히 하여 짜고, 분무(물을 뿌림), 침지(물에 담금)을 해서 껍질이 너무 빨리 형성되는 것을 막는다.

제3장 제과류 제품 제조

✔ 슈 반죽에 분무, 침지하는 이유

• 슈의 막을 형성시켜 팽창이 되기 전에 껍질의 형성과 착색이 됨을 방지하기 위함.

• 슈 껍질을 얇게 할 수 있음

• 양배추 모양으로 팽창을 크게 할 수 있음.

⑦ 굽기

　　㉠ 처음엔 아랫불을 높여 굽다가 충분히 팽창하고 표피가 터지면 아랫불을 줄이고 윗불을 높여 굽는다.

　　㉡ 슈가 주저앉을 수 있으므로 팽창 중에 문을 자주 여닫지 않는다.

(5) 슈의 문제점과 원인

문제점	원인
완제품 슈 바닥 껍질 가운데가 솟음	• 오븐 바닥 온도가 높음. • 팬 기름 과다 • 반죽을 짤 때 밑부분에 공기가 들어감. • 굽기 중 수분을 많이 잃은 경우
구운 후 슈 껍질이 수축함	• 굽기 시간 짧음. • 낮은 온도에서 굽기 • 화학 팽창제 과다 사용 • 진 반죽
슈 껍질 밑부분이 접시 모양으로 올라옴	• 팬 기름칠 과다

8. 타르트

(1) 타르트의 정의

① 얇은 원형틀에 반죽을 깔고 크림을 채워서 구운 것

② 반죽법은 크림법으로 제조한다.

(2) 제조 공정

① 껍질은 글루텐이 형성되지 않도록 반죽하고 냉장 휴지해야 바삭한 껍질을 만들 수 있다.

② 타르트 반죽을 틀에 깔 때 손가락으로 틀 안쪽으로 끝까지 밀어줘야 수축을 방지할 수 있다.

③ 크림을 너무 많이 짜지 않는다.

9. 케이크 도넛

(1) 제조 공정

① 공립법으로 제조

② 반죽 온도 : 22~24[℃] → 휴지

③ 도넛 반죽을 휴지시키는 이유

　　㉠ 표피가 쉽게 마르지 않음.

ⓛ 밀어 펴기가 쉬워짐.

ⓒ 반죽이 잘 부풀도록 함.

④ 튀김 온도 : 180[℃] 전후

⑤ 튀김 기름의 적정 깊이 : 12~15[cm]

(2) 도넛에 기름이 많은 이유

① 튀김 온도가 낮을 때

② 반죽에 수분이 많아 질은 경우

③ 설탕, 유지, 팽창제의 사용량이 많은 경우

④ 튀김 시간이 긴 경우

⑤ 믹싱 시간이 짧아 글루텐이 약한 경우

(3) 도넛의 부피가 작은 이유

① 튀김 온도가 높아 튀김 시간이 짧은 경우

② 강력분을 사용한 경우

③ 반죽 온도가 낮은 경우

10. 냉과

(1) 냉과의 정의

제품을 굽거나 튀기거나 찌지 않고 냉장고에 넣어 차게 굳혀 마무리하는 제품

(2) 냉과의 종류

① 무스 : 프랑스어로 '거품'을 뜻하며 크림을 거품 내 달걀, 설탕, 안정제로 젤라틴 등을 넣고 만든 디저트

② 블라망제 : '하얀 음식'이란 뜻으로 생크림과 젤라틴, 우유를 섞어 만든다. 부드러운 디저트

③ 바바루아 : 설탕, 노른자, 젤라틴을 뜨거운 우유에 넣고 식힌 다음, 거품을 낸 달걀 흰자와 생크림을 넣고 틀에 넣어 다시 식혀서 굳히는 디저트

④ 젤리 : 펙틴이나 젤라틴 등의 안정제를 과일과 섞어 얼린 디저트

⑤ 푸딩

ⓖ 달걀, 설탕, 우유 등을 혼합하여 중탕으로 구운 제품

ⓛ 설탕 1 : 달걀 2의 비율로 제조하며 95[%] 팬닝한다.

ⓒ 너무 높은 온도로 구울 시 표면에 기포가 발생한다.

CHAPTER 02
반죽 정형 및 익힘

✍
- 제품별로 맞는 틀 등을 선택하여 팬닝할 수 있다.
- 제품에 맞는 성형을 할 수 있다.
- 제품에 맞게 오븐 온도를 설정하여 굽기를 할 수 있다.
- 제품에 맞게 오븐 온도를 설정하여 튀기기를 할 수 있다.

01 팬닝 및 성형

1. 팬닝(Panning)

(1) 팬닝 방법

팬에 알맞은 양의 반죽을 팬닝하는 방법

① 틀의 부피를 기준으로 반죽량을 채우는 방법

② 틀의 부피를 비용적을 이용해 계산 후 반죽량을 채우는 방법

(2) 팬닝 시 주의사항

① 반죽량이 많으면 덜 익거나 넘치고 흘러내린다.

② 반죽량이 적으면 모양이 안 좋아진다.

(3) 반죽량과 비용적

① 반죽 무게 계산

$$\text{반죽 무게} = \frac{\text{틀 부피}}{\text{비용적}}$$

② 비용적 : 반죽 1[g]을 구울 때 차지하는 팬의 부피[cm³/g]

$$\text{비용적} = \frac{\text{틀 부피}}{\text{반죽 무게}}$$

③ 비용적 계산

엔젤 푸드 케이크	4.71[cm³/g]	스펀지 케이크	5.08[cm³/g]
파운드 케이크	2.40[cm³/g]	레이어 케이크	2.96[cm³/g]

✅ **동일한 양의 반죽을 구웠을 때 변화**
- 작은 부피의 제품 : 반죽형 반죽 (옐로 레이어 케이크, 파운드 케이크 등)
- 큰 부피의 제품 : 거품형 반죽(스펀지 케이크, 엔젤 푸드 케이크)
- 동일한 사이즈의 용기에 동일한 반죽을 팬닝하는 경우 스펀지 케이크가 가장 크게 부풀고, 파운드 케이크가 가장 작게 부푼다.

④ 제품별 적정 팬 높이

푸딩	95[%](가장 많이 팬닝함)
반죽형 반죽	70~80[%]
거품형 반죽	50~60[%]

⑤ 팬 종류별 틀 부피 계산하기

원형팬		반지름 × 반지름 × 3.14 × 높이
경사진 원형팬		평균 낸 반지름[(윗면 반지름 + 아랫면 반지름)÷2] × 3.14 × 높이
옆년이 경사지고 중앙에 경사진 내부관이 있는 원형팬		경사진 원형팬(바깥쪽) 부피 – 경사진 내부관 부피
옆면이 경사진 사각팬		평균 가로 × 평균 세로 × 높이
부피를 구하기 어려운 불규칙한 팬		유채씨나 물을 담아 메스실린더로 옮겨 측정

2. 성형

(1) 성형하기

① 짜기

㉠ 반죽을 짤주머니에 담아 일정한 크기나 모양으로 짠다.

㉡ 버터 쿠키, 슈, 마카롱, 마들렌 등

② 찍기

㉠ 반죽을 밀어 모양틀로 찍어 모양을 낸다.

㉡ 쇼트 브레드 쿠키, 모양 쿠키

핵심문제 풀어보기

동일한 크기의 팬에 반죽을 팬닝하였을 경우 반죽량이 가장 적은 반죽은?

① 파운드 케이크
② 레이어 케이크
③ 스펀지 케이크
④ 엔젤 푸드 케이크

해설
비용적이 큰 반죽일수록 같은 크기의 팬에 적은 양의 반죽이 들어간다.

답 ③

제3장 제과류 제품 제조

③ 밀어 접기

　ㄱ 반죽을 밀어 유지를 감싸 넣고 밀기와 접기를 반복한다.

　ㄴ 퍼프 페이스트리

02 반죽 익히기

1. 반죽 굽기

(1) 반죽 굽기

반죽에 열을 가해 익혀 주고 색을 내는 것

(2) 굽기 온도와 시간이 적당하지 않은 굽기

① 오버 베이킹(Over Baking)

　ㄱ 적정 온도보다 낮은 온도에서 오래 굽는 경우

　ㄴ 특징

　　ⓐ 윗면이 평평하다.

　　ⓑ 수분 손실이 커 노화가 빠르다.

　　ⓒ 부피가 크다.

② 언더 베이킹(Under Baking)

　ㄱ 적정 온도보다 높은 온도에서 짧게 굽는 것

　ㄴ 특징

　　ⓐ 윗면이 갈라지고 솟아오른다.

　　ⓑ 설익기 쉽고 조직이 거칠며 주저앉기 쉽다.

　　ⓒ 부피가 작다.

▶ **배합률과 반죽량에 따른 굽기**

고율배합, 다량의 반죽량	낮은 온도에서 장시간 굽기
저율배합, 소량의 반죽량	높은 온도에서 짧게 굽기
굽기 손실률	$\dfrac{\text{굽기 전 무게} - \text{구운 후 무게}}{\text{굽기 전 무게}} \times 100$

(3) 굽기 중 일어나는 변화

캐러멜화 반응	설탕(당류)이 160~180[℃]가 되면 갈색 물질(캐러멜)을 만들며 고소한 향을 낸다.
메일라드 반응 (마이야르 반응)	당 + 아미노산이 결합하여 갈색 물질(멜라로이딘)을 만드는 반응 (모든 식품에서 자연적으로 일어남)

※ 온도, 수분, pH, 당의 종류, pH가 알칼리성일 때 갈색화 반응이 빠르게 일어남.

2. 튀기기

(1) 튀김 기름

① 표준온도 : 185~195[℃]

② 튀김 온도가 너무 높으면 : 껍질은 타고, 색은 진하며, 내부는 익지 않음.

③ 튀김 온도가 너무 낮으면 : 색은 연하고, 부피는 크며, 기름 흡수가 많음.

(2) 튀김 기름을 산화시켜 산패를 일으키는 요인

온도, 공기, 수분, 이물질, 금속(구리, 철) 등

(3) 튀김 기름이 갖추어야 할 조건

① 발연점이 높아야 함(220[℃] 이상).

② 산패취가 없어야 함.

③ 안정성, 저장성이 높아야 함.

④ 산가가 낮아야 함.

⑤ 융점이 낮아야 함(겨울).

(4) 발한 현상

튀김 온도가 높아 수분이 많이 남아 있을 때 수분이 설탕을 녹이는 현상

(5) 황화(회화) 현상

튀김 온도가 낮아 기름 흡수가 많아 기름이 설탕을 녹이는 현상

3. 찌기

① 수증기를 이용하여 식품에 열이 전달됨(열원 : 대류열).

② 식품이 가진 영양성분의 손실이 적고 식품 자체의 맛이 보존됨.

③ 찐빵의 팽창제로 이스파타 등 속효성 팽창제를 사용함.

♂ 발한에 대한 대책
• 도넛에 묻히는 설탕량을 증가시킴.
• 튀김 시간을 늘려 도넛의 수분 함량을 줄임.
• 도넛을 40[℃] 전후로 식혀 설탕을 묻힘.

4. 아이싱(마무리)

(1) 토핑물

완성된 제품의 윗면에 크림이나 과일, 장식물 등을 올려 맛과 디자인 등 상품성을 높이는 물질

(2) 아이싱(Icing)

빵과 과자류 제품의 표면에 설탕을 위주로 한 제품을 바르거나 씌워 수분 손실 방지, 모양, 맛 증진과 상품가치를 높이는 작업

① 아이싱의 재료

ㄱ 충전물로 사용되는 크림류

ㄴ 글레이즈(Glaze) : 제품의 표면에 광택 효과와 수분 증발을 막아 표면이 마르지 않게 함. 도넛과 케이크의 글레이즈 온도는 43~50[℃]

ㄷ 퐁당(Fondant) : 설탕 100에 물 30을 넣고 114~118[℃]로 끓인 뒤 반투명 상태로 재결정화시킨 것으로 38~44[℃]로 식혀 사용함.

② 아이싱의 종류

ㄱ 단순 아이싱 : 분당, 물, 물엿, 향료를 섞어 43[℃]의 되직한 상태로 만듦.

ㄴ 퍼지 아이싱 : 설탕, 버터, 초콜릿, 우유를 주재료로 만듦.

ㄷ 퐁당 아이싱 : 설탕 시럽을 믹싱하여 만듦.

ㄹ 마시멜로 아이싱 : 흰자에 설탕 시럽(118[℃])과 젤라틴을 넣어 만듦.

ㅁ 머랭(Meringue) : 흰자와 설탕을 거품 내어 공예과자나 아이싱 크림으로 이용

▶ 머랭 비교

구분	비율	용도
냉제(Cold) 머랭	흰자 1 : 설탕 2로 거품을 낸다.	
온제(Hot) 머랭	흰자 1 : 설탕 2를 섞어 43[℃]로 데워 거품을 낸다(분당 0.2를 넣기도 함).	공예과자, 장식물
스위스 머랭	흰자 $\frac{1}{3}$ + 설탕 $\frac{2}{3}$를 섞어 43[℃]로 데워 거품 내고 레몬즙 첨가, 나머지 흰자 $\frac{2}{3}$ + 설탕 $\frac{1}{3}$로 냉제 머랭 만들어 섞기	광택 효과, 제조 1일 후 사용 가능
이탈리안 머랭	흰자를 거품 내다 뜨겁게 끓인 설탕 시럽(설탕 100 + 물 30을 넣고 114~118[℃]로 끓임)을 넣으며 마무리한다.	무스, 냉과, 케이크 위에 짜는 장식용, 굽지 않는 제품에 사용

☑ 굳은 아이싱을 풀어주는 방법
• 최소한의 액체를 넣고 섞어 사용
• 35~43[℃]로 중탕하여 사용
• 데워서 안 되면 시럽(설탕 2 : 물 1) 조금 넣기

☑ 아이싱의 끈적거림 방지
• 젤라틴, 검류 등 안정제 사용
• 전분, 밀가루 같은 흡수제 사용

핵심문제 풀어보기
도넛 글레이즈 온도로 적당한 것은?
① 15~20[℃] ② 25~30[℃]
③ 35~40[℃] ④ 45~50[℃]

해설
도넛 글레이즈 온도는 49[℃] 정도가 적당하다.

답 ④

☑ 머랭 제조 시 조치사항
• 신선한 달걀 사용
• 믹싱볼에 이물질 제거
• 달걀과 유지가 섞이지 않도록 함.

CHAPTER 03 제품 마무리

• 완제품을 보고 제품을 평가할 수 있다.
• 완제품을 보고 제품의 결함 원인을 알 수 있다.
• 제품 특성에 따라 냉각 방법을 선택할 수 있다.
• 제품 특성에 따라 냉각 포장재를 선택할 수 있다.

01 제품 관리

1. 제품 평가

(1) 제품 평가의 기준

평가 항목	
외부평가	터짐성, 외형의 균형, 부피, 굽기의 균일화, 껍질색, 껍질 형성
내부평가	조직, 기공, 속결 색상
식감평가	냄새, 맛

(2) 과자류의 결함과 원인

결함	원인
풍미 부족	• 부적절한 재료 배합 • 저율배합표 사용 • 낮은 반죽 온도 • 낮은 오븐 온도
구울 때 윗면이 터지는 경우	• 철팬이 니 늑시 많음. • 높은 온도에서 구워 껍질이 빨리 생김. • 반죽의 수분 부족 • 팬닝 후 바로 굽지 않아 표피가 마름.
바닥 크러스트(껍질)가 축축할 경우	• 반죽에 유지 함량이 많음. • 오븐의 바닥 온도가 낮음. • 너무 얇은 바닥 반죽 • 바닥 반죽이 고율배합

핵심문제 풀어보기

제품의 외부평가 항목이 아닌 것은?
① 대칭성 ② 껍질색
③ 부피 ④ 기공

해설
기공은 내부평가 항목이다.

답 ④

제과류 제품 제조
제3장

(3) 반죽에 따른 제품 비교

항목	어린 반죽 (발효, 반죽이 덜 된 것)	지친 반죽 (발효, 반죽이 많이 된 것)
부피	작다.	크다. → 작다.
껍질색	어두운 적갈색	밝은 색깔
속색	무겁고 어두운 속색	색이 밝은 색
향	밀가루 냄새가 난다.	신 냄새가 난다.

2. 각각의 재료에 따른 제품 결과

(1) 설탕

항목	정량보다 많은 경우	정량보다 적은 경우
껍질색	어두운 적갈색	연한 색
외형의 균형	발효가 느리고 팬의 흐름성이 많다.	모서리가 둥글다.
껍질 특성	두껍다.	얇다.
맛	달다.	맛을 못 느낀다.

(2) 쇼트닝

항목	정량보다 많은 경우	정량보다 적은 경우
껍질색	어두운 색	연한 색
외형의 균형	브레이크와 슈레드가 작다.	브레이크와 슈레드가 크다.
껍질 특성	두껍다.	얇다.

(3) 소금

항목	정량보다 많은 경우	정량보다 적은 경우
부피	작다.	크다.
껍질색	어두운 색	연한 색
외형의 균형	예리한 모서리	둥근 모서리
껍질 특성	두껍다.	얇다.
기공	결의 막이 두껍다.	결의 막이 얇다.
속색	어두운 색	연한 색
향	향이 없다.	향이 강하다.

핵심문제 풀어보기

소금이 제품에 미치는 영향이 아닌 것은?

① 색을 좋게 한다.
② 잡균의 번식을 억제한다.
③ 반죽의 물성을 좋게 한다.
④ pH를 조절한다.

[해설]
반죽의 pH를 조절하기 위해 사용하는 재료는 주석산 크림, 중조(탄산수소나트륨) 등이 있다.

답 ④

(4) 우유

항목	정량보다 많은 경우	정량보다 적은 경우
껍질색	진하다.	연하다.
외형의 균형	예리한 모서리	둥근 모서리
껍질 특성	두껍다.	얇다.
속색	진하다.	연하다.

(5) 밀가루

항목	정량보다 많은 경우	정량보다 적은 경우
부피	커진다.	작아진다.
껍질색	진하다.	연하다.
외형의 균형	예리한 모서리	둥근 모서리
껍질 특성	거칠고 두껍다.	얇고 건조해진다.
속색	진하다.	연하다.

02 제품의 냉각 및 포장

1. 냉각

(1) 냉각의 정의

① 오븐에서 나온 제품의 온도를 상온의 온도로 낮추는 것을 말한다.

② 냉각하는 동안 손실률 : 2[%]

③ 냉각하는 장소의 온도와 상대습도 : 온도 20~25[℃], 상대습도 75~85[%]

④ 냉각된 제품의 온도 및 수분 함량 : 온도 35~40[℃], 수분 함량 약 38[%]

(2) 냉각의 목적

① 곰팡이 및 세균 등의 피해 억제

② 제품의 재단 및 포장 용이

③ 상품가치 향상

핵심문제 풀어보기

다음 제과용 포장재료로 알맞지 않은 것은?

① PE(polyethylene)
② OPP(oriented polypropylene)
③ PP(polypropylene)
④ 일반 형광종이

해설
제과용 포장봉투류는 PP, PE, OPP 용기가 주로 사용된다.

답 ④

---

(3) 냉각의 방법

① 자연 냉각 : 상온 온도와 습도로 냉각하는 방법으로 3~4시간 걸린다.
② 에어컨디션식 냉각 : 공기 조절식 냉각 방법으로 온도 20~25[℃], 습도 85[%]의 공기를 통과시켜 60~90분 냉각시키는 방법(냉각 방법 중 가장 빠름)
③ 터널식 냉각 : 공기 배출기를 이용한 냉각으로 120~150분 걸린다.

2. 포장 및 포장재

(1) 포장의 목적

① 미생물, 세균에 의한 오염 방지
② 제품의 가치 및 상태를 보호하고 상품의 가치 향상
③ 수분 손실을 막아 제품의 노화 지연으로 저장성 향상

(2) 포장

포장 온도 : 35~40[℃]

(3) 포장재의 조건

① 세균과 곰팡이의 침입을 막을 수 있어야 한다.
② 포장재에 의해서 모양이 유지되어야 하며 단가가 낮아야 한다.
③ 포장 시 상품성 가치를 높일 수 있어야 한다.

(4) 포장재별 특성

① 오리엔티드 폴리프로필렌(OPP : oriented polypropylene)
　㉠ 열에 의해 수축은 되나 가열로 접착은 불가능하다.
　㉡ 투명성, 방습성, 내유성이 우수하다.
　예 쿠키 봉투
② 폴리에틸렌(PE : polyethylene)
　㉠ 열에 강한 소재로 주방용품에 많이 사용된다.
　㉡ 가공이 쉬워 다양한 제품군에 사용되며, 페트병의 주원료가 되기도 한다.
　㉢ 장시간 햇빛에 노출되어도 변색이 거의 일어나지 않는다.
　예 페트병

③ 폴리프로필렌(PP : polypropylene)

　　㉠ 가볍고 열에 강한 소재로 식기, 제품 케이스 등 다양한 용도에 사용된다.

　　㉡ 유해 물질이 발생하지 않는 친환경 소재로 항균 기능도 갖추고 있다.

　　예 일회용 용기

④ 폴리스티렌(PS : polystyrene) : 플라스틱 중 표준이 되는 수지로 광택이 좋고 투명하며, 독성이 없다. 단, 내열성이 떨어져 뜨거운 것에 닿으면 쉽게 녹는다.

　　예 일회용 컵, 과자의 포장 용기

☉ 포장 용기 선택 시 고려사항

• 단가가 낮아야 함.
• 제품과 접촉되어 먹었을 때 유해 물질이 함유되지 않도록 위생적이어야 함.
• 포장 기계에 쉽게 적용할 수 있어야 함.
• 방수성이 있고 통기성이 없어야 함. 통기성이 있는 재료를 쓰면 빵의 향이 날아가고 수분이 증발됨. 또한 공기 중의 산소에 의해 산패가 생겨 빵의 노화를 촉진시킴.
• 크거나 무거운 제품을 포장했을 때 제품이 파손되지 않아야 함.
• 제품을 포장했을 때 그 제품의 상품가치를 높일 수 있어야 함.

제3장 제과류 제품 제조

적중예상문제

01 다음 중 과일 케이크 제조 시 과일이 가라앉는 것을 방지하는 방법으로 알맞지 않은 것은?

① 밀가루 투입 후 충분히 혼합한다.
② 팽창제 사용량이 증가한다.
③ 과일에 일부 밀가루를 버무려 사용한다.
④ 단백질 함량이 높은 밀가루를 사용한다.

> **해설**
> 팽창제를 증가시키면 팽창이 과도하게 되어 기공이 열려 조직이 약해지고 과일이 가라앉는다.

02 케이크의 노화 지연 방법이 아닌 것은?

① 정확한 공정을 지킨다.
② 신선한 재료를 사용한다.
③ 제품을 4~10[℃]에서 보관한다.
④ 제품을 실온에서 보관한다.

> **해설**
> 4~10[℃]에 보관하면 노화가 촉진된다.

03 다음 중 스펀지 케이크 제조 시 아몬드 분말을 사용할 경우의 장점은?

① 노화가 지연되며 맛이 좋다.
② 식감이 단단하다.
③ 원가가 절감된다.
④ 반죽이 안정적이다.

> **해설**
> 아몬드 가루에는 필수 지방산과 비타민 E가 풍부하여 노화가 지연된다.

04 제과 반죽이 너무 산성에 치우쳐 발생하는 현상과 거리가 먼 것은?

① 연한 향   ② 여린 껍질색
③ 빈약한 부피   ④ 거친 기공

> **해설**
> 제과 반죽이 알칼리성에 치우치면 거친 기공, 어두운 껍질색, 강한 향이 난다.

05 찜류 또는 만주 등에 사용하는 팽창제인 이스파타의 특성이 아닌 것은?

① 팽창력이 강하다.
② 제품의 색을 희게 한다.
③ 암모니아 취가 날 수 있다.
④ 중조와 산제를 이용한 팽창제이다.

> **해설**
> 이스파타는 이스트와 베이킹파우더의 약칭으로 염화암모늄에 중조를 혼합한 팽창제이다. 중조의 결점(쓴맛이 나게 하고 노랗게 변화시킴)을 보완시킨 것으로 찜류의 팽창제로 많이 사용한다.

06 스펀지 케이크에서 달걀 사용량이 20[%] 감소됐다면 밀가루 사용량은 몇 [%] 증가해야 하는가?

① 3[%]   ② 5[%]
③ 7[%]   ④ 10[%]

> **해설**
> 달걀의 수분 함량은 75[%], 고형물은 25[%]이므로, 달걀 20[%]는 밀가루 5[%]와 물 15[%]로 대신 사용할 수 있다.

07 케이크 제품의 기공이 조밀하고 속이 축축한 결점의 원인이 아닌 것은?

① 액체 재료 사용량 과다
② 과도한 액체만 사용
③ 너무 높은 오븐 온도
④ 달걀 함량의 부족

해설

제품 내에 수분량이 많이 잔재하는 경우 기공이 조밀하고 속이 축축할 수 있다.

08 공립법으로 제조한 케이크의 최종 제품이 열린 기공과 거친 조직감을 갖게 되는 원인은?

① 적정 온도보다 높은 온도에서 굽기
② 오버 믹싱된 낮은 비중의 반죽으로 제조
③ 달걀 이외의 액체 재료 함량이 높은 배합
④ 품질이 낮은(오래된) 달걀을 배합에 사용

해설

케이크 반죽 시 오버 믹싱하여 공기포집이 많이 된 가벼운 반죽은 기공이 열리고 거친 조직감을 갖는다.

09 푸딩을 제조할 때 경도의 조절은 어떤 재료에 의하여 결정되는가?

① 우유 ② 설탕
③ 달걀 ④ 소금

해설

푸딩은 달걀이 열변성에 의한 농후화 작용을 이용하여 만드는 제품으로, 단단하고 부드러운 정도(경도)를 조절한다.

10 슈 껍질의 굽기 후 밑면이 좁고 공과 같은 형태를 가졌다면 그 원인은?

① 밑불이 윗불보다 강하고 팬에 기름칠이 적다.
② 반죽이 질고 글루텐이 형성된 반죽이다.
③ 온도가 낮고 팬에 기름칠이 적다.
④ 반죽이 되거나 윗불이 강하다.

해설

팬에 기름칠이 적거나 오븐 열이 부족한 경우, 밑면이 좁고 공과 같은 모양이 된다.

11 슈 재료의 계량 시 같이 계량해서는 안 될 재료로 짝지어진 것은?

① 버터 + 물
② 물 + 소금
③ 버터 + 소금
④ 밀가루 + 베이킹파우더

해설

슈 반죽은 도중에 밀가루를 호화시키는 과정이 있으므로, 열에 의해 팽창 작용을 일으키는 베이킹파우더를 밀가루와 같이 계량하는 것은 옳지 않다. 베이킹파우더를 넣을 경우 마지막에 넣는다.

12 다음 중 쿠키의 과노한 퍼짐 원인이 아닌 것은?

① 반죽의 되기가 너무 붉을 때
② 유지 함량이 적을 때
③ 설탕 사용량이 많을 때
④ 굽는 온도가 너무 낮을 때

해설

유지량이 적으면 크림화가 덜 되어 퍼짐이 작다.

13 핑거 쿠키 성형방법으로 옳지 않은 것은?

① 원형 깍지를 이용하여 일정한 간격으로 짠다.

② 철판에 기름을 바르고 짠다.

③ 5~6[cm] 정도의 길이로 짠다.

④ 짠 뒤에 윗면에 고르게 설탕을 뿌려준다.

> **해설**
>
> 핑거 쿠키는 거품형 반죽으로 종이나 테프론 시트를 깔고 짠다.

14 반죽형 쿠키 중 수분을 가장 많이 함유하는 쿠키는?

① 쇼트 브레드 쿠키 ② 드롭 쿠키

③ 스냅 쿠키 ④ 스펀지 쿠키

> **해설**
>
> 전체 쿠키 중에서는 스펀지 쿠키가 수분이 가장 많지만, 반죽형 쿠키 중에서는 드롭 쿠키가 수분이 가장 많다.

15 튀김 기름에 스테아린(Stearin)을 첨가하는 이유에 대한 설명으로 틀린 것은?

① 기름의 침출을 막아 도넛 설탕이 젖는 것을 방지한다.

② 유지의 융점을 높인다.

③ 도넛에 설탕이 붙는 점착성을 높인다.

④ 경화제(Hardener)로 튀김 기름의 3~6[%]를 사용한다.

> **해설**
>
> 스테아린은 경화제(강도를 강하게 하는) 역할을 하므로, 기름이 배어 나오는 것을 막고 설탕이 젖는 현상을 방지한다.

16 도넛의 설탕이 수분을 흡수하여 녹는 현상을 방지하기 위한 방법으로 잘못된 것은?

① 도넛에 묻는 설탕량을 증가시킨다.

② 튀김 시간을 증가시킨다.

③ 포장용 도넛의 수분은 38[%] 전후로 한다.

④ 냉각 중 환기를 더 많이 시키면서 충분히 냉각한다.

> **해설**
>
> 도넛의 수분 함량은 21~25[%]가 적당하다.

17 과일 파이의 충전물이 끓어 넘치는 이유가 아닌 것은?

① 충전물의 온도가 낮다.

② 껍질에 구멍을 뚫지 않았다.

③ 충전물에 설탕량이 너무 많다.

④ 오븐 온도가 낮다.

> **해설**
>
> 충전물의 온도가 높으면 충전물이 끓어 넘치므로, 충전물을 넣을 때는 20[℃] 이하로 식혀서 넣는다.

18 파이 제조에 대한 설명으로 틀린 것은?

① 아래 껍질을 위 껍질보다 얇게 한다.

② 껍질 가장자리에 물 칠을 한 뒤 위 껍질을 덮는다.

③ 위아래의 껍질을 잘 붙인 뒤 남은 반죽을 잘라낸다.

④ 덧가루를 뿌린 면포 위에서 반죽을 밀어 편 뒤 크기에 맞게 자른다.

> **해설**
>
> 위 껍질이 아래 껍질보다 얇아야 한다.

19 퍼프 페이스트리 제조 시 휴지의 목적이 아닌 것은?

① 밀가루가 수화를 완전히 하여 글루텐을 안정시킨다.
② 밀어 펴기를 쉽게 한다.
③ 저온처리를 하여 향이 좋아진다.
④ 반죽과 유지의 되기를 같게 한다.

> **해설**
> 향과는 관계가 없다.

20 퍼프 페이스트리 제조 시 다른 조건이 같을 때 충전용 유지에 대한 설명으로 틀린 것은?

① 충전용 유지가 많을수록 결이 분명해진다.
② 충전용 유지가 많을수록 밀이 펴기가 쉬워진다.
③ 충전용 유지가 많을수록 부피가 커진다.
④ 충전용 유지는 가소성 범위가 넓은 파이용이 적당하다.

> **해설**
> 충전용 유지가 많을수록 결이 분명해지고 제품의 부피가 커지면서 밀어 펴기는 어렵다. 페이스트리에 사용하는 충전용 유지는 가소성의 범위가 넓어야 한다.

21 흰자를 사용하는 제품에 주석산 크림이나 식초를 첨가하는 이유로 적합하지 않은 것은?

① 알칼리성 흰자를 중화한다.
② pH를 낮춤으로써 흰자를 강력하게 한다.
③ 풍미를 좋게 한다.
④ 색깔을 희게 한다.

> **해설**
> 풍미와는 관계가 없다.

22 롤 케이크를 말 때 표면이 터지는 결점을 방지하기 위한 조치 방법이 아닌 것은?

① 덱스트린을 적당량 첨가한다.
② 노른자를 줄이고 전란을 증가시킨다.
③ 오버 베이킹이 되도록 한다.
④ 설탕의 일부를 물엿으로 대체한다.

> **해설**
> 오버 베이킹을 하면 수분 손실이 많아 노화가 빠르며 말기 중 터질 수 있다.

23 스펀지 케이크의 부피가 작아진 경우 그 원인에 해당하지 않는 것은?

① 낮은 온도의 오븐에 넣고 구운 경우
② 달걀을 기포할 때 기구에 기름기가 많은 경우
③ 급속한 냉각으로 수축이 일어난 경우
④ 최종 믹싱 속도가 너무 빠른 경우

> **해설**
> 높은 온도의 오븐에서 구우면 색이 빨리 나서 굽기를 종료했을 때 과도하게 남은 수분으로 인해 주저앉아 부피가 작아질 수 있다.

24 스펀지 케이크에서 달걀 사용량을 15[%] 감소시킬 때 고형분과 수분량을 고려한 밀가루와 물의 사용량은?

① 밀가루 3.75[%] 증가, 물 11.25[%] 감소
② 밀가루 3.75[%] 감소, 물 11.25[%] 증가
③ 밀가루 3.75[%] 감소, 물 11.25[%] 감소
④ 밀가루 3.75[%] 증가, 물 11.25[%] 증가

> **해설**
> 달걀을 15[%] 감소시킬 때의 조치사항(달걀은 고형분 25[%], 수분 75[%]로 구성)
> • 밀가루 : 15 × 25[%] = 3.75[%] 증가
> • 물 : 15 × 75[%] = 11.25[%] 증가

25 스펀지 케이크에서 달걀 사용량을 감소시킬 때의 조치사항으로 잘못된 것은?

① 베이킹파우더를 사용한다.
② 물 사용량을 추가한다.
③ 쇼트닝을 첨가한다.
④ 양질의 유화제를 병용한다.

해설

스펀지 케이크에는 쇼트닝을 사용하지 않는다.

26 파운드 케이크 제조 시 2중 팬을 사용하는 목적이 아닌 것은?

① 제품 바닥의 두꺼운 껍질형성을 방지하기 위하여
② 제품 옆면의 두꺼운 껍질형성을 방지하기 위하여
③ 제품의 조직과 맛을 좋게 하기 위하여
④ 오븐에서의 열전도 효율을 높이기 위하여

해설

파운드 케이크는 장시간 굽기 때문에 오븐에서의 열전도 효율을 조금 떨어뜨려서, 두꺼운 껍질이 형성되는 것을 막고 제품의 조직과 맛을 좋게 하기 위해서 2중 팬을 사용한다.

27 케이크 팬 용적 410[cm³]에 100[g]의 스펀지 케이크 반죽을 넣어 좋은 결과를 얻었다면 팬 용적 1,230[cm³]에 넣어야 할 스펀지 케이크의 반죽 무게는?

① 123[g]
② 200[g]
③ 300[g]
④ 410[g]

해설

- 비용적 = $\dfrac{\text{틀 부피}}{\text{반죽 무게}} = \dfrac{410}{100} = 4.1[cm^3/g]$
- 반죽 무게 = $\dfrac{\text{틀 부피}}{\text{비용적}} = \dfrac{1,230}{4.1} = 300[g]$

28 다음 중 반죽 방법이 다른 하나는?

① 쇼트 브레드 쿠키
② 오렌지 쿠키
③ 핑거 쿠키
④ 초코 킵펠 쿠키

해설

핑거 쿠키는 거품형 반죽이다.

29 반죽형 케이크의 특징에 해당하지 않는 것은?

① 일반적으로 밀가루를 달걀보다 많이 사용한다.
② 많은 양의 유지를 사용한다.
③ 해면 같은 조직으로 입안에서의 식감이 부드럽다.
④ 화학 팽창제를 많이 사용하여 부피를 팽창시킨다.

해설

해면 같은 조직은 거품형 반죽의 특징이다.

30 고율배합에 대한 설명으로 틀린 것은?

① 믹싱 중 공기 혼입량이 많다.
② 화학 팽창제를 많이 쓴다.
③ 설탕 사용량이 밀가루 사용량보다 많다.
④ 촉촉하고 부드러운 조직감을 갖고 있다.

해설

공기 혼입량이 많은 반죽이므로 화학 팽창제는 적게 사용한다.

31 실내 온도 30[℃], 실외 온도 35[℃], 밀가루 온도 24[℃], 설탕 온도 20[℃], 쇼트닝 온도 20[℃], 달걀 온도 24[℃], 마찰계수는 22이다. 희망 반죽 온도가 25[℃]일 때 사용할 물의 온도는?

① 8[℃]　　　　② 9[℃]
③ 10[℃]　　　　④ 12[℃]

해설

사용할 물 온도
= (희망 반죽 온도 × 6) − (밀가루 온도 + 실내 온도 + 마찰계수 + 설탕 온도 + 유지 온도 + 달걀 온도)
= (25 × 6) − (24 + 30 + 22 + 20 + 20 + 24)
= 150 − 140 = 10[℃]

32 반죽의 비중과 관계가 적은 것은?

① 제품의 부피　　　② 제품의 기공
③ 제품의 조직　　　④ 제품의 점도

해설

비중이 높으면 부피가 작고 기공이 조밀하며, 비중이 낮으면 부피가 많이 부풀었다가 주저앉으며 기공이 거칠고 가볍다.

33 다음 제품 중 팬닝할 때 제품의 간격이 가장 넓어야 하는 제품은?

① 오믈렛　　　　② 슈
③ 쇼트 브레드 쿠키　　④ 마카롱

해설

슈는 팽창률이 매우 크므로 팬 간격이 넓어야 골고루 팽창이 잘된다.

34 언더 베이킹(Under Baking)에 대한 설명으로 틀린 것은?

① 제품의 윗부분이 솟아오른다.
② 제품의 중심이 터진다.
③ 케이크의 속 부분이 설익을 수 있다.
④ 노화가 빠르다.

해설

언더 베이킹이란 높은 온도에서 짧게 굽는 것으로 노화가 느리다.

35 찜 제품에 사용된 열전달 방식은?

① 대류　　　　② 전도
③ 복사　　　　④ 식화

해설

• 대류 : 열에 의해 올라오는 뜨거워진 공기가 팽창하면서 가벼워져 위로 상승하고 찬 공기는 아래로 내려보내며 열이 순환되면서 익는 방식(열효율이 복사열의 $\frac{1}{5}$ 정도이므로 오븐에 팬을 설치해 강제로 열을 대류시킨다.)
• 전도 : 빵 틀에 오븐 열이 직접 닿음으로써 열이 전달되는 방식
• 복사 : 적외선에 의한 것으로, 가열된 오븐의 옆면, 윗면으로부터 방사된다.

36 단순 아이싱(Flat Icing)을 만드는 데 필요한 재료가 아닌 것은?

① 분당　　　　② 물
③ 물엿　　　　④ 설탕

해설

단순 아이싱이란 분당, 물, 물엿, 향을 섞어 43[℃]로 가열해 만든다.

37 커스터드 크림을 만드는 재료에 속하지 않는 것은?

① 우유　　　　　② 달걀
③ 생크림　　　　④ 설탕

> **해설**
> 커스터드 크림은 노른자, 설탕, 데운 우유와 전분을 넣고 끓여 만든다.

38 흰자 100에 대하여 설탕 180의 비율로 만든 머랭으로, 하루 두었다가 사용해도 무방한 머랭은?

① 냉제 머랭　　　② 이탈리안 머랭
③ 온제 머랭　　　④ 스위스 머랭

> **해설**
> 스위스 머랭은 구우면 표면에 광택이 난다.

39 머랭을 제조할 때 주석산 크림을 사용하는 이유가 아닌 것은?

① 흰자를 강하게 한다.
② 머랭의 pH를 낮춘다.
③ 색을 희게 한다.
④ 맛과 조직을 좋게 한다.

> **해설**
> 주석산을 사용함으로써 pH를 낮춰 안정성을 높이고 흰자를 강하게 한다.

제 **4** 장

빵류 제품 제조

01 빵류 제품 반죽법
02 반죽 발효, 정형, 익힘
03 기타 빵류, 충전물 제조
04 제품 마무리
▶ 적중예상문제

CHAPTER 01 빵류 제품 반죽법

- 반죽법을 익힌 후 해당 제품의 반죽법을 설정하여 반죽을 할 수 있다.
- 각각의 제품의 특징과 제조 차이점을 알고 알맞은 제품을 생산할 수 있다.

01 반죽의 종류 및 특징

1. 반죽의 종류

(1) 스트레이트법(Straight Dough Method)

① 스트레이트법

ㄱ 직접 반죽법(직접법)이라고도 한다.

ㄴ 모든 재료를 믹서에 한 번에 넣고 반죽하는 방법이다.

② 재료의 사용 범위(Baker's %)

재료	비율[%]	재료	비율[%]
강력분	100	소금	2
물	60~64	유지	3~4
이스트	2~3	설탕	4~8
개량제	1~2	탈지분유	3~5

③ 제조 공정

재료 계량	• 위생적이고 정확한 계량 • 이스트 : 설탕, 소금, 유지에 닿지 않도록 따로 계량 • 물 : 반죽 온도에 맞게 조절
반죽	• 전 재료(유지 제외)를 믹서에 넣고 수화 및 글루텐 발전 • 클린업 단계 유지 첨가 • 제품별로 적절한 단계까지 믹싱

1차 발효	• 발효 온도 : 27[℃] • 상대습도 : 75~80[%] • 발효 시간 : 1~3시간 • 제품에 따라 필요시 펀치	
	1차 발효 완료점	**펀치**
	– 부피 : 3~3.5배 증가 – 손가락으로 눌렀을 때 약간 오므라드는 상태 – 직물구조(섬유질 상태) 생성 확인	– 부피 : 약 2~2.5배 – 전체 발효 시간의 약 60[%] – 반죽의 가스 빼기
분할	• 10분 이내 제품별 무게로 반죽 분할(발효 진행 ×)	
둥글리기	• 성형하기 편한 모양으로 공처럼 만드는 과정 • 표면을 매끄럽게 함. • 발효 중 생긴 큰 기포 제거	
중간 발효 (벤치 타임)	• 발효 온도 : 27~29[℃] • 상대습도 : 75[%] • 발효 시간 : 10~15분	
정형	• 반죽을 원하는 형태로 만듦.	
팬닝	• 반죽을 빵틀에 넣거나 철판에 옮김(이음매는 아래로 향하게).	
2차 발효	• 발효 온도 : 35~43[℃] • 상대습도 : 85~90[%] • 발효 시간 : 30~60분 • 완제품의 크기(2~3배)까지 발효	
굽기	• 제품의 종류 및 크기에 따라 오븐 온도 조절	
냉각	• 제품을 35~40[℃]로 냉각	

⏰ 펀치를 하는 이유
- 반죽 온도 균일
- 산소 공급으로 이스트의 활동 활력
- 산소 공급으로 반죽의 산화와 숙성 촉진

④ 장단점(스핀지법 비교 시)

장점	단점
• 제조 공정 단순 • 시설 및 장비 간단 • 발효 손실 감소 • 노동력, 시간 절감	• 노화 빠름. • 향미, 식감 덜함. • 잘못된 공정 수정 어려움. • 발효 내구성, 기계 내성 약함.

핵심문제 풀어보기

스펀지법에 비교해서 스트레이트법의 장점은?

① 노화가 느리다.
② 발효에 대한 내구성이 좋다.
③ 노동력이 절감된다.
④ 분할기계에 대한 내구성이 증가한다.

해설
- 제조 공정 단순
- 시설 및 장비 간단
- 발효 손실 감소
- 노동력, 시간 절감

답 ③

▶ 제법별 발효

제법	조건	발효의 완료점
스트레이트법	• 온도 : 27[℃] • 습도 : 75~80[%]	• 손가락으로 눌렀을 때 자국이 남음. • 부피가 3~3.5배 증가 • 반죽 내부에 섬유질 생성
스펀지법	• 온도 : 27[℃] • 습도 : 75~80[%]	• 표준 발효 시간 : 3~4시간 • 부피가 4~5배 증가 • 드롭 현상
액체 발효법	• 온도 : 30[℃]	• 발효 시간 : 2~3시간 • pH 미터기로 측정(pH 4.2~5.0)

(2) 비상 스트레이트법(Emergency Straight Dough Method)

① 비상 스트레이트법

㉠ 비상 반죽법이라고도 한다.

㉡ 전체 공정 시간을 줄임으로써 짧은 시간 내에 제품을 생산할 수 있다(표준 발효 시간 ↓, 발효 속도 ↑).

㉢ 갑작스러운 상황에 빠르게 대처할 수 있는 방법이다.

② 비상 스트레이트법 변화 시 조치사항

	조치사항	내용
필수 조치사항 (6개)	물 사용량	1[%] 증가(작업성 향상)
	설탕 사용량	1[%] 감소(껍질색 조절)
	믹싱 시간	20~30[%] 증가(반죽의 신장성 증대)
	이스트 양	2배 증가(발효 속도 촉진)
	반죽 온도	30[℃](발효 속도 촉진)
	1차 발효 시간	15~30분(공정 시간 단축)
선택 조치사항 (4개)	소금	1.75[%] 감소(이스트 활동 방해 요소 줄임)
	이스트 푸드	0.5[%] 증가(이스트의 양 증가에 따른 증가)
	분유	1[%] 감소(완충제 역할로 발효 지연)
	식초나 젖산	0.75[%] 첨가(반죽의 pH를 낮추어 발효 촉진)

③ 장단점(스트레이트법 비교 시)

장점	단점
• 비상시 빠른 대처 가능 • 노동력, 임금 절약 가능(제조 시간 ↓)	• 저장성 짧아 노화 빠름. • 이스트 향 강해짐. • 제품의 부피가 고르지 않음.

(3) 스펀지 도우법(Sponge Dough Method)

① 스펀지 도우법

㉠ 두 번 반죽을 하므로 중종법이라고 한다.

㉡ 처음 반죽을 스펀지(Sponge) 반죽, 나중 반죽을 본(Dough) 반죽이라고 한다.

② 재료의 사용 범위(Baker's %)

⏱ **스펀지 도우법의 반죽 온도**

스펀지 반죽 온도	24[℃]
본(Dough) 반죽 온도	27[℃]

스펀지(Sponge)		도우(Dough)	
재료	비율[%]	재료	비율[%]
밀가루	60~100	밀가루	40~0
물	스펀지 밀가루의 55~60	물	전체 밀가루의 60~66 − 스펀지 물 사용량
생이스트	1~3	생이스트	2~0
이스트 푸드 (제빵 개량제)	0~0.5(0~2)	–	–
		소금	1.75~2.25
		설탕	1~10
		유지	2~7
		탈지분유	2~4

③ 제조 공정

재료 계량	• 위생적이고 정확한 계량 • 이스트 : 설탕, 소금, 유지에 닿지 않도록 따로 계량 • 물 : 반죽 온도에 맞게 조절
스펀지 반죽	• 스펀지 재료 픽업 단계까지 믹싱 • 반죽 온도 : 24[℃] • 반죽 시간 : 4~6분, 저속
1차 발효 (스펀지 발효)	• 발효 온도 : 스펀지 24[℃], 도우 27[℃] • 상대습도 : 75~80[%] • 발효 시간 : 처음 부피의 4~5배(3~4시간)
본(도우) 반죽	• 스펀지 반죽과 본 반죽용 재료(유지 제외)를 믹서에 넣고 수화 및 글루텐 발전 • 클린업 단계 유지 첨가 • 제품별로 적절한 단계까지 믹싱 • 반죽 온도 : 27[℃]

⏱ **스펀지에 밀가루를 증가할 경우**

• 스펀지 발효 시간은 길어지고, 본 반죽의 발효 시간은 짧아진다.

• 본 반죽의 반죽 시간과 플로어 타임이 둘 다 짧아진다.

• 반죽의 신장성이 좋아진다.

• 풍미, 부피, 조직, 기공 등 제품의 품질이 좋아진다.

빵류 제품 제조
제4장

스펀지 도우법에서 스펀지 밀가루 사용량을 증가시킬 때 나타나는 결과가 아닌 것은?

① 도우(본 반죽) 제조 시 반죽 시간이 길어진다.
② 완제품의 부피가 커진다.
③ 도우(본 반죽) 발효 시간이 짧아진다.
④ 반죽의 신장성이 좋아진다.

해설

스펀지 제조 시 밀가루 사용량이 증가하면 본 반죽 제조 시 밀가루 사용량이 감소하므로, 도우(본 반죽) 제조 시 반죽 시간이 짧아진다.

답 ①

◔ 마스터 스펀지법

• 스펀지 도우법의 단점인 노동력과 제조 시간의 증가를 줄이기 위한 방법
• 하나의 스펀지 반죽으로 2~4개의 도우를 제조하는 방법

◔ 완충제를 넣는 이유

• 발효 중 생성된 유기산과 작용하도록 산도 조절 역할
• 완충제 : 분유, 탄산칼슘, 염화암모늄

◔ 액종 발효 완료점

• pH로 확인(pH 4.2~5.0이 최적 상태)
• 소포제 사용 : 생성되는 기포를 제거
  * 소포제 : 쇼트닝, 실리콘 화합물, 탄소수 적은 지방산

플로어 타임	• 파괴된 글루텐 층을 재결합시키기 위한 발효 공정 • 발효 시간 : 10~40분 • 스펀지 밀가루의 양이 많을수록 본 반죽 시간은 짧아지고 플로어 타임 짧아짐.
분할	• 10분 이내 제품별 무게로 반죽 분할(발효 진행 ×)
둥글리기	• 성형하기 편한 모양으로 공처럼 만드는 과정 • 표면을 매끄럽게 함. • 발효 중 생긴 큰 기포 제거
중간 발효 (벤치 타임)	• 발효 온도 : 27~29[℃] • 상대습도 : 75[%] • 발효 시간 : 10~15분
정형	• 반죽을 원하는 형태로 만듦.
팬닝	• 반죽을 빵틀에 넣거나 철판에 옮김(이음매는 아래로 향하게).
2차 발효	• 발효 온도 : 35~43[℃] • 상대습도 : 85~90[%] • 발효 시간 : 30~60분 • 완제품의 크기(2~3배)까지 발효
굽기	• 제품의 종류 및 크기에 따라 오븐 온도 조절
냉각	• 제품을 35~40[℃]로 냉각

④ 장단점(스트레이트법 비교 시)

장점	단점
• 공정 중 잘못된 공정을 수정할 기회가 있음. • 발효 내구성이 강함. • 부피가 크고, 속결이 부드러움. • 저장성이 좋음(노화 지연).	• 발효 시간 증가로 발효 손실 증가 • 노동력, 시설 등 경비 증가

(4) 액체 발효법(액종법, Pre-ferment Dough Method)

① 액체 발효법

㉠ 액체 발효법 또는 완충제(분유)를 사용하기 때문에 ADMI(아드미)법이라고도 한다.

㉡ 스펀지 도우법의 결함(많은 공간 필요)을 없애기 위해 만들어진 제조법이다.

㉢ 액종 재료를 섞어 2~3시간 발효시킨 후 사용하는 스펀지 도우법의 변형이다.

② 재료의 사용 범위(Baker's %)

액종		본 반죽	
재료	사용 범위(100[%])	재료	사용 범위(100[%])
물	30	액종	35
생이스트	2~3	강력분	100
이스트 푸드	0.1~0.3	물	32~34
탈지분유	0~4	설탕	2~5
설탕	3~4	소금	1.5~2.5
		유지	3~6

③ 장단점

장점	단점
• 발효 내구력이 약한 밀가루로 빵 생산 가능 • 한 번에 많은 양의 발효 가능 • 발효 손실에 따른 생산 손실 감소 • 균일한 제품 생산이 가능 • 공간, 설비가 감소	• 산화제 사용량 증가 • 환원제, 연화제 필요

(5) 연속식 제빵법

① 연속식 제빵법

㉠ 액체 발효법을 한 단계 발전시킨 방법으로 연속적인 작업을 하는 방법이다.

㉡ 연결된 특수한 설비가 필요하며, 최소한의 인원과 공간에서 생산이 가능하다.

㉢ 반죽을 고속으로 회전하는 3~4기압의 디벨로퍼에 통과시켜 반죽을 기계적으로 형성시키므로 다량의 산화제가 필요하다.

② 장단점

장점	단점
• 발효 손실 감소 • 노동력 감소 • 공장 면적과 믹서 등 설비의 감소	• 일시적 기계 구입 비용 부담 • 산화제 첨가로 인한 발효 향 감소

⌀ 연속식 제빵법
쇼트닝 온도조절기 → 밀가루 급송 장치 → 예비 혼합기 → 반죽기(디벨로퍼) → 분할기 → 2차 발효 → 굽기 → 냉각 → 포장

⌀ 디벨로퍼
3~4기압으로 고속으로 회전하면서 반죽의 글루텐을 형성한다.

빵류 제품 제조 제4장

(6) 노타임 반죽법(No-time Dough Method)

① 노타임 반죽법

㉠ 1차 발효를 하지 않거나 매우 짧게 하는 대신, 산화제와 환원제를 사용하여 믹싱 시간 및 발효 시간을 단축하는 방법이다.

㉡ 반죽한 뒤 잠시 휴지시키는 일 이외에 보통 발효라는 공정을 거치지 않으므로 무발효 반죽법이라고도 한다.

② 산화제와 환원제

산화제	• 가스 보유력과 반죽 취급성이 좋도록 단백질 구조를 강하게 하는 역할 • 1차 발효가 지나치면 반죽이 성형하기에 너무 단단해질 수 있다. 　(1차 발효 시간을 단축할 수 있다.) • 비타민 C(아스코르브산), 브롬산칼륨, 요오드칼륨, 아조디카본아마이드(ADA)를 사용하여 발효 시간을 단축시킨다.
환원제	• 글루텐 단백질 사이의 이황화결합(-S-S)을 절단시켜서 반죽 시 단백질이 빨리 재정렬될 수 있다.(반죽 시간을 단축할 수 있다.) • L-시스테인, 소르브산을 사용하여 반죽 시간을 단축시킨다.

③ 장단점

장점	단점
• 짧은 시간 안에 빵 생산 가능 • 발효 시간이 짧아 발효 손실이 적다. • 에너지가 적게 든다.	• 짧은 발효로 인해 발효 향이 부족하다. • 전분에 대한 효소 작용이 적고 제품의 저장성이 짧다. • 재료비가 많이 늘어난다.

(7) 냉동 반죽법

① 냉동 반죽법

㉠ 반죽 시 수분량을 63[%] → 58[%]로 줄여서 반죽을 한다.

㉡ 반죽 온도 20[℃]로 제조 후 0∼15분 짧게 1차 발효한다.

㉢ 분할 이후 또는 성형 이후의 반죽을 −40[℃]에서 급속 냉동시킨 다음, −25∼−18[℃]에 냉동보관하여 이스트의 활동을 억제시킨 후 필요시에 완만한 해동을 통해 제빵 공정을 진행하는 방법이다.

㉣ 바게트나 식빵 같은 저율배합보다는 단과자빵, 크루아상과 같은 고율배합 제품에 적합한 제법이다.

② 재료의 사용 범위(Baker's %)

구분		비율[%]	조치
밀가루		100	단백질 함량이 많은 밀가루 사용
물		57~63	식빵보다 2~3[%] 적게 사용
이스트		3.5~5.5	이스트 양 2배 증가
이스트 푸드		0~0.75	
소금		1.8~2.5	
설탕		6~10	1~8[%] 증가(이스트 손상 방지)
유지		3~5	1~2[%] 증가(이스트 손상 방지)
산화제	아스코르빈산	40~80[ppm]	글루텐을 단단하게 하여 냉해에 의해 반죽
	브롬산칼륨	24~30[ppm]	이 퍼지는 현상 방지
노화 방지제(SSL)		0.5	약간 첨가(신선함을 유지하기 위해)

③ 장단점

장점	단점
• 인당 생산량 증가 • 계획 생산 가능함. • 다품종 소량 생산 가능 • 발효 시간 줄어 전체 제조 시간 단축 • 신선한 빵 제공(반죽의 저장성 향상) • 생산 시간 효율적 조절 가능	• 냉동 중 이스트 사멸로 가스 발생력 약화 　및 가스 보유력 저하 • 냉동 저장의 시설비 증가 • 많은 양의 산화제 사용 • 제품의 노화가 빠름.

◈ 냉동 반죽의 팽창 저하 요인
• 냉동 반죽의 얼음 결정 형성
• 냉동 시 탄산가스의 확산 및 용해도에 의한 가스 보유력 감소
• 냉동 후 해동 시 저장기간 및 환경에 따른 반죽의 물성 약화

빵류 제품 제조
제4장

CHAPTER 02 반죽 발효, 정형, 익힘

- 발효와 둥글리기의 목적을 알고 알맞은 발효를 할 수 있다.
- 각각의 제품의 특징에 맞게 정형과 팬닝을 할 수 있다.
- 제품에 맞는 굽기를 선택해 제품을 제조할 수 있다.
- 제품에 맞게 온도를 설정 후 튀기기를 할 수 있다.

01 반죽 발효 관리

1. 1차 발효

(1) 1차 발효 정의

① 이스트(효모)의 효소로 반죽 속의 당을 분해하여 탄산가스와 알코올을 만들고, 열을 발생시키는 것을 말한다.

치마아제(Zymase)
↓

알코올 발효 : $C_6H_{12}O_6 \rightarrow 2CO_2 + 2C_2H_5OH + 66[kcal]$

② 빵의 발효는 반죽과 동시에 시작되며 굽기 중 이스트가 사멸할 때까지 진행된다.

③ 전체적으로 길게 발효가 진행되지만 편의상 분할 전까지 1차 발효라고 정의한다.

 알코올 발효와 젖산 발효

	알코올 발효	젖산 발효
종류	효모(이스트)	젖산균
분해	포도당 → 알코올	포도당 → 젖산
예	막걸리, 맥주, 빵	김치, 된장, 요구르트, 치즈

(2) 1차 발효 목적

팽창 작용	이산화탄소(CO_2) 발생 → 팽창 작용
숙성 작용	효소 작용 → 반죽을 유연하게 만듦.
풍미 생성	발효 생성물 축적 → 독특한 맛과 향 생성 ↳ 알코올, 유기산, 에스테르, 알데히드, 케톤 등

▶ 발효 손실에 영향을 주는 요인

요인	손실이 적은 경우	손실이 큰 경우
반죽 온도	낮을수록	높을수록
발효 시간	짧을수록	길수록
배합률	소금과 설탕이 많을수록	소금과 설탕이 적을수록
발효실의 온도	낮을수록	높을수록
발효실의 습도	높을수록	낮을수록

2. 2차 발효

(1) 2차 발효 목적

① 기본적 요소는 온도, 습도, 시간이다.

② 신장성을 잃고 단단해진 반죽이 다시 부풀어 오르는 것을 뜻한다.

③ 반죽의 숙성으로 알코올, 유기산 등의 방향성 물질을 생성한다.

④ 신장성과 탄력성을 높여 오븐 팽창이 잘 일어나게 하기 위해 발효시킨다.

▶ 제품별 2차 발효 조건

제품	조건
식빵, 단과자빵	온도 38[℃], 습도 85[%]
하스브레드	온도 32[℃], 습도 75[%]
도넛	온도 32[℃], 습도 65~70[%]
크루아상	온도 27[℃], 습도 70[%]
데니시 페이스트리	온도 27~30[℃], 습도 75~80[%]

(2) 발효 시간이 제품에 미치는 영향

발효 시간	제품에 미치는 영향
부족한 경우	• 껍질색이 진한 적갈색이 된다. • 부피가 작다. • 옆면이 터진다.
지나친 경우	• 껍질색이 여리다. • 부피가 크다. • 기공이 거칠다. • 조직과 저장성이 나쁘다. • 과다한 산의 생성으로 향이 나빠진다.

빵류 제품 제조 제4장

(3) 발효 온도, 발효 습도

상태	조건	제품
고온 고습 발효	온도 36~38[℃], 습도 85[%]	식빵류, 단과자빵류
건조 발효	온도 32[℃], 습도 65~70[%]	도넛
고온 건조 발효	온도 50~60[℃]	중화 만두
저온 저습 발효	온도 27~32[℃], 습도 75[%]	데니시 페이스트리, 크루아상, 브리오슈, 하스브레드

▶ 습도에 따른 변화

발효 습도가 높은 경우	발효 습도가 낮은 경우
• 껍질이 질기며, 수포(기포, 물집)가 형성됨. • 껍질이 거칠어지며, 반점이나 줄무늬가 생김.	• 팽창이 작으며, 굽기 중 터지기 쉽고, 윗면이 솟아오름. • 불균일한 껍질색이 나타남.

02 반죽 분할 및 둥글리기

1. 반죽 분할

(1) 반죽 분할의 정의

① 1차 발효가 끝난 반죽을 정해진 무게로 나누는 작업을 말한다.

② 분할 중에도 발효는 계속 진행이 되므로 최대한 빠른 시간에 작업을 마친다.

③ 통산 1배합당 10~15분 이내로 분할한다.

(2) 분할 방법

◉ 이형제
• 사용 목적 : 틀과 반죽이 분리가 잘되게 하기 위해
• 종류 : 혼합유, 유동파라핀(백색광유), 정제라드, 식물유(면실유, 대두유, 땅콩기름)
• 팬 기름의 조건
  – 무색, 무취, 무미
  – 산패에 강함.
  – 발연점 높음(210[℃] 이상).

손 분할	• 소규모 빵집에서 주로 사용하는 방법 • 기계 분할에 비해 부드럽게 작업할 수 있어 약한 밀가루 반죽에 적합하다. • 기계 분할에 비해 오븐 스프링이 좋아 부피가 양호한 제품을 생산할 수 있다. • 덧가루는 빵 속의 줄무늬를 만들고, 빵의 원래 맛을 희석시키므로 적정량만 사용한다.
기계 분할	• 반죽의 부피를 기준으로 분할한다. • 기계의 압축으로 인해 글루텐이 파괴될 수 있다. • 1분당 12~16회의 분할 속도가 적당하며, 속도가 너무 빠르면 기계 마모가 증가하고 느리면 글루텐이 파괴된다. • 반죽이 기계에 달라붙지 않도록 이형제로 유동파라핀을 사용한다.

(3) 분할 시 반죽 손상을 줄이는 방법

① 스트레이트법보다 기계 내성이 좋은 스펀지 도우법으로 만든 반죽이 손상이 적다.

② 단백질의 양이 많고 질이 좋은 밀가루를 사용한다.

③ 반죽 결과 온도가 높지 않게 한다.

④ 반죽은 가수량이 최적이거나 약간 된 반죽이 좋다.

2. 반죽 둥글리기(Rounding)

(1) 둥글리기의 정의

반죽의 잘린 단면을 매끄럽게 마무리하고 크고 작은 기포를 균일하게 만들어 주는 작업을 말한다.

(2) 둥글리기의 목적

① 성형하기 적절하도록 표피를 형성시킨다.

② 반죽이 끈적거리지 않도록 매끈한 표피를 형성시킨다.

③ 글루텐 재정돈의 목적이 있다.

④ 반죽의 기공 균일화를 위해 작업한다.

⑤ 표면에 가스를 보유할 수 있는 얇은 막을 형성시킨다.

핵심문제 풀어보기

둥글리기의 목적과 거리가 먼 것은?

① 공 모양의 일정한 모양을 만든다.

② 큰 가스는 제거하고 작은 가스는 고르게 분산시킨다.

③ 흐트러진 글루텐을 재정렬한다.

④ 맛과 향을 좋게 한다.

[해설]

맛과 향을 좋게 하는 공정은 굽기 공정이다.

답 ④

---

03 중간 발효, 정형 및 팬닝

1. 중간 발효

(1) 중간 발효의 정의

① 벤치 타임(Bench Time)이라고도 한다.

② 둥글리기가 끝난 반죽을 정형하기 편하게 휴지시키는 과정으로, 젖은 헝겊이나 비닐, 종이로 덮어둔다.

(2) 중간 발효의 목적

① 반죽의 유연성 회복

② 끈적거리지 않게 반죽 표면에 얇은 막을 형성

③ 정형 과정에서의 밀어 펴기 작업 용이

④ 분할, 둥글리기 하는 과정에서 손상된 글루텐 구조를 재정돈

핵심문제 풀어보기

중간 발효에 대한 설명으로 틀린 것은?

① 중간 발효는 온도 30[℃] 이내, 상대습도 90[%] 전후에서 실시한다.

② 반죽의 온도, 크기에 따라 시간이 딜라진다.

③ 반죽의 상처회복과 성형을 용이하게 하기 위함이다.

④ 상대습도가 낮으면 덧가루 사용량이 감소한다.

[해설]

중간 발효에 적당한 온도는 30[℃] 이내, 습도는 75~80[%]이다.

답 ①

핵심문제 풀어보기

어린 반죽(발효가 덜 된 반죽)으로 제조할 경우 중간 발효 시간은 어떻게 조절하는가?

① 길게 한다.
② 짧게 한다.
③ 같다.
④ 판단할 수 없다.

해설
어린 반죽을 분할할 경우 중간 발효 시간을 길게 하여 부족한 발효상태를 보완한다.

답 ①

핵심문제 풀어보기

성형한 식빵 반죽을 팬에 넣을 때 이음매의 위치는 어느 쪽이 가장 좋은가?

① 위   ② 아래
③ 좌측   ④ 우측

해설
팬에 넣을 때 이음매를 아래로 놓고 눌러주면 빵 반죽이 부풀면서 이음매가 벌어지지 않는다.

답 ②

핵심문제 풀어보기

비용적의 단위로 옳은 것은?

① cm^3/g
② cm^2/g
③ cm^3/m
④ cm^2/m

해설
비용적의 단위는 cm^3/g이다.

답 ①

---

(3) 중간 발효를 할 때 관리 항목

① 온도 : 27~29[℃]

② 상대습도 : 75[%]

③ 시간 : 10~20분

④ 부피 팽창 정도 : 1.7~2.0배

2. 정형

(1) 정형의 정의

① 제품의 모양을 만드는 공정을 말한다.

② 실내 환경 : 온도 27~29[℃], 상대습도 75~80[%]

(2) 정형 공정

밀기	• 밀대 등 같은 두계로 밀어 폄. • 반죽 속 기포를 균일하게 만듦.
말기	• 균일한 힘으로 말거나 접기
봉하기	• 이음매를 붙임.

3. 팬닝(Panning)

(1) 팬닝의 정의

정형한 반죽을 팬이나 철판에 넣는 과정을 말한다.

(2) 팬닝 공정

① 이음매 밑부분으로 향하게 팬닝한다.

② 철판 및 팬 온도는 30~35[℃]가 되도록 유지한다.

③ 팬 용적에 맞게 적당한 무게를 팬닝한다.

(3) 반죽량과 비용적

① 반죽 무게 계산

$$반죽\ 무게 = \frac{틀\ 부피}{비용적}$$

② 비용적 : 반죽 1[g]을 구울 때 차지하는 팬의 부피[cm^3/g]

$$비용적 = \frac{틀\ 부피}{반죽\ 무게}$$

04 반죽 익히기

1. 반죽 굽기

(1) 반죽 굽기 하는 목적

① α화(호화) 전분으로 소화가 잘되는 제품을 만든다.

② 구조 형성 및 맛과 향을 향상시킨다.

③ 가스에 의한 열팽창으로 빵의 부피를 만든다.

(2) 굽는 과정 중 반죽 내부 온도 상승에 따른 변화

49[℃]~	이산화탄소의 용해도 감소
56[℃]~	전분의 호화
60[℃]~	이스트의 사멸
74[℃]~	글루텐의 응고
79[℃]~	알코올의 증발
99[℃]	빵 내부의 최대 온도

(3) 굽기 중 일어나는 변화

오븐 라이즈 (Oven Rise)	• 반죽 내부 온도가 60[℃]에 이르지 않은 상태 • 반죽 속 가스로 인해 반죽의 부피가 조금씩 커짐.
오븐 스프링 (Oven Spring)	• 짧은 시간 동안 급격히 약 $\frac{1}{3}$ 정도 부피가 팽창(내부 온도 49[℃]) • 용해 탄산가스와 알코올이 기화(79[℃]) → 가스압 증가로 팽창
전분의 호화	• 전분 입자 40[℃]에서 팽윤 → 56~60[℃]에서 호화 시작(수분과 온도에 영향을 받음)
효소 작용	• 이스트 60[℃]에서 사멸 시작 • 적정 온도 범위에서 아밀라제는 10[℃] 상승할 때 활성 2배 진행
단백질 변성	• 반죽 온도 74[℃]부터 단백질에 근기 시작 • 호화된 전분과 함께 구조 형성
껍질의 갈색 변화	• 메일라드 반응 : 당류 + 아미노산 = 갈색 색소(멜라노이딘) 생성 • 캐러멜화 반응 : 당류 + 높은 온도 = 갈색이 변하는 반응
향의 발달	• 향은 주로 껍실에서 생성 → 빵 속으로 흡수 • 향의 원인 ; 재료, 이스트 발효산물, 열 반응 산물, 화학적 변화 • 관여 물질 : 유기산류, 알고올류, 게톤류, 에스테르류

핵심문제 풀어보기

빵의 제품 평가에서 브레이크와 슈레드 부족 현상의 이유가 아닌 것은?

① 발효 시간이 짧거나 길었다.
② 오븐의 온도가 높았다.
③ 2차 발효실의 습도가 낮았다.
④ 오븐의 증기가 너무 많았다.

해설
오븐의 증기가 많으면 겉껍질이 늦게 형성되므로 오븐 팽창이 커지고 브레이크와 슈레드가 잘 형성된다.

답 ④

◆ 반죽 온도 변화
• 27[℃] : 반죽 온도
• 29[℃] : 발효 2시간 후
• 29.5[℃] : 마무리 공정 40분 후
• 31.5[℃] : 2차 발효 45분 후
• 40[℃] : 전분의 팽윤 시작
• 49[℃] : 탄산가스의 기화
• 60[℃] : 이스트의 사멸로 효소 활동 정지
• 74[℃] : 글루텐 막의 열 변화와 전분의 제2차 호화
• 79[℃] : 끓는점이 낮은 물질의 기화
• 85[℃] : 전분의 제3차 호화
• 99[℃] : 빵 내부 온도 올라가지 않음.
• 155[℃] : 덱스트린 생성, 캐러멜화 시작

빵류 제품 제조 제4장

핵심문제 풀어보기

빵 표피의 갈변 반응을 설명한 것 중 맞는 것은?

① 이스트가 사멸해서 생긴다.
② 마가린으로부터 생긴다.
③ 아미노산과 당으로부터 생긴다.
④ 굽기 온도 때문에 지방이 산패되어 생긴다.

[해설]

갈변 반응에는 캐러멜화 반응(설탕의 캐러멜화)과 메일라드 반응(당+아미노산)이 있다.

답 ③

🕐 발연점

• 발연점 : 기름을 가열하였을 때 연기가 나기 시작하는 온도
• 발연점이 200[℃] 이상 : 튀김 요리에 적합(카놀라유 같은 정제유)
• 발연점이 180[℃] : 튀김 요리에 부적합(올리브유)

2. 반죽 튀기기

(1) 튀김의 정의

① 튀김용 기름을 열전달의 매체로 가열하여 익히는 방법이다.
② 튀김용 기름의 온도는 150~200[℃] 정도로 가열되는 속도가 빠르다.
③ 튀김 중 식품 수분 증발과 기름이 식품에 흡수되어 물과 기름의 교환이 일어난다.

(2) 튀김용 유지 종류와 특징

식용유	압착유	• 발연점이 낮음. • 압착 방식으로 만드는 참기름, 들기름, 올리브유 등 • 샐러드나 무침, 가벼운 볶음 요리에 적합
	정제유	• 발연점이 높아 튀김에 적합 • 맑고 침전물이 없으며 색깔이 연하고 투명도가 높은 것이 좋음.
유지	라드	• 돼지고기의 지방 조직을 정제 또는 녹여서 만든 돼지기름 • 융점이 낮음.
	쇼트닝	• 튀기고 난 뒤 바삭한 맛과 풍미가 높음. • 식은 뒤 다시 고체화됨(제품 특성에 맞게 사용).

(3) 튀김용 유지 조건

① 발연점이 높은 것이 좋음.
② 튀김 중이나 튀김 후 불쾌한 냄새가 나지 않아야 함.
③ 기름에 튀겨지는 동안 구조 형성에 필요한 열전달을 할 수 있어야 함.
④ 엷은 색을 띠며 특유의 향이나 착색이 없어야 함.
⑤ 제품 냉각 시 충분히 응결되어 설탕이 탈색되거나 지방 침투가 되지 않아야 함.
⑥ 기름의 대치에 있어서 성분, 기능이 바뀌어서는 안 됨.
⑦ 수분 함량은 0.15[%] 이하로 유지
⑧ 튀김 기름의 유리지방산 함량이 0.1[%] 이상이 되면 발연 현상이 나타남.

CHAPTER 03 기타 빵류, 충전물 제조

• 각각의 제품의 특징과 제조 차이점을 알고 알맞은 제품을 생산할 수 있다.
• 충전물 제조 시 해당 제품에 맞는 제품을 설정하여 제조할 수 있다.

01 기타 빵류

1. 데니시 페이스트리

(1) 데니시 페이스트리
 ① 반죽에 충전용 마가린을 넣고 싸서 '밀어 편 후 접기'를 3회 정도 반복(3절 3회 접기)하여 만든 제품
 ② 유지의 결이 생겨 바삭한 식감의 제품
 ③ 크루아상이 대표적인 제품

(2) 제조 공정
 ① 믹싱 : 발전 단계까지 반죽(반죽 온도 18~22[℃])
 ② 냉장 휴지 : 마르지 않게 비닐에 싸서 냉장고에 약 30~60분 휴지
 ③ 밀어 펴기 : 반죽에 충전용 마가린을 넣고 싸서 밀어 펴기 함(3절 3회).
 ✅ 충전용 유지의 양
  • 미국식 : 반죽 무게의 20~40[%](좀 더 부드러운 빵의 식감)
  • 덴마크식 : 반죽 무게의 40~50[%](약간 단단한 과자에 가까움)

접기 횟수	반죽의 층	유지의 층	층의 합계
1	3	2	5
2	9	6	15
3	27	18	45
4	81	54	135
5	243	162	405

✅ 충전용 유지의 함량 및 접기 횟수에 따른 부피의 차이
• 충전용 유지 함량이 증가할수록 제품 부피는 증가
• 충전용 유지 함량이 적어지면 같은 접기 횟수에서 제품의 부피가 감소
• 같은 충전용 유지 함량에서는 접기 횟수가 증가할수록 부피가 증가
• 최고점을 지나면 부피가 서서히 감소

핵심문제 풀어보기
파이, 크루아상, 데니시 페이스트리 같은 제품들이 가져야 하는 유지의 성질은 무엇인가?
① 쇼트닝성 ② 가소성
③ 안정성 ④ 크림성

해설
유지의 가소성은 밀어 펴기 작업 시 반죽 층과 유지 층이 균일하게 밀어 펴지도록 작용하여 결이 생길 수 있도록 한다.

답 ②

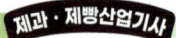

④ 정형 : 기본 모양(크루아상), 달팽이형, 바람개비형으로 정형

⑤ 팬닝 : 붙지 않게 나열함.

⑥ 2차 발효

　㉠ 일반 빵에 비해 75~80[%] 정도만 2차 발효

　㉡ 온도 28~33[℃], 상대습도 70~75[%], 시간 30~40분

　　(2차 발효실 온도는 충전용 유지의 융점보다 5[℃] 정도 낮게 저온 저습 발효)

⑦ 굽기 : 윗불 200[℃], 아랫불 150[℃]에서 15~18분 굽기

2. 조리빵

(1) 조리빵

① 여러 가지 모양의 빵에 다양한 재료를 넣은 조미 재료와 결합하여 만든 제품

② 샌드위치, 햄버거, 피자가 대표적인 제품

(2) 햄버거빵

① 원형의 빵을 수평으로 잘라 야채와 고기 등 재료를 넣어 만든 제품

② 햄버거 팬을 채우기 위해 렛 다운 단계까지 믹싱(반죽의 흐름성 부여)

③ 2차 발효를 고온 고습으로 진행(지속적인 흐름성 부여)

④ 팬 흐름성을 위해 단백질 분해 효소(프로테아제) 첨가

(3) 피자

① 발효 반죽에 피자 소스와 여러 가지 재료, 치즈로 토핑하여 만든 제품

② 바닥 반죽은 얇은 나폴리 피자와 두꺼운 시실리안 피자로 구분

③ 일반적으로 밀가루 50[%] 정도 사용하여 된 반죽으로 만듦.

④ 모짜렐라 치즈와 향신료(오레가노) 사용

3. 단과자빵

(1) 단과자빵

① 식빵 반죽에 비해 설탕, 유지, 달걀의 함량이 많은 빵

② 소보로빵, 크림빵, 단팥빵, 스위트롤, 커피 케이크 등

(2) 제조 공정

① 믹싱 : 모든 재료를 넣고 최종 단계까지 믹싱

② 1차 발효 : 온도 27[℃], 상대습도 75~80[%], 스트레이트법(50~60분), 비상 스트레이트법(15~30분)

핵심문제 풀어보기

같은 밀가루로 식빵과 프랑스빵을 만들 경우, 식빵의 가수율이 63[%]였다면 프랑스빵의 가수율은 얼마로 하는 것이 가장 적당한가?

① 61[%]　　③ 63[%]
② 65[%]　　④ 67[%]

해설
하스브레드(오븐 바닥에서 굽는 빵)의 수분 함량은 일반적으로 식빵보다 가수율을 줄여 반죽한다.

답 ①

③ 분할 : 10분 이내 제품별 무게로 반죽 분할(발효 진행 ×)

④ 중간 발효 : 온도 27~29[℃], 상대습도 75[%]에서 10~15분 정도 발효

⑤ 정형 : 제품의 종류에 따라 반죽을 정형

⑥ 2차 발효 : 온도 38[℃], 상대습도 80~85[%]에서 30~40분 정도 발효

⑦ 굽기 : 윗불 190~200[℃], 아랫불 150[℃]에서 12~15분 굽기

4. 프랑스빵(불란서빵, 바게트)

(1) 프랑스빵

① 팬 없이 하스(Hearth : 오븐의 바닥, 돌판)에 직접 굽는 하스브레드의 일종

② 빵의 기본 재료인 밀가루, 물, 이스트, 소금의 4가지 주재료로 풍미를 최대한 살려서 제조

③ 바게트가 대표적인 제품

④ 정통 프랑스빵은 제빵 개량제 대신 비타민 C를 사용하여 탄력성 부여(비타민 C는 산화제의 역할을 하여 글루텐을 강화시킴)

(2) 제조 공정

① 믹싱 : 모든 재료를 넣고 일반 반죽의 80[%](발전 단계) 믹싱

② 1차 발효 : 온도 27[℃], 상대습도 65~75[%]에서 70~120분 정도 발효
발효 시간의 $\frac{2}{3}$ 시점에서 펀치

③ 분할 : 10분 이내 제품별 무게로 반죽 분할(발효 진행 ×)

④ 중간 발효 : 타원형으로 둥글리기 하여 15~30분 정도 발효

⑤ 팬닝 : 손으로 가스 빼기하여 막대모양으로 정형

⑥ 2차 발효 : 온도 30~33[℃], 상대습도 75~80[%]에서 1시간 정도 발효

⑦ 굽기 : 쿠프 넣은 후 스팀 분사, 220~240[℃]로 35~40분 소성

쿠프 넣는 이유	• 신장성이 적어 여러 곳이 자유롭게 터짐. • 쿠프를 넣음으로써 가스압에 수증기압에 쿠프를 향해 배출됨. • 터짐이 없이 잘 팽창시킬 수 있음.
스팀 분사 이유	• 껍질에 윤기를 내기 위해 • 껍질 형성이 늦춰지면서 팽창이 커짐. • 불규칙한 터짐을 방지 • 껍질을 얇고 바삭하게 하기 위해

빵류 제품 제조 제4장

핵심문제 풀어보기

프랑스빵 제조 시 반죽을 일반 빵에 비해서 적게 하는 이유는?

① 질긴 껍질을 만들기 위해서

② 팬에서의 흐름을 막고 볼륨 있는 모양을 유지하기 위해

③ 자르기를 용이하게 하기 위해서

④ 제품의 노화를 지연시키기 위해

해설
반죽이 늘어지지 않고 볼륨 있는 형태를 유지하기 위해 탄력성이 최대인 상태에서 반죽을 완료한다.

답 ②

핵심문제 풀어보기

프랑스빵에서 스팀을 사용하는 이유로 부적당한 것은?

① 거칠고 불규칙하게 터지는 것을 방지한다.

② 겉껍질에 광택을 내준다.

③ 얇고 바삭거리는 껍질이 형성되도록 한다.

④ 반죽의 유동성을 증가시킨다.

해설
프랑스빵에 스팀을 분사함으로써 껍질 형성이 늦게 이루어져 팽창이 커진다.

답 ④

☑ **도우 컨디셔너**
냉장, 냉동, 해동, 2차 발효에서 프로그래밍에 의해 자동으로 온도 및 습도를 조절하는 기계이다.

5. 냉동빵

(1) 냉동빵

① 반죽을 −40[℃]로 급속 냉동시킨 후 −25~−18[℃]에 냉동 저장하여 해동해서 사용하는 반죽 방법

② 코로나 19(COVID−19) 확산 이후 가정에서 간단히 조리할 수 있는 냉동빵 사용이 늘어나는 추세

(2) 제조 공정

① 믹싱 : 반죽 온도 20[℃](후염법으로 믹싱 시간 단축)

② 1차 발효 : 발효 시간 15~20분 정도로 짧게 함(동해 방지 가능).

③ 냉동 : 급속 냉동(−40[℃]), 이스트 사멸 주의

④ 저장 : −25~−18[℃]에서 보관

⑤ 해동 : 냉장고(2~8[℃]), 도우 컨디셔너 등을 이용해 완만하게 해동

⑥ 2차 발효 : 온도 30~33[℃], 상대습도 75~80[%]에서 발효

⑦ 굽기 : 제품에 맞게 온도 설정 후 굽기(냉동 장해 반죽 − 온도를 약간 낮춤)

(3) 장단점

장점	단점
• 작업이 편함(효율적인 생산 조절). • 작업장의 설비와 면적 줄어듦. • 계획 생산 가능 • 신선한 빵 제공 • 다품종 소량 생산 가능 • 인당 생산량 증가	• 냉동 저장 시설비 증가 • 가스 발생력 약화, 가스 보유력 저하(냉동 중 이스트 사멸) • 제품의 발효 향 떨어짐. • 제품의 노화가 빠름. • 많은 양의 산화제 필요 • 반죽이 끈적거리고 퍼지기 쉬움.

6. 잉글리시 머핀(English Muffin)

(1) 잉글리시 머핀

① 이스트(효모), 베이킹파우더(화학 팽창제)로 부풀린 반죽을 구운 빵을 말한다.

② 종류 : 이스트로 부풀린 영국식 머핀과 베이킹파우더로 부풀린 미국식 머핀으로 나뉜다.

(2) 잉글리시 머핀의 특징

① 특징 : 약 10[cm] × 2.5[cm] 크기의 모서리가 둥글고, 껍질은 연한 갈색이며, 옥수수나 다른 곡식 가루를 덧가루로 사용한다.

② **수분 함량** : 40~43[%]로 높고, 0.3~0.65[cm] 크기의 기공이 많은 것이 좋은 제품이다.

③ **맛** : 조직이 거칠고 산 향이 강하며 씹는 맛이 있다.

(3) 사용 재료의 특성

① **밀가루** : 강력분을 사용한다. 활성 글루텐 1~2[%]를 첨가하여 흡수력을 높이고, 가스 보유력과 식감을 향상시킨다.

② **물** : 65~70[%]를 사용한다.

③ **이스트** : 사용량을 늘려 발효 시간을 줄인다.

④ **설탕, 쇼트닝** : 2[%] 정도의 소량을 사용한다.

⑤ **기타** : 식초, 이스트 푸드, 프로테아제 등을 사용한다.

(4) 제조 공정

① **믹싱** : 반죽 온도는 낮추고, 반죽 시간은 늘려 렛 다운 단계까지 반죽한다.

② **1차 발효** : 발효 시간을 줄이고, 중간 발효를 생략할 수 있다.

③ **분할 및 둥글리기** : 60~70[g], 옥수수 가루를 덧가루로 사용한다.

④ **정형 및 팬닝** : 둥글리기한 반죽을 평철판에 놓고 눌러준다.

⑤ **2차 발효** : 온도 46~52[℃], 상대습도 50~55[%]에서 25~30분 정도 발효

⑥ **굽기** : 220~230[℃]에서 뚜껑 덮고 7~8분 굽기

02 충전물 제조

1. 충전물

제품 안(빈 곳)을 채우거나 끝 마무리에 재료를 올리거나 장식하는 것을 말한다.

2. 충전물 제조 방법 및 특징

가나슈 크림	용해된 초콜릿과 가열한 생크림을 1 : 1 비율로 섞어 만든 크림
버터 크림	버터에 연유나 설탕이나 주석산을 114~118[℃]로 끓인 설탕 시럽을 넣고 만든 크림
생크림	우유의 지방 함량이 35~40[%] 정도의 크림을 휘핑하여 만듦.
휘핑크림	식물성 지방 40[%] 이상인 크림을 3~5[℃] 정도의 차가운 상태에서 휘핑해 만듦.
커스터드 크림	우유, 달걀, 설탕을 섞고, 안정제로 옥수수 전분이나 밀가루를 넣어 끓인 크림(달걀은 농후화제와 결합제 역할을 함)
디프로매트 크림	커스터드 크림과 무가당 생크림을 1 : 1 비율로 혼합한 크림
아몬드 크림	버터, 설탕, 달걀, 아몬드 가루를 섞어 만든 크림

CHAPTER 04
제품 마무리

- 완제품을 보고 제품을 평가할 수 있다.
- 완제품을 보고 제품의 결함 원인을 알 수 있다.
- 제품 특성에 따라 냉각 방법을 선택할 수 있다.
- 제품 특성에 따라 냉각 포장재를 선택할 수 있다.

01 제품 관리

1. 제품 평가

(1) 제품 평가의 기준

평가 항목	
외부평가	터짐성, 외형의 균형, 부피, 굽기의 균일화, 껍질색, 껍질 형성
내부평가	조직, 기공, 속결 색상
식감평가	냄새, 맛

(2) 반죽에 따른 제품 비교

항목	어린 반죽 (발효, 반죽이 덜 된 것)	지친 반죽 (발효, 반죽이 많이 된 것)
부피	작다.	크다. → 작다.
껍질색	어두운 적갈색	밝은 색깔
속새	무겁고 어두운 속색	색이 밝은 색
향	밀가루 냄새가 난다.	신 냄새가 난다.

빵류 제품 제조
제 4 장

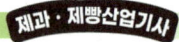

핵심문제 **풀어보기**

굽기 실패의 원인 중 빵의 부피가 작고 껍질색이 진하며, 껍질이 부스러지고 옆면이 약해지기 쉽게 되는 원인은?

① 높은 오븐열
② 불충분한 오븐열
③ 너무 많은 증기
④ 불충분한 열의 분배

해설
오븐 온도가 높으면 겉껍질이 빨리 생성되고 색이 빨리 들어 팽창이 저해되어 부피가 작게 된다.

답 ①

핵심문제 **풀어보기**

식빵의 밑면이 움푹 파이는 원인이 아닌 것은?

① 2차 발효실의 습도가 높을 때
② 팬의 바닥에 수분이 있을 때
③ 오븐 바닥열이 약할 때
④ 팬에 기름칠을 하지 않을 때

해설
팬의 바닥에 습기가 많은 상황이나 밑불이 강한 상황에서 밑부분이 증기압에 의해 움푹 파이는 현상이 나타난다.

답 ③

(3) 식빵류의 결함과 원인

결함	원인
부피가 작음	• 이스트 사용량 부족 • 팬의 크기에 비해 부족한 반죽량 • 소금, 설탕, 쇼트닝, 분유 사용량 과다 • 2차 발효 부족 • 이스트 푸드 사용량 부족 • 알칼리성 물 사용 • 오븐에서 거칠게 다룸. • 부족한 믹싱 • 오븐의 온도가 초기에 높을 때 • 미성숙 밀가루 사용 • 물 흡수량이 적음.
표피에 수포 발생	• 진 반죽 • 2차 발효실 습도 높음. • 성형기의 취급 부주의 • 오븐의 윗불 온도가 높음. • 발효 부족
빵의 바닥이 움푹 들어감	• 믹싱 부족 • 초기 굽기의 지나친 온도 • 진 반죽 • 뜨거운 틀, 철판 사용 • 팬에 기름칠을 하지 않음. • 팬 바닥에 구멍이 없음. • 2차 발효실 습도 높음.
윗면이 납작하고 모서리가 날카로움	• 진 반죽 • 소금 사용량 과다 • 발효실의 높은 습도 • 지나친 믹싱
껍질색이 짙음	• 설탕, 분유 사용량 과다 • 높은 오븐 온도 • 높은 윗불 온도 • 과도한 굽기 • 2차 발효실 습도 높음.
껍질색이 옅음	• 설탕 사용량 부족 • 1차 발효 시간의 초과 • 연수 사용 • 2차 발효실 습도 낮음. • 굽기 시간의 부족 • 오븐 속의 습도와 온도가 낮음.

결함	원인
부피가 큼	• 우유, 분유 사용량 과다 • 소금 사용량 부족 • 스펀지의 양이 많을 때 • 과도한 1차 발효와 2차 발효 • 낮은 오븐 온도 • 팬의 크기에 비해 많은 반죽
빵 속 줄무늬 발생	• 덧가루 사용량 과다 • 표면이 마른 스펀지 사용 • 건조한 중간 발효 • 된 반죽 • 과다한 기름 사용

핵심문제 풀어보기

빵 속에 줄무늬가 생기는 원인이 아닌 것은?

① 덧가루 사용이 과다한 경우
② 반죽 개량제의 사용이 과다한 경우
③ 밀가루를 체로 치지 않은 경우
④ 진 반죽인 경우

해설
반죽이 진 경우에는 줄무늬를 만드는 직접적 원인이 되지 않는다.

답 ④

2. 각각의 재료에 따른 제품 결과

(1) 설탕

항목	정량보다 많은 경우	정량보다 적은 경우
껍질색	이두운 적갈색	연한 새
외형의 균형	발효가 느리고 팬의 흐름성이 많다.	모서리가 둥글다.
껍질 특성	두껍다.	얇다.
맛	달다.	맛을 못 느낀다.

(2) 쇼트닝

항목	정량보다 많은 경우	정량보다 적은 경우
껍질색	어두운 색	연한 색
외형의 균형	브레이크와 슈레드가 작다.	브레이크와 슈레드가 크다.
껍질 특성	두껍다.	얇다.

핵심문제 풀어보기

다음 중 식빵에서 설탕이 과다할 경우 내용색으로 가장 적합한 깃은?

① 소금양을 늘린다.
② 이스트 양을 늘린다.
③ 반죽 온도를 낮춘다.
④ 발효 시간을 줄인다.

해설
설탕을 많이 넣을 경우 발효력이 떨어지므로 발효력을 증진시킬 수 있도록 이스트를 늘린다.

답 ②

(3) 소금

항목	정량보다 많은 경우	정량보다 적은 경우
부피	작다.	크다.
껍질색	어두운 색	연한 색
외형의 균형	예리한 모서리	둥근 모서리
껍질 특성	두껍다.	얇다.
기공	결의 막이 두껍다.	결의 막이 얇다.
속색	어두운 색	연한 색
향	향이 없다.	향이 강하다.

빵류 제품 제조 제4장

(4) 우유

항목	정량보다 많은 경우	정량보다 적은 경우
껍질색	진하다.	연하다.
외형의 균형	예리한 모서리	둥근 모서리
껍질 특성	두껍다.	얇다.
속색	진하다.	연하다.

(5) 밀가루

항목	정량보다 많은 경우	정량보다 적은 경우
부피	커진다.	작아진다.
껍질색	진하다.	연하다.
외형의 균형	예리한 모서리	둥근 모서리
껍질 특성	거칠고 두껍다.	얇고 건조해진다.
속색	진하다.	연하다.

02 제품의 냉각 및 포장

1. 냉각

(1) 냉각의 정의

① 오븐에서 나온 제품의 온도를 상온의 온도로 낮추는 것을 말한다.

② 냉각하는 동안 손실률 : 2[%]

③ 냉각하는 장소의 온도와 상대습도 : 온도 20~25[℃], 상대습도 75~85[%]

④ 냉각된 제품의 온도 및 수분 함량 : 온도 35~40[℃], 수분 함량 약 38[%]

(2) 냉각의 목적

① 곰팡이 및 세균 등의 피해 억제

② 제품의 재단 및 포장 용이

③ 상품가치 향상

(3) 냉각의 방법

① 자연 냉각 : 상온 온도와 습도로 냉각하는 방법으로 3~4시간 걸린다.

핵심문제 풀어보기

다음 중 빵의 냉각 방법으로 가장 적합한 것은?

① 바람이 없는 실내에서 냉각
② 강한 송풍을 이용한 냉각
③ 냉동실에서 냉각
④ 수분 분사 방식

해설
자연 냉각 : 바람이 없는 실내의 상온에서 냉각하는 것

답 ①

② 에어컨디션식 냉각 : 공기 조절식 냉각 방법으로 온도 20~25[℃], 습도 85[%]의 공기를 통과시켜 60~90분 냉각시키는 방법(냉각 방법 중 가장 빠름)

③ 터널식 냉각 : 공기 배출기를 이용한 냉각으로 120~150분 걸린다.

2. 포장 및 포장재

(1) 포장의 목적

① 미생물, 세균에 의한 오염 방지

② 제품의 가치 및 상태를 보호하고 상품의 가치 향상

③ 수분 손실을 막아 제품의 노화 지연으로 저장성 향상

(2) 포장

포장 온도 : 35~40[℃]

(3) 포장재의 조건

① 세균과 곰팡이가 침입을 막을 수 있어야 한다.

② 포장재에 의해서 모양이 유지되어야 하며 단가가 낮아야 한다.

③ 포장 시 상품성 가치를 높일 수 있어야 한다.

(4) 포장재별 특성

① 오리엔티드 폴리프로필렌(OPP : oriented polypropylene)

㉠ 열에 의해 수축은 되나 가열로 접착은 불가능하다.

㉡ 투명성, 방습성, 내유성이 우수하다.

예 쿠키 봉투

② 폴리에틸렌(PE : polyethylene)

㉠ 열에 강한 소재로 주방용품에 많이 사용된다.

㉡ 가공이 쉬워 다양한 제품군에 사용되며, 페트병의 주원료가 되기도 한다.

㉢ 잦시간 햇빛에 노출되어도 변색이 거의 일어나지 않는다.

예 페트병

③ 폴리프로필렌(PP : polypropylene)

㉠ 가볍고 열에 강한 소재로 식기, 제품 케이스 등 다양한 용도에 사용된다.

㉡ 유해 물질이 발생하지 않는 친환경 소재로 항균 기능도 갖추고 있다.

예 일회용 용기

④ 폴리스디렌(PS : polystyrene) : 플라스틱 중 표준이 되는 수지로 광택이 좋고 투명하며, 독성이 없다. 단, 내열성이 떨어져 뜨거운 것에 닿으면 쉽게 녹는다.

예 일회용 컵, 과자의 포장 용기

⌁ 적당한 냉각 장소
환기시설이 잘되어 있고, 통풍이 잘 되며, 병원성 미생물의 혼입이 없는 곳

⌁ 포장 용기 선택 시 고려사항
• 단가가 낮아야 함.
• 제품과 접촉되어 먹었을 때 유해 물질이 함유되지 않도록 위생적이어야 함.
• 포장 기계에 쉽게 적용할 수 있어야 함.
• 방수성이 있고 통기성이 없어야 함. 통기성이 있는 재료를 쓰면 빵의 향이 날아가고 수분이 증발됨. 또한 공기 중의 산소에 의해 산패가 생겨 빵의 노화를 촉진시킴.
• 크거나 무거운 제품을 포장했을 때 제품이 파손되지 않아야 함.
• 제품을 포장했을 때 그 제품의 상품가치를 높일 수 있어야 함.

빵류 제품 제조 제4장

01 발효 중 펀치의 효과와 거리가 먼 것은?

① 반죽의 온도를 균일하게 한다.
② 이스트의 활성을 돕는다.
③ 산소 공급으로 반죽의 산화, 숙성을 진전시킨다.
④ 성형을 용이하게 한다.

> 해설
>
> 성형과 펀치는 관계가 없다.

02 스펀지의 밀가루 사용량을 증가시킬 때 나타나는 현상이 아닌 것은?

① 2차 믹싱의 반죽 시간 단축
② 반죽의 신장성 저하
③ 도우 발효 시간 단축
④ 스펀지 발효 시간 증가

> 해설
>
> 반죽의 신장성이 증가한다.

03 80[%] 스펀지에서 전체 밀가루가 2,000[g], 전체 가수율이 63[%]인 경우, 스펀지에 55[%]의 물을 사용했다면 본 반죽에 사용할 물의 양은?

① 380[g]   ② 760[g]
③ 1140[g]   ④ 1260[g]

> 해설
>
> • 스펀지 밀가루 사용량 = 2,000[g] × 0.8 = 1,600[g]
> • 스펀지 물 사용량 = 1,600[g] × 0.55 = 880[g]
> • 전체 물의 양 = 2,000[g] × 0.63 = 1,260[g]
> • 본 반죽에 사용할 물의 양 = 1,260[g] − 880[g] = 380[g]

04 일반 스트레이트법으로 만들던 빵을 비상 스트레이트법으로 만들 때 필수적으로 조치할 사항이 잘못된 것은?

① 이스트를 2배로 증가시킨다.
② 반죽 온도를 30[℃]로 올린다.
③ 가수량은 1[%] 증가, 설탕량은 1[%] 감소시킨다.
④ 반죽 시간을 20~25[%] 감소시킨다.

> 해설
>
> 반죽 시간을 증가시킴으로써 1차 발효 시간을 줄일 수 있다.

05 연속식 제빵법에 관한 설명으로 틀린 것은?

① 액체 발효법을 이용하여 연속적으로 제품을 생산한다.
② 발효 손실 감소, 인력 감소 등의 이점이 있다.
③ 3~4기압의 디벨로퍼로 반죽을 제조하기 때문에 많은 양의 산화제가 필요하다.
④ 자동화시설이 많이 이용되므로 넓은 공간이 필요하다.

> 해설
>
> 각각의 설비를 갖추는 것보다 면적이 적게 소요된다.

06 냉동빵 혼합 시 흔히 사용하고 있는 제법으로, 환원제로 시스테인(Cysteine)을 사용하는 제법은?

① 스트레이트법　　② 스펀지법
③ 액체 발효법　　④ 노타임법

해설

냉동빵 반죽의 1차 발효가 길면 이스트가 활성화되기 때문에 화학적 숙성방법으로 1차 발효 시간을 줄이기 위해 노타임법을 사용한다. (발효 시간은 0~20분 정도로 짧게 한다.)

07 냉동 반죽에 사용되는 재료와 제품의 특성에 대한 설명 중 틀린 것은?

① 일반 제품보다 산화제 사용량을 증가시킨다
② 저율배합인 프랑스빵이 가장 유리하다.
③ 유화제를 사용하는 것이 좋다.
④ 밀가루는 단백질의 함량과 질이 좋은 것을 사용한다.

해설

고율배합 제품(설탕, 유지가 많이 들어 있는 제품)이 노화가 느리기 때문에 냉동 반죽은 고율배합 제품에 더 유리하다.

08 냉동 반죽법에서 믹싱 후 1차 발효 시간으로 가장 적합한 것은?

① 0~20분　　② 50~60분
③ 80~90분　　④ 110~120분

해설

냉동 저장성이 짧아지므로 0~20분 정도로 짧게 한다.

09 다음 중 후염법의 가장 큰 장점은?

① 반죽 시간이 단축된다.
② 발효가 빨리 된다.
③ 밀가루의 수분 흡수가 방지된다.
④ 빵이 더욱 부드럽게 된다.

해설

어느 정도 글루텐이 형성된 클린업 단계에 넣으면 믹싱 시간을 단축할 수 있다.

10 일반적으로 반죽을 강화시키는 재료는?

① 유지, 탈지분유, 달걀
② 소금, 산화제, 탈지분유
③ 유지, 환원제, 설탕
④ 소금, 산화제, 설탕

해설

유지, 환원제, 설탕은 반죽을 연화시킨다.

11 반죽의 흡수율에 영향을 미치는 요소에 대한 설명으로 틀린 것은?

① 단백질 1[%] 증가 시 흡수율은 5[%] 증가한다.
② 소금을 믹싱 초기에 넣으면 수분 흡수가 적다.
③ 설탕 증가 시 흡수율은 감소한다.
④ 손상전분 증가 시 흡수율이 증가한다.

해설

단백질 1[%] 증가 시 흡수율은 1.5[%] 증가한다.

정답 06 ④ 07 ② 08 ① 09 ① 10 ② 11 ①

12 밀가루 A, B, C, D 네 가지 제품의 수분 함량과 가격이 아래 표와 같을 때 고형분에 대한 단가를 고려하여 어떤 밀가루를 사용하는 것이 가장 경제적인가?

	수분 함량	가격
A	11[%]	14,000원
B	12[%]	13,500원
C	13[%]	13,000원
D	14[%]	12,800원

① A   ② B
③ C   ④ D

해설
밀가루 고형질 1[%]에 해당하는 단가를 계산한다.
고형질 함량은 '100[%] − 수분 함량'이다.
• A : 14,000원 ÷ 89(고형질 함량) ≒ 157원
• B : 13,500원 ÷ 88(고형질 함량) ≒ 153원
• C : 13,000원 ÷ 87(고형질 함량) ≒ 149원
• D : 12,800원 ÷ 86(고형질 함량) ≒ 148원

13 식빵 제조 시 결과 온도 33[℃], 밀가루 온도 23[℃], 실내 온도 26[℃], 수돗물 온도 22[℃], 희망 온도 27[℃], 사용물 양 5[kg]일 때 마찰계수는?

① 19   ② 22
③ 24   ④ 28

해설
마찰계수
= (반죽 결과 온도 × 3) − (실내 온도 + 밀가루 온도 + 수돗물 온도)
= (33 × 3) − (26 + 23 + 22)
= 99 − 71 = 28

14 어떤 과자점에서 여름에 반죽 온도를 24[℃]로 하여 빵을 만들려고 한다. 사용수 온도는 10[℃], 수돗물의 온도는 18[℃], 사용수 양은 3[kg], 얼음 사용량은 900[g]일 때 조치사항으로 옳은 것은?

① 믹서에 얼음만 900[g]을 넣는다.
② 믹서에 수돗물만 3[kg]을 넣는다.
③ 믹서에 수돗물 3[kg]과 얼음 900[g]을 넣는다.
④ 믹서에 수돗물 2.1[kg]과 얼음 900[g]을 넣는다.

해설
사용수 양 3[kg] − 얼음 900[g] = 수돗물 2.1[kg]을 얼음과 함께 넣는다.

15 빵 발효에 영향을 주는 요소에 대한 설명으로 틀린 것은?

① 적정한 범위 내에서 이스트의 양을 증가시키면 발효 시간이 짧아진다.
② pH 4.7 근처일 때 발효가 활발해진다.
③ 발효 과정에서 탄산가스와 알코올이 생성된다.
④ 설탕이나 소금의 농도가 크면 발효 속도가 빨라진다.

해설
설탕이나 소금의 농도가 크면 삼투압에 의해 이스트의 활성이 저해되어 발효 속도가 느려진다.

16 빵 반죽이 발효되는 동안 이스트는 무엇을 생성하는가?

① 물, 초산   ② 산소, 알데히드
③ 수소, 젖산   ④ 탄산가스, 알코올

해설
이스트는 당을 분해하여 이산화탄소와 알코올을 만든다(알코올 발효).

17 발효 손실에 관한 설명으로 틀린 것은?

① 반죽 온도가 높으면 발효 손실이 크다.
② 발효 시간이 길면 발효 손실이 크다.
③ 고율배합일수록 발효 손실이 크다.
④ 발효 습도가 낮으면 발효 손실이 크다.

해설

수분량이 많은 설탕, 유지가 많이 들어간 고율배합 반죽은 발효 손실이 적다.

18 둥글리기의 목적이 아닌 것은?

① 글루텐의 구조와 방향정돈
② 수분 흡수력 증가
③ 반죽의 기공을 고르게 유지
④ 반죽 표면에 얇은 막 형성

해설

수분 흡수력 증가와는 관계가 없다.

19 중간 발효에 대한 설명으로 틀린 것은?

① 중간 발효는 온도 32[℃] 이내, 상대습도 75[%] 전후에서 실시한다.
② 반죽의 온도, 크기에 따라 시간이 달라진다
③ 반죽의 상처회복과 성형을 용이하게 하기 위함이다.
④ 상대습도가 낮으면 덧가루 사용량이 증가한다.

해설

상대습도가 낮으면 반죽이 끈적거림이 없으므로 덧가루 사용량은 적다.

20 일반 제빵 제품의 성형 과정 중 작업실의 온도 및 습도로 가장 바람직한 것은?

① 온도 25~28[℃], 습도 70~75[%]
② 온도 10~18[℃], 습도 65~70[%]
③ 온도 25~28[℃], 습도 90~95[%]
④ 온도 10~18[℃], 습도 80~85[%]

해설

▶ 1차 발효 온도 및 습도 : 온도 27[℃], 습도 75~80[%]와 거의 비슷하다.

21 팬 오일의 조건이 아닌 것은?

① 발연점이 130[℃] 정도 되는 기름을 사용한다.
② 산패되기 쉬운 지방산이 적어야 한다.
③ 보통 반죽 무게의 0.1~0.2[%]를 사용한다.
④ 면실유, 대두유 등의 기름이 이용된다.

해설

발연점이 210[℃] 이상의 높은 기름을 사용한다.

22 새로운 팬의 처리방법 중 틀린 것은?

① 깨끗한 물에 2시간 정도 담근 후 꺼내어 그늘에서 말린다.
② 강판은 250~300[℃]이 고온으로 50분 정도 굽는다.
③ 굽기 후 기름칠을 하여 보관한다.
④ 실리콘이 코팅된 팬은 가볍게 가열한다.

해설

팬을 물에 담그면 녹이 슬게 되므로 물에 담그지 않는다.

23 2차 발효에 대한 설명으로 틀린 것은?

① 이산화탄소를 생성시켜 최대한의 부피를 얻고 글루텐을 신장시키는 과정이다.

② 2차 발효실의 온도는 반죽의 온도보다 같거나 높아야 한다.

③ 2차 발효실의 습도는 평균 75~90[%] 정도 이다.

④ 2차 발효실의 습도가 높을 경우 겉껍질이 형성 되고 터짐 현상이 발생한다.

해설

2차 발효실의 습도가 낮을 경우 겉껍질이 형성되고 구울 때 오븐 팽창이 일어나면서 형성된 껍질이 터지게 된다.

24 빵의 굽기에 대한 설명 중 옳은 것은?

① 고배합의 경우 낮은 온도에서 짧은 시간으로 굽기

② 고배합의 경우 높은 온도에서 긴 시간으로 굽기

③ 저배합의 경우 낮은 온도에서 긴 시간으로 굽기

④ 저배합의 경우 높은 온도에서 짧은 시간으로 굽기

해설

• 고율배합 : 설탕, 유지의 사용량이 많은 것
• 저율배합 : 설탕, 유지의 사용량이 적은 것
  → 저율배합 반죽은 색이 잘 나지 않으므로 높은 온도에 서 짧은 시간 굽는다.

25 빵 굽기 과정에서 오븐 스프링(Oven Spring)에 의한 반죽 부피의 팽창 정도로 가장 적당한 것은?

① 본래 크기의 약 1/2까지

② 본래 크기의 약 1/3까지

③ 본래 크기의 약 1/5까지

④ 본래 크기의 약 1/6까지

해설

오븐 스프링은 반죽 온도가 49[℃]에 도달하면 처음 크기 의 $\frac{1}{3}$ 정도 부피가 팽창한다.

26 굽기 과정에서 일어나는 변화로 틀린 것은?

① 당의 캐러멜화와 갈변 반응으로 껍질색이 진해 지며 특유의 향을 발생한다.

② 굽기가 완료되면 모든 미생물이 사멸하고 대부 분의 효소도 불활성화가 된다.

③ 전분 입자는 팽윤과 호화의 변화를 일으켜 구조 형성을 한다.

④ 빵의 외부 층에 있는 전분이 내부 층의 전분보다 호화가 덜 진행된다.

해설

빵의 외부 층 전분이 내부 층 전분보다 고온에 더 많이 노 출되므로 호화가 더 많이 진행된다.

27 굽기 중에 일어나는 변화로 가장 높은 온도에서 발생하는 것은?

① 이스트의 사멸

② 전분의 호화

③ 탄산가스 용해도 감소

④ 단백질 변성

해설

① 60~63[℃]
② 56~60[℃]
③ 49[℃]

28 탄수화물이 많이 든 식품을 고온에서 가열하거나 튀길 때 생성되는 발암성 물질은?

① 니트로사민(Nitrosamine)

② 다이옥신(Dioxine)

③ 벤조피렌(Benzopyrene)

④ 아크릴아마이드(Acrylamide)

해설

감자튀김 등에 들어 있는 아크릴아마이드는 120[℃] 이상의 고온에서 조리 시, 식품 중에 함유된 아스파라긴이라는 아미노산이 탄수화물 중 포도당 등의 환원당과 결합하여 형성된다.

• 아미노산(아스파라긴) + 환원당 → 120[℃] 이상 가열 → 아크릴아마이드

29 다음 중 빵 굽기의 반응이 아닌 것은?

① 이산화탄소의 방출과 노화를 촉진시킨다.

② 빵의 풍미 및 색깔을 좋게 한다.

③ 제빵 제조 공정의 최종 단계로 빵의 형태를 만든다.

④ 전분의 호화로 식품의 가치를 향상시킨다.

해설

노화는 굽기 과정이 끝나고 제품에 나타나는 현상이다.

30 어떤 빵의 굽기 손실이 12[%]일 때, 완제품의 중량을 600[g]으로 만들려면 분할 무게는 약 몇 [g]인가?

① 612[g]

② 682[g]

③ 702[g]

④ 712[g]

해설

분할 무게(반죽 무게)

= 완제품 무게 ÷ (1 − 굽기 손실)

= 600 ÷ (1 − 0.12) = 600 ÷ 0.88 ≒ 682[g]

31 제빵 냉각법 중 적합하지 않은 것은?

① 급속 냉각

② 자연 냉각

③ 터널식 냉각

④ 에어컨디션식 냉각

해설

급속 냉각은 빵의 수분 손실이 크고 노화가 빠르다.

32 빵을 구워낸 직후의 수분 함량과 냉각 후 포장 직전의 수분 함량으로 가장 적합한 것은?

① 35[%], 27[%]

② 45[%], 38[%]

③ 60[%], 52[%]

④ 68[%], 60[%]

해설

구워낸 빵 속 수분 함량은 45[%], 포장 직전의 수분 함량은 38[%]이다.

33 다음 중 빵의 노화로 인한 현상이 아닌 것은?

① 곰팡이 발생

② 탄력성 상실

③ 껍질이 질겨짐.

④ 풍미의 변화

해설

곰팡이나 세균이 발생하는 것은 미생물에 의한 변질 현상이다.

34 빵의 노화를 지연시키는 경우가 아닌 것은?

① 저장 온도를 −18[℃] 이하로 유지한다.

② 21~35[℃]에서 보관한다.

③ 고율배합으로 한다.

④ 냉장고에서 보관한다.

해설

냉장 온도인 0~10[℃]에서 노화의 속도가 가장 빠르다.

빵류 제품 제조 제4장

정답 28 ④ 29 ① 30 ② 31 ① 32 ② 33 ① 34 ④

35 다음 설명 중 틀린 것은?

① 높은 온도에서 포장하면 썰기가 어렵다.

② 높은 온도에서 포장하면 곰팡이 발생 가능성이 높다.

③ 낮은 온도에서 포장하면 노화가 지연된다.

④ 낮은 온도에서 포장된 빵은 껍질이 건조하다.

> **해설**
>
> 낮은 온도에서 포장하면 노화가 빨라진다.

36 소맥분의 패리노그래프를 그려보니 믹싱 타임이 매우 짧은 것으로 나타났다. 이 소맥분을 빵에 사용할 때 보완법으로 옳은 것은?

① 소금양을 줄인다.

② 탈지분유를 첨가한다.

③ 이스트 양을 증가시킨다.

④ pH를 낮춘다.

> **해설**
>
> 믹싱 시간이 짧다는 것은 밀가루의 단백질 함량이 적다는 것을 의미하므로, 탈지분유를 사용하여 단백질을 보강하고 반죽을 강하게 한다.

37 프랑스빵에서 스팀을 사용하는 이유로 부적당한 것은?

① 거칠고 불규칙하게 터지는 것을 방지한다.

② 겉껍질에 광택을 내준다.

③ 얇고 바삭거리는 껍질이 형성되도록 한다.

④ 반죽의 흐름성을 크게 증가시킨다.

> **해설**
>
> 구울 때 스팀을 분사하면 팽창할 수 있는 시간이 늘어나므로 볼륨 있는 빵을 만들 수 있다.
> ④ 흐름성은 바람직하지 못하다.

38 데니시 페이스트리 제조 시의 설명으로 틀린 것은?

① 소량의 덧가루를 사용한다.

② 발효실 온도는 유지의 융점보다 낮게 한다.

③ 고배합 제품은 저온에서 구우면 유지가 흘러나온다.

④ 2차 발효 시간은 길게 하고, 습도는 비교적 높게 한다.

> **해설**
>
> 유지가 녹아 흘러내릴 수 있으므로 2차 발효 시간은 짧게 하고, 습도는 비교적 낮게(75[%]) 한다.

제과 · 제빵 산업기사
기출복원문제

제과산업기사
- 제1회 제과산업기사 기출복원문제
- 제2회 제과산업기사 기출복원문제
- 제3회 제과산업기사 기출복원문제

제빵산업기사
- 제1회 제빵산업기사 기출복원문제
- 제2회 제빵산업기사 기출복원문제
- 제3회 제빵산업기사 기출복원문제

01 퍼프 페이스트리 굽기 중 유지가 흘러내리는 원인이 아닌 것은?

① 높은 온도에서 반죽을 휴지할 때
② 밀어 펴기와 접기가 부족할 때
③ 높은 온도의 철판과 오븐을 사용할 때
④ 달걀물칠이 과도할 때

해설

퍼프 페이스트리를 굽는 동안 유지가 흘러나오는 원인으로는 밀어펴기 부적절, 박력분 사용, 오븐 온도가 너무 높거나 낮을 때, 오래된 반죽을 사용할 때 등이 있다.

02 제과 제조 공정에서 일어나는 현상에 대한 설명 중 틀린 것은?

① 캐러멜화 반응 : 단백질이 높은 온도로 가열되어 갈색의 캐러멜을 만드는 현상
② 메일라드 반응 : 단백질, 아미노산, 환원당이 열에 의해 멜라노이딘이라는 갈색 색소를 형성하는 현상
③ 전분의 호화 : 전분이 수분과 열에 의해 점성이 있는 상태로 변하는 현상
④ 전분의 노화 : 전분에서 수분이 배출되어 과자의 식감을 딱딱하게 만드는 현상

해설

캐러멜화(Caramelization)는 주로 조리 중 당류가 일으키는 산화반응에 의한 현상으로, 단백질이 포함되지 않은 당류에서 발생하는 화학반응이다.

03 OJT(On the Job Training) 교육에 따른 효과가 아닌 것은?

① 부하직원의 직무능력 향상
② 업무수행능력 개선
③ 부서의 목표 달성
④ 식재료의 원가 절감

해설

OJT(On the Job Training)란 실제 업무 현장에서 상사, 선배 직원의 교육을 듣는 기회를 마련해 업무에 대한 지식과 기술을 전달하고 업무수행에 필요한 태도와 습관을 형성하기 위한 것으로, 교육의 효과는 ㉠ 업무에 대한 이해도 up, ㉡ 업무수행능력, ㉢ 조직적응력, ㉣ 문제해결능력, ㉤ 경제개발계획 수립에 효과적이며, 부서의 목표 달성과는 거리가 멀다.

04 HACCP 제품 업체와 티라미수 제품에 대한 제품설명서 작성 시 유의사항이 아닌 것은?

① 제품명은 티라미수, 식품의 유형은 빵류로 작성한다.
② 완제품 규격의 법적 규격은 식품의 기준 규격에 따른다.
③ 위해요소분석의 기초자료이므로 상세하게 작성한다.
④ 성분비합 비율은 품목제조보고서와 동일하지 않아도 된다.

해설

HACCP 제품을 구청에 품목제조보고서를 신고할 경우 실제 성분비합 비율과 품목제조보고서상 성분비합 비율은 동일해야 한다.

05 과자류 제품 제조 시 주성분이 탄수화물인 재료를 높은 온도에서 가열할 때 발생할 수 있는 유해 물질은?

① 트리할로메탄(Trihalomethan)
② 니트로사민(Nitrosamine)
③ 벤조피렌(Benzopyrene)
④ 아크릴아마이드(Acrylamide)

해설

아크릴아마이드 – 아미노산과 환원당이 일으키는 마이야르 반응 과정에서 생겨난다. 정확히는 탄수화물이 많이 함유된 음식을 120℃ 이상으로 가열하면 탄수화물에 포함된 아미노산과 환원당이 반응을 일으켜 부산물로 아크릴아마이드가 생성된다. 따라서 단백질에 비해 탄수화물 함유량이 높은 음식을 조리하는 과정에서 많이 생겨난다.

06 아플라톡신에 관한 설명으로 옳은 것은?

① Penicillium chrysogenum이 생산하는 독소로 강력한 발암물질이다.
② 아플라톡신 M2는 아플라톡신 B2를 섭취한 동물의 생체 대사산물이다.
③ 주로 단백질이 풍부한 육류가 생산의 최적기질이다.
④ 열에 불안정하여 일반적인 가공 처리로 쉽게 파괴된다.

해설

아플라톡신(Aflatoxin)은 아스페르길루스 플라부스(Aspergillus flavus) 등이 생산하는 곰팡이 독으로 발암성이 있는 독성물질이다. 또한 곰팡이가 생성하는 물질로 간암 등을 유발하고 쌀, 보리, 수수 등 탄수화물이 풍부한 곡류에서 많이 발견된다.
아플라톡신은 열에 강해 일반 가열조리 과정에서 파괴되지 않고, 260~270℃로 가열해야 무해해진다.

07 유지의 특성으로 옳은 것은?

① 가소성은 제품의 부드러운 정도를 나타낸다.
② 안정성은 유지가 상온에서 고체 모양을 유지하는 성질이다.
③ 쇼트닝성은 지방의 산화와 산패를 장기간 억제하는 성질이다.
④ 크림성은 유지가 믹싱 조작 중 공기를 포집하는 능력이다.

해설

• 가소성 – 유지가 상온에서 너무 단단하지 않으면서 고체 모양을 유지하는 성질
• 안정성 – 지방의 산화와 산패가 장기간 억제하는 성질
• 쇼트닝성 – 빵 과자 제품에 부드러움을 주는 성질. 버터나 쇼트닝이 많이 가지고 있는 성질

08 HACCP에 따른 제과 제조 과정 중 이물 혼입을 방지하기 위한 관리방법으로 틀린 것은?

① 반가공 제품은 밀폐관리한다.
② 제품이동 벨트 상단은 이물 낙하 방지용 커버를 설치한다.
③ 이물 혼입 방지를 위한 UV 살균등을 공정별로 설치한다.
④ 바닥으로부터 60cm 이상에서 제조한다.

해설

UV(자외선) 살균은 이물 혼입 방지를 위한 것이 아니라 미생물의 번식을 막고 살균효과를 내는 데 사용된다. UV 살균은 사용법이 간단하고 살균효과가 높다.

기출복원문제

09 쥐, 파리, 바퀴 등 위생 동물의 공통적 피해로 틀린 것은?

① 식품부패의 원인이 된다.
② 병원균을 옮긴다.
③ 기생충란을 옮긴다.
④ 독소를 분비한다.

해설

쥐, 파리, 바퀴 등 위생 동물은 직접적으로 독소를 분비하지 않는다.

10 퍼프 페이스트리 반죽의 설명으로 틀린 것은?

① 반죽에 쌓인 유지가 팽창하면서 부피를 얻는다.
② 층을 만들기 위해 발효실에서 충분히 발효해야 한다.
③ 반죽 온도는 20℃가 적당하다.
④ 밀어펴기 과정에서 글루텐의 휴식을 충분히 시켜야 한다.

해설

페이스트리 중 발효를 시켜서 만드는 페이스트리는 데니시 페이스트리이다. 퍼프 페이스트리 반죽에는 이스트가 들어가지 않는다.

11 밀가루 개량제로 사용하는 물질은?

① 산소 ② 과산화벤조일
③ 탄산나트륨 ④ 글루코시다아제

해설

밀가루 개량제에서 사용하는 과산화벤조일(benzoyl peroxide)은 주로 밀가루의 표백 및 산화작용을 위해 사용된다. 이 화합물은 밀가루의 색을 더 밝고 고르게 만들어주는 역할을 하며, 밀가루의 품질을 향상시킨다.

12 케이크 디자인의 구성요소가 아닌 것은?

① 실제 요소
② 미각 요소
③ 상관 요소
④ 시각 요소

해설

▶ 디자인의 구성요소
• 실제 요소 : 디자이너가 의도한 의미, 메시지
• 개념 요소 : 점, 선, 면, 입체
• 시각 요소 : 형(shape)과 형태(form), 크기, 색체, 질감, 음영, 빛, 공간
• 상관 요소 : 방향, 위치, 공간감, 중량감, 시간

13 베로독소(Verotoxin)를 생성하며 미국에서 햄버거에 의한 식중독으로 보고된 이후 세계 각국에서 발생하고 있는 식중독균은?

① Salmonella typhi
② Clostridium botulinum
③ Escherichia coli O157:H7
④ Campylobacter jejuni

해설

병원성 대장균 O157:H7(Escherichia coli O157:H7)은 설사의 원인이 되는 대장균의 일종으로 베로독소(Verotoxin)를 생성하는 것이 특징이다. 이 병원성 대장균 O157:H7은 1982년 미국에서 햄버거를 먹은 후 출혈성 설사를 하는 환자가 집단으로 발행하며 처음 보고되었다.

14 세척력은 약하나 무부식성이 있어 실제로 식기, 손 소독에 많이 사용되는 소독제는?

① 석탄산 ② 포름알데히드
③ 역성비누 ④ 생석회

역성비누는 물에 녹기 쉽고 국소 자극 작용이 약하고, 부식
작용이 없고, 독성이 낮다. 그람 양성 · 음성의 어느 쪽에도
작용한다. 100배 희석액을 수술실에서의 수지(手指), 기구
의 세척, 소독 등에 사용한다. 또한 무독, 무해, 무미, 무취
이므로 조리기구, 식기류 소독에 많이 사용된다.

15 냉장고 및 냉동고 저장관리에 대한 설명으로 틀린 것은?

① 온도계를 비치하여 냉장고 0~10℃, 냉동고 -18℃ 온도 유지를 체크한다.
② 냉장, 냉동고 안에 개인 물품을 보관하면 안 된다.
③ 익히시 않은 것은 위쪽, 익힌 것은 아래쪽에 보관한다.
④ 저장 온도 관리를 위하여 점검표를 부착한다.

냉장고 내부 상단에는 조리된 식품, 하단에는 어류, 육류
등을 보관하여 어류, 육류에서 흐른 물이 다른 식재료나 조
리 식품에 떨어져 오염되지 않도록 해야 한다.

16 파이의 제조 공정에 대한 설명으로 틀린 것은?

① 파이는 주로 200~220℃의 고온으로 굽는다.
② 버터 대신 롤인마가린을 사용할 수 있다.
③ 파이 반죽은 최종 단계까지 믹싱을 충분히 한다.
④ 0℃의 냉장고에서 보관한 버터를 사용한다.

파이 반죽의 미싱은 글루텐이 생성되기 전인 피업 단계
(Pick up Stage)까지 믹싱한다.

17 별립법으로 케이크 제조 시 기포 형성 과정에 대한 설명으로 옳은 것은?

① 전란에 설탕을 넣어 기포를 형성한다.
② 달걀 흰자와 노른자에 설탕을 각각 넣어 기포를 형성한다.
③ 달걀에 설탕과 나머지 원료를 넣어 기포를 형성한다.
④ 유지에 설탕을 넣어 기포를 형성한다.

별립법은 흰자와 노른자에 각각의 설탕을 넣고 기포를 형
성한 다음 섞어서 반죽을 완성한다.

18 제품 판매의 기법으로 적합하지 않은 것은?

① 가격이 무조건 저렴해야 한다.
② 친절해야 한다.
③ 품질이 우수해야 한다.
④ 상품의 전문성이 있어야 한다.

제품이 잘 팔리려면 ㉠ 우수한 품질과 적당한 가격, ㉡ 상품
의 특징을 살려 제조, 마케팅 활용(전문성 강조), ㉢ 판매원의
상품에 대한 전문지식과 친절 교육 등이 이루어져야 한다.

19 재고회전율을 구하는 계산식으로 맞는 것은?

① 재고회전율 = 총재료비 / 평균 재고액
② 재고회전율 = 평균 재고액 / 총재료비
③ 재고회전율 = 추가 재료비 / 총재료비
④ 재고회전율 = 추가 재료비 / 평균 재고액

재고회전율이란 일정 기간의 제품, 재공품, 원재료, 저장품
등의 출고량과 재고량의 비율을 말한다. '재고회전율 = 총
재료비 / 평균 재고액'이다.

20 돼지고기를 익히지 않고 섭취하였을 경우 감염이 될 수 있는 것은?

① 무구조충, 광절열두조충
② 요코가와흡충, 간흡충
③ 구충, 회충
④ 선모충, 갈고리충

> **해설**
>
> 돼지고기를 익히지 않고 섭취했을 경우 감염될 수 있는 기생충으로는 유구조충(갈고리 촌충, 돼지고기 촌충), 선모충이 있다.

21 정상적으로 제조된 과자류에서 대장균이 검출되었을 때 가장 높은 가능성으로 추정되는 위생관리 원인은?

① 제조 후 취급이 비위생적이었다.
② 냉장 보관하지 않았다.
③ 오래된 원료를 사용하였다.
④ 급수량이 너무 많았다.

> **해설**
>
> 제조된 과자류에 대장균이 검출되었을 경우 여러 가지 원인이 있을 수 있지만 제조 후 취급이 비위생적이었을 경우가 가능성이 가장 높다.

22 과자류 재료의 취급방법으로 틀린 것은?

① 깨지 않은 달걀은 짧은 기간 내에 실온 보관이 가능하다.
② 개봉한 분말류 재료는 수분의 흡수를 막기 위하여 밀폐용기에 보관한다.
③ 버터, 마가린 등 지방 성분이 많은 재료는 냉암소에 보관한다.
④ 가온한 달걀을 바로 사용하지 않을 경우 냉장 보관한다.

> **해설**
>
> 지방 성분이 많은 버터, 마가린 등은 냉암소가 아닌 냉장 또는 냉동 보관을 해야 한다.
> 다만, 제품별로 보관장소는 차이가 있다.

23 다음 중 정성적 수요예측기법이 아닌 것은?

① 전문가 의견 통합법
② 시장실험법
③ 구매의도 조사법
④ 지수평활법

> **해설**
>
> 지수평활법은 정량적 기법에 속하며 지수평활법은 최근 자료에 더 높은 가중치를 주며 과거 자료의 비중을 지수적으로 적게 주어 미래를 예측하는 기법이다.

24 과자류의 품질 유지에 영향을 주는 외부적 요인이 아닌 것은?

① 판매단가   ② 진열조건
③ 유통온도   ④ 포장방법

> **해설**
>
> 과자류 품질 유지에 영향을 주는 외부적 요인은 온도, 습도, 광선, 공기, 오염물질, 포장 등이 있다. 판매단가는 외부적 요인과는 관계가 없다.

25 전분의 가수분해 과정으로 옳은 것은?

① 전분 → 덱스트린 → 맥아당 → 포도당
② 전분 → 맥아당 → 덱스트린 → 과당
③ 전분 → 자당 → 맥아당 → 덱스트린
④ 전분 → 포도당 → 덱스트린 → 유당

해설

🔵 전분이 가수분해되는 과정

과정	효소	생성물
전분	α-아밀라아제	덱스트린
덱스트린	β-아밀라아제	맥아당
맥아당	말타아제	포도당
포도당	치마아제	CO_2, 알코올, 열

26 도넛의 설탕이 수분을 흡수하여 녹는 현상을 방지하기 위한 방법으로 잘못된 것은?

① 스테아린 경화제를 첨가한다.

② 냉각 중 환기가 잘 되도록 하며 식힌다.

③ 도넛 위에 뿌리는 설탕 사용량을 늘린다.

④ 튀기는 시간을 늘려 수분 함량을 줄인다.

해설

1. 발한 현상 : 도넛에 입힌 설탕이나 글레이즈가 수분에 녹아 시럽처럼 변하는 현상
2. 황화 현상 : 도넛 기름이 도넛 설탕을 적시는 현상으로 기름의 노화가 원인
   대책 – 스테아린을 3~6% 첨가하여 사용

27 코코아 메스에서 코코아 버터를 제거한 다음 식물성 유지와 설탕을 첨가해 템퍼링 작업 없이도 사용할 수 있는 장점을 가진 초콜릿은?

① 커버추어

② 밀크 초콜릿

③ 가나슈용 초콜릿

④ 파타글라세

해설

파타글라세는 빠떼아글라세라고도 한다. 파타글라세는 코코아 메스에서 코코아 버터를 제거한 다음 식물성 유지와 설탕을 첨가해 템퍼링 없이 녹여서 바로 사용할 수 있는 초콜릿이다.

28 설탕에 대한 설명으로 틀린 것은?

① 상대적 감미료는 100이다.

② 포도당과 과당이 결합된 이당류이다.

③ 비환원당이다.

④ 120℃를 넘으면 캐러멜 반응을 일으킨다.

해설

캐러멜화는 설탕이 일반적으로 160℃(320℉) 이상의 온도에 도달하면 시작된다. 다만, 설탕의 종류(흑설탕, 갈색설탕)에 따라 캐러멜화 과정이 다르게 반응할 수 있다. 이 과정은 단순히 단맛을 넘어서 풍부한 맛과 향을 더해준다.

29 매장일로 바쁠 때 고객에게 행하는 인사 또는 행동으로 적절한 것은?

① 너무 바쁠 때는 손님에게 말없이 고개만 끄덕인다.

② 손님이 묻거나 계산 전까지는 무표정하게 서서 기다린다.

③ 손님이 오면 잠시 하던 일을 멈추고 밝은 목소리로 "어서 오십시오!"라고 인사한다.

④ 포장한 제품을 손님에게 주면서 쳐다보지 않고 인사한다.

해설

매장일이 바쁘거나 다른 일을 하고 있더라도 손님이 오면 하던 일을 멈추고 밝은 목소리로 "어서 오십시오!"라고 인사를 해야 한다.

30 대규모 베이커리 매장의 신입사원 채용 시 외부모집의 단점이 아닌 것은?

① 안정을 위한 적응기간 소요

② 조직의 폐쇄성 강화

③ 내부 인력의 승진 기회 축소

④ 부족한 정보로 인한 부적격자 채용의 위험성

해설

조직의 폐쇄성 강화는 신입사원 채용 시 외부모집이 아닌 내부모집으로 했을 때 발생할 수 있는 요인이다. 채용 시 외부모집을 함으로써 조직 간의 능력 향상, 다양한 인력 활용, 유연성 강화, 조직원 간의 긍정적 소통 상승 등 폐쇄성이 약화된다.

31 퍼프 페이스트리가 굽기 후 수축하는 원인이 아닌 것은?

① 유지 사용량이 부족
② 너무 낮은 오븐온도
③ 굽기 전 휴지 불충분
④ 반죽이 너무 단단함

해설

퍼프 페이스트리가 수축하는 원인은 너무 낮은 오븐 온도가 아니라 너무 높은 오븐 온도일 때 수축이 일어난다.

32 다음 중 휘핑(whipping) 제조 시 일반적으로 오버런이 가장 좋은 크림은?

① 생크림
② 식물성 크림
③ 콤파운드 크림
④ 커피 크림

해설

오버런(over-run)은 휘핑, 냉동 등으로 인해 공기 혼합물이 공기 혼입에 의하여 믹스의 용적이 증가하여 부피가 증가하는 현상으로 증용률이라 한다. 오버런은 식물성 크림이 가장 크다.

33 다음 중 필수아미노산이 아닌 것은?

① 라이신
② 메티오닌
③ 트립토판
④ 알라닌

해설

필수아미노산은 발린, 류신, 이소류신, 메티오닌, 트레오닌, 라이신, 페닐알라닌, 트립토판의 8종류가 있다. 어린이의 경우 히스티딘, 아르기닌도 필수아미노산에 추가로 포함된다.

34 단순 아이싱(flat icing) 제조 시 재료가 아닌 것은?

① 분당   ② 달걀
③ 물   ④ 물엿

해설

단순 아이싱이란 분당, 물, 물엿, 향을 섞어 43℃로 가열해 만드는 것을 말한다.

35 반죽형 케이크의 부드러운 성질(유연성)에 가장 크게 영향을 미치는 요인은?

① 쇼트닝 함량
② 밀가루 함량
③ 달걀 함량
④ 수분 함량

해설

반죽형 케이크에서 부드러운 성질(유연성)에 가장 큰 영향을 미치는 요인은 쇼트닝의 함량이다. 이유는 쇼트닝은 케이크의 굳어지는 것을 방지하고 부드러운 식감을 유지하는 데 도움을 준다. 또한 쇼트닝은 케이크의 수분을 유지하는 데 도움을 주며, 케이크가 건조해지지 않도록 방지한다. 이는 케이크가 더 오랜 시간 동안 촉촉하고 부드러운 상태를 유지하도록 하기 위함이다.

36 아래의 생산관리 설명의 수요 예측 방법은?

> 전문가에 의뢰하여 가설을 설정한 후 기업에서 분석, 조정하여 새로운 추정을 계획하는 방법으로 비용과 시간이 많이 소요됨

① 델파이기법
② 위원회 합의법
③ 최고경영자 기법
④ 시장조사법

해설
델파이기법은 전문가들의 의견수렴을 위하여 개발된 기법으로, 대표적인 미래 예측 방법이다. 특정 주제에 대하여 전문가집단을 대상으로 설문을 반복적으로 실시하고 이를 통하여 합의를 도출하는 방식으로 진행된다는 점에서 '전문가합의법'이라고도 부른다. 단점으로는 비용과 시간이 많이 발생된다.

37 다음 중 HACCP의 관점에서 위해요소(Hazard)가 아닌 것은?

① 병원성 미생물   ② 농약
③ 환경오염물질   ④ 나트륨

해설
HACCP의 위해요소(Hazard)는 3가지로 생물학적 위해요소, 화학적 위해요소, 물리적 위해요소로 나눌 수 있다. 병원성 미생물은 생물학적 위해요소, 농약은 화학적 위해요소, 환경오염물질은 오염물질에 따라 물리적 위해요소 또는 화학적 위해요소에 해당될 수 있다.

38 베이킹파우더를 넣지 않고 파운드 케이크를 제조할 경우 품질평가로 틀린 것은?

① 반죽이 가볍고 무드럽다.
② 제품의 부피가 작다.

③ 부풀리는 힘이 부족하다.
④ 식감이 단단하다.

해설
베이킹파우더는 주로 과자를 만들 때 가열과 수분에 의해 생성되는 탄산이나 암모니아 가스로 반죽을 부풀게 하는 화학적 팽창제이다. 베이킹파우더를 넣지 않을 경우 부피가 작고, 부풀리는 힘이 부족하게 된다. 그리고 부풀지 못하다 보니 식감이 단단하게 된다.
반죽이 가볍고 부드러운 경우는 베이킹파우더를 넣었을 때 일어나는 현상이다.

39 제과 제빵 제품의 위생안전 관리상 냉동고 내부 온도 감응 장치의 센서 위치로 적절한 곳은?

① 평균 온도가 측정되는 곳
② 온도가 가장 낮게 측정되는 곳
③ 온도가 가장 높게 측정되는 곳
④ 식품에 직접 닿는 곳

해설
위생안전 관리상 냉동고 내부 온도 감응 장치 위치로는 외부에서 온도 변화를 관찰할 수 있어야 하며 온도 감응 장치의 센서는 온도가 가장 높게 측정되는 곳에 위치해야 한다.

40 화이트 레이어 케이크의 제조 시 흰자 거품을 강하게 하기 위하여 사용되는 재료는?

① 탄산수소나트륨
② 유화쇼트닝
③ 중조
④ 주석산 크림

해설
화이드 레이어 케이크저럼 흰자를 사용하는 제품에 주석산 크림을 넣는 이유는 ㉠ 흰자의 알칼리성을 중화한다, ㉡ 흰자의 거품을 강하게 만든다. ㉢ 머랭의 색상을 희게 한다. 이런 이유로 주석산 크림을 첨가한다.

41 박력분의 특성에 대한 설명 중 옳은 것은?

① 반죽 혼합 시 흡수율이 높다.
② 다목적으로 사용되며, 반죽 형성시간이 빠르다.
③ 밀가루 입자가 가장 크다.
④ 연질소맥을 제분한다.

해설

박력분은 연질소맥을 제분하여 얻고, 밀가루 입자가 작고 과자용으로 많이 사용한다. 강력분과는 달리 반죽 형성시간이 짧고 흡수율은 낮다.

42 가공유지인 마가린에 대한 설명으로 틀린 것은?

① 융점이 28~36℃가 되도록 배합한다.
② 마가린은 수중유적형 유화 형태를 갖는 제품군이다.
③ 지방 함량에 따라 다양한 제품군이 있으며, 통상 80% 정도이다.
④ 유지의 원료로 동물성 유지와 식품성 유지가 모두 사용될 수 있다.

해설

가공유지는 자연 상태의 지방을 화학적 또는 물리적 방법으로 변형시킨 식품 성분이다. 액체에는 서로 섞이지 않는 물(water)과 기름(oil)이 있는데, 물에 기름이 분산된 상태를 수중유적형(oil-in-water) 유화액이라고 하며, 기름 속에 물이 분산된 상태의 유화액을 유중수적형(water-in-oil)이라고 한다. 식품 중에 수중유적형은 우유, 마요네즈, 아이스크림이 있으며, 유중수적형에는 버터와 마가린이 있다.

43 재료 재고관리의 목적으로 맞지 않는 것은?

① 많은 재료의 폐기와 생산에 필요한 재료의 분리를 위함
② 재료의 부족으로 인한 생산 차질 방지
③ 재료 발주에 대한 다양한 비용의 최소화와 자산의 보존
④ 위생적이고 안전한 재료의 관리를 위함

해설

재료 재고관리의 목적은 비용 절감, 생산 차질 방지, 재고 손실 최소화, 품질 유지 등을 목적으로 하고 있다.

44 시폰 케이크의 제조 과정에 대한 설명으로 틀린 것은?

① 달걀 흰자에 설탕을 넣고 기포를 형성한다.
② 흰자의 거품이 형성되면 주석산 크림을 넣고 중간 피크의 머랭을 만든다.
③ 노른자에 오일, 물, 밀가루를 혼합한다.
④ 흰자 머랭에 노른자를 혼합 후 나머지 물과 밀가루를 혼합한다.

해설

시폰 케이크의 제조 방법은 쉬폰법으로 제조한다. 쉬폰법은 거품형 반죽으로 흰자, 노른자를 분리하긴 하지만, 흰자는 거품을 내주고, 노른자는 거품을 내지 않고 잘 섞어주는 방법을 말한다. 노른자, 식용유, 설탕+소금, 물 순서로 섞은 후, 밀가루를 섞고 머랭을 나누어 섞어 비중 0.45 정도의 반죽을 완성한다.

45 과자의 영업에 종사할 수 있는 경우는?

① B형 간염에 걸린 경우
② 화농성 상처가 있는 경우
③ 피부병에 걸린 경우
④ 지속되는 설사 및 복통이 있는 경우

해설

B형 간염은 주위 사람에게 전염시킬 가능성이 낮으므로 일상생활에서 특별히 주의하거나 격리할 필요는 없다. 그러므로 B형 간염에 걸린 경우 과자의 영업에 종사할 수 있다. 단, 보건증은 소지해야 한다.

46 자연적인 냉각으로 포장에 적합한 빵 내부 온도는?

① 35~40℃

② 5~10℃

③ 25~30℃

④ 15~20℃

해설

냉각된 제품의 빵 내부 온도는 35~40℃이며, 수분함량은 약 38%이다.

47 유지의 성질 중 트랜스지방이 생성되는 과정은?

① 유지의 유화

② 유지의 경화

③ 유지의 산화

④ 유지의 검화

해설

유지의 산화가 쉽고 어려움은 지방산의 불포화도의 대소에 의한 것이며, 일반적으로 아이오딘 값이 클수록 산화되기 쉽다.
지방산에 니켈 등의 촉매를 사용하여 수소를 첨가하면 불포화지방산의 이중결합에 수소가 첨가되어 녹는점이 상승하면서 고체성이 된다. 이 현상을 경화라 하며, 이를 경화유, 트랜스지방이라 한다. 마가린과 쇼트닝이 있다.

48 과자의 냉각 시 영향을 미치는 요소 중 환경 요인이 아닌 것은?

① 습도   ② 냉각 기구

③ 시간   ④ 온도

해설

과자의 냉각 과정에서 환경 요인은 품질과 식감에 중요한 영향을 미칠 수 있다. 환경 요인으로는 온도, 습도, 공기 흐름, 냉각 방법, 위생 청결 상태 등이 있다. 시간은 환경 요인에 속하지 않는다.

49 아몬드 타르트 제조 공정에 대한 설명으로 틀린 것은?

① 팬이 작을 경우 휴지시킨 반죽을 손으로 봉합하여 팬에 눌러 정형할 수 있다.

② 반죽을 두께 3mm 정도로 밀어편 뒤 포크로 작은 구멍을 만들어 타르트 용기에 넣는다.

③ 아몬드 크림은 짤주머니에 담아 충전한다.

④ 타르트 반죽은 파이와 같이 최종 단계까지 반죽하여 상온에서 휴지 후 정형한다.

해설

타르트 반죽은 파이 반죽과 같이 픽업 단계까지 반죽하여 냉장 휴지 후 정형한다. 타르트 껍질은 글루텐이 형성되지 않도록 반죽하고 냉장 휴지해야 바삭한 껍질을 만들 수 있다.

50 식자재 창고 보관방법에 대한 설명으로 옳지 않은 것은?

① 식품의 소비기한이 보이게 보관하며, 부적합품은 별도의 보관장소에서 관리한다.

② 식자재를 주방 내 보관할 때 종이 겉박스를 제거한다.

③ 주방 내 식품(식자재)과 비식품(포장재)은 따로 보관하여 식품의 오염을 방지한다.

④ 식자재를 벽과 바닥에 붙여 주변 습기나 해충의 영향을 줄인다.

해설

식자재는 벽과 바닥에서 15cm 떨어뜨려 보관해야 습기 및 해충으로부터 영향을 줄일 수 있다.

51 자외선 살균과 관련한 설명으로 옳은 것은?

① 쪼이고 있는 동안에만 효과가 있다.

② 피조사물에 대한 변화를 유발한다는 것이 단점이다.

③ 자외선은 불투명한 식품과 용기 안쪽이나 내부의 살균에 적합하다.

④ 방사선 조사법에 비해 투과력이 강한 장점이 있다.

해설

자외선 살균, 즉 UV 살균은 사용법이 간단하고 살균효과가 높으며, 균에 특성을 주지 않고 미생물의 DNA를 변화시켜 불임을 시킴으로써 그들의 번식을 막아 살균효과를 내는 특징을 가지고 있다. 하지만 쪼이고 있는 동안에만 효과가 있다. 세균, 포자, 바이러스, 원생동물, 선충 알, 조류 등 대부분의 미생물에 효과가 있다. 피조사물에도 거의 변화가 없으며 투과력이 없다.

52 포장 재료의 조건이 아닌 것은?

① 유해 물질이 함유되지 않고 위생적이어야 한다.

② 포장 후 상품 가치를 높일 수 있어야 한다.

③ 수분 증발을 조절할 수 있도록 통기성이 약해야 한다.

④ 포장 비용이 경제적이어야 한다.

해설

통기성이 있는 재료를 쓰면 빵의 향이 날아가고 수분이 증발되며, 또한 공기 중의 산소에 의해 산패가 생겨 빵의 노화를 촉진시킨다.

▶ 포장 재료의 조건

1. 세균과 곰팡이의 침입을 막을 수 있어야 한다.
2. 포장재에 의해서 모양이 유지되어야 하고, 단가가 낮아야 한다.
3. 포장 시 상품성 가치를 높일 수 있어야 한다.
4. 방수성이 있고 통기성이 없어야 한다.

53 반죽 중 반죽을 호화시킨 다음 달걀을 넣어 완성시키는 품목은?

① 파이   ② 타르트

③ 슈   ④ 밤과자

해설

슈 제조 방법은 반죽을 완전히 호화시킨 다음 계란을 나눠 넣으면서 되기를 조절해 만든다.

54 아스페르길루스 플라보스(Aspergillus flavus) 곰팡이가 핀 땅콩으로 땅콩버터를 제조하였을 경우 발생할 수 있는 곰팡이 독은?

① 피틀린

② 제랄레논

③ 아플라톡신

④ 매각독

해설

아플라톡신(Aflatoxin)은 Aspergillus flavus 등이 생산하는 곰팡이 독으로 발암성이 있는 독성 물질이다. 주로 산패한 호두, 땅콩, 캐슈넛, 피스타치오 등의 견과류에서 생긴다.

55 기업의 환경을 이해하기 위한 환경분석방법 중 3Cs 분석에 속하지 않는 것은?

① 경쟁사(Competitors)

② 고객(Customer)

③ 원가(Cost)

④ 자사(Company)

해설

3Cs는 마케팅 및 전략적 분석에서 사용되는 중요한 프레임워크로, 기업의 성공적인 전략 수립을 위해 경쟁자(Competitor), 고객(Customer), 회사(Company) 이 세 가지 핵심 요소를 고려하는 것을 의미한다.

56 빈칸에 알맞은 내용으로 맞는 것은?

> 설탕물에 녹아있는 설탕의 무게를 %로 표시한 수치
> 는 ( )이다.

① 변형당   ② 액당의 당도
③ 가수분해   ④ 상형당

해설

액당이란 정제된 설탕 또는 전화당이 물에 녹아있는 용액
상태의 당을 말한다. 액당은 대량 생산하는 공장에서 많이
사용된다.
액당의 당도는 설탕물에 녹아있는 설탕의 무게를 %로 표시
한 수치를 말한다.

$$당도(\%) = \frac{설탕(용질)의\ 무게}{설탕(용질)의\ 무게 + 물(용매)의\ 무게} \times 100$$

57 초콜릿 제품의 원료가 되는 초콜릿 원액(비터 초
콜릿, Bitter chocolate) 4kg에 들어있는 카카오
버터의 함량은 얼마인가?

① 0.5kg   ② 1.5kg
③ 2.5kg   ④ 3.5kg

해설

초콜릿 제품의 원료가 되는 비터 초콜릿은 카카오(코코
아)(5/8)와 카카오버터(코코아버터)(3/8)로 이루어져 있다.
카카오버터를 구해야 하므로 3/8의 값을 구한다.

$$카카오버터 = 4kg \times \frac{3}{8} = 1.5kg$$

58 손 세척방법에 관련하여 적절하지 않은 것은?

① 손에 비누질을 한다.
② 깨끗한 손톱솔을 사용해 손톱까지 세척한다.
③ 손 세척제는 찬물 사용이 더 효과적이다.
④ 1회용 종이수건이나 건조기로 손을 건조한다.

해설

손 세척 시 뜨거운 물이 세균을 더 많이 없앨 수 있다고
생각을 하지만 찬물과 따뜻한 물 등 물 온도와는 관계가
없다. 다만, 따뜻한 물이 더 쉽게 비누 거품을 만들어 내고
거품이 많을수록 비누 잔여물이 남지 않도록 하는 데 용이
하다.

59 초콜릿 보관 시 설탕 블룸(Sugar Bloom) 현상이
발생했다면 가장 큰 원인은 무엇인가?

① 온도
② 직사광선
③ 수분
④ 압력

해설

슈가 블룸(Sugar Bloom)은 초콜릿의 설탕이 공기 중의 수
분을 흡수하여 녹았다가 재결정화되면서 표면이 하얗게 되
는 현상이다. 습도가 높은 곳에 보관한 경우에 발생한다.

60 손익계산 시 비용에 대한 설명으로 틀린 것은?

① 판매비에 직원의 급여, 광고비, 판매수수료 등
이 해당된다.
② 비용에는 특별 손실과 부가가치세도 포함된다.
③ 영업의 비용은 판매, 관리비와 구별되고 경상적
비용이다.
④ 매출원가는 기초 재고액, 당기 매입액, 기말 재
고액을 모두 합한 금액이다.

해설

매출 원가는 기초 재고액 + 당기 매입액 − 기말 재고액이다.

기출복원문제

01 슈 공정 중에서 잘못된 것은?

① 물 + 소금 + 유지를 넣고 센불로 끓인다.

② 팽창제(베이킹파우더 등)를 넣을 경우 달걀 넣기 전에 넣는다.

③ 처음엔 아랫불을 높여 굽다가 충분히 팽창하고 표피가 터지면 아랫불을 줄이고 윗불을 높여 굽는다.

④ 슈가 주저앉을 수 있으므로 팽창 중에 문을 자주 여닫지 않는다.

해설

팽창제(베이킹파우더 등)를 넣을 경우 마지막에 넣는다.

02 별립법에 대한 설명으로 옳지 않은 것은?

① 달걀을 노른자와 흰자로 분리한 후 거품 낸다.

② 노른자와 식용유를 넣고 섞은 후, 설탕을 넣고 녹인다.

③ 흰자와 흰자용 설탕을 이용하여 머랭을 올려 사용한다.

④ 비중은 0.5 내외이다.

해설

② 쉬퐁법 : 노른자와 식용유를 넣고 섞은 후, 설탕과 물을 넣고 녹인다.

03 롤 케이크를 말 때 표면의 터짐을 방지하는 방법이 아닌 것은?

① 설탕의 일부를 물엿이나 시럽으로 대체한다.

② 노른자 양을 줄이고 전란의 양을 증가시킨다.

③ 낮은 온도에서 천천히 오래 굽는다.

④ 밑불이 너무 높지 않게 굽는다.

해설

낮은 온도에서 오래 굽지 않는다(오버 베이킹 금지).

04 아몬드 타르트 제조 방법이 잘못된 것은?

① 반죽법은 크림법으로 제조한다.

② 껍질은 글루텐이 형성되지 않도록 반죽하고 냉장 휴지한다.

③ 크림을 너무 많이 짜지 않는다.

④ 바닥 껍질은 5[mm] 정도로 밀어 틀 안쪽으로 끝까지 밀어줘야 수축을 방지할 수 있다.

해설

바닥 껍질은 2~3[mm] 정도가 적당하다.

05 페이스트리 반죽을 굽는 과정에서 수축의 원인이 아닌 것은?

① 휴지를 충분히 하지 않은 경우

② 과도한 밀어 펴기를 한 경우

③ 반죽이 진 경우

④ 덧가루를 많이 사용한 경우

◆ 모양 낸 후 수축하는 원인 : 휴지가 충분하지 않음, 과도한 밀어 펴기, 된 반죽

06 파이용 마가린(롤인용 마가린)의 특징 중 가장 중요한 것은?

① 크림성　　　　② 쇼트닝성
③ 구용성　　　　④ 가소성

해설
가소성이란 고체에 힘을 가했을 때 모양의 변화와 유지가 가능한 성질이다. 유지가 너무 단단하면 반죽이 파괴되고 무르면 고르게 퍼지지 않으므로 사용온도 범위가 넓은 것이 좋다. 페이스트리 등의 결을 살리는 제품 제조에서 밀어 펴기나 성형하는 작업을 가능하게 한다.

07 다음 머랭 중 설탕이 가장 적게 들어가는 머랭은?

① 프렌치 머랭　　② 스위스 머랭
③ 이탈리안 머랭　　④ 코코넛 머랭

해설
• 프렌치 머랭(흰자 : 설탕 = 1 : 1)
• 스위스 머랭(흰자 : 설탕 = 1 : 1.8)
• 이탈리안 머랭(흰자 : 설탕 = 1 : 2)

08 무스에 사용하는 안정제는?

① 한천　　　　② CMC
③ 펙틴　　　　④ 젤라틴

해설
무스에는 동물성 안정제인 젤라틴을 주로 사용한다.

09 노화에 대한 설명으로 틀린 것은?

① α-전분이 β-전분으로 변하는 것
② 빵의 내부가 딱딱해지는 것
③ 수분이 감소하는 것
④ 빵의 내부에 곰팡이가 피는 것

해설
빵의 내부에 곰팡이가 피는 것은 부패이다.

10 파이 제조 시 충전물이 끓어 넘치는 이유가 아닌 것은?

① 껍질에 수분이 많았다.
② 천연산이 많이 든 과일을 썼다.
③ 충전물의 온도가 낮다.
④ 설탕량이 많다.

해설
충전물의 온도가 높을 때 충전물이 끓어 넘친다.

11 반죽형 반죽 중에서 수분이 가장 많은 쿠키는?

① 쇼트 브레드 쿠키
② 드롭 쿠키
③ 스냅 쿠키
④ 스펀지 쿠키

해설
스펀지 쿠키는 거품형 반죽이며, 드롭 쿠키는 달걀 사용량이 많아 짤주머니에 모양깍지를 끼우고 짜는 쿠키이다.

정답　06 ④　07 ①　08 ④　09 ④　10 ③　11 ②

12 이탈리안 머랭에 대한 설명으로 옳지 않은 것은?

① 냉과, 무스 등에 사용한다.
② 흰자를 거품 내다 뜨겁게 졸인 설탕 시럽을 넣고 만든다.
③ 주로 약하게 굽는 제품에 사용한다.
④ 설탕 시럽을 끓이는 온도는 114~118[℃]이다.

해설
이탈리안 머랭은 굽지 않는 제품에 사용한다.

13 반죽 온도에 대한 설명으로 잘못된 것은?

① 파운드 케이크의 반죽 온도는 23[℃]가 적당하다.
② 버터 스펀지 케이크의 반죽 온도는 25[℃]가 적당하다.
③ 사과파이 반죽의 물 온도는 38[℃]가 적당하다.
④ 퍼프 페이스트리의 반죽 온도는 20[℃]이다.

해설
사과파이의 반죽은 차가운 냉수를 이용하여 20[℃] 이하로 만든다.

14 파운드 케이크 제조 시 윗면이 터지는 경우가 아닌 것은?

① 설탕 입자가 남아 있을 때
② 반죽 내의 수분이 충분하지 않을 때
③ 굽기 중 껍질이 천천히 형성될 때
④ 팬에 넣은 반죽을 장시간 방치할 때

해설
파운드 케이크 제조 시 높은 온도에서 구워 껍질이 빨리 형성될 경우 윗면이 터진다. 굽기 중 껍질 형성이 느리면 반죽 온도가 낮다는 것으로, 이는 껍질이 천천히 형성되면서 수분이 많이 손실되어 터지지 않는 원인이 된다.

15 제과에서 달걀의 역할로만 묶은 것은?

① 영양가치 증가, 유화 역할, pH 강화
② 영양가치 증가, 유화 역할, 조직 강화
③ 영양가치 증가, 조직 강화, 방부 효과
④ 유화 역할, 조직 강화, 발효 시간 단축

해설
달걀은 완전 단백질에 속하며, 구조력을 형성하고, 노른자의 레시틴은 유화제 역할을 한다.

16 퐁당 크림을 부드럽게 하고 수분 보유력을 높이기 위해 일반적으로 첨가하는 것은?

① 한천, 젤라틴
② 물, 레몬
③ 소금, 크림
④ 물엿, 전화당 시럽

해설
수분 보유력을 높이기 위해서는 물엿, 전화당과 같은 시럽 형태의 당을 사용한다.

17 반죽형 쿠키의 굽기 과정에서 퍼짐성이 나쁠 때 퍼짐성을 좋게 하기 위해 사용할 수 있는 방법은?

① 입자가 굵은 설탕을 많이 사용한다.
② 반죽을 오래 한다.
③ 오븐의 온도를 높인다.
④ 설탕의 양을 줄인다.

해설
쿠키의 퍼짐성을 좋게 하기 위한 방법에는 굵은 입자의 설탕 사용, 팽창제 사용, 알칼리성 재료 사용, 오븐 온도 낮추기 등이 있다.

18 브루셀라 감염병에 대한 설명으로 옳지 않은 것은?

① 그람음성균으로 이산화탄소가 풍부한 37[℃]에서 가장 잘 자란다.

② 저온 살균이 되지 않은 유제품이나 감염된 가축을 섭취했을 경우 감염된다.

③ 가열이나 저온 살균법, 냉동 상태나 건조 상태에서 사멸한다.

④ 소, 양, 돼지 등의 경우 유산, 조산 등이 주요 증상이다.

해설

브루셀라는 냉동 상태나 냉장, 건조 상태에서도 잘 버틴다.

19 감자 같은 탄수화물이 많이 함유된 식품을 튀길 때 생성되는 독소물질은?

① 트리메틸아민　　② 니트로사민

③ 다이옥신　　　　④ 아크릴아마이드

해설

감자에 들어 있는 아스파라긴과 포도당이 120[℃] 이상에서 반응을 하면 아크릴아마이드가 형성되는데, 요리과정 중 삶거나 175[℃] 이하에서 튀기거나 구우면 아크릴아마이드의 발생을 줄일 수 있다.

20 다음 중 대장균이 제일 잘 자랄 것 같은 환경은?

① 오염되지 않은 샘물이나 염소계 소독제로 세척된 주방도구 사용

② 조리한 식품의 냉장보관 및 재섭취 시 재가열

③ 가축의 내장, 고기의 분쇄과정

④ 칼이나 도마 같은 조리도구를 구분하여 사용

해설

자연환경에 널리 분포되어 있는 대장균은 고기를 분쇄하거나 가축을 도살하는 과정에서 내장에 의해 각 부위에 오염될 수 있다.

21 베이킹파우더가 들어가지 않은 파운드 케이크의 특징으로 가장 잘못된 것은?

① 부피가 크고 부드럽다.

② 부피가 작고 부드럽다.

③ 부피가 크고 무겁다.

④ 부피가 작고 무겁다.

해설

베이킹파우더는 화학적 팽창제로 부피를 크게 하고 제품을 부드럽게 한다.

22 HACCP 적용 7원칙 중 위해요소 관리가 허용범위 이내로 충분히 이루어지고 있는지 여부를 판단할 수 있는 원칙은?

① 위해요소 분석　　② 중요관리점

③ 한계기준　　　　④ 모니터링

해설

모든 위해요소의 관리가 기준치 설정대로 충분히 이루어지고 있는지 여부를 판단할 수 있는 관리 한계를 설정한다.

23 HACCP 선행요건이 아닌 것은?

① 영업장 관리

② 냉장 · 냉동시설 · 설비 관리

③ 공정 흐름도 현장 확인

④ 검사 관리

해설

▶ HACCP 선행요건 8가지
1. 영업장 관리
2. 위생 관리
3. 제조 · 가공시설 · 설비 관리
4. 냉장 · 냉동시설 · 설비 관리
5. 용수 관리
6. 보관 · 운송 관리
7. 검사 관리
8. 회수 프로그램 관리

정답 18 ③　19 ④　20 ③　21 ①　22 ③　23 ③

24 HACCP 소독에 신경을 많이 쓰지 않아도 되는 부분은?

① 작업장 천장, 바닥, 벽 관리
② 배수로, 설비, 칼, 도마 등 기구에 대한 세척, 소독관리
③ 외부 오염물질 또는 해충 등 유입 방지
④ 청결구역과 일반구역은 작업장에 직접적 영향을 주지 않도록 설치했다면 분리할 필요가 없다.

해설

④ 작업장은 청결구역과 일반구역으로 분리, 구획 또는 구분하여야 하며, 이 경우 화장실은 작업장에 영향을 주지 않도록 분리되어야 한다.

25 장독소인 엔테로톡신을 분비하는 식중독은?

① 포도상구균 　　　② 보툴리누스균
③ 살모넬라균 　　　④ 웰치균

해설

병원성 포도상구균이 생산하는 내열성 독소는 엔테로톡신이다.

26 인수공통감염병이 아닌 것은?

① 탄저 　　　② 비브리오
③ 브루셀라 　　　④ Q열

해설

▶ 인수공통감염병의 종류 : 탄저, 브루셀라, 결핵, 광견병, 야토, 돈단독, Q열, 리스테리아 등이 있다.

27 달걀을 통해서 감염되는 식중독은?

① 살모넬라 　　　② 병원성 대장균
③ 장염 비브리오 　　　④ 포도상구균

해설

살모넬라는 달걀, 어육, 샐러드, 마요네즈, 유제품, 사람이나 가축의 분변에 의해 감염된다.

28 관능검사가 아닌 것은?

① 시각 　　　② 촉각
③ 통각 　　　④ 후각

해설

관능검사는 식품과 물질의 특성이 시각, 후각, 미각, 촉각, 청각으로 감지되는 반응을 측정, 분석하는 방법이다.

29 곰팡이 생육이 안 되는 조건은?

① 습도가 높은 상태의 실온에서 보관
② 산도(pH 4.0~6)에 보관
③ 온도 20~25[℃], 상대습도 80[%] 이상에서 보관
④ 수분 활성도 0.8 이하에서 보관

해설

곰팡이가 독소를 생성하는 수분 활성도는 0.93~0.980이며, 0.8 이하에서는 증식이 저지된다.

정답　24 ④　25 ①　26 ②　27 ①　28 ③　29 ④

30 필수 아미노산이 아닌 것은?

① 류신 　　　　 ② 메티오닌
③ 시스테인 　　 ④ 트립토판

> **해설**

> ▶ 필수 아미노산 8종류 : 류신, 이소류신, 리신, 발린, 메티오닌, 트레오닌, 트립토판, 페닐알라닌

31 항산화 물질과 관련이 있는 것끼리 묶인 것은?

① V.B$_1$, V.B$_{12}$, S 　　 ② V.E, V.C, Selen
③ V.B$_2$, V.D, P 　　 ④ V.K, V.A, 나이아신

> **해설**

> 항산화 물질에는 폴리페놀, 비타민 E, 비타민 C, β-카로틴 등이 있다.

32 설탕에 대한 설명으로 잘못된 것은?

① 설탕의 분해 효소인 인버타아제에 의해 포도당과 과당으로 분해된다.
② 수분 보유력이 있어 노화가 지연된다.
③ 설탕은 130[℃]에서 캐러멜라이징이 시작된다.
④ 글루텐의 연화 작용과 윤활 작용을 한다.

> **해설**

> 설탕의 캐러멜화 온도는 160[℃] 이상이다.

33 페트병 제조가 가능한 포장 재료는?

① oriented polypropylene(OPP)
② polyethylene(PE)
③ polypropylene(PP)
④ polystylene(PS)

> **해설**

> ▶ 폴리에틸렌(PE : polyethylene) : 열에 강한 소재로 주방 용품에 많이 사용된다. 가공이 쉬워 다양한 제품군에 사용되며, 페트병의 주원료가 되기도 한다. 장시간 햇빛에 노출돼도 변색이 거의 일어나지 않는다.

34 다크 초콜릿의 템퍼링 과정이 잘못된 것은?

① 1차 용해 온도는 35~40[℃]이다.
② 식히는 온도는 27[℃] 정도이다.
③ 최종 온도는 30~31[℃]이다.
④ 화이트 초콜릿의 최종 온도는 다크 초콜릿보다 낮다.

> **해설**

> 다크 초콜릿의 1차 용해 온도는 45~50[℃]이다.

35 생선, 초밥, 어패류와 관계있는 식중독은?

① 살모넬라 　　 ② 병원성 대장균
③ 보툴리누스 　 ④ 장염 비브리오

> **해설**

> 비브리오균은 호염성 해수 세균으로 여름철에 주로 발생한다. 어패류 생식, 생선회 등과 어패류를 다룬 칼, 도마, 행주 등 조리기구에 의해서도 교차오염이 된다.

36 작업실의 조도는?

① 100~200[Lux] 　　 ② 150~300[Lux]
③ 200~500[Lux] 　　 ④ 300~600[Lux]

> **해설**

발효 과정	50[Lux]
계량, 반죽, 조리, 성형 과정	200[Lux]
굽기 과정	100[Lux]
포장, 장식, 마무리 작업	500[Lux]

정답 30 ③　31 ②　32 ③　33 ②　34 ①　35 ④　36 ③

기출복원문제

37 Over-run이 가장 큰 크림은?

① 식물성 크림
② 동물성 크림
③ 콤파운드 버터
④ 식용유

해설

Over-run은 냉동 중에 혼합물이 공기 혼입에 의하여 믹스의 용적이 증가하여 부피가 증가하는 현상으로 증용률이라 한다. 식물성 크림이 가장 크다.

38 호밀 가루의 특징 중 잘못된 것은?

① 당질이 주성분이며 비타민 B군이 비교적 풍부하다.
② 호밀 반죽의 펜토산은 글루텐 형성 능력을 떨어뜨린다.
③ 질 좋은 호밀빵을 생산하기 위해서는 산발효법(Sour dough fermentation)을 이용하는 것이 좋다.
④ 호밀 가루의 단백질 함량은 저장 안정성에 큰 영향을 준다.

해설

호밀 가루의 저장 안정성에 영향을 주는 것은 지방 함량이다.

39 활성글루텐의 사용 이유가 아닌 것은?

① 반죽 형성 능력이 약한 밀가루의 개량제로 이용된다.
② 밀가루 반죽에서 녹말을 제거하고 얻는 밀 단백질로 빵 반죽의 강도를 개선하는 데 사용한다.
③ 제품의 조직에 영향을 주어 저장성을 감소시킨다.
④ 제품의 부피, 기공을 개선시킨다.

해설

반죽의 흡수율을 1.5[%] 증가시키며 저장성을 증가시킨다.

40 제품의 외부평가 항목이 아닌 것은?

① 대칭성
② 껍질색
③ 부피
④ 기공

해설

기공은 내부평가 항목이다.

41 미생물에 의해 주로 단백질이 혐기성 세균에 의해 악취, 유해 물질을 생성하는 현상은?

① 발효
② 변패
③ 부패
④ 산패

해설

① **발효** : 탄수화물이 유익하게 분해되는 현상
② **변패** : 탄수화물이 변질된 것
④ **산패** : 지방이 산화 등에 의해 악취, 변색이 일어나는 현상

42 굽기 과정 중 오버 베이킹과 언더 베이킹에 대한 설명 중 잘못된 것은?

① 언더 베이킹은 중앙부분이 익지 않는 경우가 많다.
② 오버 베이킹은 윗면이 갈라지기 쉽다.
③ 언더 베이킹은 수분 함량이 많다.
④ 오버 베이킹은 노화가 빠르다.

해설

• **오버 베이킹(Over Baking)의 특징** : 윗면이 평평, 수분 손실이 커 노화가 빠름, 부피가 큼.
• **언더 베이킹(Under Baking)의 특징** : 윗면이 갈라지고 솟아오름, 설익기 쉽고 조직이 거칠며 주저앉기 쉬움, 부피가 작음.

43 다음 중 이형제에 대한 설명으로 옳지 않은 것은?

① 발연점이 높은 기름을 사용한다.

② 이형제의 사용량은 반죽 무게에 대하여 0.1~0.2[%] 정도가 적당하다.

③ 반죽을 구울 때 형틀에서 제품의 분리를 용이하게 할 수 있다.

④ 이형제의 사용량이 많으면 밑껍질이 얇아지고 색상이 밝아진다.

해설

이형제의 사용량이 많으면 밑껍질이 두꺼워지고 색상은 어두워진다.

44 초콜릿을 만들 때 들어가는 카카오버터의 결정화가 가장 안정적인 구조를 갖는 것은?

① γ ② α

③ β' ④ β

해설

▶ 카카오버터의 결정화 순서

$\gamma \rightarrow \alpha \rightarrow \beta' \rightarrow \beta$

16~18[℃] 21~24[℃] 27~29[℃] 34~36[℃]

(가장 안정적임)

45 완성된 초콜릿을 보관하기에 적당하지 않은 것은?

① 온도와 습도가 낮은 곳

② 직사광선이 없는 냉암소

③ 알루미늄 포일에 싸고 밀폐용기에 담아 보관

④ 냉장보관이 원칙이다.

해설

• 초콜릿 보관 온도는 15~18[℃], 습도 40~50[%] 정도가 적당하며 빛과 온도, 습도가 높은 곳은 피한다.

• 실온보관이 원칙이며 잘 밀봉해서 햇볕이 들지 않는 서늘한 실온에서 보관한다.

• 냉장, 냉동보관할 경우 초콜릿의 카카오버터가 냉장고의 습기로 인해 품질이 나빠지고, 초콜릿이 냄새를 흡수할 수 있으므로 최대한 실온보관하는 것이 좋다(한여름에는 사용할 수 있다).

46 박력분에 대한 설명이 잘못된 것은?

① 연질소맥으로 단백질 함량은 7~9[%]이다.

② 주로 케이크에 사용하며 회분 함량은 0.4~0.5[%]이다.

③ 글루텐의 질은 매우 부드럽다.

④ 밀가루의 입도는 분상질이다.

해설

제과용 박력분의 회분 함량은 0.4[%] 이하이다.

47 다음 중 거품형 쿠키는?

① 쇼트 브레드 쿠키

② 초코 칩펠 쿠키

③ 프레첼

④ 핑거 쿠키

해설

핑거 쿠키는 거품형 쿠키로 공립법으로 제조하며, 5[cm] 정노로 싸서 굽는다.

기출복원문제

48 검수를 완료한 식재료의 보관기준으로 잘못된 것은?

① 건조저장실은 10[℃] 내외, 습도는 50~60[%]의 통풍이 잘 안되는 곳이 적당하다.

② 냉장실 온도는 0~5[℃], 습도는 75~90[%]이며 온도계를 비치하고 하루 2번 온도를 기록하고 관리한다.

③ 냉동 온도 −24~−18[℃] 이하를 유지하며 한번 해동한 제품은 재냉동하지 않는다.

④ 식품보관 선반은 벽과 바닥으로부터 15[cm] 이상 거리를 둔다.

해설

건조저장실은 통풍이 잘되는 곳이 적당하다.

49 냉동실의 온도 감응 장치 센서의 올바른 위치는?

① 맨 아래   ② 중간 앞쪽

③ 중간 뒤쪽   ④ 가장 높은 곳

해설

냉동실의 온도 감응 장치 센서의 위치는 가장 높은 곳에 위치한다.

50 냉동실에 넣을 경우 조리된 음식(익힌 음식)의 위치는?

① 냉동실 맨 위쪽

② 냉동실 중앙

③ 냉동실 아래쪽

④ 냉동실 문 쪽

해설

조리된 음식(익힌 음식)은 냄새가 배면 안 되므로 맨 위쪽에 넣고, 아래쪽으로 냉동과일, 채소 → 육류 → 해산물을 넣는다.

51 지하수를 용수로 사용할 경우 검사주기는?

① 3개월   ② 6개월

③ 1년   ④ 2년

해설

「먹는물 수질기준 및 검사 등에 관한 규칙」제4조 제2항에 의하면,

• 정밀검사(46개 항목) : 매년 1회 이상

• 간이검사(6개 항목) : 매 분기 1회 이상(일반세균, 총 대장균군, 대장균 또는 분원성 대장균군, 암모니아성 질소, 질산성 질소, 과망간산칼륨 소비량)

52 다음 중 판매 원가는?

① 제조 원가 + 판매비 + 일반관리비 + 이익

② 직접 재료비 + 간접 재료비 + 판매비 + 이익

③ 직접 원가 + 간접 경비 + 일반관리비 + 이익

④ 직접 노무비 + 간접 노무비 + 판매비 + 이익

해설

판매 원가 = 제조 원가 + 판매비 + 일반관리비 + 이익

53 작업실 입구에 배치하지 않아도 되는 것은?

① 손 건조, 소독설비 기기

② 신발 세척기기

③ 진공흡입기, AIR SHOWER 등의 이물관리 기기

④ 손 세척 후 핸드크림

해설

작업장 출입 시 청결한 개인위생을 위해 손, 위생화 등 세척, 소독설비를 구비하여야 한다.

④ 핸드크림은 준비하지 않아도 된다.

54 소규모 베이커리에서 매출 부진 전략으로 잘못된 것은?

① 자신의 매장에 맞는 원가 분석
② 온라인 및 배달 판매 확대
③ 고객과 소통하는 마케팅 전략 수립
④ 정기적 이벤트와 광고, 시식, 서비스 등의 확대

해설

정기적 이벤트와 광고 등은 추가비용이 과하게 소비되므로 주의한다.

55 손익계산서에 대한 설명으로 잘못된 것은?

① 손익계산서의 기본요소는 수익, 비용, 순이익이다.
② 손익계산이란 특정기간 동안 기업의 경영성과를 평가하여 사업의 손익을 계산하여 확정하는 것을 말한다.
③ 매출 총이익 = 매출액 − 매출 원가
④ 순이익 = 매출액 − (판매비 + 일반관리비 + 세금)

해설

순이익 = 매출 총이익 − (판매비 + 일반관리비 + 세금)

56 마케팅의 4P가 아닌 것은?

① Product   ② Price
③ Promotion   ④ Person

해설

▶ 마케팅의 4P : Product(제품), Price(가격), Place(유통), Promotion(판촉)

57 구매부서별 역할이 잘못된 것은?

① 구매 담당자는 생산부서 및 관리부서 등과 긴밀히 협조하여 생산계획과 재고량을 파악한다.
② 구매 담당자는 재료의 특성, 수량, 저장장소 등을 확인하여 발주량을 결정한다.
③ 검수 담당자는 거래명세서와 발주서의 일치 여부를 확인한다.
④ 구매 담당자는 구매확정 시 입고된 물품의 품질과 유통기한 등을 확인한다.

해설

검수관리자는 주문내용과 납품서 대조, 품질검사, 물품의 인수 및 반품, 검수기록 등을 관리한다.

58 인간이 생활에 직 · 간접적으로 필요한 물자나 용역을 만들어내는 행위를 무엇이라 하는가?

① 생산   ② 공급
③ 투자   ④ 기술

해설

생산이란 인간이 생활하는 데 필요한 각종 물건을 만들어내는 것을 말한다.

59 재고회전율에 대한 설명으로 옳지 않은 것은?

① 재고량과는 반비례하고 수요량과는 정비례한다.
② 회전율이 낮을수록 재고자산이 매출로 빠르게 이어지고 있다.
③ 수치가 높을수록 재고자산의 관리가 효율적으로 이루어지며 재고자산이 매출로 빠르게 이어진다.
④ 재고회전율은 매출액 / 재고자산이다.

해설

재고회전율이 높다는 것은 재고자산이 매출로 빠르게 이어짐을 의미한다.

기출복원문제

60 제과점에서 고객 응대 시 일반적인 인사법으로 적당한 것은?

① 목례   ② 보통례

③ 정중례   ④ 입례

해설

보통례는 허리를 30도 정도 굽히고 어른이나 상사, 내방객을 맞이할 때 하는 인사이다.

기출복원문제

01 다음 조건에서 얼음 사용량을 구하면?

> 실내 온도 : 25[℃],　밀가루 온도 : 25[℃]
> 달걀 온도 : 20[℃],　설탕 온도 : 25[℃]
> 수돗물 온도 : 23[℃],　버터 온도 : 20[℃]
> 마찰계수 : 20,　희망 반죽 온도 : 23[℃]
> 사용할 물의 양 : 80[g]

① 8[g]　　　　② 12[g]
③ 16[g]　　　　④ 20[g]

해설

- 사용할 물 온도
  = (희망 반죽 온도 × 6) − (밀가루 온도 + 실내 온도 + 마찰계수 + 설탕 온도 + 버터 온도 + 달걀 온도)
  = (23 × 6) − (25 + 25 + 20 + 25 + 20 + 20)
  = 138 − 135 = 3[℃]
- 얼음 사용량
  = {사용할 물의 양 × (수돗물 온도 − 사용할 물 온도)}
    ÷ (80 + 수돗물 온도)
  = 80 × (23 − 3) ÷ (80 + 23)
  ≒ 15.5[g]

02 다음 중 냉과 제품은 어느 것인가?

① 마카롱　　　　② 에클레어
③ 바바루아　　　　④ 스콘

해설

냉과란 제품을 굽거나 튀기거나 찌지 않고 냉장고에 넣어 차게 굳혀 마무리하는 디저트를 말한다. 종류로는 무스, 블라망제, 바바루아, 젤리, 푸딩 등이 있다.

03 무스에 대한 설명 중 잘못 설명한 것은?

① 무스(Mousse)란 프랑스어로 거품이라는 뜻이다.
② 크림, 젤라틴, 버터를 주재료로 만든다.
③ 맛이 풍부하고 향기가 나며 보통 차갑게 먹는다.
④ 차가운 무스는 보통 과일 퓌레나 초콜릿으로 맛을 낸다.

해설

무스의 주재료는 달걀, 설탕을 기본으로 우유, 과즙, 생크림 등이다. 버터는 주재료에 포함되지 않는다.

04 냉장고, 냉동고 관리 중 틀린 것은?

① 생식품과 조리식품은 구분 보관하며, 냉장고의 하단에 안전해야 하는 식재료를 보관하고 상단에 오염도가 심한 식재료를 보관한다.
② 냉장, 냉동고에 부착된 온도계의 온도는 1일 1회 확인한다.
③ 냉기의 원활한 순환을 위해 전체 공간의 70[%]가 넘지 않도록 저장한다.
④ 디지털 온도계의 온도 감지부는 냉장, 냉동고 내가워으로부터 가장 멀리 떨어진 위치(가장 높은 곳 − 문 쪽)에 고정시키고 본체는 외부에 부착한다.

해설

해동 중 육류와 난류 등 오염 식재료는 별도의 전용 보관장소를 선반의 최하단에 마련한다.
오염불이 위에서 떨어지므로 상단에 가장 안진해야 하는 식재료를 보관하고 하단에 오염 정도가 심한 식재료를 보관한다.

기출복원문제

05 퍼프 페이스트리를 성형 후 수축의 원인이 아닌 것은?

① 휴지가 충분하지 않음.
② 밀어 펴는 작업이 과도한 경우
③ 된 반죽
④ 충전용 유지가 너무 무름.

> **해설**
> 충전용 유지가 너무 무른 경우는 밀어 펼 때 유지가 녹아 결 형성이 어려워 부피가 작게 된다.

06 슈 제조 시 반죽에 달걀을 넣어 발생하는 효과가 아닌 것은?

① 팽창 증가   ② 글루텐 형성 억제
③ 식감   ④ 수분량 조절

> **해설**
> 슈 반죽에 버터를 넣으면 반죽이 잘 늘어나 잘 부풀 수 있도록 과도한 글루텐 형성을 억제하며 부드럽게 늘어나도록 도와준다. 따라서 글루텐 형성 억제는 버터의 효과로 달걀과는 관계가 없다.

07 퍼프 페이스트리의 재료가 아닌 것은?

① 밀가루   ② 이스트
③ 유지   ④ 소금

> **해설**
> 퍼프 페이스트리의 주재료는 밀가루, 유지, 물, 소금이다.

08 파이 제조 시 충전물이 끓어 넘치는 이유가 아닌 것은?

① 충전물의 온도가 높다.
② 설탕 함량이 높다.
③ 오븐 온도가 높다.
④ 바닥 껍질에 구멍을 내지 않았다.

> **해설**
> 파이 제조 시 충전물이 끓어 넘치는 이유는 껍질에 수분이 많고, 오븐의 온도가 낮고, 천연산이 많이 든 과일을 사용했거나 바닥 껍질이 얇은 경우이다.

09 기름에 튀길 때 기름 흡수에 영향을 주는 조건이 아닌 것은?

① 튀김 기름의 온도와 가열 시간
② 튀김 재료의 중량
③ 재료의 성분과 성질
④ 밀가루의 종류

> **해설**
> 튀길 때 기름 흡수에 영향을 주는 조건으로는 튀김 재료의 표면적 크기가 클수록, 튀김 시간이 길수록, 당·지방·수분 함량이 많을수록 증가하며, 박력분이 강력분보다 흡유량이 많다.

10 초콜릿의 블룸(Bloom) 현상 중 Sugar Bloom 원인으로 맞는 것은?

① 초콜릿 가공 과정 중 템퍼링이 충분하지 않았다.
② 고온, 직사광선에 의하여 녹음과 굳음이 반복되었다.
③ 저장 과정 중 지방이 분리되었다가 굳으면서 얼룩이 생기는 현상이다.
④ 설탕이 공기 중의 수분을 흡수하여 녹았다가 재결정되어 표면이 하얗게 되는 현상이다.

> **해설**
> Sugar Bloom은 초콜릿의 설탕이 공기 중의 수분을 흡수하여 녹았다가 재결정화되면서 표면이 하얗게 되는 현상이다. 습도가 높은 곳에 보관한 경우에 발생한다.

11 제품 진열 중 손님이 왔을 때 올바른 대처 방법은?

① '어서 오세요' 하고 인사한다.

② 멀뚱히 본다.

③ 따라다닌다.

④ 하던 일을 한다.

해설

작업 중일 때 손님이 오면 하던 일을 멈추고, 눈을 맞추고 웃으며 '어서 오세요' 하고 반갑게 인사를 건넨다.

12 쿠키 중 가장 수분이 많은 쿠키는?

① 쇼트 브레드 쿠키   ② 버터 쿠키

③ 아이싱 쿠키   ④ 핑거 쿠키

해설

핑거 쿠키는 거품형 쿠키로 공립법으로 제조한다.

13 머랭 중 설탕이 적은 것은?

① 프렌치 머랭   ② 스위스 머랭

③ 이탈리안 머랭   ④ 온제 머랭

해설

• 프렌치 머랭 = 흰자 : 설탕 = 1 : 1

• 스위스 머랭 = 흰자 : 설탕 = 1 : 1.8

• 이탈리안 머랭 = 흰자 : 설탕 = 1 : 2

• 온제 머랭 = 흰자 : 설탕 = 1 : 2

14 델파이기법에 대한 설명으로 옳지 않은 것은?

① 복수의 전문가 패널(panel)을 구성한다.

② 각 패널들은 익명으로 유지되어야 하며 의사소통은 우편이나 이메일로 이루어진다.

③ 다양한 답변을 얻은 연구자는 다시 취합하여 패널들에게 제공하여 서로 비교분석 후 자신의 의견을 수정하게 하고 이 과정을 반복 후 일정 결론을 수렴한다.

④ 다수의 전문가들이 합의한 내용을 바탕으로 신뢰도나 신빙성이 높다는 실용성 있는 결론이 나올 수 있다.

해설

▶ 델파이(Delphi)기법 : 어떤 문제 해결과 관계된 미래 예측을 위해 전문가 패널을 구성하여 수회 이상 설문하는 정성적 분석 기법으로 전문가 합의법이라 한다. 델파이기법은 합의에 이르기 쉽지 않고, 합의한다 해도 실용성 없는 결론이 나오기 쉽다.

15 식중독 예방원칙 중 안전한 온도에서의 식품 보관에 대한 설명 중 잘못된 것은?

① 조리된 음식은 실온에서 2시간 이상 방치 금지

② 조리된 식품 및 부패하기 쉬운 모든 음식은 즉시 냉장보관

③ 조리된 식품은 40[℃] 이상 온도 유지

④ 상온에서 냉동식품 해동 금지

해설

조리된 식품을 보관할 때에는 따뜻하게 먹을 음식은 60[℃] 이상, 차갑게 먹을 음식은 빠르게 식혀 5[℃] 이하에서 보관한다. 육류 등의 식품은 중심온도 75[℃]에서 1분 이상 되도록 완전히 조리하며, 조리된 음식은 가능한 2시간 이내에 섭취한다.

16 "능률적이고 계속적인 생산 활동을 위해 필요한 원재료, 반제품, 제품 등의 최적 보유량을 계획, 조직, 통제하는 기능"을 무엇이라 하는가?

① 생산관리   ② 구매관리
③ 재고관리   ④ 품질관리

해설

재고관리란 재고 통제라고도 하며, 상품이나 소모품 등 장래 얼마만큼의 양을 확보하여 보관하여 두면 좋은가 미리 결정하여서 이동, 보관, 증감의 기록 등에 의하여 최적으로 유지되도록 관리하는 것이다.

17 다음 중 과일에 들어 있는 단백질 분해 효소가 아닌 것은?

① 펩신   ② 파파인
③ 피신   ④ 브로멜린

해설

파파야 → 파파인, 파인애플 → 브로멜린, 무화과 → 피신, 펩신 → 위에서 분비되는 유일한 단백질 분해 효소

18 반죽형 반죽 중 단단계법의 특징이 아닌 것은?

① 설탕을 많이 사용하는 공장에 유리하다.
② 믹싱 방법과 특징을 잘 알아야 한다.
③ 유화제와 베이킹파우더를 넣어 반죽한다.
④ 모든 재료를 한 번에 투입한 후 믹싱한다.

해설

단단계법은 모든 재료를 한 번에 넣고 반죽하므로 노동력, 시간이 절약되는 장점이 있으며, 믹서의 성능과 믹싱 시간이 반죽의 특성을 다르게 한다.

19 OJT(On-the-Job-Training)에 대한 설명으로 잘못 설명한 것은?

① 팀워크 조성이나 영향력이 있는 직속 상사가 업무에 대한 지식, 기능 태도 등을 교육한다.
② 사측의 분위기 파악과 개인의 능력개발에 대한 성취감을 갖고 체계적 업무 수행 능력을 배양하게 돕는다.
③ 관리자, 감독자는 업무 수행상의 지휘 감독자이자 부하 직원의 능력 향상을 책임지는 교육자이어야 하므로 관리자와 피교육자 간에 시간 낭비가 없도록 사적 친밀감보다는 공적 시스템에 의하여 교육한다.
④ 지도자의 높은 자질이 요구되며 교육훈련의 체계화가 어렵다는 단점이 있다.

해설

OJT(On-the-Job-Training)는 직장 내 교육훈련을 말한다. OJT를 통해 실제로 직장에서 활용되어 직접적으로 작업자나 집무자의 업무에 반영되는 효과를 가져오게 하려면 지도자와 피교육자 사이에 친밀감이 필요하다.

20 공개 채용의 장점이 아닌 것은?

① 일정한 자격이 있는 모든 사람에게 지원할 수 있는 공정한 기회를 제공한다.
② 지원자의 적격성에 관한 선발기준을 현실화하여야 한다.
③ 시간, 노동력, 채용 비용을 절감할 수 있다.
④ 차별 금지, 능력을 기초로 한 채용이 가능하다.

해설

시간, 노동력, 채용 비용 절감, 채용 절차의 간소화 등은 비공개 수시 채용 방식이다.

21 다음 중 식중독의 원인균이 아닌 것은?

① Escherichia coli
② Vibrio parahaemolyticus
③ Staphylococcus aureus
④ Shigella dysenteriae

해설

• Escherichia coli : 병원성 대장균
• Vibrio parahaemolyticus : 장염 비브리오
• Staphylococcus aureus : 황색포도상구균
• Shigella dysenteriae : 세균성이질(감염병)

22 곰팡이의 생육 조건으로 맞는 것은?

① 온도 20~30[℃], 습도 60~80[%], pH 4~6
② 온도 20~30[℃], 습도 60~80[%], pH 6.5~ 7.5
③ 온도 30~40[℃], 습도 60~80[%], pH 4~6
④ 온도 30~40[℃], 습도 60~80[%], pH 6.5~ 7.5

해설

미생물의 생육 조건에는 영양소, 수분, 온도, pH, 산소가 있으며, 이 중에서 영양소, 수분, 온도를 미생물 증식의 3대 조건이라 한다.
곰팡이의 최적 생육 조건은 기온 20~30[℃], 습도 60~80[%] pH 4~6이나.
(생육에 필요한 수분량 순서는 세균 > 효모 > 곰팡이이고, 곰팡이는 수분 13[%] 이하에서 생육이 억제된다.)

23 다음 중 인수공통감염병이 아닌 것은?

① 페스트   ② 탄저병
③ 브루셀라   ④ 세균성이질

해설

인수공통감염병이라 사람과 동물 사이에서 상호 전파되는 병원체에 의한 전염성 질병으로, 특히 동물이 사람에 옮기는 감염병을 지칭한다. 종류에는 광견병, 결핵, 야토병, 돈단독, Q열 등이 있다.

24 과자류 제품 포장재의 기능이 아닌 것은?

① 물리적, 화학적, 생물학적 내용물 보호
② 제품을 차별화하여 판매의 촉진 효과
③ 생산, 저장, 운반 등 단계별 취급의 편의
④ 제품의 가치 증대를 위한 고급 포장재 사용

해설

포장재의 가치는 제품이어야 하며 품질이 좋고 저렴한 포장재를 사용한다.

25 슈 제조 공정 중 잘못된 것은?

① 밀가루를 호화시킨 후 즉시 달걀 전량을 넣는다.
② 슈 반죽을 짠 후 분무하거나 물을 붓고 침지 후 물을 따라 버리고 굽는다.
③ 굽기 과정 중 가급적 문을 열지 않고 굽는다.
④ 슈 반죽의 되기는 달걀로 조절한다.

해설

반죽이 너무 뜨거우면 달걀이 익을 수 있으니 조금 식혀 60[℃] 아래에서 달걀을 넣는다.

26 원가에 대한 설명 중 옳지 않은 것은?

① 원가의 3요소는 재료비, 노무비, 경비이다.
② 제조 원가는 직접 원가에 제조 간접비를 더한 것이다.
③ 총원가는 제조 원가에 판매비와 일반관리비를 더한 것이다.
④ 판매 원가는 총원가에 판매 이익과 마케팅비를 더한 것이다.

해설

판매 원가는 총원가에 이익을 더한 것이다.

기출복원문제

27 구매관리 기법이 아닌 것은?

① 시장조사법
② 가치분석법
③ 표준화 및 다양화법
④ ABC 분석법

해설

구매관리의 과학화, 근대화의 일환으로 구매시장조사, 가치분석, 표준화, 단순화, ABC 분석, 경제적 주문량 결정법 등의 기법이 개발, 도입되고 있다.

28 반죽에 베이킹파우더를 많이 사용할 경우의 문제점이 아닌 것은?

① 밀도가 높고 부피가 크다.
② 속색이 어둡고 맛에는 쓴맛이 난다.
③ 속결이 거칠고 빨리 건조되어 노화가 빠르게 진행된다.
④ 오븐 스프링이 과도하여 찌그러질 수 있다.

해설

베이킹파우더를 많이 사용하면 팽창이 과도하여 밀도가 낮아 부피가 크다.

29 동물의 장에 상시 서식하는 박테리아의 일종으로, 오염된 물이나 식품에서 분변오염의 지표균으로 사용되는 식중독의 학명은?

① Escherichia coli
② Salmonella spp.
③ Staphylococcus epidermidis
④ Bacillus cereus

해설

Escherichia coli(E. coli)는 대장균의 학명이다.

30 다음 중 필수 아미노산이 아닌 것은?

① 시스테인
② 발린
③ 라이신
④ 류신

해설

필수 아미노산의 종류에는 트립토판, 라이신, 페닐알라닌, 트레오닌, 이소류신, 발린, 메티오닌, 류신이 있다.

31 다크 초콜릿 템퍼링 순서와 온도가 옳지 않은 것은?

① 1단계 : 초콜릿을 49[℃] 정도로 녹여 카카오버터가 가지고 있는 결정화를 부순다.
② 2단계 : 25[℃] 정도로 내려 결정화가 신속하게 진행되도록 한다.
③ 3단계 : 31[℃] 정도로 온도를 다시 올려 안정적인 결합이 되도록 한다.
④ 4단계 : 작업 진행 중 초콜릿이 다시 굳어지지 않도록 적정한 온도를 유지한다.

해설

다크 초콜릿의 템퍼링 2단계 온도는 27[℃] 정도가 적당하다.

32 동물성 식중독 중 모시조개, 바지락에 함유된 독성물질은?

① 삭시톡신
② 베네루핀
③ 테트로도톡신
④ 시큐톡신

해설

모시조개, 바지락, 굴의 독성물질은 베네루핀, 섭조개의 독성물질은 삭시톡신이다.

33 마케팅 환경 분석 중 3C에 해당하지 않는 것은?

① 고객(Customer)

② 자회사(Company)

③ 경쟁사(Competitor)

④ 소통(Communication)

해설

마케팅 전략 수립 시 3C(Customer, Company, Competitor) 분석은 중요한 요소이다.

34 다음 중 관능검사가 아닌 것은?

① 크기 및 모양   ② 조직감

③ 색상   ④ 검사

해설

관능검사란 인간의 감각을 계측기로 하는 검사로, 시·후·미·촉·청각이다.

35 오버런(Over-run)이 가장 큰 크림은?

① 콤파운드 버터   ② 식물성 생크림

③ 동물성 생크림   ④ 식용유

해설

오버런(Over-run)은 냉동 중에 혼합물이 공기의 혼합에 의하여 믹스의 용적이 증가하게 되는데, 이때 용적이 증가하여 부피가 증가되는 현상을 말하며 "증용률"이라고 한다.
유지방 함량이 적을수록 오버런 수치가 높다.
식물성 생크림의 오버런이 가장 크고 안정적이다.
오버런[%] = (거품 낸 후의 생크림 용량 – 원래 생크림 용량)
÷ 원래 생크림 용량 × 100

36 재고회전율에 대한 설명으로 틀린 것은?

① 재고량과는 반비례한다.

② 총매출액을 재고액으로 나눈 것이다.

③ 월초 재고량과 월말 재고량의 평균치이다.

④ 수요량과는 정비례한다.

해설

재고회전율이란 재고가 연간 몇 번 회전하는가(재고의 회전속도)를 산정한 것으로 [연간 입고량 ÷ 월간 재고량]을 이용한다.
회전율이 높을수록 재고가 빨리 소진됨을 의미한다.

37 페이스트리 제조 시 주의할 점이 아닌 것은?

① 반죽과 충전용 유지 온도는 동일해야 한다.

② 밀어 펴기 시 덧가루를 많이 사용해야 한다.

③ 2차 발효실 온도는 충전용 유지의 융점보다 낮아야 한다.

④ 발효가 지나치면 굽기 중 유지가 층으로부터 새어 나온다.

해설

페이스트리 제조 시 과도한 덧가루를 사용하면 결이 단단해지고 제품이 부서지기 쉬우며 생밀가루 냄새가 날 수 있으므로 소량의 덧가루를 사용한다.

38 박력분에 대한 설명으로 옳은 것은?

① 연질소맥을 제분한다.

② 다목적으로 사용되며 반죽 형성 시간이 빠르다.

③ 반죽 혼합 시 흡수율이 높다.

④ 밀가루 입자가 가장 크다.

해설

박력분은 연질소맥을 제분한 것으로, 강력분과는 반대로 반죽 형성 시간이 짧고 반죽의 약화도가 크나, 패리노그래프의 흡수율은 48~50[%]로 낮으며, 밀가루 입자는 작고 주로 과자용으로 사용된다.

기출복원문제

39 HACCP 화학적 위해요소가 아닌 것은?

① 바이러스 위해요소

② 자연독소 위해요소

③ 식품첨가물 위해요소

④ 중금속 위해요소

해설

HACCP 화학적 위해요소에는 자연독소, 농업용 화학물질, 곰팡이독소, 식품첨가물, 독성 원소화합물(중금속) 등이 있다. 바이러스는 생물학적 위해요소이다.

40 단위당 판매가격이 90원, 변동비 70원, 고정비 8,000원이라면 손익분기점의 판매량은?

① 100개　　　　② 200개

③ 300개　　　　④ 400개

해설

매출액 = (단위당 판매가격 90원 − 변동비 70원) × (판매량 x개)

　　　 = $20x$

손익분기점 = 매출액 − 비용 = 0이므로

$20x - 8,000$원 = 0

$20x = 8,000$

$x = 400$(개)

41 도넛을 튀길 때 발한 현상에 대한 대책으로 잘못된 것은?

① 도넛에 묻히는 설탕량을 증가시킨다.

② 튀김 시간을 늘려 도넛의 수분 함량을 줄인다.

③ 도넛 반죽의 되기를 질게 한다.

④ 도넛을 40[℃] 정도로 식혀 설탕을 묻힌다.

해설

발한이란 튀김 온도가 높아 수분이 남아 있을 때 수분이 설탕을 녹이는 현상을 말한다.
도넛 반죽이 질면 발한 현상이 더 커진다.

42 파이 반죽 제조 시 충전물의 농후화제에 대한 설명으로 틀린 것은?

① 호화를 빠르게 진행시킨다.

② 광택, 색, 향을 유지시킨다.

③ 냉각 후 농도를 유지시킨다.

④ 농후화제로 주로 설탕을 사용한다.

해설

파이의 농후화제로는 달걀, 전분 등을 사용한다.

43 HACCP 기준 중 모니터링 담당자의 임무로 옳지 않은 것은?

① 작업 중 기기 고장일 경우 즉시 작업을 중지하고 공정품을 보류한다.

② 가열 온도, 가열 시간 미달 시는 모니터링 일지에 기록하고 즉시 폐기한다.

③ 가열 온도 및 가열 시간 초과 시는 품질 상태를 확인한 후 다음 공정을 진행한다.

④ 모니터링 주기에 따라 가열 온도 및 가열 시간을 확인하고 모니터링 일지에 기록한다.

해설

가열 온도 및 가열 시간 초과 시는 공정 진행을 중지하고 품질을 확인 후 폐기한다.

44 외부 업체에 미생물 검사를 의뢰했다. 이때 미생물 규격은 n = 5, c = 5, m = 10,000, M = 50,000 이다. 여기서 c는 무엇을 나타내는가?

① 검사하기 위한 시료의 수

② 최대허용 시료 수

③ 미생물 허용 기준치

④ 미생물 허용 한계치

해설

식품의약품안전처의 식품공전에 따르면, 미생물 시험의 규격에서 사용하는 용어에는 n, c, m, M이 있다.
- n : 검사하기 위한 시료의 수
- c : 최대 허용 시료 수
- m : 허용 기준치
- M : 최대 허용 한계치

미생물 시험의 결과가
- 모두 m 이하이면 적합
- m을 초과하고 M 이하인 시료의 수가 c 이하일 때 적합
- 하나라도 M을 초과하면 부적합

45 커스터드 크림의 주요 재료에 속하지 않는 것은?

① 버터　　　　　② 달걀
③ 전분　　　　　④ 설탕

해설

커스터드 크림은 우유, 설탕, 달걀을 혼합하여 안정제로 전분이나 박력분을 사용하여 끓인 크림을 말한다.

46 아몬드 스펀지 케이크 제조 공정에 대한 설명 중 잘못된 것은?

① 달걀을 중탕으로 충분히 거품 내고 설탕을 섞는다.
② 체 친 아몬드 가루와 밀가루를 섞는다.
③ 비중은 0.5 정도가 적당하다.
④ 패닝 후 180[℃]에서 30분 정도 굽는다.

해설

더운 공립법으로 충탕할 때는 날살과 실탕, 소금을 섞어 43[℃] 정도로 따끈하게 중탕한다

47 식품에 식염을 첨가함으로써 미생물 증식을 억제하는 효과로 옳지 않은 것은?

① 탈수 작용에 의한 식품 내 수분 감소
② 산소의 용해도 감소

③ 삼투압 증가
④ 품질 유지 및 향상

해설

품질 유지 및 향상은 식품첨가물의 역할이다.

48 사용 금지된 유해 감미료는?

① 아스파탐　　　　② 둘신
③ 스테비오시드　　④ 사카린나트륨

해설

둘신과 사이클라메이트는 사용이 금지된 유해 감미료이다.

49 감염병 중 바이러스에 의해 감염되지 않는 것은?

① 장티푸스　　　　② 폴리오
③ 인플루엔자　　　④ 유행성간염

해설

바이러스에 의한 감염병은 인플루엔자, 일본뇌염, 광견병, 천열, 소아마비(폴리오), 홍역, 유행성간염 등이다.

50 자당의 분해 과정으로 옳은 것은?

① 말타아제에 의해 두 분자의 포도당으로 분해된다.
② 락타아제에 의해 포도당과 실리노오스로 분해된다.
③ 찌마아제에 의해 포도당과 유당으로 분해된다.
④ 인버타아제에 의해 과당과 포도당으로 분해된다.

해설

자당(설탕)은 인버타아제에 의해 과당과 포도당으로 분해된다.

기출복원문제

51 단백질의 주요 기능이 아닌 것은?

① 체조직 구성　　② 에너지 발생
③ 대사작용 조절　④ 호르몬 형성

> **해설**
>
> 대사작용 조절은 무기질, 물, 비타민의 기능이다.

52 식품을 채취, 제조, 가공, 조리, 저장, 운반 또는 판매하는 직접 종사자는 연 1회 정기건강진단을 받는데 건강진단 항목이 아닌 것은?

① 전염성 피부 질환
② 장티푸스
③ 이질
④ 폐결핵

> **해설**
>
> 전염성 피부 질환(한센병 등 세균성 피부 질환을 말함), 폐결핵, 장티푸스(식품 위생 관련 영업 및 집단급식 종사자에 해당) 항목에 대한 건강진단을 받아야 한다.

53 소독제에 의한 소독 시 사용하는 농도가 잘못된 것은?

① 석탄산 : 3~5[%] 수용액
② 승홍수 : 0.1[%] 수용액
③ 알코올 : 36[%] 수용액
④ 과산화수소 : 3[%] 수용액

> **해설**
>
> 소독용 알코올은 70[%]가 적당하다.

54 햄이나 베이컨을 만들 때 훈연(Smoking) 목적과 관계없는 것은?

① 조직의 연화
② 제품의 색 향상
③ 보존성 부여
④ 풍미 향상

> **해설**
>
> 훈연법이란 목재를 불완전 연소시켜 발생한 연기를 식품에 부착하는 것으로, 축육이나 어육 등의 훈제품의 제조에 쓰인다.
>
> **훈연의 목적** : 방부 작용, 항산화 작용, 풍미 부여, 착색 작용

55 생산관리 체계와 거리가 먼 것은?

① 제품 품질관리
② 제품의 표준화
③ 원가관리
④ 기업 환경 분석

> **해설**
>
> 생산관리란 생산과 관련된 계획 수립, 집행, 통솔 등의 활동을 실행하는 것으로, 생산 준비, 생산량 확인, 제품 품질관리, 제품의 표준화, 제품의 단순화, 제품의 전문화, 원가관리 등이 있다.

56 당대사의 중요 물질로 두뇌, 신경, 적혈구의 에너지원으로 이용되는 당은?

① 과당　　② 전분
③ 유당　　④ 포도당

> **해설**
>
> 포도당은 적혈구, 뇌세포, 신경세포의 주요 에너지원으로 이용되고, 체내 당대사의 중심이 되는 물질이다.

57 크림법 반죽에 대한 설명으로 잘못된 것은?

① 비중이 가볍고 조직이 부드럽다.

② 화학적 팽창제를 사용한다.

③ 유지와 설탕의 사용량이 많다.

④ 비교적 굽는 시간이 길다.

▶ 해설

반죽형 반죽 중 크림법은 비중이 무겁고 화학적 팽창제를 사용하며 유지, 설탕, 달걀, 밀가루의 함량이 많으며 굽는 시간도 긴 편이다.

58 스펀지 케이크 제조 시 달걀 사용량이 16[%] 감소했다면 밀가루 사용의 변화는?

① 2[%]   ② 3[%]

③ 4[%]   ④ 5[%]

▶ 해설

달걀의 수분 함량은 75[%], 고형분 함량은 25[%]이므로, 달걀 16[%]는 밀가루 4[%]와 수분 12[%]로 대체할 수 있다.
• $16 \times 0.75 = 12$
• $16 \times 0.25 = 4$

59 종업원의 손 소독용 역성비누의 특징 중 잘못 설명한 것은?

① 독성이 적고 살균력이 강하다.

② 보통비누와 혼용하면 살균효과가 감소한다.

③ 점착성이 있다.

④ 분변과 환자의 토물 소독에 적당하다.

▶ 해설

배설물과 화장실 소독에는 3[%] 크레졸이나 생석회를 사용한다.

60 살균, 소독에 대한 설명 중 옳지 않은 것은?

① 열탕 또는 증기 소독 후 살균된 용기를 충분히 건조해야 그 효과가 유지된다.

② 우유의 저온 살균은 결핵균 살균을 목적으로 한다.

③ 자외선 살균은 대부분의 물질을 투과하지 않는다.

④ 방사선은 발아 억제 효과만 있고 살균효과는 없다.

▶ 해설

살균을 목적으로 하는 사용하는 방사선은 보통 감마(γ)선이며, 선원으로는 Co-60 또는 Cs-137이 사용된다. 열에 불안정한 재료나 완전히 포장, 밀봉된 물품에도 적용할 수 있는 것이 특징이다.

기출복원문제

01 2차 발효가 과다한 경우에 대한 설명으로 틀린 것은?

① 2차 발효가 과다하면 기공이 조밀하며 부피가 작다.

② 조직과 저장성이 나쁘고 과다한 산이 생성된다.

③ 정상보다 큰 부피로 생성되며, 식으면 주저 앉을 수 있다.

④ 색이 잘 나지 않는다.

해설

2차 발효가 과다하면 기공이 크고 거칠다.

02 제빵 제조 공정에서 일어나는 현상에 대한 설명 중 틀린 것은?

① 캐러멜화 반응 : 단백질이 높은 온도로 가열되어 갈색의 캐러멜을 만드는 현상

② 메일라드 반응 : 단백질, 아미노산, 환원당이 열에 의해 멜라노이딘이라는 갈색 색소를 형성

③ 전분의 호화 : 전분이 수분과 열에 의해 점성이 있는 상태로 변하는 현상

④ 전분의 노화 : 전분에서 수분이 배출되어 과자의 식감을 딱딱하게 만드는 현상

해설

캐러멜화(Caramelization)란 당류가 고온(160℃ 이상)에서 일으키는 산화반응 등에 의해 생기는 현상으로 고소함과 진한 색의 원인이 된다.

03 항산화 물질과 관련이 있는 것으로 연결된 것은?

① V.B$_1$, V.B$_{12}$, S

② V.C, V.E, Selen

③ V.B$_2$, V.D, P

④ V.K, V.A, V.B$_1$

해설

항산화제란 우리 몸 안에 생기는 활성산소를 제거하여 산화적 스트레스로부터 인체를 방어하도록 돕는 물질이다. V.C, V.E, Selen(셀레늄), V.A, β-카로틴 등이 있다.

04 멸균에 대한 설명으로 옳은 것은?

① 병원물질을 세척하는 것

② 병원체를 감소시키는 것

③ 미생물의 생육을 저지시키는 것

④ 미생물을 완전히 사멸시키는 것

해설

멸균(Sterilization)이란 대상으로 하는 물체의 표면과 내부에 존재하는 모든 곰팡이, 세균, 바이러스, 및 원생동물 등의 영양세포 및 포자를 사멸 또는 제거시켜 무균상태로 만드는 것

05 8~24시간의 잠복기를 갖고, 사람이나 동물의 코, 피부 등에 존재함과 동시에 각종 화농성 질환의 원인이 되고 엔테로톡신(enterotoxin)을 형성하는 독소형 식중독은?

① Yersinia enterocolitica

② Staphylcoccus aureus

③ Clostridium perfringens

④ Bacillus cereus

정답 01 ① 02 ① 03 ② 04 ④ 05 ②

해설

Staphylcoccus aureus(황색포도상구균)는 엔테로톡신(enterotoxin)을 생산해서 구토를 수반하는 식중독이다.

06 식품 제조 과정 중 교차오염이 발생하는 경우와 거리가 먼 것은?

① 칼, 도마 수시 세척 소독 및 구분사용
② 세척 및 소독용 화학물질은 식재료에서 떨어진 특별한 장소에 보관한다.
③ 생선회와 육류 등의 상하기 쉬운 재료들은 분리된 장소에 별도 보관한다.
④ 작업실의 출입을 통제시킨다.

해설

교차오염(cross contamination)은 식재료나 기구, 용수 등에 오염되어 있던 미생물이 오염되지 않은 식재료나 기구, 용수 등에 접촉 혹은 혼입되면서 전이되는 현상을 말한다. 작업실 출입 통제와는 관계가 없다.

07 작업장 내 이동 동선 계획으로 틀린 것은?

① 청정도가 높은 구역에서 낮은 구역으로 되돌아가지 않도록 제조설비를 일방향으로 배치한다.
② 원료의 교차오염을 방지하기 위하여 원료 입하 구역과 제품 출하 구역을 격리한다.
③ 출입구는 가능한 한 작업장별로 전용으로 분할하며, 구역별로 각각 여러 개를 설치해야 한다.
④ 관리구역이 높은 곳에 들어가는 동선상에는 손세정 설비를 배치한다.

해설

출입구는 가능한 한 작업장별로 전용으로 분할하며, 구역별로 각각 하나씩만 설치한다.

08 식품위생법상 식품위생교육을 받아야 하는 사업이 아닌 것은?

① 식품자동판매기업
② 유통업체
③ 식품소분, 판매업
④ 식품운반업

해설

식품위생교육은 식품을 제조하거나 가공, 판매, 운반하는 업무를 가지고 있다면 영업자 및 종사자는 매년 의무적으로 교육을 받아야 하며, 업종과 직종에 따라 교육기관은 달라진다.

▶ **교육대상**
- 식품제조/가공업자, 즉석판매제조/가공업자, 식품첨가물제조업자, 식품운반업자
- 식품소분, 판매업(식품소분업, 식용얼음판매업, 식품자동판매기영업, 유통전문판매업, 집단급식소 식품판매업)
- 식품보존업(식품조사처리업, 식품냉동, 냉장업)
- 용기포장류제조업(용기, 포장지제조업, 옹기류제조업)
- 식품접객업(휴게음식점영업, 일반음식점영업, 단란주점영업, 유흥주점영업, 위탁급식영업, 제과점영업)
- 집단급식소 설치, 운영자
- 공유주방운영업

09 원가에 대한 설명 중 옳지 않은 것은?

① 제조원가는 직접원가에 제조간접비를 더한 것이다.
② 직접원가는 직접재료비, 직접노무비, 직접경비를 더한 것이다.
③ 원가의 3요소는 재료비, 노무비, 세금이다.
④ 총원가는 제조원가에 일반관리비와 판매비를 더한 것이다.

해설

원가의 3요소는 재료비, 노무비, 경비이다.

10 데니시 페이스트리 제조에 사용하는 유지에 대한 설명으로 틀린 것은?

① 가소성 범위가 넓어야 한다.
② 부피를 증가시키기 위해서는 롤인용 유지량을 증가시킨다.
③ 접기할 때 유지의 형태를 유지할 수 있어야 한다.
④ 경도 변화가 커야 한다.

해설

가소성 범위가 넓다는 것은 온도 변화에 따른 경도 변화가 작다는 것을 의미한다.

11 유지의 성질 중 트랜스지방이 생성되는 과정은?

① 유지의 유화
② 유지의 경화
③ 유지의 산화
④ 유지의 검화

해설

유지의 산화가 쉽고 어려움은 지방산의 불포화도의 대소에 의한 것이며, 일반적으로 아이오딘 값이 클수록 산화되기 쉽다.
지방산에 니켈 등의 촉매를 사용하여 수소를 첨가하면 불포화지방산의 이중결합에 수소가 첨가되어 녹는점이 상승하면서 고체성이 된다. 이 현상을 경화라 하며, 이를 경화유, 트랜스지방이라 한다. 마가린과 쇼트닝이 있다.

12 하드 계열 빵에 쿠프(Coupe)를 넣는 이유는?

① 껍질에 윤기 부여
② 터짐의 균일화와 부피 증대
③ 껍질을 얇고 바삭하게 하기 위해
④ 반죽의 탄력성을 증가시키기 위해

해설

프랑스빵이나 깜빠뉴, 호밀빵 같은 겉껍질이 딱딱한 하드 계열 빵에 쿠프를 넣음으로써 칼집을 낸 표면이 자연스럽게 터지게 만듦으로써, 빵이 급격하게 부풀어 불규칙하게 터지는 것을 방지하고, 반죽 내부의 이산화탄소를 쉽게 팽창하도록 만들어 빵의 부피를 증가시켜 결과적으로 빵의 모양을 보기 좋게 만들어 준다.

13 손 세척 시 가장 효과가 큰 방법은?

① 찬물로 비누를 묻혀 닦는다.
② 따뜻한 물로 10초 정도 깨끗이 씻는다.
③ 흐르는 미온수를 사용하여 역성비누를 사용한다.
④ 흐르는 시원한 물로 20초간 씻는다.

해설

손 세척은 흐르는 따뜻한 물로 역성비누를 사용하여 30초 정도 세척하는 것이 가장 좋다.

14 세척력은 약하나 무부식성이 있어 실제로 식기, 손 소독에 많이 사용되는 소독제는?

① 석탄산
② 포름알데히드
③ 역성비누
④ 생석회

해설

역성비누란 수용액 속에서 이온화하여 생성된 양이온 부분이 계면활성작용을 하는 비누로서 세척력은 약하지만 살균력이 보통 비누보다 강하며, 적합한 농도는 0.01~0.1%이고 손, 식기 소독에 적합하다.

15 스펀지 법에서 스펀지에 사용하는 재료가 아닌 것은?

① 이스트   ② 소금

③ 밀가루   ④ 이스트푸드

해설

스펀지에 사용하는 재료는 밀가루, 이스트, 이스트푸드, 물이다.

16 굽기 과정에 대한 설명으로 틀린 것은?

① 굽기 중 반죽온도가 70℃ 이상이 되면 단백질이 굳기 시작한다.

② 이스트의 가스 발생력을 저하시키고, 각종 효소의 작용을 불활성화시킨다.

③ 메일라드 반응은 지방산과 당이 결합하여 멜라노이드를 생성한다.

④ 캐러멜화 반응은 당류가 고온에서 일으키는 산화반응에 의해 갈색 물질을 생성한다.

해설

메일라드 반응은 열 또는 화학 처리에 의하여 식품 중의 환원당과 아미노산이 반응하여 일어나는 비효소적 갈변 반응이다.

17 2차 발효에 대한 설명으로 틀린 것은?

① 냉동 반죽은 30~33℃, 상대습도는 75~80%가 적당하다.

② 데니시 페이스트리는 35±5℃, 습도는 75~80%가 적당하다.

③ 도넛은 일반적으로 80% 정도 발효시킨다.

④ 식빵은 40±5℃, 습도는 85~90%가 적당하다.

해설

데니시 페이스트리는 28~33℃, 습도는 70~75%가 적당하다.

18 자연계에 널리 분포되어 있는 세균의 하나로서, 식중독뿐만 아니라 피부의 화농, 중이염, 방광염 등 화농성 감염증의 원인균인 식중독은?

① 살모넬라   ② 장염비브리오

③ 포도상구균   ④ 보툴리누스

해설

포도상구균 식중독은 농양이나 창상감염 등의 피부감염과 폐렴, 패혈증 등의 원인균으로서 건강한 사람의 피부에서도 검출되는 가장 흔한 병원성 세균이다.

19 재고회전율에 대한 설명으로 틀린 것은?

① 연간 매출액을 평균 재고자산으로 나눈 것

② 매출과잉과 매출과소의 평균액

③ 재고량과 반비례

④ 수요량과 정비례

해설

재고회전율은 매출액을 평균 재고자산으로 나눈 값이다. 평균 재고자산은 기초재고자산과 기말재고자산의 평균값으로 한 해 동안의 재고자산 수준을 나타낸다. 따라서 이는 매출과잉과 매출과소의 평균액이 아니라, 재고자산의 기초와 기말 평균액을 의미한다.

20 제과 제빵 제품의 위생안전 관리상 냉동고 내부 온도 감응 장치의 센서 위치로 적절한 곳은?

① 평균 온도가 측정되는 곳

② 온도가 가장 낮게 측정되는 곳

③ 온도가 가장 높게 측정되는 곳

④ 식품에 직접 닿는 곳

해설

위생안전 관리상 냉동고 내부 온도 감응 장치 위치로는 외부에서 온도 변화를 관찰할 수 있어야 하며, 온도 감응 장치의 센서는 온도가 가장 높게 측정되는 곳에 위치해야 한다.

기출복원문제

정답   15 ②   16 ③   17 ②   18 ③   19 ②   20 ③

21 인적 자원 관리의 목표를 달성하기 위한 방법이 아닌 것은?

① 인당 생산성 향상을 위한 생산성 목표와 인간관계, 직무 만족을 유지시키기 위해 조직원 간의 대화와 소통은 필요 없다.
② 경영 전략과의 적합관계가 조화롭게 유지되어야 한다.
③ 장기 근로자를 우대하는 연공주의와 능력 있는 사람을 우대하는 능력주의가 조화를 이루어야 한다.
④ 기업의 이익, 목표와 근로자 생활의 질 향상을 위한 노력은 건설적이어야 한다.

> **해설**
> 현대 인적 자원 관리는 목표 달성을 위해 구성원들이 조직 목적과 능력에 맞게 활용되고 이에 걸맞는 물리적, 심리적 보상과 함께 구성원 발탁, 개발, 활용 등은 물론 구성원과 조직 간의 관계와 능률 향상을 위해 조직원 간의 대화와 소통을 원활히 하도록 유도한다.

22 재료를 구입, 제조, 가공, 포장, 유통 및 그 외 관련된 관리사항의 모든 작업행위를 이르는 말은?

① 구매　　　　② 생산
③ 마케팅　　　④ 판매

> **해설**
> 생산이란 사람의 경제활동의 주된 활동이며, 토지나 원재료 등에서 사람의 요구를 충족하는 재화를 만드는 행위나 과정을 가리킨다.

23 작업 부서별 역할이 잘못된 것은?

① 구매 관리자는 시장의 경쟁관계 등을 파악하기 위한 제품 분석 등을 체계적으로 계획한다.

② 검수 담당자는 주문서와 납품서 대조, 품질검사 등을 관리한다.
③ 구매 담당자는 재료의 특성, 수량, 저장 등을 확인하여 발주량을 결정한다.
④ 창고관리자는 식자재 표시기준 중 유효기간을 체크하여 저장한다.

> **해설**
> 구매 관리자는 생산부서 및 관리부서 등과 긴밀히 협조하여 생산계획과 재고량을 파악한다.

24 제빵에서 달걀의 주요 역할은?

① 발효시간 단축, 구조력 약화
② pH 강화, 경도 조절
③ 유화, 영양 공급
④ 방부 효과, 무게 감소

> **해설**
> 달걀 노른자의 레시틴은 인지질로 유화제 역할을 하며, 달걀은 단백질 보강 등 영양강화 기능을 한다.

25 소규모 베이커리에서 매출 증대를 위한 대책으로 옳지 않은 것은?

① 기존 제품의 대량 생산
② 온라인 및 배달 판매 확대
③ 고객과 소통하는 마케팅 전략 수립
④ 장외시장 개척으로 판매를 촉진

> **해설**
> 이미 판매되고 있는 제품들을 대량 생산하기보다는 새로운 제품과 마케팅, 홍보방법을 찾는 것이 좋다.

26 액종법에 대한 설명으로 틀린 것은?

① 스타터 용기는 씻어 소독 후 사용
② 완충제로 탈지분유 사용
③ 산화제 사용
④ 과일을 깨끗이 세척하여 스타터를 만든다.

해설

액종법은 액종을 이용하는 방법으로, 액종은 이스트, 설탕, 물, 이스트푸드, 맥아에 완충제로 분유를 넣어 만든다. 또한 산화제, 환원제 등을 넣어 숙성에 도움이 되도록 한다.

27 냉동 반죽법에 대한 설명으로 틀린 것은?

① 반죽 온도는 18~22℃ 정도이다.
② 냉동된 반죽은 2차 발효를 할 필요가 없다.
③ 냉동 반죽은 급속 냉동한다.
④ 냉동 반죽의 저장은 일반 냉동 온도로 한다.

해설

냉동 반죽법은 수분량을 줄여 반죽해 반죽 온도를 20℃ 제조 후 분할, 성형 후 반죽을 -40℃에서 급속 냉동시킨 다음 -25 ~ -18℃에 냉동 보관하여 이스트의 활동을 억제한 후 필요시에 완만한 해동을 통해 제빵 공정을 진행하는 방법이다.
이스트의 활동을 억제했다가 필요시 냉동에서 꺼내 사용하며 공정은 일반 빵과 같다. 당연히 2차 발효도 해야 한다.

28 설탕에 대한 설명으로 틀린 것은?

① 상대적 감미료는 100이다.
② 포도당과 과당이 결합된 이당류이다.
③ 비환원당이다.
④ 130℃를 넘으면 캐러멜 반응을 일으킨다.

해설

캐러멜화는 설탕이 일반적으로 160℃(320℉) 이상의 온도에 도달하면 시작된다. 다만, 설탕의 종류(흑설탕, 갈색설탕)에 따라 캐러멜화 과정이 다르게 반응할 수 있다. 이 과정은 단순히 단맛을 넘어서 풍부한 맛과 향을 더해준다.

29 다음 중 판매원가는?

① 총원가에 이익을 더한 것
② 제조원가에 판매비와 일반관리비를 더한 것
③ 직접재료비에 노무비와 경비를 더한 것
④ 직접재료비, 간접재료비와 세금을 더한 것

해설

판매원가 = 총원가 + 이익

30 충전재에 대한 설명으로 옳은 것은?

① 제품을 성형한 후 윗면을 장식하는 것이다.
② 제품의 내부를 채우는 것이다.
③ 제품의 표면에 광택 효과를 위해 바르는 것
④ 제품이 마르지 않게 윗면에 얹는 것

해설

충전재란 제품을 성형할 때나 구워낸 후 내부에 충전하는 것을 말한다.

31 빵 반죽 시 펀치에 대한 설명 중 틀린 것은?

① 이스트의 활성화를 촉진
② 반죽 온도의 균일화
③ 발효 시간을 증가시키기 위함
④ 발효 과정 중 1~3회 정도 실시함

해설

펀치는 반죽 온도의 균일, 이스트 활성, 산소 공급에 의한 산화, 숙성 촉진을 위함이며, 1차 발효 과정 중 1~3회 정도 실시할 수 있다.

32 다음 중 휘핑(whipping) 제조 시 일반적으로 오버런이 가장 좋은 크림은?

① 생크림
② 식물성 크림
③ 콤파운드 크림
④ 커피 크림

해설

Over-run은 냉동 중에 공기 혼합물이 공기 혼입에 의하여 믹스의 용적이 증가하며 부피가 증가하는 현상으로 증용률이라 한다. 식물성 크림이 가장 크다.

33 다음 중 필수아미노산이 아닌 것은?

① 라이신
② 메티오닌
③ 트립토판
④ 알라닌

해설

필수아미노산은 발린, 류신, 이소류신, 메티오닌, 트레오닌, 라이신, 페닐알라닌, 트립토판의 8종류가 있다. 어린이의 경우 히스티딘, 아르기닌도 필수아미노산에 추가로 포함된다.

34 퍼프 페이스트리 제조 시 중요한 유지의 성질은?

① 크림성
② 유화성
③ 가소성
④ 안정성

해설

페이스트리 제조 시 중요한 유지의 성질은 가소성이다.

35 이스트 2% 사용했을 때 100분 발효시켜 좋은 결과를 얻었다면, 80분 발효시켜 같은 결과를 얻으려면 이스트 사용량은?

① 2.5%   ② 3%
③ 3.5%   ④ 4%

해설

$(2 \times 100) \div 80 = 2.5\%$

36 활성 글루텐의 기능이 아닌 것은?

① 제품의 부피, 조직, 기공을 개선시킨다.
② 노화 예방, 저장성을 감소시킨다.
③ 반죽 형성 능력이 약한 빵 반죽의 강도를 개선하는 데 사용한다.
④ 반죽의 수분 흡수율을 증가시킨다.

해설

반죽의 흡수율을 1.5% 증가시키며, 보존성, 저장성을 증가시킨다.

37 HACCP 적용 7원칙 중 위해요소 관리가 허용범위 이내로 충분히 이루어지고 있는지 여부를 판단할 수 있는 원칙은?

① 중요관리점
② 모니터링
③ 위해요소 분석
④ 한계기준

해설

한계기준이란 중요관리점에서 위해요소 관리가 허용범위 이내로 이루어지는지 판단할 수 있는 기준 혹은 기준치를 의미한다.

38 작업장 시설관리에 관한 설명으로 옳지 않은 것은?

① 작업장은 별도의 독립건물을 사용하거나 제조, 가공시설 외 용도로 사용되는 시설과 분리한다.

② 통풍과 환기가 자연적으로 잘 되는 작업장은 환기시설을 설치하지 않아도 된다.

③ 폐기물, 폐수처리시설은 작업장과 격리된 일정 장소에 설치, 운영해야 한다.

④ 같은 건물 안에 작업장이 있는 경우 작업장이 보이도록 한다.

해설

HACCP 시설의 작업장은 작업장 내에서 발생하는 악취, 이취, 유해가스, 매연, 증기 등을 배출할 수 있는 환기시설을 설치해야 하고, 외부로 개방된 흡배기구 등에는 여과망이니 방충망 등을 부착해 해충이나 설치류의 유입을 방지해야 한다.

39 가장 일반적인 진드기로 곡류, 곡분, 빵, 과자 등에 많이 발생하는 진드기는?

① 설탕 진드기 ② 집고기 진드기

③ 긴털가루 진드기 ④ 작은가루 진드기

해설

긴털가루 진드기는 우리나라 모든 저장식품에 가장 흔히 발견되는 진드기이다.
장마기에 많이 발생하며, 건조에는 대단히 약해 습도 50% 이하에서는 발육 정지, 고온에는 약하고 40℃에서는 6시간 이내에 사멸한다. 저온 내성은 강해서 10℃에서도 발육 가능하다. 곡류, 과자, 건어물 등 거의 모든 식품에서 발견된다.

40 호밀가루의 특징을 잘못 설명한 것은?

① 호밀가루의 펜투산은 반죽을 끈적거리게 한다.

② 당질이 주성분이며 비타민 B군이 비교적 풍부하다.

③ 호밀가루의 단백질 함량은 저장성에 큰 영향을 준다.

④ 호밀반죽에는 Sour Dough(산발효법)를 이용하는 것이 좋다.

해설

호밀가루의 저장성에 영향을 주는 것은 지방이다.

41 박력분의 특성에 대한 설명 중 옳은 것은?

① 반죽 혼합 시 흡수율이 높다.

② 다목적으로 사용되며, 반죽 형성시간이 빠르다.

③ 밀가루 입자가 가장 크다.

④ 연질소맥을 제분한다.

해설

박력분은 연질소맥을 세분하여 얻고, 밀가루 입자가 작고 과자용으로 많이 사용한다. 강력분과는 달리 반죽 형성시간이 짧고 흡수율은 낮다.

42 살모넬라 식중독 예방방법으로 옳은 것은?

① 30℃에서 50분

② 40℃에서 40분

③ 50℃에서 30분

④ 60℃에서 20분

해설

살모넬라 식중독의 원인 물질은 오염된 육류, 달걀, 생선 능이며, 12~26시간의 잠복기를 거쳐 구토, 복통, 설사 같은 위장, 소화 장애가 발생한다.
살모넬라균은 열에 매우 약하므로 가열 조리하면 예방이 가능하다.
달걀 등은 75℃ 이상에서 1분, 60℃ 이상에서 20분 정도 가열하며 예방이 가능하다.

기출복원문제

43 마케팅의 4P가 아닌 것은?

① 구매자　　　　② 제품
③ 가격　　　　　④ 유통

해설

4P는 Product(제품), Place(유통), Promotion(판촉), Price(가격)를 말한다.

44 굽기 과정에서 일어나는 변화로 틀린 것은?

① 제품의 호화는 물을 흡수하여 점성이 강해지고 끈적거린다.
② 제품의 노화는 수분을 잃어 딱딱해지고 질겨진다.
③ 굽기 과정 중 팽창이 계속되며, 반죽 온도가 상승한다.
④ 굽기 과정 중 완제품의 온도는 105℃ 이상으로 상승한다.

해설

갓 구워낸 빵의 빵 속 온도는 97~99℃이다.

45 기계 및 설비관리에 대한 설명으로 틀린 것은?

① 진열용 빵 플레이트는 3년에 1회 정도의 주기로 교환한다.
② 재료 투입 시 기계를 작동하면서 투입한다.
③ 오븐은 완전히 냉각시킨 후 브러시를 이용하여 굽기판, 오븐 벽에 있는 음식물, 이물질 등을 제거한다.
④ 칼, 도마, 행주 등 소기구류는 매일 소독 후 사용한다.

해설

기계 작동 시 안전관리상 기계를 멈추고 재료를 투입해야 한다.

46 ( ) 안에 맞는 것은?

빵 반죽에 ( )을(를) 과다하게 첨가하면 효소작용이 억제된다.

① 유지　　　　　② 분유
③ 개량제　　　　④ 소금

해설

빵에 소금을 과다하게 첨가하면 효소의 작용이 억제되어 발효가 느려진다.

47 품질관리 기준에 의거하여 식품공전에 기재된 과자의 식품기준 및 규격으로 잘못된 것은?

① 유산균이 들어가지 않은 밀봉된 쿠키의 세균수는 $n=2$, $c=5$, $m=10,000$, $M=50,000$이다.
② 유산균이 함유된 과자의 유산균 수는 허용기준 이하여야 한다.
③ 과자의 재료를 구분하여 냉장, 냉동 보관하여야 한다.
④ 유탕 처리된 과자의 산가는 2.0 이하이다.

해설

유산균이 함유된 과자의 유산균 수는 허용기준 이상이어야 한다.

48 비상 스트레이트법의 필수적 조치가 아닌 것은?

① 물 1% 증가
② 설탕 1% 증가
③ 이스트 2배 사용
④ 1차 발효를 15~20분 이내로 함

해설

▶ 비상 스트레이트법의 필수적 조치 6가지

1. 물 1% 증가
2. 설탕 1% 감소
3. 이스트 2배 사용
4. 1차 발효를 15~20분 이내로 함
5. 반죽 온도는 30℃로 함
6. 반죽 시간은 약 20~30% 늘림

49 액종법에 대한 설명으로 틀린 것은?

① 산화제를 사용한다.

② 대량 생산에 유리하다.

③ 풍미와 품질이 좋은 제품을 만들 수 있다.

④ 발효 손실에 따른 생산 손실을 줄일 수 있다.

해설

액종법은 산화제 첨가로 인하여 발효 향이 감소된다.

50 빵을 구워낸 직후의 수분함량과 냉각 후 포장 직전의 수분함량으로 가장 적합한 것은?

① 35%, 27%   ② 45%, 38%

③ 55%, 48%   ④ 68%, 60%

해설

갓 구워낸 빵의 빵 속 온도는 97~99℃이고, 수분함량은 껍질에 12%, 빵 속에 45%이며, 포장 전 빵 속 온도는 35~40℃, 수분함량은 껍질에 27%, 빵 속에 38%이다.

51 제품 포장에 사용하는 포장재료 중 사용 제한이 없는 것은?

① 착색제   ② 순수 자연 펄프

③ 파라핀   ④ 형광제 사용

해설

펄프란 종이 등을 만들기 위해 나무 등의 섬유식물에서 뽑아낸 재료로서, 포장재의 원료로 순수 자연 펄프와 같은 환경친화적 재료가 적합하다.

순수 자연 펄프는 재활용이 가능하고, 생분해성이며, 환경에 미치는 영향이 적기 때문에 포장재료로 널리 사용된다.

52 굽기 손실에 대한 설명으로 옳은 것은?

① 낮은 온도에서 오래 구우면 굽기 손실은 커진다.

② 높은 온도에서 단기간 구우면 굽기 손실이 커진다.

③ 굽기 손실은 오븐에서 나온 직후 무게에서 오븐에 넣기 전 무게를 뺀 것을 오븐에 넣기 전 무게로 나누어 100을 곱한 것이다.

④ 언더베이킹이 오버베이킹보다 굽기 손실이 크다.

해설

낮은 온도에서 오래 구우면(오버베이킹) 굽기 손실이 커진다.

$$굽기\ 손실 = \frac{오븐에\ 넣기\ 전\ 무게 - 오븐에서\ 나온\ 직후\ 무게}{오븐에\ 넣기\ 전\ 무게} \times 100$$

53 빵의 노화에 대한 설명으로 틀린 것은?

① 고율 배합이 노화가 느리다.

② 냉동보다 냉장 보관이 노화가 빠르다.

③ 진 반죽이 노화가 느리다.

④ 하쓰브레드보다 식빵이 노화가 빠르다.

해설

빵의 노화가 가장 빠른 제품은 프랑스 빵으로 하쓰브레드 종류가 빠르다.

54 결핵에 대한 설명으로 옳은 것은?

① 인축공통 전염병이다.

② Brucella abortus가 대표적인 세균으로 사람과 동물에 기생한다.

③ 병원성 미생물에 오염된 물에 의해 매개되는 전염병이다.

④ Rickettsia typhi에 의해 발생, 전염된다.

> **해설**
>
> 소결핵은 우형 결핵균(Mycobacterium bovis)에 의하여 발생하는 만성소모성 질병으로 주로 소에 감염되지만, 사람, 돼지, 염소, 양, 고양이 및 다른 포유류에도 감염되어 결핵을 일으키는 인축공통 전염병이다.

55 일반적으로 빵 반죽의 구조력을 강화시키는 재료는?

① 칼슘염, 소금, 비타민 C

② 식초, 액상유, 마그네슘염

③ 레몬즙, 알코올류, 샐러드유

④ 버터, 마가린, 쇼트닝

> **해설**
>
> 반죽을 강화시킬 목적으로 물 조절제(칼슘염) 등이 함유된 제빵개량제, 소금, 비타민 C 등을 사용할 수 있다.

56 호밀가루에 대한 설명으로 틀린 것은?

① 사워(Sour) 반죽을 이용하면 좋은 품질로 생산 가능하다.

② 펜토산이 풍부하여 반죽이 끈적거릴 수 있다.

③ 글루텐을 형성하는 단백질의 함량이 밀가루와 동일하다.

④ 호밀은 당질(70%), 단백질(11%), 지질(2%), 섬유소(1%)로 구성되어 있다.

> **해설**
>
> 호밀은 밀가루와 영양성분은 동일하나, 단백질 함량 중 글루텐을 형성하는 단백질인 글리아딘과 글루텐의 함량이 적어 글루텐을 형성하기 어렵다.

57 빵 반죽 과정 중 탄력성과 신장성이 최대인 단계는?

① 픽업 단계(Pick up Stage)

② 클린업 단계(Clean up Stage)

③ 발전 단계(Development Stage)

④ 최종 단계(Final Stage)

> **해설**
>
> 반죽의 단계 중 탄력성과 신장성이 최대인 단계는 최종 단계이다.

58 HACCP 적용업체에서 마카롱 제조 시 중요관리점(CCP) 결정과 관련하여 잘못된 설명은?

① 크림 제조 공정에서는 위해요소 발생가능성이 있어 위해요소를 제거하거나 허용수준까지 감소시킬 수 있으므로 중요관리점이다.

② 혼합 공정은 확인된 위해요소를 관리하기 위한 선행요건이 있으므로 중요관리점이다.

③ 가열 공정은 안전성을 위한 관리요소가 필요하므로 중요관리점이다.

④ 금속검출 공정에서 확인된 위해요소를 제어하거나 그 발생을 감소시킬 수 있는 이후의 공정을 중요관리점으로 설정한다.

> **해설**
>
> HACCP에서 생산공정 중 CCP는 위해요소를 분석, 예방, 제거 또는 허용 가능한 수준까지 감소시킬 수 있는 최종 단계, 공정을 의미한다.
> 금속검출 공정은 물리적 중요관리점은 맞으나 이 과정에서 위해요소를 제거하거나 발생을 감소시키지는 못하므로 중

요관리점으로 결정하기 어렵다. 다만, 마지막 중요관리점으로 금속검출기는 제품을 내포장 후 외포장 전 금속성 이물의 제품 혼입 여부를 전자파를 이용하여 제품에 섞여 있는 금속 물질을 찾아내는 장치이다.

59 제과점에서 고객 응대 시 일반적인 인사법으로 적당한 것은?

① 목례
② 보통례
③ 정중례
④ 입례

해설

보통례는 허리를 30도 정도 굽히고 이른이니 상사, 내빙객을 맞이할 때 하는 일반적인 인사이다.

60 손익계산 시 비용에 대한 설명으로 틀린 것은?

① 판매비에 직원의 급여, 광고비, 판매수수료 등이 해당된다.
② 비용에는 특별 손실과 부가가치세도 포함된다.
③ 영업의 비용은 판매, 관리비와 구별되고 경상적 비용이다.
④ 매출원가는 기초 재고액, 당기 매입액, 기말 재고액을 모두 합한 금액이다.

해설

매출원가는 기초 재고액 + 당기 매입액 − 기말 재고액이다.

기출복원문제

제빵산업기사

제2회

01 호밀빵 제조 설명으로 틀린 것은?

① 밀가루 빵의 80[%] 정도 반죽한다.

② 밀가루 외의 기타 가루를 많이 넣을수록 반죽 시간은 짧게 한다.

③ 호밀 가루가 증가할수록 흡수율을 증가시키고 반죽 온도를 낮춘다.

④ 오븐 팽창이 크므로 2차 발효는 적게 한다.

> **해설**
> 밀가루 이외의 곡물을 첨가할 경우 오븐 팽창이 적으므로 밀가루 빵보다 2차 발효를 많이 시킨다.

02 스펀지법에 대한 설명으로 틀린 것은?

① 반죽을 두 번에 나누어 반죽한다.

② 처음의 반죽을 스펀지라 하며, 반죽 시간은 4~6분, 반죽 온도는 24[℃]이다.

③ 스펀지 발효가 진행되면 반죽 온도는 내려가고 pH는 올라간다.

④ 스펀지에 밀가루 양을 증가할 경우 스펀지 발효 시간은 길어지고 본 반죽의 발효 시간은 짧아진다.

> **해설**
> 스펀지 발효가 진행되면 반죽 온도는 5[℃] 올라가고, pH는 5.5에서 4.8로 떨어진다.

03 스펀지법에서 스펀지에 사용하는 재료가 아닌 것은?

① 소금   ② 물

③ 밀가루   ④ 이스트

> **해설**
> 스펀지에 사용하는 재료는 밀가루, 이스트, 물, 이스트 푸드이다.

04 제빵용 밀가루에서 손상전분의 함량은?

① 3.5~6[%]   ② 4.5~8[%]

③ 5.5~9[%]   ④ 6.5~10[%]

> **해설**
> 밀가루에 함유된 제분 시 파손되어 만들어진 손상전분의 함량은 4.5~8[%]이다.
> 손상전분을 넣으면 반죽 시 흡수가 빠르고 흡수율이 2배 증가한다.

05 라운더에 대한 설명으로 틀린 것은?

① 둥글리기 방법에는 기계로 하는 자동법과 손으로 하는 수동법이 있다.

② 기계인 라운더(Rounder)를 사용하면 반죽에 손상이 갈 수 있다.

③ 라운더 사용 시 반죽이 약간 진 반죽을 사용하는 것이 좋다.

④ 규모가 있는 제과점에서는 분할기와 라운더의 기능을 합친 분할 라운더를 많이 사용한다.

> **해설**
> 라운더 사용 시 반죽이 약간 된 반죽을 사용하는 것이 좋다.

정답   01 ④   02 ③   03 ①   04 ②   05 ③

06 빵 반죽의 과발효에 대한 설명으로 틀린 것은?

① 기공이 거칠고 부피가 크다.

② 껍질색이 진하다.

③ 제품의 저장성이 나쁘다.

④ 과다한 산의 생성으로 향이 나빠진다.

> **해설**
>
> ② 껍질색이 연하다.

07 샌드위치용 빵에 어울리지 않는 것은?

① 바게트　　　　② 데니시 페이스트리

③ 베이글　　　　④ 치아바타

> **해설**
>
> 샌드위치용 빵으로는 풀먼, 치아바타, 바게트, 잉글리시 머핀, 포카치아 등과 같이 단백하고 유지 함량이 적은 빵이 적당하다.

08 제빵에서 소금 과다 시 나타나는 현상이 아닌 것은?

① 완제품의 부피가 작다.

② 껍질은 두껍고 모서리는 예리하다.

③ 향은 거의 없고 기공은 작다.

④ 껍질색과 속색은 연한 편이다.

> **해설**
>
> 빵 반죽에 소금 과다 시 껍질색과 기공색은 어두운 색을 띤다.

09 다음 중 조리빵의 종류가 아닌 것은?

① 샌드위치　　　　② 햄버거

③ 피자　　　　④ 도넛

> **해설**
>
> 조리빵의 종류에는 샌드위치, 햄버거, 피자, 크로켓 등이 있다.

10 제빵에서 달걀의 역할로 맞는 것은?

① 노른자의 인지질인 레시틴이 유화제 역할을 한다.

② 기포성을 이용하여 빵 반죽을 부드럽게 한다.

③ 단백질, 무기질 등이 풍부하여 영양적으로 중요하다.

④ 결합제 역할을 하여 반죽의 유동성을 감소시킨다.

> **해설**
>
> 달걀은 비타민 C를 제외한 다른 비타민류가 풍부하고 단백질, 무기질 중 인(P)과 철(Fe)이 풍부하다.

11 액종법에 대한 설명으로 잘못된 것은?

① 물, 이스트, 이스트 푸드, 설탕, 탈지분유를 넣고 액종을 만들어 사용한다.

② 완충제로 탈지분유를 사용한다.

③ 발효 손실에 따른 생산 손실을 줄일 수 있다.

④ 산화제로 L-시스테인, 프로테아제, 환원제로 브롬산칼륨, 요오드칼륨 등을 사용한다.

> **해설**
>
> 산화제로는 브롬산칼륨, 요오드칼륨을, 환원제로는 L-시스테인, 프로테아제를 사용한다.

12 2차 발효 시 빵이 봉긋하게 나오는 경우는?

① 2차 발효는 조금만 시킨다.
② 2차 발효를 적절히 시킨다.
③ 2차 발효는 많이 시킨다.
④ 상관없다.

해설

빵이 봉긋하게 나오기 위해서는 2차 발효를 적절히 시켜야
한다.
2차 발효를 조금만 시킬 경우 모양이 작아 볼륨이 없으며,
많이 시킬 경우 제품이 주저앉게 된다.

13 반죽의 신장성을 측정할 수 있는 장치는?

① 패리노그래프
② 익스텐소그래프
③ 믹소그래프
④ 믹사트론

해설

패리노그래프, 레오그래프, 믹사트론 등은 밀가루의 반죽
형성 시간, 반죽의 강도, 안정성 등과 관계있다.

14 빵 반죽의 흡수에 대한 설명으로 잘못된 것은?

① 반죽 온도가 높아지면 흡수율이 감소한다.
② 연수는 경수보다 흡수율이 증가한다.
③ 설탕 사용량이 많아지면 흡수율이 감소한다.
④ 손상전분이 적당량 이상이면 흡수율이 증가
한다.

해설

② 경수가 연수보다 흡수율이 증가한다.

15 빵 발효에서 다른 조건이 같을 때 발효 손실에 대
한 설명으로 잘못된 것은?

① 반죽 온도가 낮을수록 발효 손실이 크다.
② 발효 시간이 길수록 발효 손실이 크다.
③ 소금, 설탕 사용량이 많을수록 발효 손실이 적다.
④ 발효실 온도가 높을수록 발효 손실이 크다.

해설

반죽 온도가 높을수록 이스트의 가스 발생력이 커져 발효
손실이 크다.

16 노화에 대한 설명으로 틀린 것은?

① α-전분이 β-전분으로 변하는 것
② 빵의 내부가 딱딱해지는 것
③ 수분이 감소하는 것
④ 빵의 내부에 곰팡이가 피는 것

해설

④ 빵의 내부에 곰팡이가 피는 것은 부패이다.

17 냉동 반죽법에서 믹싱 후 1차 발효 시간으로 가장
적당한 것은?

① 0~20분   ② 50~60분
③ 80~90분   ④ 110~120분

해설

냉동 반죽법 제조 시 1차 발효는 거의 하지 않는다.

18 브루셀라 감염병에 대한 설명으로 옳지 않은 것은?

① 그람음성균으로 이산화탄소가 풍부한 37[℃]에서 가장 잘 자란다.

② 저온 살균이 되지 않은 유제품이나 감염된 가축을 섭취했을 경우 감염된다.

③ 가열이나 저온 살균법, 냉동 상태나 건조 상태에서 사멸한다.

④ 소, 양, 돼지 등의 경우 유산, 조산 등이 주요 증상이다.

▶**해설**

브루셀라는 냉동 상태나 냉장, 건조 상태에서도 잘 버틴다.

19 감자 같은 탄수화물이 많이 함유된 식품을 튀길 때 생성되는 독소물질은?

① 트리메틸아민

② 니트로사민

③ 다이옥신

④ 아크릴아마이드

▶**해설**

감자에 들어 있는 아스파라긴과 포도당이 120[℃] 이상에서 반응을 하면 아크릴아마이드가 형성되는데, 요리과정 중 삶거나 175[℃] 이하에서 튀기거나 구우면 아크릴아마이드의 발색을 줄일 수 있다.

20 다음 중 대장균이 제일 잘 자랄 것 같은 환경은?

① 오염되지 않은 샘물이나 염소계 소독제로 세척된 주방도구 사용

② 조리한 식품의 냉장보관 및 재섭취 시 재가열

③ 가축의 내장, 고기의 분쇄과정

④ 칼이나 도마 같은 조리도구를 구분하여 사용

▶**해설**

자연환경에 널리 분포되어 있는 대장균은 고기를 분쇄하거나 가축을 도살하는 과정에서 내장에 의해 각 부위에 오염될 수 있다.

21 베이킹파우더가 들어가지 않은 파운드 케이크의 특징으로 가장 잘못된 것은?

① 부피가 크고 부드럽다.

② 부피가 작고 부드럽다.

③ 부피가 크고 무겁다.

④ 부피가 작고 무겁다.

▶**해설**

베이킹파우더는 화학적 팽창제로 부피를 크게 하고 제품을 부드럽게 한다.

22 HACCP 적용 7원칙 중 위해요소 관리가 허용범위 이내로 충분히 이루어지고 있는지 여부를 판단할 수 있는 원칙은?

① 위해요소 분석

② 중요관리점

③ 한계기준

④ 모니터링

▶**해설**

모든 위해요소의 관리가 기준치 설정대로 충분히 이루어지고 있는지 여부를 판단할 수 있는 관리 한계를 설정한다.

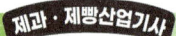

23 HACCP 선행요건이 아닌 것은?

① 영업장 관리

② 냉장·냉동시설·설비 관리

③ 공정 흐름도 현장 확인

④ 검사 관리

> **해설**
>
> ❯ HACCP 선행요건 8가지
>   1. 영업장 관리
>   2. 위생 관리
>   3. 제조·가공시설·설비 관리
>   4. 냉장·냉동시설·설비 관리
>   5. 용수 관리
>   6. 보관·운송 관리
>   7. 검사 관리
>   8. 회수 프로그램 관리

24 HACCP 소독에 신경을 많이 쓰지 않아도 되는 부분은?

① 작업장 천장, 바닥, 벽 관리

② 배수로, 설비, 칼, 도마 등 기구에 대한 세척, 소독관리

③ 외부 오염물질 또는 해충 등 유입 방지

④ 청결구역과 일반구역은 작업장에 직접적 영향을 주지 않도록 설치했다면 분리할 필요가 없다.

> **해설**
>
> ④ 작업장은 청결구역과 일반구역으로 분리, 구획 또는 구분하여야 하며, 이 경우 화장실은 작업장에 영향을 주지 않도록 분리되어야 한다.

25 장독소인 엔테로톡신을 분비하는 식중독은?

① 포도상구균   ② 보툴리누스균

③ 살모넬라균   ④ 웰치균

> **해설**
>
> 병원성 포도상구균이 생산하는 내열성 독소는 엔테로톡신이다.

26 인수공통감염병이 아닌 것은?

① 탄저   ② 비브리오

③ 브루셀라   ④ Q열

> **해설**
>
> ❯ 인수공통감염병의 종류 : 탄저, 브루셀라, 결핵, 광견병, 야토, 돈단독, Q열, 리스테리아 등이 있다.

27 달걀을 통해서 감염되는 식중독은?

① 살모넬라   ② 병원성 대장균

③ 장염 비브리오   ④ 포도상구균

> **해설**
>
> 살모넬라는 달걀, 어육, 샐러드, 마요네즈, 유제품, 사람이나 가축의 분변에 의해 감염된다.

28 관능검사가 아닌 것은?

① 시각   ② 촉각

③ 통각   ④ 후각

> **해설**
>
> 관능검사는 식품과 물질의 특성이 시각, 후각, 미각, 촉각, 청각으로 감지되는 반응을 측정, 분석하는 방법이다.

29 곰팡이 생육이 안 되는 조건은?

① 습도가 높은 상태의 실온에서 보관

② 산도(pH 4.0~6)에 보관

③ 온도 20~25[℃], 상대습도 80[%] 이상에서 보관

④ 수분 활성도 0.8 이하에서 보관

해설

곰팡이가 독소를 생성하는 수분 활성도는 0.93~0.98이며, 0.8 이하에서는 증식이 저지된다.

30 필수 아미노산이 아닌 것은?

① 류신　　　　② 메티오닌

③ 시스테인　　④ 트립토판

해설

▶ 필수 아미노산 8종류 · 류신, 이소류신, 리신, 발린, 메티오닌, 트레오닌, 트립토판, 페닐알라닌

31 항산화 물질과 관련이 있는 것끼리 묶인 것은?

① V.B₁, V.B₁₂, S　　② V.E, V.C, Selen

③ V.B₂, V.D, P　　　④ V.K, V.A, 나이아신

해설

항산화 물질에는 폴리페놀, 비타민 E, 비타민 C, β-카로틴 등이 있다.

32 설딩에 대한 설명으로 잘못된 것은?

① 설탕의 분해 효소인 인버타아제에 의해 포도당과 과당으로 분해된다.

② 수분 보유력이 있어 노화가 지연된다.

③ 설딩은 130[℃]에서 캐러멜라이징이 시작된다.

④ 글루텐의 연화 작용과 윤활 작용을 한다.

해설

설탕의 캐러멜화 온도는 160[℃] 이상이다.

33 페트병 제조가 가능한 포장 재료는?

① oriented polypropylene(OPP)

② polyethylene(PE)

③ polypropylene(PP)

④ polystylene(PS)

해설

▶ 폴리에틸렌(PE : polyethylene) : 열에 강한 소재로 주방 용품에 많이 사용된다. 가공이 쉬워 다양한 제품군에 사용되며, 페트병의 주원료가 되기도 한다. 장시간 햇빛에 노출돼도 변색이 거의 일어나지 않는다.

34 다크 초콜릿의 템퍼링 과정이 잘못된 것은?

① 1차 용해 온도는 35~40[℃]이다.

② 식히는 온도는 27[℃] 정도이다.

③ 최종 온도는 30~31[℃]이다.

④ 화이트 초콜릿의 최종 온도는 다크 초콜릿보다 낮다.

해설

다크 초콜릿의 1차 용해 온도는 45~50[℃]이다.

35 생선, 초밥, 어패류와 관계있는 식중독은?

① 살모넬라　　　　② 병원성 대장균

③ 보툴리누스　　　④ 장염 비브리오

해설

비브리오균은 호염성 해수 세균으로 어름칠에 주로 발생한다 어패류 생식 생선회 등과 어패류를 다루 칼 두마 행주 등 조리기구에 의해서도 교차오염이 된다.

기출복원문제

정답 29 ④　30 ③　31 ②　32 ③　33 ②　34 ①　35 ④

36 작업실의 조도는?

① 100~200[Lux]　　② 150~300[Lux]

③ 200~500[Lux]　　④ 300~600[Lux]

> **해설**
>
> | 발효 과정 | 50[Lux] |
> |---|---|
> | 계량, 반죽, 조리, 성형 과정 | 200[Lux] |
> | 굽기 과정 | 100[Lux] |
> | 포장, 장식, 마무리 작업 | 500[Lux] |

37 Over-run이 가장 큰 크림은?

① 식물성 크림　　② 동물성 크림

③ 콤파운드 버터　　④ 식용유

> **해설**
>
> Over-run은 냉동 중에 혼합물이 공기 혼입에 의하여 믹스의 용적이 증가하여 부피가 증가하는 현상으로 증용률이라 한다. 식물성 크림이 가장 크다.

38 호밀 가루의 특징 중 잘못된 것은?

① 당질이 주성분이며 비타민 B군이 비교적 풍부하다.

② 호밀 반죽의 펜토산은 글루텐 형성 능력을 떨어뜨린다.

③ 질 좋은 호밀빵을 생산하기 위해서는 산발효법(Sour dough fermentation)을 이용하는 것이 좋다.

④ 호밀 가루의 단백질 함량은 저장 안정성에 큰 영향을 준다.

> **해설**
>
> 호밀 가루의 저장 안정성에 영향을 주는 것은 지방 함량이다.

39 활성글루텐의 사용 이유가 아닌 것은?

① 반죽 형성 능력이 약한 밀가루의 개량제로 이용된다.

② 밀가루 반죽에서 녹말을 제거하고 얻는 밀 단백질로 빵 반죽의 강도를 개선하는 데 사용한다.

③ 제품의 조직에 영향을 주어 저장성을 감소시킨다.

④ 제품의 부피, 기공을 개선시킨다.

> **해설**
>
> 반죽의 흡수율을 1.5[%] 증가시키며 저장성을 증가시킨다.

40 제품의 외부평가 항목이 아닌 것은?

① 대칭성　　② 껍질색

③ 부피　　④ 기공

> **해설**
>
> 기공은 내부평가 항목이다.

41 미생물에 의해 주로 단백질이 혐기성 세균에 의해 악취, 유해 물질을 생성하는 현상은?

① 발효　　② 변패

③ 부패　　④ 산패

> **해설**
>
> ① **발효** : 탄수화물이 유익하게 분해되는 현상
> ② **변패** : 탄수화물이 변질된 것
> ④ **산패** : 지방이 산화 등에 의해 악취, 변색이 일어나는 현상

42 굽기 과정 중 오버 베이킹과 언더 베이킹에 대한 설명 중 잘못된 것은?

① 언더 베이킹은 중앙부분이 익지 않는 경우가 많다.

② 오버 베이킹은 윗면이 갈라지기 쉽다.

③ 언더 베이킹은 수분 함량이 많다.

④ 오버 베이킹은 노화가 빠르다.

> **해설**
> • 오버 베이킹(Over Baking)의 특징 : 윗면이 평평, 수분 손실이 커 노화가 빠름, 부피가 큼.
> • 언더 베이킹(Under Baking)의 특징 : 윗면이 갈라지고 솟아오름, 설익기 쉽고 조직이 거칠며 주저앉기 쉬움, 부피가 작음.

43 다음 중 이형제에 대한 설명으로 옳지 않은 것은?

① 발연점이 높은 기름을 사용한다.

② 이형제의 사용량은 반죽 무게에 대하여 0.1~0.2[%] 정도가 적당하다.

③ 반죽을 구울 때 형틀에서 제품의 분리를 용이하게 할 수 있다.

④ 이형제의 사용량이 많으면 밑껍질이 얇아지고 색상이 밝아진다.

> **해설**
> 이형제의 사용량이 많으면 밑껍질이 두꺼워지고 색상은 어두워진다.

44 초콜릿을 만들 때 들어가는 카카오버터의 결정화가 가장 안정적인 구조를 갖는 것은?

① γ ② α

③ β' ④ β

> **해설**
> ❯ 카카오버터의 결정화 순서
>
> γ → α → β' → β
> 16~18[℃] 21~24[℃] 27~29[℃] 34~36[℃]
> (가장 안정적임)

45 완성된 초콜릿을 보관하기에 적당하지 않은 것은?

① 온도와 습도가 낮은 곳

② 직사광선이 없는 냉암소

③ 알루미늄 포일에 싸고 밀폐용기에 담아 보관

④ 냉장보관이 원칙이다.

> **해설**
> • 초콜릿 보관 온도는 15~18[℃], 습도 40~50[%] 정도가 적당하며 빛과 온도, 습도가 높은 곳은 피한다
> • 실온보관이 원칙이며 잘 밀봉해서 햇볕이 들지 않는 서늘한 실온에서 보관한다.
> • 냉장, 냉동보관할 경우 초콜릿의 카카오버터가 냉장고의 습기로 인해 품질이 나빠지고, 초콜릿이 냄새를 흡수할 수 있으므로 최대한 실온보관하는 것이 좋다(한여름에는 사용할 수 있다).

46 박력분에 대한 설명이 잘못된 것은?

① 연질소맥으로 단백질 함량은 7~9[%]이다.

② 주로 케이크에 사용하며 회분 함량은 0.4~0.5[%]이다.

③ 글루텐의 질은 매우 부드럽다.

④ 밀가루의 입도는 분상질이다.

> **해설**
> 제과용 박력분의 회분 함량은 0.4[%] 이하이다.

47 다음 중 거품형 쿠키는?

① 쇼트 브레드 쿠키

② 초코 킵펠 쿠키

③ 프레첼

④ 핑거 쿠키

해설

핑거 쿠키는 거품형 쿠키로 공립법으로 제조하며, 5[cm] 정도로 짜서 굽는다.

48 검수를 완료한 식재료의 보관기준으로 잘못된 것은?

① 건조저장실은 10[℃] 내외, 습도는 50~60[%] 의 통풍이 잘 안되는 곳이 적당하다.

② 냉장실 온도는 0~5[℃], 습도는 75~90[%]이며, 온도계를 비치하고 하루 2번 온도를 기록하고 관리한다.

③ 냉동 온도 −24~−18[℃] 이하를 유지하며 한번 해동한 제품은 재냉동하지 않는다.

④ 식품보관 선반은 벽과 바닥으로부터 15[cm] 이상 거리를 둔다.

해설

건조저장실은 통풍이 잘되는 곳이 적당하다.

49 냉동실의 온도 감응 장치 센서의 올바른 위치는?

① 가장 낮은 곳

② 중간 앞쪽

③ 중간 뒤쪽

④ 가장 높은 곳

해설

냉동실의 온도 감응 장치 센서의 위치는 가장 높은 곳에 위치한다.

50 냉동실에 넣을 경우 조리된 음식(익힌 음식)의 위치는?

① 냉동실 맨 위쪽

② 냉동실 중앙

③ 냉동실 맨 아래쪽

④ 냉동실 문 쪽

해설

조리된 음식(익힌 음식)은 냄새가 배면 안 되므로 맨 위쪽에 넣고, 아래쪽으로 냉동과일, 채소 → 육류 → 해산물을 넣는다.

51 지하수를 용수로 사용할 경우 검사주기는?

① 3개월

② 6개월

③ 1년

④ 2년

해설

「먹는물 수질기준 및 검사 등에 관한 규칙」 제4조 제2항에 의하면,

• **정밀검사**(46개 항목) : 매년 1회 이상

• **간이검사**(6개 항목) : 매 분기 1회 이상(일반세균, 총 대장균군, 대장균 또는 분원성 대장균군, 암모니아성 질소, 질산성 질소, 과망간산칼륨 소비량)

52 다음 중 판매 원가는?

① 제조 원가 + 판매비 + 일반관리비 + 이익

② 직접 재료비 + 간접 재료비 + 판매비 + 이익

③ 직접 원가 + 간접 경비 + 일반관리비 + 이익

④ 직접 노무비 + 간접 노무비 + 판매비 + 이익

해설

판매 원가 = 제조 원가 + 판매비 + 일반관리비 + 이익

53 작업실 입구에 배치하지 않아도 되는 것은?

① 손 건조, 소독설비 기기
② 신발 세척기기
③ 진공흡입기, AIR SHOWER 등의 이물관리 기기
④ 손 세척 후 핸드크림

> **해설**
>
> 작업장 출입 시 청결한 개인위생을 위해 손, 위생화 등 세척, 소독설비를 구비하여야 한다.
> ④ 핸드크림은 준비하지 않아도 된다.

54 소규모 베이커리에서 매출 부진 전략으로 잘못된 것은?

① 자신의 매장에 맞는 원가 분석
② 온라인 및 배달 판매 확대
③ 고객과 소통하는 마케팅 전략 수립
④ 정기적 이벤트와 광고, 시식, 서비스 등의 확대

> **해설**
>
> 정기적 이벤트와 광고 등은 추가비용이 과하게 소비되므로 주의한다.

55 손익계산서에 대한 설명으로 잘못된 것은?

① 손익계산서의 기본요소는 수익, 비용, 순이익이다.
② 손익계산이란 특정기간 동안 기업의 경영성과를 평가하여 사업의 손익을 계산하여 확정하는 것을 말한다.
③ 매출 총이익 = 매출액 – 매출 원가
④ 순이익 = 매출액 – (판매비 + 일반관리비 + 세금)

> **해설**
>
> 순이익 = 매출 총이익 – (판매비 + 일반관리비 + 세금)

56 마케팅의 4P가 아닌 것은?

① Product
② Price
③ Promotion
④ Person

> **해설**
>
> ❯ 마케팅의 4P : Product(제품), Price(가격), Place(유통), Promotion(판촉)

57 구매부서별 역할이 잘못된 것은?

① 구매 담당자는 생산부서 및 관리부서 등과 긴밀히 협조하여 생산계획과 재고량을 파악한다.
② 구매 담당자는 재료의 특성, 수량, 저장장소 등을 확인하여 발주량을 결정한다.
③ 검수 담당자는 거래명세서와 발주서의 일치 여부를 확인한다.
④ 구매 담당자는 구매확정 시 입고된 물품의 품질과 유통기한 등을 확인한다.

> **해설**
>
> 검수관리자는 주문내용과 납품서 대조, 품질검사, 물품의 인수 및 반품, 검수기록 등을 관리한다.

58 인간의 생활에 직·간접적으로 필요한 물자나 용역을 만들어내는 행위를 무엇이라 하는가?

① 생산
② 공급
③ 투자
④ 기술

> **해설**
>
> 생산이란 인간이 생활하는 데 필요한 각종 물건을 만들어내는 것을 말한다.

정답 53 ④ 54 ④ 55 ④ 56 ④ 57 ③ 58 ①

기출복원문제

59 재고회전율에 대한 설명으로 옳지 않은 것은?

① 재고량과는 반비례하고 수요량과는 정비례
   한다.

② 회전율이 낮을수록 재고자산이 매출로 빠르게
   이어지고 있다.

③ 수치가 높을수록 재고자산의 관리가 효율적으
   로 이루어지며 재고자산이 매출로 빠르게 이어
   진다.

④ 재고회전율은 매출액 / 재고자산이다.

해설
재고회전율이 높다는 것은 재고자산이 매출로 빠르게 이어
짐을 의미한다.

60 제과점에서 고객 응대 시 일반적인 인사법으로 적
당한 것은?

① 목례　　　　② 보통례

③ 정중례　　　④ 입례

해설
보통례는 허리를 30도 정도 굽히고 어른이나 상사, 내방객
을 맞이할 때 하는 인사이다.

01 고열이 지속되면서 오한, 두통, 복통, 변비 등이 나타나고, 4~8주 동안 발열이 나며, 2~5[%]는 대소변으로 배출되는 만성 보균자가 되는 질병은?

① 살모넬라   ② 세균성 이질

③ 비브리오   ④ 장티푸스

해설

▶ 장티푸스 : 장티푸스균(Salmonella typhi) 감염에 의한 제2급 감염병으로, 주로 환자나 보균자의 대변이나 소변에 오염된 음식이나 물에 의해 전파된다. 잠복기는 평균 8~14일이며, 고열이 지속되고 오한, 두통, 복통, 설사나 변비 등이 나타난다. 치료하지 않을 경우 4주 내지 8주 동안 발열이 지속되며, 2~5[%]는 대소변으로 배출하는 만성 보균자가 된다.

02 제빵의 평가 중 관능평가 항목이 아닌 것은?

① 부피   ② 색

③ 옆 터짐   ④ 조직

해설

평가 항목 중 관능평가(외부평가)는 부피·색·옆 터짐·균형 등이고, 조직은 내부평가 항목이다.

03 작업장 출입 전 올바른 손의 위생 처리 순서는?

① 이물 제거 → 손 세척 → 손 건조 → 손 소독

② 손 세척 → 손 소독 → 손 건조 → 이물 제거

③ 손 소독 → 이물 제거 → 손 건조 → 손 세척

④ 이물 제거 → 손 세척 → 손 소독 → 손 건조

해설

작업자의 작업장 출입 절차는 각 실에 해당하는 복장을 착용한 후 이물 제거 → 손 세척 → 손 소독 → 손 건조 등을 실시하여야 한다.

04 세균성이질의 원인균은?

① Vibrio cholerae

② Salomolella typhi

③ Shigella flexneri

④ Vibrio parahaemoliticus

해설

세균성이질은 시겔라(Shigella)균이 일으키는 질환으로 제2급 감염병이다.
원인균은 시겔라(Shigella)로 4종의 혈청형이 있다.
• A군 : S. dysenteriae
• B군 : S. flexneri
• C군 : S. boydii
• D군 : S. sonnei

05 레몬이나 오렌지 껍질을 갈거나 초콜릿을 가는 작업을 할 때 사용하는 도구는?

① 스크레이퍼   ② 레몬 착즙기

③ 스패츄라   ④ 그레이터

해설

▶ 그레이터(Grater) : 과일 등을 가는 강판

06 HACCP 적용 업체에서 마카롱 제조 시 중요관리점(CCP) 결정과 관련하여 잘못된 설명은?

① 크림 제조 공정에서는 발생가능성이 있으므로 위해요소를 제어하거나 허용수준까지 감소시킬 수 있으므로 중요관리점이다.

② 혼합 공정은 확인된 위해요소를 관리하기 위한 선행요건이 있으므로 중요관리점이다.

③ 가열 공정은 안전성을 위한 관리요소가 필요하므로 중요관리점이다.

④ 금속 검출 공정에서 확인된 위해요소를 제어하거나 그 발생을 감소시킬 수 있는 이후의 공정을 중요관리점으로 설정한다.

> **해설**
> CCP(중요관리점)은 위해요소분석(HACCP 관리 7원칙 중 1원칙)에서 파악된 위해요소를 예방, 제거 또는 허용 가능한 수준까지 감소시킬 수 있는 최종 단계, 공정을 의미한다. 금속 검출 공정이 중요관리점은 맞으나 이 과정에서 위해요소를 제어하거나 발생을 감소시키지는 못하므로 중요관리점으로 결정하기 어렵다. 다만 마지막 중요관리점으로 금속검출기는 전자파를 이용하여 식품에 섞여 있는 금속물질을 찾아내는 장치이다.

07 멸균에 대한 설명으로 옳은 것은?

① 주로 병원 미생물을 죽이거나 죽이지는 못하더라도 약화 내지 감소시켜 감염을 억제시키는 것

② 따로 규정이 없는 한 미생물의 영양세포 및 포자를 약화시키는 것

③ 따로 규정이 없는 한 미생물의 영양세포 및 포자를 사멸시켜 무균 상태로 만드는 것

④ 따로 규정이 없는 한 세균, 효모, 곰팡이 등 미생물의 영양세포를 사멸시키는 것

> **해설**
> 멸균(Sterilization)이란 대상으로 하는 물체의 표면과 내부에 존재하는 모든 곰팡이, 세균, 바이러스 및 원생동물 등의 영양세포 및 포자를 사멸 또는 제거시켜 무균 상태로 만드는 것이다.

08 베이킹파우더를 반죽에 적게 넣을 경우 나타나는 현상이 아닌 것은?

① 반죽이 부드럽다.　② 부풀림이 작다.

③ 식감이 딱딱하다.　④ 제품의 부피가 작다.

> **해설**
> 화학적 팽창제인 베이킹파우더를 적게 넣으면 팽창이 부족하므로 제품의 부피가 작고 딱딱하며 기공이 조밀하다.

09 외부 업체에 미생물 검사를 의뢰했다. 이때 미생물 규격은 n = 5, c = 5, m = 10,000, M = 50,000이다. 여기서 c는 무엇을 나타내는가?

① 검사하기 위한 시료의 수

② 최대허용 시료 수

③ 미생물 허용 기준치

④ 미생물 허용 한계치

> **해설**
> 식품의약품안전처의 식품공전에 따르면, 미생물 시험의 규격에서 사용하는 용어에는 n, c, m, M이 있다.
> • n : 검사하기 위한 시료의 수
> • c : 최대 허용 시료 수
> • m : 허용 기준치
> • M : 최대 허용 한계치

10 식육가공 중 햄, 소시지, 베이컨 등의 발색제로 사용되는 발암물질은?

① 니트로사민　　② 아질산나트륨

③ 벤조피렌　　　④ 아크릴아마이드

해설

아질산나트륨(Sodium nitrite) 또는 아질산염은 주로 식육가 공품의 보존제 및 발색제로 사용되는 화학물질로, 아질산 나 트륨은 발암성은 없으나 아질산나트륨과 육류 단백질 중 아 민 성분이 결합하면서 생기는 니트로사민이 발암물질이다. 우리나라에서는 유통 중인 식품 중 아질산나트륨이 포함된 소시지, 가공육, 명란젓 등은 안전 사용기준이 정해져 있다.

11 세척력은 약하나 무부식성이 있어 실제로 식기, 손 소독에 많이 사용되는 소독제는?

① 석탄산   ② 차아염소산나트륨

③ 포르말린   ④ 역성비누

해설

역성비누는 소독, 종업원의 손 소독제로 널리 쓰이는 양이 온 계면 활성제로 세척력은 없으나 살균작용과 난백실 침선 작용이 가시 소독용 비누로 쓴다(보통 비누는 음이온 계면 활성 작용을 나타내는 것과는 반대이므로 역성비누라 함).

12 바퀴의 크기가 가장 작은 것은?

① 미국바퀴   ② 독일바퀴

③ 일본바퀴   ④ 먹바퀴

해설

바퀴벌레의 크기는 미국바퀴 > 먹바퀴 > 일본바퀴 > 독 일바퀴 순서로 미국바퀴가 가장 크고(34~40[mm]), 독일바 퀴가 가장 작다(13~16[mm]).

13 살모넬라의 예방을 위한 가열 온도의 시간은?

① 70[℃]에서 1분

② 60[℃]에서 20분

③ 50[℃]에서 30분

④ 45[℃]에서 40분

해설

살모넬라의 예방은 60[℃]에서 20분 정도 또는 70[℃]에서 3분 정도 가열한다.

14 ( ) 안에 맞는 것을 고르시오.

> 작업장의 조도는 자연광 또는 인공조명 장치를 이용 하여 밝기는 ( )룩스 이상을 유지하여야 하고, 특 히 선별 및 검사구역은 육안 확인이 필요한 조도 ( )룩스 이상을 유지하여야 한다.

① 500 – 1000   ② 220 – 540

③ 110 – 220   ④ 110 – 330

해설

선별시설이란 원료에서 이물이나 불량품 등을 선별하는 공 정이나 장소를 말하며 540[Lux] 이상으로 규정하고 있다. 작업장은 220[Lux], 부대시설은 110[Lux] 이상이다.

15 HACCP 기준 중 모니터링 담당자의 임무로 옳지 않은 것은?

① 작업 중 기기 고장일 경우 즉시 작업을 중지하고 공정품을 보류한다.

② 가열 온도, 가열 시간 미달 시는 모니터링 일지 에 기록하고 즉시 폐기한다.

③ 가열 온도 및 가열 시간 초과 시는 품질 상태를 확인한 후 다음 공정을 진행한다.

④ 모니터링 주기에 따라 가열 온도 및 가열 시간을 확인하고 모니터링 일지에 기록한다.

해설

가열 온도 및 가열 시간 초과 시는 공정 진행을 중지하고 품질을 확인 후 폐기한다.

기출복원문제

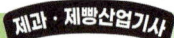

16 무(無) 글루텐 제품이라고 할 수 있는 허용 수치는?

① 20[mg/kg] 이하   ② 30[mg/kg] 이하

③ 40[mg/kg] 이하   ④ 50[mg/kg] 이하

> **해설**
> 식품등의 표시 · 광고에 관한 법률 시행규칙에 따르면 총 글루텐 함량이 20[mg/kg] 이하인 식품만 "무 글루텐(gluten Free)" 표시를 할 수 있다.

17 다음 중 필수 아미노산이 아닌 것은?

① 알라닌   ② 메티오닌

③ 트립토판   ④ 라이신

> **해설**
> 필수 아마노산의 종류에는 이소류신, 류신, 발린, 트립토판, 트레오닌, 페닐알라닌, 트립토판, 라이신, 메티오닌, 히스티딘, 알기닌 등이 있다.

18 원가에 대한 설명 중 옳지 않은 것은?

① 원가의 3요소는 재료비, 노무비, 세금이다.

② 제조 원가는 직접비에 제조 간접비를 가산한다.

③ 직접 원가는 직접 재료비, 직접 노무비, 직접 경비를 합한 비용이다.

④ 총원가는 제조 원가에 일반관리비와 판매비를 합한 것이다.

> **해설**
> 원가의 3요소는 재료비, 노무비, 경비이다.

19 반죽을 강화시키는 재료는?

① 식초, 액상유, 마그네슘염

② 비타민 C, 소금, 칼슘염

③ 레몬즙, 알코올류, 샐러드유

④ 버터, 마가린, 쇼트닝

> **해설**
> 반죽을 강화시킬 목적으로 제빵 개량제, 소금, 비타민 C 등을 사용할 수 있다.

20 소규모 베이커리에서 판매촉진 전략 방법이 아닌 것은?

① 쿠폰이나 시간대별 할인 판매를 하는 방법을 이용하는 것

② 배달 서비스로 판매를 촉진하는 방법

③ 기존의 아이템을 강조하는 방법으로 판매를 촉진하는 방법

④ 장외 판매 개척으로 판매를 촉진하는 방법

> **해설**
> 소규모 베이커리에서는 기존의 아이템과 더불어 신제품의 개발관리에 더욱 많은 연구를 해야 한다.

21 호밀에 대한 설명으로 잘못 설명한 것은?

① 사워(Sour) 반죽을 이용하면 좋은 품질로 생산 가능하다.

② 펜토산이 풍부하여 반죽이 끈적거릴 수 있다.

③ 글루텐을 형성하는 단백질의 함량이 밀가루와 같다.

④ 호밀은 당질 70[%], 단백질 11[%], 지질 2[%], 섬유소 1[%]로 구성되어 있다.

> **해설**
> 호밀은 밀가루와 영양성분은 동일하나, 단백질 함량 중 글루텐을 형성하는 단백질인 글리아딘과 글루테닌의 함량이 적어 글투텐을 형성하기 힘들다.

22 다음 (   )에 적합한 재료는?

> 빵 반죽에 (   )을(를) 첨가하면 분해 효소의 작용을 억제시켜서 글루텐의 탄력이 증대되어 반죽에 탄력이 생기고 물 흡수가 증가되어 완제품의 노화가 더디게 된다.

① 설탕　　　　② 소금
③ 이스트　　　④ 유지

해설

제빵에서 소금의 역할은 빵에 풍미를 주고, 글루텐 구조를 강화시키며, 이스트의 활동을 늦추고, 껍질색에 영향을 주고, 밀가루의 색과 향을 보존하는 데 도움을 준다.

23 다음 중 조리빵에 해당하지 않는 것은?

① 카레빵　　　② 햄버거
③ 스위트롤　　④ 샌드위치류

해설

조리빵이란 기본빵에 야채, 고기 등을 넣어 만든 식사용 빵을 말하며, 샌드위치, 햄버거, 피자, 피로시키, 카레빵 등이 있다.

24 2차 발효를 마친 반죽의 중앙이 봉긋 솟아오른 경우에 해당되는 것은?

① 믹싱이 부족한 경우
② 반죽이 너무 진 경우
③ 2차 발효의 습도가 높은 경우
④ 2차 발효의 습도가 낮은 경우

해설

2차 발효의 습도가 너무 높은 경우에는 반죽의 뭉잉이 봉긋 솟아오르는 것이 아니라 반죽의 윗면이 납작해진다. 반대로 2차 발효의 습도가 낮을 때 반죽의 중앙이 봉긋 솟아오른다.

25 스펀지 재료에 들어가지 않는 재료는?

① 밀가루　　　② 이스트
③ 소금　　　　④ 이스트 푸드

해설

스펀지법(중종법)에서 스펀지에 들어가는 재료는 밀가루, 이스트, 물, 이스트 푸드이다.

26 액종법에 대한 설명으로 틀린 것은?

① 산화제를 사용한다.
② 과일을 깨끗이 세척하여 스타터를 만든다.
③ 스타터 제조 시 용기의 소독이 필요하다.
④ 완충제로 탈지분유를 사용한다.

해설

액종법은 액종을 이용한 제빵법으로, 이스트, 설탕, 소금, 이스트 푸드, 맥아에 물을 섞고 완충제로 탈지분유 또는 탄산칼슘을 넣어 액종을 만든다. 또한 산화제, 환원제, 연화제 등을 넣어 숙성에 도움이 되도록 한다.

27 제빵에서 반죽 온도 5[℃] 상승 시 흡수율의 변화는?

① 변화 없음.
② 3[%] 승가
③ 1[%] 감소
④ 3[%] 감소

해설

반죽 온도가 높으면 수분 흡수율은 낮아지고, 반죽 온도가 낮으면 흡수율은 높아진다.
온도가 5[℃] 높아지면 흡수율은 3[%] 낮아지고, 5[℃] 낮아지면 3[%] 높아진다.

28 제빵에서 달걀의 주요 역할은?

① 발효 시간 단축, 구조 약화

② pH 강화, 경도 조절

③ 유화 및 단백질 보강

④ 방부 효과, 무게 감소

> **해설**
>
> 달걀 노른자의 레시틴은 인지질로 유화제 역할을 하며, 달걀은 단백질 보강 효과와 풍미를 좋게 한다.

29 호밀빵에 사워(Sour) 반죽을 사용하는 이유가 아닌 것은?

① 기공을 치밀하게 한다.

② 제품의 노화 억제와 저장 시간을 늘린다.

③ 반죽의 혼합 시간이 감소된다.

④ 사워 도우는 아밀라아제 반응을 저하시킨다.

> **해설**
>
> 사워 반죽을 사용하면 산성도가 높은 사워 반죽은 아밀라아제의 활성을 억제하므로 베이킹의 안정화에 도움을 주고, 조직(기공)이 조밀하게 되고, 노화 지연 효과가 있다.

30 액종법의 종류가 아닌 것은?

① 폴리시법   ② 아드미법

③ 플라이 슈만법   ④ 브루법

> **해설**
>
> 액종법은 완충제로 탈지분유를 사용하는 아드미법(ADMI)법, 완충제로 탄산칼슘을 사용하는 브루법, 플라이슈만법이라고도 한다.
>
> 폴리시법은 물, 이스트, 밀가루를 섞어 6~12시간 정도 발효시킨 후, 본 반죽과 섞어 만드는 방법이다.

31 제빵용 포장지의 구비 조건이 아닌 것은?

① 위생성

② 작업 용이성

③ 투과성 및 부식성

④ 제품 보호성

> **해설**
>
> 제빵용 포장지는 방습성, 방수성, 위생, 제품 보호, 작업 용이성 등이 중요하다.

32 기계적 둥글리기인 라운더에 반죽이 들러붙는 경우가 아닌 것은?

① 반죽의 발효가 지나친 경우

② 분할기의 컨베이어 벨트 통과가 긴 경우

③ 반죽에 가수량이 많을 경우

④ 반죽의 발효가 부족할 경우

> **해설**
>
> 반죽이 끈적거리거나 진 경우 라운더에 들러붙을 수 있는데, 발효가 부족한 경우는 들러붙음이 덜하다.

33 조리빵에 대한 설명으로 틀린 것은?

① 빵 반죽이나 파이 반죽에 필링을 넣고 굽거나 튀긴 피로시키는 러시아의 대표적 조리빵이다.

② 채소나 햄을 반죽으로 말거나 싸는 제품에는 소시지롤, 햄롤 등이 있다.

③ 식빵을 응용하여 만드는 빵을 조리빵이라 한다.

④ 조리빵류에는 샌드위치, 햄버거, 피자 등이 있다.

> **해설**
>
> 조리빵은 식사용 빵으로, 대부분의 종류의 빵으로 가능하다.

34 프랑스빵에서 스팀을 사용하는 이유로 부적당한 것은?

① 겉껍질에 광택 효과
② 거칠고 불규칙하게 터짐 방지
③ 얇고 바삭거리는 껍질 형성
④ 반죽의 흐름성 증가

해설

프랑스빵에 스팀을 줌으로써 광택과 얇고 바삭한 식감, 적당한 터짐을 준다. 스팀 주입이 많은 경우 질긴 껍질이 형성된다.

35 박력분에 대한 설명으로 옳은 것은?

① 연질소맥을 제분한다.
② 다목적으로 사용되며 반죽 형성 시간이 빠르다.
③ 반죽 혼합 시 흡수율이 높다.
④ 밀가루 입자가 가장 크다.

해설

박력분은 연질소맥을 제분한 것으로, 강력분과는 반대로 반죽 형성 시간이 짧고 반죽의 약화도가 크다. 패리노그래프의 흡수율은 48~50[%]로 낮으며, 밀가루 입자는 작고 주로 과자용으로 사용된다.

36 페이스트리 제조에 사용하는 유지에 대한 설명으로 옳지 않은 것은?

① 롤인용 유지는 경도 변화가 커야 한다.
② 접기 조작을 할 때 유지가 형태를 유지할 수 있어야 한다.
③ 롤인용 유지는 가소성 범위가 넓어야 한다.
④ 페이스트리의 부피를 증가시키기 위하여 주로 사용하는 방법은 롤인용 유지량을 증가시키는 것이다.

해설

롤인용 유지의 성질 중 가소성이 중요하며, 경도 변화와 온도 변화가 크지 않은 가소성 범위가 넓어야 한다.

37 항산화 기능을 가진 영양소로만 짝지어진 것은?

① V.E, V.B$_1$, 리그닌, Mg
② V.C, V.E, β-카로틴, Se
③ 탄닌, V.D, V.B$_1$, K
④ V.A, V.D, V.K, Ca

해설

항산화제란 우리 몸 안에 생기는 활성산소를 제거하여 산화적 스트레스로부터 인체를 방어하도록 돕는 물질이다. 비타민 A, 비타민 E, 비타민 C, 코엔자임큐10, 카테킨, 셀레늄, β-카로틴 등이 있다.

38 원가에 대한 설명 중 옳은 것은?

① 직접 원가는 직접 재료비에 직접 노무비, 직접 경비를 더한 것이다.
② 총원가는 직접 원가에 판매비와 일반관리비를 더한 것이다.
③ 판매 원가는 총원가에서 이익을 뺀 것이다.
④ 제조 원가는 직접 원가에 이익을 더한 것이다.

해설

• 직접 원가 = 직접 재료비 + 직접 노무비 + 직접 경비
• 제조 원가 = 직접 원가 + 제조 간접비
• 총원가 = 제조 원가 + 판매비 + 일반관리비
• 판매 원가 = 총원가 + 이익

정답 34 ④ 35 ① 36 ① 37 ② 38 ①

39 샌드위치용 빵으로 적합하지 않은 것은?

① 바게트   ② 베이글
③ 치아바타   ④ 데니시 페이스트리

해설

데니시 페이스트리는 우유, 달걀과 많은 양의 버터를 섞어 반죽 후 얇게 밀어 펴고 여러 번 접어서 겹을 만들어 제조하며, 주로 초콜릿, 설탕, 잼, 커스터드 크림을 위에 얹거나 크림치즈, 단팥 등으로 속을 채우기도 한다.

40 패닝 방법으로 틀린 것은?

① 반죽의 이음매가 틀의 바닥에 놓이도록 한다.
② 패닝 전에 팬에 달라붙지 않도록 이형제를 바른다.
③ 팬에 바르는 이형제는 반죽 무게의 2~3[%] 정도를 사용한다.
④ 틀이나 철판의 온도는 32[℃] 정도로 맞춘다.

해설

철판에 바르는 이형제(유동파라핀)의 함량은 최종 빵 중에 잔존량이 0.1[%] 미만이어야 한다.

41 커스터드 크림을 만드는 방법으로 틀린 것은?

① 물, 설탕, 유지, 달걀, 전분을 가열하여 호화시켜 페이스트 상태로 만든다.
② 커스터드 크림의 기본 배합은 우유 100[%]에 대하여 밀가루와 옥수수 전분은 각 5[%]이다.
③ 설탕을 50[%] 이상 넣으면 전분의 호화가 어려워 끈적이는 상태가 된다.
④ 커스터드 크림의 기본 배합은 우유 100[%]에 대하여 설탕 30~35[%], 난황은 3~5[%]이다.

해설

커스터드 크림은 밀가루, 전분에 설탕, 노른자, 버터, 향료를 넣어 끓인 크림으로 기본 배합은 우유 100 : 설탕 20~30 : 박력분 5, 옥수수 전분 5 : 난황 20~30이다.

42 빵 제조 시 토핑(Topping)에 대한 설명으로 옳은 것은?

① 토핑은 반죽 혼합 시 최종 단계 이후에 반죽과 함께 반죽과 혼합하는 것이다.
② 굽기 후 짤주머니를 이용하여 제품의 중앙에 충전하는 것이다.
③ 성형하는 과정에서 제품을 성형한 후 반죽 속에 넣는 것을 말한다.
④ 굽기 전까지 제품을 성형한 후 위에 얹는 것을 말한다.

해설

토핑(Topping)이란 제품을 성형한 후 위에 얹거나 붙이거나 뿌리는 것 등을 말한다.

43 굽기에 대한 설명으로 틀린 것은?

① 과발효된 반죽은 낮은 압력의 스팀이 좋다.
② 오븐 온도가 낮을 경우 2차 발효를 감소시킨다.
③ 높은 온도에서 구울 때 언더 베이킹이 되기 쉽다.
④ 높은 온도는 저배합의 빵류에 적당하다.

해설

과발효된 반죽은 높은 압력의 스팀이 적당하다.

44 페이스트리 제조 시 주의할 점이 아닌 것은?

① 반죽과 충전용 유지 온도는 동일해야 한다.
② 밀어 펴기 시 덧가루를 많이 사용해야 한다.
③ 2차 발효실 온도는 충전용 유지의 융점보다 낮아야 한다.
④ 발효가 지나치면 굽기 중 유지가 층으로부터 새어 나온다.

해설
페이스트리 제조 시 과도한 덧가루를 사용하면 결이 단단해지고, 제품이 부서지기 쉬우며 생밀가루 냄새가 날 수 있으므로 소량의 덧가루를 사용한다.

45 제빵에 적합한 손상전분의 함량으로 적당한 것은?

① 3.5~4[%] ② 4.5~8[%]
③ 9~10[%] ④ 10~12[%]

해설
손상전분이란 밀을 제분하는 과정에서 전분입자가 손상을 입어 불완전한 구조를 갖는 전분을 말한다.
빵에 적합한 손상전분의 함량은 4.5~8[%]가 적당하며, 10[%] 이상이면 지나친 물을 흡수하여 반죽이 처지고 끈적이며 성형 후 퍼질 수 있다.

46 재고회전율에 대한 설명으로 틀린 것은?

① 재고량과는 반비례한다.
② 총매출액을 재고액으로 나눈 것이다.
③ 월초 재고량과 월말 재고량의 평균치이다.
④ 수요량과는 정비례한다.

해설
재고회전율이란 재고가 연간 몇 번 회전하는가(재고의 회전 속도)를 산정한 것으로 [연간 입고량 ÷ 월간 재고량]을 이용한다.
회전율이 높을수록 재고가 빨리 소진됨을 의미한다.

47 마케팅 전략 중 4P가 아닌 것은?

① 제품 ② 가격
③ 유통 ④ 구매자

해설
4P는 Product(제품), Price(가격), Place(유통), Promotion(판촉)을 말한다.

48 오버런(Over-run)이 가장 큰 크림은?

① 콤파운드 버터 ② 식물성 생크림
③ 동물성 생크림 ④ 식용유

해설
오버런(Over-run)은 냉동 중에 혼합물이 공기의 혼합에 의하여 믹스의 용적이 증가하게 되는데, 이때 용적이 증가하여 부피가 증가되는 현상을 말하며 "증용률"이라고 한다.
유지방 함량이 적을수록 오버런 수치가 높다.
식물성 생크림의 오버런이 가장 크고 안정적이다.
오버런[%] = (거품 낸 후의 생크림 용량 - 원래 생크림 용량) ÷ 원래 생크림 용량 × 100

49 일반적으로 고객 응대 시 가장 많이 사용하는 인사법으로, 고객을 맞이하거나 배웅할 때 많이 사용하는 인사법은?

① 목례 ② 정중례
③ 보통례 ④ 입례

해설
보통례는 상체를 30도 숙여 인사하는 법으로 가장 일반적이며, 고객을 환영, 배웅할 때 많이 사용한다.

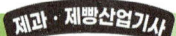

50 빵에 사용하는 충전물로 적당하지 않은 것은?

① 단팥　　　　　　② 잼

③ 생크림　　　　　④ 퐁당

> **해설**
>
> 퐁당(Fondant)이란 부드럽고 매끄러운 설탕 결정체로 형성된 흰색의 아이싱(icing) 상태인 것을 말하며, 주로 디저트의 마무리로 사용한다.

51 손익계산서의 요소가 아닌 것은?

① 수익　　　　　　② 비용

③ 순이익　　　　　④ 순손실

> **해설**
>
> 손익계산서란 일정기간 동안 기업의 경영성과를 나타내기 위한 재무제표 양식으로, 기본요소는 수익, 비용, 순이익이다.

52 보툴리누스 중독 예방법으로 맞는 것은?

① 화농성 질환자의 조리 금지

② 통조림 또는 부적절하게 장기보관된 식자재 섭취 금지

③ 감염된 환자의 분변 신체 접촉 금지

④ 단체 급식에서 대량조리식품 제조 시 오염된 지하수 금지

> **해설**
>
> 보툴리누스 식중독은 독소형 식중독의 하나로 Clostridium botulinum균이 증식하면서 생산한 단백질계의 독소물질을 섭취하여 일어나는 식중독이다. 이 균의 배양특성 때문에 혐기성 상태가 유지되는 통조림 식품, 소시지 같은 육류 식품에서 발생할 수 있다.

53 피자 도우의 맛에 영향을 주는 제품은?

① 소스　　　　　　② 토핑

③ 토핑용 치즈　　　④ 반죽 속 허브

> **해설**
>
> 피자 도우는 밀가루, 소금, 이스트, 물, 올리브유를 섞어 반죽 후 발효시킨다. 이때 반죽 속에 허브를 넣으면 향을 내며 맛에 영향을 줄 수 있다.

54 작업장을 일반 작업장과 특수 작업장으로 구분할 때 일반 작업장에서 해도 되는 작업은?

① 외부 포장　　　　② 믹싱

③ 계량　　　　　　④ 내부 포장

> **해설**
>
> 외부 포장 같은 작업은 내부 포장이 끝난 상태이므로 일반 작업장에서 작업 가능하다.

55 완제품 500[g] 식빵을 50개 만들려고 한다. 발효 손실 10[%], 굽기 손실 12[%], 총 배합률 180[%]일 때 몇 [kg]의 밀가루가 필요한가?

① 15.5[kg]　　　　② 17.6[kg]

③ 16.2[kg]　　　　④ 18.9[kg]

> **해설**
>
> $500 \times 50 = 25{,}000$
> $25{,}000 \div (1 - 0.1) \div (1 - 0.12)$
> $= 25{,}000 \div 0.9 \div 0.88 \fallingdotseq 31{,}566[g]$
> $(31{,}566 \div 180) \times 100 \fallingdotseq 17{,}537[g]$

정답　50 ④　51 ④　52 ②　53 ④　54 ①　55 ②

56 다크 초콜릿 템퍼링의 1차 온도는?

① 38[℃] 　　　② 40[℃]

③ 46[℃] 　　　④ 55[℃]

> **해설**
>
> 템퍼링이란 녹임과 냉각과정으로 초콜릿을 안정화시키고 코코아버터를 안정화시켜 블룸(Bloom)을 막기 위한 것이다. 다크 초콜릿의 템퍼링 1차 온도는 45~50[℃]로 올렸다가 27[℃]로 낮추고, 다시 30~31[℃]로 올린다.

57 바이러스성 감염병이 아닌 것은?

① 천열 　　　② 폴리오

③ 세균성이질 　　　④ 유행성간염

> **해설**
>
> 바이러스성 감염병에는 일본뇌염, 인플루엔자, 광견병, 천열, 소아마비(폴리오), 홍역, 유행성간염 등이 있다.

58 제분율이 높은 경우에 해당하지 않는 것은?

① 비타민, 무기질, 섬유소 등이 많다.

② 소화 흡수율이 떨어진다.

③ 회분량이 적다.

④ 입자가 거칠고 색이 어둡다.

> **해설**
>
> 제분율이란 밀에 대한 밀가루의 비율로, 제분율이 높을수록 회분 함량이 높아 비타민, 무기질, 섬유소 등이 많고, 입자가 거칠고 색이 어두우며, 소화 흡수율이 떨어진다.

59 HACCP 생물학적 위해요소가 아닌 것은?

① 기계적 위해요소

② 박테리아 위해요소

③ 곰팡이 위해요소

④ 기생충 위해요소

> **해설**
>
> 기계 등 금속물질에 의한 위해요소는 물리적 위해요소에 해당한다.

60 다음 중 흐름성이 좋은 빵은?

① 식빵 　　　② 단과자빵

③ 햄버거빵 　　　④ 프랑스빵

> **해설**
>
> 단과자빵은 고율배합으로 달걀, 설탕, 유지량이 많아 저율배합 빵류에 비해 흐름성이 좋다.

기출복원문제

제과 · 제빵 산업기사
CBT 실전모의고사

제과산업기사

- 제1회 제과산업기사 실전모의고사
- 제2회 제과산업기사 실전모의고사

제빵산업기사

- 제1회 제빵산업기사 실전모의고사
- 제2회 제빵산업기사 실전모의고사

수험번호 :

수험자명 :

제한 시간 : 60분
남은 시간 :

글자 크기 ⊖ 100% Ⓜ 150% ⊕ 200%

화면 배치

전체 문제 수 :
안 푼 문제 수 :

답안 표기란

1	① ② ③ ④
2	① ② ③ ④
3	① ② ③ ④
4	① ② ③ ④
5	① ② ③ ④

✦ 정답 및 해설 p. 120

01 고율배합 케이크와 비교하여 저율배합 케이크의 특징은?

① 믹싱 중 공기 혼입량이 많다.
② 굽는 온도가 높다.
③ 반죽의 비중이 낮다.
④ 화학 팽창제 사용량이 적다.

02 엔젤 푸드 케이크 반죽의 온도 변화에 따른 설명이 틀린 것은?

① 반죽 온도가 낮으면 제품의 기공이 조밀하다.
② 반죽 온도가 낮으면 색상이 진하다.
③ 반죽 온도가 높으면 기공이 열리고 조직이 거칠어진다.
④ 반죽 온도가 높으면 부피가 작다.

03 반죽 온도가 정상보다 낮을 때 나타나는 제품의 결과로 틀린 것은?

① 부피가 작다.
② 큰 기포가 형성된다.
③ 기공이 조밀하다.
④ 오븐에 굽는 시간이 약간 길다.

04 반죽 비중에 대한 설명으로 옳지 않은 것은?

① 비중이 높으면 부피가 작아진다.
② 비중이 낮으면 부피가 커진다.
③ 비중이 낮으면 기공이 열려 조직이 거칠어진다.
④ 비중이 높으면 기공이 커지고 노화가 느리다.

05 반죽의 pH가 가장 낮아야 좋은 제품은?

① 레이어 케이크
② 스펀지 케이크
③ 파운드 케이크
④ 과일 케이크

▦ 계산기

1/12 다음 ▶

안 푼 문제 ☑ 답안 제출

수험자명 :

남은 시간 :

글자 크기 ⊖ 100% Ⓜ 150% ⊕ 200%　화면 배치　전체 문제 수 :　안 푼 문제 수 :

답안 표기란

6	① ② ③ ④
7	① ② ③ ④
8	① ② ③ ④
9	① ② ③ ④
10	① ② ③ ④

06 파운드 케이크 반죽을 가로 5[cm], 세로 12[cm], 높이 5[cm]의 소형 파운드 팬에 100개를 팬닝하려고 한다. 총 반죽의 무게로 알맞은 것은? (단, 파운드 케이크의 비용적은 2.40[cm³/g]이다.)

① 11[kg]
② 11.5[kg]
③ 12[kg]
④ 12.5[kg]

07 아이싱이나 토핑에 사용하는 재료의 설명으로 틀린 것은?

① 중성쇼트닝은 첨가하는 재료에 따라 향과 맛을 살릴 수 있다.
② 분당은 아이싱 제조 시 끓이지 않고 사용할 수 있는 장점이 있다.
③ 생우유는 우유의 향을 살릴 수 있어 바람직하다.
④ 안정제는 수분을 흡수하여 끈적거림을 방지한다.

08 설탕에 물을 넣고 114~118[℃]까지 가열시켜 시럽을 만든 후 냉각 교반하여 새하얗게 만든 제품은?

① 머랭
② 캔디
③ 퐁당
④ 휘핑크림

09 로–마지팬에서 '아몬드 : 설탕'의 적합한 혼합비율은?

① 1 : 0.5
② 1 : 1.5
③ 1 : 2.5
④ 1 : 3.5

10 이탈리안 머랭에 대한 설명 준 틀린 것은?

① 흰자를 거품으로 치대어 30[%] 정도의 거품을 만들고 설탕을 넣으면서 50[%] 정도의 머랭을 만든다.
② 흰자가 신선해야 거품이 튼튼하게 나온다.
③ 뜨거운 시럽을 머랭에 한꺼번에 넣고 거품을 올린다.
④ 강한 불에 구워 착색하는 제품을 만드는 데 알맞다.

계산기　◀ 이전　2/12　다음 ▶　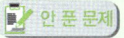 안 푼 문제　 답안 제출

실전모의고사 CBT

글자 크기 100% 150% 200%　화면 배치

전체 문제 수 :
안 푼 문제 수 :

답안 표기란

11	①	②	③	④
12	①	②	③	④
13	①	②	③	④
14	①	②	③	④
15	①	②	③	④

11 설탕공예용 당액 제조 시 고농도화된 당의 결정을 막아주는 재료는?

① 중조
② 물엿
③ 포도당
④ 베이킹파우더

12 쿠키 포장지의 특성으로 적합하지 않은 것은?

① 내용물의 색, 향이 변하지 않아야 한다.
② 독성물질이 생성되지 않아야 한다.
③ 통기성이 있어야 한다.
④ 방습성이 있어야 한다.

13 스펀지 케이크를 제조하기 위한 필수적인 재료들만으로 짝지어진 것은?

① 전분, 유지, 물엿, 달걀
② 설탕, 달걀, 소맥분, 소금
③ 소맥분, 면실유, 전분, 물
④ 달걀, 유지, 설탕, 우유

14 스펀지 케이크의 굽기 공정 중에 나타나는 현상이 아닌 것은?

① 공기의 팽창
② 전분의 호화
③ 밀가루의 혼합
④ 단백질의 응고

15 달걀 흰자가 360[g] 필요하다고 할 때 전란 60[g]짜리 달걀은 몇 개 정도 필요한가? (단, 달걀 중 난백의 함량은 60[%])

① 6개
② 8개
③ 10개
④ 13개

계산기　◀ 이전　3/12　다음 ▶　안 푼 문제　답안 제출

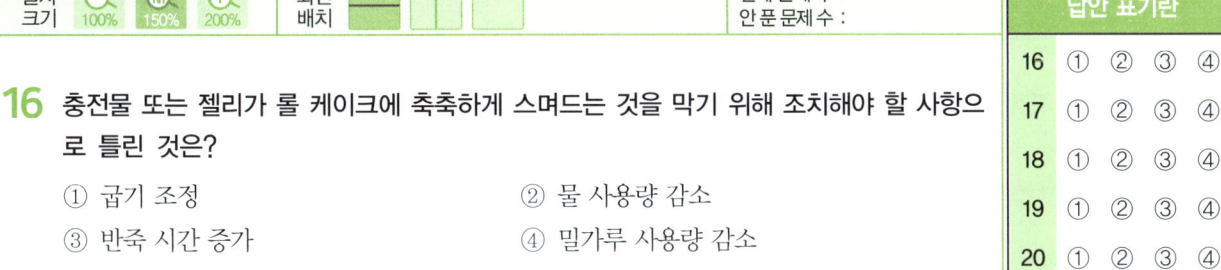

글자
크기 100% 150% 200%

화면
배치

전체 문제 수 :
안 푼 문제 수 :

답안 표기란

16	①	②	③	④
17	①	②	③	④
18	①	②	③	④
19	①	②	③	④
20	①	②	③	④

16 충전물 또는 젤리가 롤 케이크에 축축하게 스며드는 것을 막기 위해 조치해야 할 사항으로 틀린 것은?

① 굽기 조정
② 물 사용량 감소
③ 반죽 시간 증가
④ 밀가루 사용량 감소

17 퍼프 페이스트리를 정형할 때 수축하는 경우는?

① 반죽이 질었을 경우
② 휴지 시간이 길었을 경우
③ 반죽 중 유지 사용량이 많았을 경우
④ 밀어 펴기 중 무리한 힘을 가했을 경우

18 성형한 파이 반죽에 포크 등을 이용하여 구멍을 내주는 가장 주된 이유는?

① 제품을 부드럽게 하기 위해
② 제품의 수축을 막기 위해
③ 제품의 원활한 팽창을 위해
④ 제품에 기포나 수포가 생기는 것을 막기 위해

19 케이크 도넛에 대두분을 사용하는 목적이 아닌 것은?

① 흡유율 증가
② 껍질 구조 강화
③ 껍질색 개선
④ 식감의 개선

20 다음 중 쿠키의 퍼짐이 작아지는 원인이 아닌 것은?

① 반죽에 아주 미세한 입자의 설탕을 사용한다.
② 믹싱을 많이 하여 글루텐이 많아졌다.
③ 오븐 온도를 낮게 하여 굽는다.
④ 반죽의 유지 함량이 적고 신성이다.

 계산기

◀ 이전   4/12   다음 ▶

 안 푼 문제   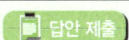 답안 제출

실전모의고사
CBT

글자 크기 ⊖ 100% Ⓜ 150% ⊕ 200%　화면 배치

전체 문제 수 :
안 푼 문제 수 :

답안 표기란

21	①	②	③	④
22	①	②	③	④
23	①	②	③	④
24	①	②	③	④
25	①	②	③	④

21 슈 제조 시 반죽 표면을 분무 또는 침지시키는 이유가 아닌 것은?

① 껍질을 얇게 한다.
② 팽창을 크게 한다.
③ 기형을 방지한다.
④ 제품의 구조를 강하게 한다.

22 완성된 반죽형 케이크가 단단하고 질길 때 그 원인이 아닌 것은?

① 부적절한 밀가루의 사용
② 달걀의 과다 사용
③ 높은 굽기 온도
④ 팽창제의 과다 사용

23 다음 중 미생물의 증식에 대한 설명으로 틀린 것은?

① 한 종류의 미생물이 많이 번식하면 다른 미생물의 번식이 억제될 수 있다.
② 수분 함량이 낮은 저장 곡류에서도 미생물은 증식할 수 있다.
③ 냉장 온도에서는 유해미생물이 전혀 증식할 수 없다.
④ 70[℃]에서도 생육이 가능한 미생물이 있다.

24 부패에 영향을 미치는 요인에 대한 설명으로 맞는 것은?

① 중온균의 발육 적온은 46~60[℃]
② 효모의 생육최적 pH는 10 이상
③ 결합수의 함량이 많을수록 부패가 촉진
④ 식품성분의 조직상태 및 식품의 저장환경

25 부패를 판정하는 방법으로 사람에 의한 관능검사를 실시할 때 검사하는 항목이 아닌 것은?

① 색
② 맛
③ 냄새
④ 균수

▦ 계산기　　◀ 이전　5/12　다음 ▶　　📱 안 푼 문제　📱 답안 제출

글자
크기   ⊖ 100%   Ⓜ 150%   ⊕ 200%   │ 화면
배치 ▭ ▯▯ ▯▯▯

전체 문제 수 :
안푼 문제 수 :

답안 표기란

26	①	②	③	④
27	①	②	③	④
28	①	②	③	④
29	①	②	③	④
30	①	②	③	④

26 식품첨가물 중 보존료의 조건이 아닌 것은?

① 변패를 일으키는 각종 미생물의 증식을 억제할 것

② 무미, 무취하고 자극성이 없을 것

③ 식품의 성분과 반응을 잘하여 성분을 변화시킬 것

④ 장기간 효력을 나타낼 것

27 다음 식품첨가물 중에서 보존제로 허용되지 않은 것은?

① 소르빈산칼륨   ② 말라카이트 그린

③ 데히드로초산   ④ 안식향산나트륨

28 다음 중 HACCP 적용의 7가지 원칙에 해당하지 않는 것은?

① 위해요소 분석   ② HACCP팀 구성

③ 한계기준 설정   ④ 기록유지 및 문서관리

29 식중독에 대한 설명 중 틀린 것은?

① 클로스트리디움 보툴리눔균은 혐기성 세균이기 때문에 통조림 또는 진공포장 식품에서 증식하여 독소형 식중독을 일으킨다.

② 장염 비브리오균은 감염형 식중독 세균이며, 원인식품은 식육이나 유제품이다.

③ 리스테리아균은 균수가 적어도 식중독을 일으키며, 냉장 온도에서도 증식이 가능하기 때문에 식품을 냉장 상태로 보존하더라도 안심할 수 없다.

④ 바실루스 세레우스균은 토양 또는 곡류 등 탄수화물 식품에서 식중독을 일으킬 수 있다.

30 병원성 대장균의 특성이 아닌 것은?

① 감염 시 주 증상은 급성장염이다.

② 그람양성균이며 포자를 형성한다.

③ Lactose를 분해하여 산과 가스(CO_2)를 생성한다.

④ 열에 약하며 75[℃]에서 3분간 가열하면 사멸된다.

▭ 계산기   ◀ 이전 6/12 다음 ▶

글자 크기 ⊖ 100% Ⓜ 150% ⊕ 200%   화면 배치 ▭ ▯ ▯

전체 문제 수 :
안 푼 문제 수 :

답안 표기란

31	①	②	③	④
32	①	②	③	④
33	①	②	③	④
34	①	②	③	④
35	①	②	③	④

31 황색포도상구균 식중독의 특징으로 틀린 것은?

① 잠복기가 다른 식중독균보다 짧으며 회복이 빠르다.

② 치사율이 다른 식중독균보다 낮다.

③ 그람양성균으로 장내독소를 생산한다.

④ 발열이 24~48시간 정도 지속된다.

32 화학적 식중독을 유발하는 원인이 아닌 것은?

① 복어 독

② 불량한 포장용기

③ 유해한 식품첨가물

④ 농약에 오염된 식품

33 질병 발생의 3대 요소가 아닌 것은?

① 병인

② 환경

③ 숙주

④ 항생제

34 경구 감염병의 예방대책 중 감염원에 대한 대책으로 바람직하지 않은 것은?

① 환자를 조기 발견하여 격리 치료한다.

② 환자가 발생하면 접촉자의 대변을 검사하고 보균자를 관리한다.

③ 일반 및 유흥음식점에서 일하는 사람들은 정기적인 건강진단이 필요하다.

④ 오염이 의심되는 물건은 어둡고 손이 닿지 않는 곳에 모아둔다.

35 경구 감염병의 예방대책 중 감염경로에 대한 대책으로 올바르지 않은 것은?

① 우물이나 상수도의 관리에 주의한다.

② 하수도 시설을 완비하고, 수세식 화장실을 설치한다.

③ 식기, 용기, 행주 등은 철저히 소독한다.

④ 환기를 자주 시켜 실내공기의 청결을 유지한다.

計算機 계산기   ◀ 이전 7/12 다음 ▶   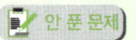 안 푼 문제   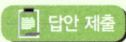 답안 제출

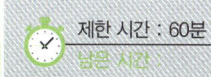

글자
크기 100% 150% 200% 화면 배치 ☐ ☐ ☐ 전체 문제 수 :
안 푼 문제 수 :

답안 표기란

36	①	②	③	④
37	①	②	③	④
38	①	②	③	④
39	①	②	③	④
40	①	②	③	④

36 다음 중 병원체가 바이러스(Virus)인 질병은?

① 유행성간염　　　　　　　　② 결핵

③ 발진티푸스　　　　　　　　④ 말라리아

37 다음 중 감염병과 관련 내용이 바르게 연결되지 않은 것은?

① 콜레라 – 외래 감염병　　　　② 파상열 – 바이러스성 인수공통감염병

③ 장티푸스 – 고열 수반　　　　④ 세균성이질 – 점액성 혈변

38 강력분의 특징과 거리가 먼 것은?

① 초자질이 많은 경질소맥으로 제분한다.

② 제분율을 높여 고급 밀가루를 만든다.

③ 상대적으로 단백질 함량이 높다.

④ 믹싱과 발효 내구성이 크다.

39 제분 직후의 숙성하지 않은 밀가루에 대한 설명으로 틀린 것은?

① 밀가루의 pH는 6.1~6.2 정도이다.

② 효소 작용이 활발하다.

③ 밀가루 내의 지용성 색소인 크산토필 때문에 노란색을 띤다.

④ 효소류의 작용으로 환원성 물질이 산화되어 반죽 글루텐의 파괴를 막아준다.

40 다음 중 전화당의 특성이 아닌 것은?

① 껍질색의 형성을 빠르게 한다.　　② 제품에 신선한 향을 부여한다.

③ 설탕의 결정화를 감소, 방지한다.　④ 가스 발생력이 증가한다.

글자 크기 ⊖ 100% Ⓜ 150% ⊕ 200%   화면 배치 ▭ ▯▯ ▯▯▯

전체 문제 수 :
안푼 문제 수 :

답안 표기란

41	①	②	③	④
42	①	②	③	④
43	①	②	③	④
44	①	②	③	④
45	①	②	③	④

41 쇼트닝에 대한 설명으로 틀린 것은?

① 라드(돼지기름) 대용품으로 개발되었다.

② 정제한 동·식물성 유지로 만든다.

③ 온도 범위가 넓어 취급이 용이하다.

④ 수분을 16[%] 함유하고 있다.

42 과자와 빵에 우유가 미치는 영향이 아닌 것은?

① 영양을 강화시킨다.

② 보수력이 없어서 노화를 촉진시킨다.

③ 겉껍질 색깔을 강하게 한다.

④ 이스트에 의해 생성된 향을 착향시킨다.

43 우유를 살균할 때 고온 단시간 살균법(HTST)으로서 가장 적합한 조건은?

① 72[℃]에서 15초 처리

② 75[℃] 이상에서 15분 처리

③ 130[℃]에서 2~3초 이내 처리

④ 62~65[℃]에서 30분 처리

44 어떤 케이크를 생산하는 데 전란이 1,000[g] 필요하다. 껍질 포함 60[g]짜리 달걀은 몇 개 있어야 하는가?

① 17개

② 19개

③ 21개

④ 23개

45 초콜릿을 템퍼링 한 효과에 대한 설명 중 틀린 것은?

① 입안에서의 용해성이 나쁘다.

② 광택이 좋고 내부 조직이 조밀하다.

③ 팻 블룸(Fat Bloom)이 일어나지 않는다.

④ 안정한 결정이 많고 결정형이 일정하다.

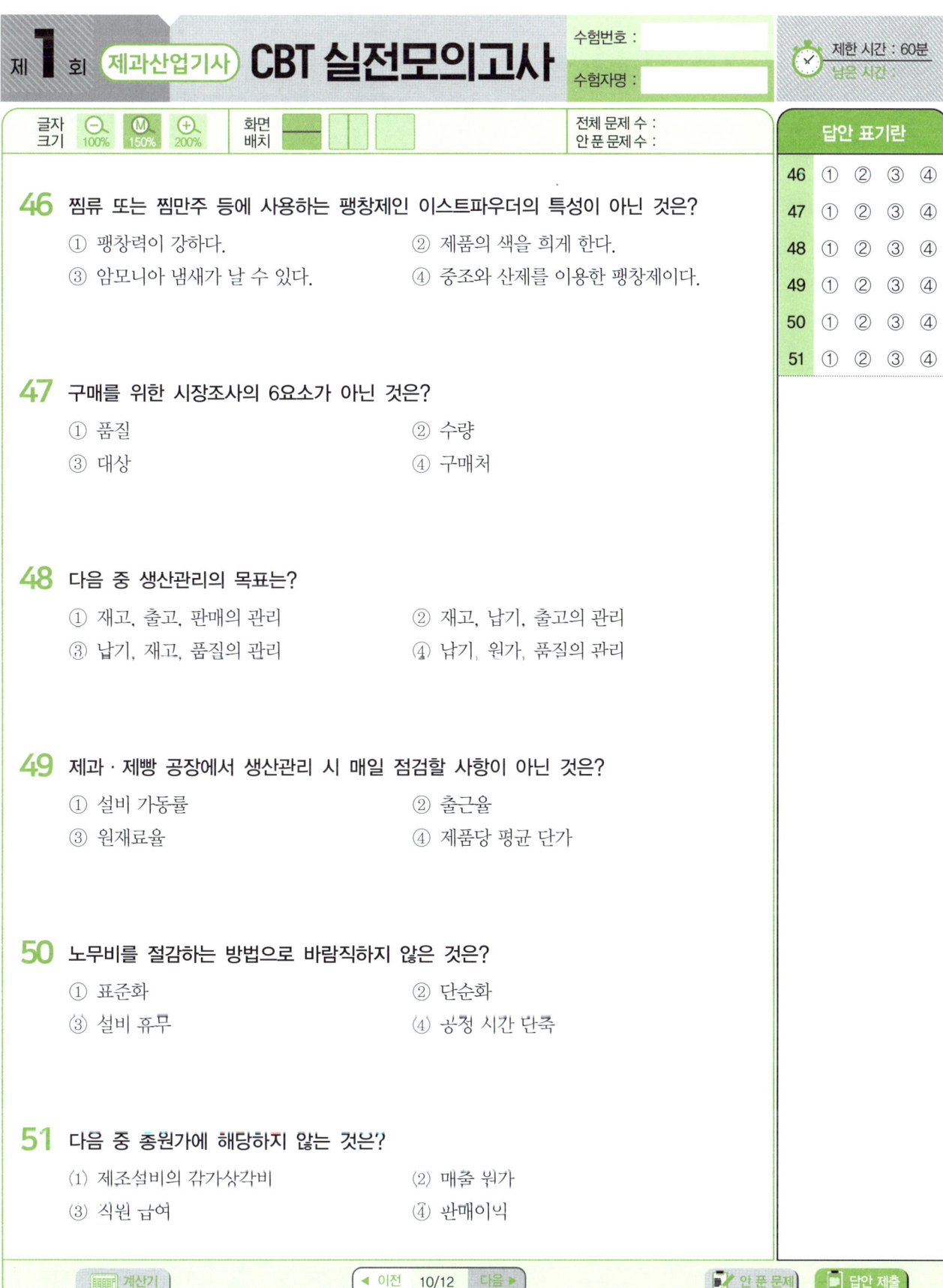

글자 크기 100% 150% 200% 화면 배치

전체 문제 수 :
안푼 문제 수 :

답안 표기란

46	①	②	③	④
47	①	②	③	④
48	①	②	③	④
49	①	②	③	④
50	①	②	③	④
51	①	②	③	④

46 찜류 또는 찜만주 등에 사용하는 팽창제인 이스트파우더의 특성이 아닌 것은?

① 팽창력이 강하다.
② 제품의 색을 희게 한다.
③ 암모니아 냄새가 날 수 있다.
④ 중조와 산제를 이용한 팽창제이다.

47 구매를 위한 시장조사의 6요소가 아닌 것은?

① 품질
② 수량
③ 대상
④ 구매처

48 다음 중 생산관리의 목표는?

① 재고, 출고, 판매의 관리
② 재고, 납기, 출고의 관리
③ 납기, 재고, 품질의 관리
④ 납기, 원가, 품질의 관리

49 제과·제빵 공장에서 생산관리 시 매일 점검할 사항이 아닌 것은?

① 설비 가동률
② 출근율
③ 원재료율
④ 제품당 평균 단가

50 노무비를 절감하는 방법으로 바람직하지 않은 것은?

① 표준화
② 단순화
③ 설비 휴무
④ 공정 시간 단축

51 다음 중 총원가에 해당하지 않는 것은?

⑴ 제조설비의 감가상각비
⑵ 매출 원가
③ 직원 급여
④ 판매이익

계산기   ◀ 이전 10/12 다음 ▶   안 푼 문제   답안 제출

글자
크기 100% 150% 200%

화면
배치

전체 문제 수 :
안 푼 문제 수 :

답안 표기란

52	①	②	③	④
53	①	②	③	④
54	①	②	③	④
55	①	②	③	④
56	①	②	③	④

52 어느 베이커리의 지난달 생산 실적이 다음과 같은 경우 노동 분배율은? (외부가치 600만원, 생산가치 3,000만원, 인건비 1,500만원, 총인원 8명)

① 45[%]
② 50[%]
③ 55[%]
④ 60[%]

53 마케팅 전략 수립과정 중 경쟁회사와의 제품, 서비스, 이미지 등의 차별화 전략을 위해 특정 브랜드를 인식시키는 전략은?

① 세분화(Segmentation)
② 타깃팅(Targeting)
③ 포지셔닝(Positioning)
④ 프로모션(Promotion)

54 냉동 저장 관리 시 잘못 설명한 것은?

① 냉동 저장 시 습도는 75~95[%]이다.
② 냉동고 용량의 90[%] 이하로 식품을 보관한다.
③ 재료와 제품은 바닥에 두지 않고 냉동고 바닥에서 25[cm] 위에 보관한다.
④ 뜨거운 식품은 식은 다음에 보관한다.

55 식중독 예방 3대 요령이 아닌 것은?

① 손 씻기 – 비누 등의 세정제를 이용하여 30초 이상 씻기
② 세척하기 – 흐르는 물에 여러 번 세척하기
③ 익혀 먹기 – 중심부 온도가 85[℃], 1분 이상 조리하여 익히기
④ 끓여 먹기 – 물은 끓여 먹기

56 환경위생 관리방안 중 방역회사가 해충방제를 위하여 구제작업을 시행할 때, 시행 횟수와 기록 보존기간은?

① 연 1회 – 6개월 보관
② 연 2회 – 6개월 보관
③ 연 1회 – 1년 보관
④ 연 2회 – 1년 보관

계산기   ◀ 이전 11/12 다음 ▶   안 푼 문제   답안 제출

제 **1** 회 （제과산업기사） **CBT 실전모의고사**

수험번호 :

수험자명 :

제한 시간 : 60분

남은 시간 :

글자
크기   ⊖ 100%   Ⓜ 150%   ⊕ 200%

화면
배치

전체 문제 수 :

안푼 문제 수 :

57 발바닥 소독기에 대한 설명 중 잘못된 것은?

① 매일 점검한다.

② 차아염소산나트륨은 물 5[L]에 50[mL]를 희석하여 사용한다.

③ 입실 시 이물질 제거 후 물기를 말린 후 작업장 안으로 들어간다.

④ 퇴실 시 발바닥 소독기를 사용하여 세척 후 퇴실한다.

58 전분을 액화, 당화시킨 포도당액을 이성화질소로 처리한 이성화당의 특징이 아닌 것은?

① 상쾌하고 깔끔한 맛

② 미생물의 발육 억제

③ 부패 방지 효과

④ 설탕과 혼합사용 시 제품의 품질 향상

59 다음 중 오렌지가 주재료인 술이 아닌 것은?

① 그랑 마르니에

② 쿠앵트로

③ 만다린

④ 키르슈

60 원 · 부재료에 대한 다음 설명 중 옳지 않은 것은?

① 제빵에서 밀가루, 물, 소금, 이스트 등 기본 재료는 원재료이며 달걀, 설탕, 유지 등은 부재료이다.

② 제과 · 제빵에서 제품을 생산하는 데 반드시 필요하거나 여러 제품에 두루 쓰이는 원재료와 부재료는 원재료로 분리한다.

③ 제과 · 제빵 부재료는 유통기간이 긴 것과 짧은 것을 구분하여 관리한다.

④ 부재료는 소비자의 기호성을 높이고 제품의 품질과 모양을 향상시킬 목적으로 사용한다.

 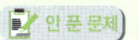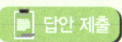

글자 크기 ⊖ 100% Ⓜ 150% ⊕ 200%

화면 배치

전체 문제 수 :
안푼 문제수 :

답안 표기란

1	① ② ③ ④
2	① ② ③ ④
3	① ② ③ ④
4	① ② ③ ④
5	① ② ③ ④
6	① ② ③ ④

✦ 정답 및 해설 p. 123

01 다음 중 밀가루 제품의 품질에 가장 크게 영향을 주는 것은?

① 글루텐 함유량
② 빛깔, 맛, 향기
③ 비타민 함유량
④ 원산지

02 강력분의 특성으로 틀린 것은?

① 중력분에 비해 단백질 함량이 많다.
② 박력분에 비해 글루텐 함량이 적다.
③ 박력분에 비해 점탄성이 크다.
④ 경질소맥을 원료로 한다.

03 밀가루 중 가장 많이 함유된 물질은?

① 단백질
② 지방
③ 전분
④ 회분

04 제빵용 밀가루의 적정 손상전분의 함량은?

① 1.5~3[%]
② 4.5~8[%]
③ 11.5~14[%]
④ 15.5~17[%]

05 호밀에 관한 설명으로 틀린 것은?

① 호밀 단백질은 밀가루 단백질에 비하여 글루텐을 형성하는 능력이 떨어진다.
② 밀가루에 비하여 펜토산 함량이 낮아 반죽이 끈적거린다.
③ 제분율에 따라 백색, 중간색, 흑색 호밀 가루로 분류한다.
④ 호밀분에 지방 함량이 높으면 저장성이 나쁘다.

06 자당을 인버타아제제로 가수분해하여 10.52[%]의 전화당을 얻었다면 포도당과 과당의 비율은?

① 포도당 5.26[%], 과당 5.26[%]
② 포도당 7.0[%], 과당 3.52[%]
③ 포도당 3.52[%], 과당 7.0[%]
④ 포도당 2.63[%], 과당 7.89[%]

계산기　　　1/12 다음 ▶　　　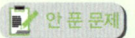 안 푼 문제　　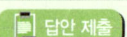 답안 제출

글자 크기 ⊖ 100% Ⓜ 150% ⊕ 200%　　화면 배치 ▬ ▯ ▯

전체 문제 수 :
안 푼 문제 수 :

답안 표기란

7	①	②	③	④
8	①	②	③	④
9	①	②	③	④
10	①	②	③	④
11	①	②	③	④
12	①	②	③	④

07 유지의 기능 중 크림성의 기능은?

① 제품을 부드럽게 한다. ② 산패를 방지한다.
③ 밀어 퍼지는 성질을 부여한다. ④ 공기를 포집하여 부피를 좋게 한다.

08 함께 사용한 재료들에 향미를 제공하고 껍질색 형성을 빠르게 하여 색상을 진하게 하는 것은?

① 지방 ② 소금
③ 우유 ④ 유화제

09 유지의 기능이 아닌 것은?

① 감미제 ② 안정화
③ 가소성 ④ 유화성

10 다음 중 유지의 경화 공정과 관계가 없는 물질은?

① 불포화지방산 ② 수소
③ 콜레스테롤 ④ 촉매제

11 세계보건기구(WHO)는 성인의 경우 하루 섭취열량 중 트랜스지방의 섭취를 몇 [%] 이하로 권고하고 있는가?

① 0.5[%] ② 1[%]
③ 2[%] ④ 3[%]

12 식용유지로 튀김요리를 반복할 때 발생하는 현상이 아닌 것은?

① 발연점 상승 ② 유리지방산 생성
③ 카르보닐화합물 생성 ④ 점도 증가

 계산기　　◀ 이전　2/12　다음 ▶　　 안 푼 문제　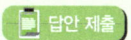 답안 제출

실전모의고사 CBT

글자 크기 100% 150% 200%　화면 배치

전체 문제 수 :
안 푼 문제 수 :

답안 표기란

13	① ② ③ ④
14	① ② ③ ④
15	① ② ③ ④
16	① ② ③ ④
17	① ② ③ ④

13 다음 중 우유 단백질이 아닌 것은?

① 카제인
② 락토알부민
③ 락토글로불린
④ 락토오스

14 마요네즈를 만드는 데 노른자가 500[g] 필요하다. 껍질 포함 60[g]짜리 달걀을 몇 개 준비해야 하는가?

① 10개
② 14개
③ 28개
④ 56개

15 다음 중 달걀 흰자의 조성에서 함유량이 가장 적은 것은?

① 오브알부민
② 콘알부민
③ 라이소자임
④ 카로틴

16 다음 중 코팅용 초콜릿이 갖추어야 하는 성질은?

① 융점이 항상 낮은 것
② 융점이 항상 높은 것
③ 융점이 겨울에는 높고, 여름에는 낮은 것
④ 융점이 겨울에는 낮고, 여름에는 높은 것

17 다크 초콜릿을 템퍼링(Tempering) 할 때 처음 녹이는 공정의 온도 범위로 가장 적합한 것은?

① 10~20[℃]
② 20~30[℃]
③ 30~40[℃]
④ 40~50[℃]

계산기　◀ 이전　3/12　다음 ▶　안 푼 문제　답안 제출

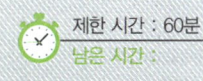

글자
크기 ⊖ 100% Ⓜ 150% ⊕ 200% 화면 배치

전체 문제 수 :
안푼 문제 수 :

답안 표기란

18	①	②	③	④
19	①	②	③	④
20	①	②	③	④
21	①	②	③	④
22	①	②	③	④

18 초콜릿 템퍼링의 방법으로 올바르지 않은 것은?

① 중탕 그릇이 초콜릿 그릇보다 넓어야 한다.

② 중탕 시 물의 온도는 60[℃]로 맞춘다.

③ 용해된 초콜릿의 온도는 40~45[℃]로 맞춘다.

④ 용해된 초콜릿에 물이 들어가지 않도록 주의한다.

19 작업을 하고 남은 초콜릿의 가장 알맞은 보관법은?

① 15~21[℃]의 직사광선이 없는 곳에 보관

② 냉장고에 넣어 보관

③ 공기가 통하지 않는 습한 곳에 보관

④ 따뜻한 오븐 위에 보관

20 물의 기능이 아닌 것은?

① 유화 작용을 한다. ② 반죽 농도를 조절한다.

③ 소금 등의 재료를 분산시킨다. ④ 효소의 활성을 제공한다.

21 화학적 팽창에 대한 설명으로 잘못된 것은?

① 효모보다 가스 생산이 느리다.

② 가스를 생산하는 것은 탄산수소나트륨이다.

③ 중량제로 전분이나 밀가루를 사용한다.

④ 산의 종류에 따라 작용 속도가 달라진다.

22 유화제에 대한 설명으로 틀린 것은?

① 계면 활성제라고도 한다.

② 친유성기와 친수성기를 각 50[%]씩 갖고 있어 물과 기름의 분리를 막아준다.

③ 레시틴, 모노글리세리드, 난황 등이 유화제로 쓰인다.

④ 빵에서는 글루텐과 전분 사이로 이동하는 자유수의 분포를 조절하여 노화를 방지한다.

 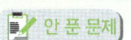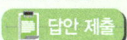

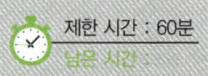

수험번호 :

수험자명 :

제한 시간 : 60분
남은 시간 :

글자 크기 ⊖ 100% Ⓜ 150% ⊕ 200%

화면 배치 ▬ ▯ ▮

전체 문제 수 :
안 푼 문제 수 :

답안 표기란

23	①	②	③	④
24	①	②	③	④
25	①	②	③	④
26	①	②	③	④
27	①	②	③	④

23 생리 기능의 조절 작용을 하는 영양소는?

① 탄수화물, 지방질
② 탄수화물, 단백질
③ 지방질, 단백질
④ 무기질, 비타민

24 글리세린(Glycerin, Glycerol)에 대한 설명으로 틀린 것은?

① 무색 투명하다.
② 3개의 수산기(−OH)를 가지고 있다.
③ 자당의 $\frac{1}{3}$ 정도의 감미가 있다.
④ 탄수화물의 가수분해로 얻는다.

25 과자 반죽의 온도 조절에 대한 설명으로 틀린 것은?

① 반죽 온도가 낮으면 기공이 조밀한다.
② 반죽 온도가 낮으면 부피가 작아지고 식감이 나쁘다.
③ 반죽 온도가 높으면 기공이 열리고 큰 구멍이 생긴다.
④ 반죽 온도가 높은 제품은 노화가 느리다.

26 공립법, 더운 방법으로 제조하는 스펀지 케이크의 배합방법 중 틀린 것은?

① 버터는 배합 전 중탕으로 녹인다.
② 밀가루, 베이킹파우더는 체질하여 준비한다.
③ 달걀은 흰자와 노른자로 분리한다.
④ 거품 올리기 마지막은 중속으로 믹싱한다.

27 다음 중 반죽 온도가 가장 낮은 것은?

① 퍼프 페이스트리
② 레이어 케이크
③ 파운드 케이크
④ 스펀지 케이크

🖩 계산기 ◀ 이전 5/12 다음 ▶ 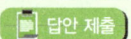 안 푼 문제 📱 답안 제출

글자 크기 ⊖ 100% Ⓜ 150% ⊕ 200% 화면 배치 ▬ ▢ ▢ ▢

전체 문제 수 :
안 푼 문제 수 :

답안 표기란				
28	①	②	③	④
29	①	②	③	④
30	①	②	③	④
31	①	②	③	④
32	①	②	③	④

28 반죽의 비중에 대한 설명이 틀린 것은?

① 비중이 낮을수록 공기 함유량이 많아서 제품이 가볍고 조직이 거칠다.

② 비중이 높을수록 공기 함유량이 적어서 제품의 기공이 조밀하다.

③ 비중이 같아도 제품의 식감은 다를 수 있다.

④ 비중은 같은 부피의 반죽 무게를 같은 부피의 달걀 무게로 나눈 것이다.

29 비중이 높은 제품의 특징이 아닌 것은?

① 기공이 조밀하다.

② 부피가 작다.

③ 껍질색이 진하다.

④ 제품이 단단하다.

30 일반적으로 반죽 1[g]당 팬 용적을 기준으로 할 때 팽창이 가장 큰 케이크는?

① 파운드 케이크

② 스펀지 케이크

③ 레이어 케이크

④ 엔젤 푸드 케이크

31 언더 베이킹에 대한 설명으로 틀린 것은?

① 높은 온도에서 짧은 시간 굽는 것이다.

② 중앙부분이 익지 않는 경우가 많다.

③ 제품이 건조되어 바삭바삭하다.

④ 수분이 빠지지 않아 껍질이 쭈글쭈글하다.

32 파운드 케이크를 구운 직후 달걀 노른자에 설탕을 넣어 칠할 때 설탕의 역할이 아닌 것은?

① 광택제 효과

② 보존기간 개선

③ 탈색 효과

④ 맛의 개선

 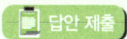

글자
크기 ⊖ 100% Ⓜ 150% ⊕ 200%

화면
배치 ▭ ▯▯ ▯▯▯

전체 문제 수 :
안 푼 문제 수 :

답안 표기란

33	①	②	③	④
34	①	②	③	④
35	①	②	③	④
36	①	②	③	④
37	①	②	③	④

33 퍼프 페이스트리 반죽의 휴지 효과에 대한 설명으로 틀린 것은?

① 글루텐을 재정돈시킨다.

② 밀어 펴기가 용이해진다.

③ CO_2 가스를 최대한 발생시킨다.

④ 절단 시 수축을 방지한다.

34 젤리 롤 케이크 반죽을 만들어 팬닝하는 방법으로 틀린 것은?

① 넘치는 것을 방지하기 위하여 팬 종이는 팬 높이보다 2[cm] 정도 높게 한다.

② 평평하게 팬닝하기 위해 고무주걱 등으로 윗부분을 마무리한다.

③ 기포가 꺼지므로 팬닝은 가능한 빨리한다.

④ 철판에 팬닝하고 볼에 남은 반죽으로 무늬반죽을 만든다.

35 다음 중 산 사전처리법에 의한 엔젤 푸드 케이크 제조 공정에 대한 설명으로 틀린 것은?

① 흰자에 산을 넣어 머랭을 만든다.

② 설탕 일부를 머랭에 투입하여 튼튼한 머랭을 만든다.

③ 밀가루와 분당을 넣어 믹싱을 완료한다.

④ 기름칠이 균일하게 된 팬에 넣어 굽는다.

36 다음 중 가장 고온에서 굽는 제품은?

① 파운드 케이크

② 시폰 케이크

③ 퍼프 페이스트리

④ 과일 케이크

37 여름철(실온 30[℃])에 사과파이 껍질을 제조할 때 적당한 물의 온도는?

① 4[℃]

② 19[℃]

③ 28[℃]

④ 35[℃]

🖩 계산기　　◀ 이전　7/12　다음 ▶　　 안 푼 문제　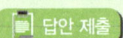 답안 제출

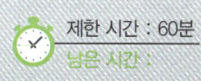
글자
크기 ⊖ 100% Ⓜ 150% ⊕ 200% 화면 배치 전체 문제 수 :
안 푼 문제 수 :

답안 표기란

38	①	②	③	④
39	①	②	③	④
40	①	②	③	④
41	①	②	③	④
42	①	②	③	④

38 파이의 일반적인 결점 중 바닥 크러스트가 축축한 원인이 아닌 것은?

① 오븐 온도가 높음.
② 충전물 온도가 높음.
③ 파이 바닥 반죽이 고율배합
④ 불충분한 바닥열

39 설탕공예용 당액 제조 시 고농도화된 당의 결정을 막아주는 재료는?

① 증조
② 주석산
③ 포도당
④ 베이킹파우더

40 다음 굽기 중 과일 충전물이 끓어 넘치는 원인으로 점검할 사항이 아닌 것은?

① 배합의 부정확 여부를 확인한다.
② 충전물 온도가 높은지 점검한다.
③ 바닥 껍질이 너무 얇지는 않은지를 점검한다.
④ 껍데기에 구멍이 없어야 하고, 껍질 사이가 잘 봉해져 있는지의 여부를 확인한다.

41 튀김 시 과도한 흡유 현상이 나타나지 않는 경우는?

① 반죽 수분이 과다할 때
② 믹싱 시간이 짧을 때
③ 글루텐이 부족할 때
④ 튀김 기름 온도가 높을 때

42 다음 쿠키 중에서 상대적으로 수분이 적어서 밀어 펴는 형태로 만드는 제품은?

① 드롭 쿠키
② 스냅 쿠키
③ 스펀지 쿠키
④ 머랭 쿠키

 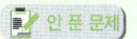

글자
크기 (−) 100% (M) 150% (+) 200%

화면
배치 ▬ ☐ ☐

전체 문제 수 :
안 푼 문제 수 :

답안 표기란

43	① ② ③ ④
44	① ② ③ ④
45	① ② ③ ④
46	① ② ③ ④
47	① ② ③ ④

43 에클레어는 어떤 종류의 반죽으로 만드는가?

① 스펀지 반죽

② 슈 반죽

③ 비스킷 반죽

④ 파이 반죽

44 밤과자를 성형한 후 물을 뿌려주는 이유가 아닌 것은?

① 덧가루의 제거

② 굽기 후 철판에서 분리 용이

③ 껍질색의 균일화

④ 껍질의 터짐 방지

45 10[%] 이상의 단백질 함량을 가진 밀가루로 케이크를 만들었을 때 나타나는 결과가 아닌 것은?

① 제품이 수축되면서 딱딱하다.

② 형태가 나쁘다.

③ 제품의 부피가 크다.

④ 제품이 질기며 속결이 좋지 않다.

46 커스터드 크림 파이와 전분 크림 파이의 가장 큰 차이점은?

① 굽는 방법

② 농후화제

③ 껍질의 성질

④ 굽는 온도

47 무기질의 기능이 아닌 것은?

① 우리 몸의 경조직 구성 성분이다.

② 열량을 내는 열량 급원이다.

③ 효소의 기능을 촉진시킨다.

④ 세포의 삼투압 평형 유지 작용을 한다.

계산기   ◀ 이전   9/12   다음 ▶   안 푼 문제   답안 제출

글자
크기 100% 150% 200%

화면
배치

전체 문제 수 :
안푼 문제 수 :

답안 표기란

48	①	②	③	④
49	①	②	③	④
50	①	②	③	④
51	①	②	③	④
52	①	②	③	④

48 재고관리 시 점검사항이 아닌 것은?

① 물품을 종목별, 물품별로 구분하여 보관하고 있는가?

② 사용자 용도에 맞게 입출고 카드를 준비하고 있는가?

③ 알레르기 원료, 유기농 원료 등을 구분하였는가?

④ 식재료 보관 온도는 적정한가?

49 1인당 생산가치는 생산가치를 무엇으로 나누어 계산하는가?

① 시간   ② 임금

③ 인원수   ④ 원재료비

50 제품의 생산 원가를 계산하는 목적에 해당하지 않는 것은?

① 이익 계산   ② 판매가격 결정

③ 원재료 관리   ④ 설비 보수

51 효과적인 원가관리를 위한 3단계 협조체계가 아닌 것은?

① 생산부서의 절약   ② 구매부의 원가 절감

③ 소비자의 구매유도   ④ 판매원의 원가 절감

52 외부가치 7,100만원, 생산가치 3,000만원, 인건비 1,400만원인 회사의 노동 분배율은 대략 어느 정도인가?

① 약 20[%]   ② 약 42[%]

③ 약 47[%]   ④ 약 237[%]

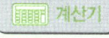 

글자 크기 100% 150% 200%   화면 배치

전체 문제 수 :
안푼 문제 수 :

답안 표기란

53	①	②	③	④
54	①	②	③	④
55	①	②	③	④
56	①	②	③	④
57	①	②	③	④

53 마케팅 믹스 4P에 대한 설명 중 잘못된 것은?

① 제품(Product) : 품질, 디자인, 상표

② 가격(Price) : 가격할인, 보증기간, 고객서비스, 포장

③ 유통(Place) : 경로, 수송방법, 상품구색

④ 판촉(Promotion) : 광고, 인적판매, PR

54 완만 해동 방법으로 옳지 않은 것은?

① 냉장고에서 해동

② 상온에서 해동

③ 흐르는 물에서 해동

④ 낮은 온도에서 오븐 안의 바람에 의한 해동

55 부패의 물리학적 판정에 이용되지 않는 것은?

① 냄새

② 점도

③ 색 및 전기저항

④ 탄성

56 주방기기 세척 및 소독방법으로 잘못된 것은?

① 작업대는 70[%] 알코올을 분무하여 소독한다.

② 냉장, 냉동고는 100[ppm] 염소액 분무 후 1분 이상 기다리고 닦아낸다.

③ 사용한 행주는 한 번 깨끗하게 씻고, 40[℃] 정도의 물로 씻어내고, 100[℃]에서 10분 정도 삶는다.

④ 도마, 칼 등 소도구는 100[℃]에서 5분 정도 삶는다.

57 밀가루의 성분에 대한 설명 중 옳은 것은?

① 밀가루의 전체 단백질 중 글로불린과 글리아딘은 글루텐을 형성하는 단백질이다.

② 전분의 호화는 가열 온도가 높을수록, 전분 입자가 클수록, 첨가하는 물의 양이 많을수록 잘 일어난다.

③ 밀가루의 회분은 밀의 정제도를 나타내며 제분율에 반비례한다.

④ 소금, 비타민 C, 칼슘염 등은 반죽 탄성을 강화시키는 재료이다.

계산기   ◀ 이전 11/12 다음 ▶   안 푼 문제   답안 제출

수험번호 :
수험자명 :

제한 시간 : 60분
남은 시간 :

글자 크기 100% 150% 200%

화면 배치

전체 문제 수 :
안 푼 문제 수 :

답안 표기란

58	①	②	③	④
59	①	②	③	④
60	①	②	③	④

58 제빵 · 제과 과정에서 당(탄수화물)의 기능에 대한 설명 중 옳지 않은 것은?

① 제빵 시 휘발성 산과 알데히드 같은 화합물의 생성으로 향이 나게 한다.

② 제과 · 제빵 과정에서 수분 보유제로 노화를 지연시키고 저장수명을 연장한다.

③ 제과 과정에서 밀가루 단백질을 부드럽게 하는 연화 작용을 한다.

④ 제과 과정에서 유화제로 작용하며 메일라드 반응으로 껍질색이 진해진다.

59 다음 설명으로 옳은 것은?

① 중조와 베이킹파우더는 산소를 발생시키는 팽창제로 작용한다.

② 아라비아고무, 젤라틴, 난황, 알긴산 등은 유화제로 천연 계면 활성제이다.

③ 소금은 반죽과정에서 흡수율이 감소하고 반죽의 저항성을 감소시키는 특성이 있다.

④ 황산칼슘은 이스트의 생장에 영향을 주어 발효에 도움을 주는 제빵 개량제이다.

60 다음 중 필수 지방산을 가장 많이 함유하고 있는 식품은?

① 달걀

② 식물성 유지

③ 버터

④ 고급지방산

계산기

◀ 이전 12/12 다음 ▶

 안 푼 문제

 답안 제출

실전모의고사 CBT

글자 크기 100% 150% 200%　　화면 배치

전체 문제 수 :
안 푼 문제 수 :

✦ 정답 및 해설 p. 127

01 빵 제품이 단단하게 굳는 현상을 지연시키기 위하여 유지에 첨가하는 유화제가 아닌 것은?

① 모노-디 글리세리드　　　② 레시틴

③ 유리지방산　　　　　　　④ 에스에스엘(SSL)

02 발효 중 펀치의 효과와 거리가 먼 것은?

① 반죽의 온도를 균일하게 한다.

② 이스트의 활성을 돕는다.

③ 산소 공급으로 반죽의 산화 숙성을 진전시킨다.

④ 성형을 용이하게 한다.

03 스펀지 도우법에서 스펀지 밀가루 사용량을 증가시킬 때 나타나는 결과가 아닌 것은?

① 도우 제조 시 반죽 시간이 길어짐.　　② 완제품의 부피가 커짐.

③ 도우 발효 시간이 짧아짐.　　　　　　④ 반죽의 신장성이 좋아짐.

04 연속식 제빵법을 사용하는 장점과 가장 거리가 먼 것은?

① 인력의 감소　　　　　　　　　　② 발효 향의 증가

③ 공장 면적과 믹서 등 설비의 감소　　④ 발효 손실의 감소

05 노타임 반죽법에 사용되는 산화, 환원제의 종류가 아닌 것은?

① ADA(azodicarbonamide)　　② L-시스테인

③ 소르브산　　　　　　　　　　④ 요오드칼슘

답안 표기란				
1	①	②	③	④
2	①	②	③	④
3	①	②	③	④
4	①	②	③	④
5	①	②	③	④

계산기　　　　1/12 다음 ▶　　　　안 푼 문제　　답안 제출

글자
크기 100% 150% 200%

화면
배치

전체 문제 수 :
안 푼 문제 수 :

답안 표기란

6	①	②	③	④
7	①	②	③	④
8	①	②	③	④
9	①	②	③	④
10	①	②	③	④

06 냉동 반죽 제품의 장점이 아닌 것은?

① 계획 생산이 가능하다.

② 인당 생산량이 증가한다.

③ 이스트의 사용량이 감소된다.

④ 반죽의 저장성이 향상된다.

07 냉동 반죽의 해동을 높은 온도에서 빨리할 경우 반죽의 표면에서 물이 나오는 드립 현상이 발생하는데 그 원인이 아닌 것은?

① 얼음결정이 반죽의 세포를 파괴 손상

② 반죽 내 수분의 빙결 분리

③ 단백질의 변성

④ 급속 냉동

08 표준 식빵의 재료 사용 범위로 부적합한 것은?

① 설탕 0~8[%]

② 생이스트 1.5~5[%]

③ 소금 5~10[%]

④ 유지 0~5[%]

09 다음 중 유통기한에 영향을 주는 요인이 아닌 것은?

① 재료의 배합과 구성 성분

② 수분 함량과 활성도

③ 제조 공정

④ 작업자의 위생

10 단백질 함량이 2[%] 증가된 강력밀가루 사용 시 흡수율의 변화로 가장 적당한 것은?

① 2[%] 감소

② 1.5[%] 증가

③ 3[%] 증가

④ 4.5[%] 증가

계산기

◀ 이전 2/12 다음 ▶

 안 푼 문제    답안 제출

실전모의고사
C
B
T

글자 크기 ⊖ 100% Ⓜ 150% ⊕ 200% 화면 배치 전체 문제 수 : 안 푼 문제 수 :

답안 표기란

11	①	②	③	④
12	①	②	③	④
13	①	②	③	④
14	①	②	③	④
15	①	②	③	④

11 반죽의 수분 흡수와 믹싱 시간에 공통적으로 영향을 주는 재료가 아닌 것은?

① 밀가루의 종류
② 설탕 사용량
③ 분유 사용량
④ 이스트 푸드 사용량

12 발효에 영향을 주는 요소로 볼 수 없는 것은?

① 이스트의 양
② 쇼트닝의 양
③ 온도
④ pH

13 다음 중 발효 시간을 연장시켜야 하는 경우는?

① 식빵 반죽 온도가 27[℃]이다.
② 발효실 온도가 24[℃]이다.
③ 이스트 푸드가 충분하다.
④ 1차 발효실 상대습도가 80[%]이다.

14 중간 발효가 필요한 주된 이유는?

① 반죽의 휴지
② 기공의 제거
③ 탄력성 제공
④ 반죽에 유연성 부여

15 식빵의 일반적인 비용적은?

① 0.36[cm³/g]
② 1.36[cm³/g]
③ 3.36[cm³/g]
④ 5.36[cm³/g]

계산기 ◀ 이전 3/12 다음 ▶ 안 푼 문제 답안 제출

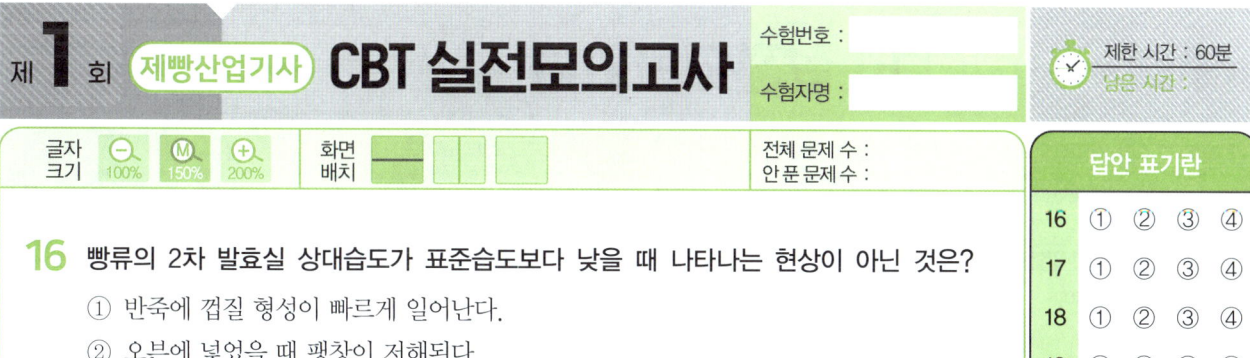

16 빵류의 2차 발효실 상대습도가 표준습도보다 낮을 때 나타나는 현상이 아닌 것은?

① 반죽에 껍질 형성이 빠르게 일어난다.

② 오븐에 넣었을 때 팽창이 저해된다.

③ 껍질색이 불균일하게 되기 쉽다.

④ 수포가 생기거나 질긴 껍질이 되기 쉽다.

17 같은 조건의 반죽에 설탕, 포도당, 과당을 같은 농도로 첨가했다고 가정할 때 메일라드 반응 속도를 촉진시키는 순서대로 나열된 것은?

① 설탕 – 포도당 – 과당

② 과당 – 설탕 – 포도당

③ 과당 – 포도당 – 설탕

④ 포도당 – 과당 – 설탕

18 일반적으로 풀먼 식빵의 굽기 손실은 얼마나 되는가?

① 약 2~3[%]

② 약 4~6[%]

③ 약 7~9[%]

④ 약 11~13[%]

19 밀가루의 단백질 함량이 증가하면 패리노그래프 흡수율은 증가하는 경향을 보인다. 밀가루의 등급이 낮을수록 패리노그래프에 나타나는 현상은?

① 흡수율은 증가하나 반죽 시간과 안정도는 감소한다.

② 흡수율은 감소하고 반죽 시간과 안정도는 감소한다.

③ 흡수율은 증가하나 반죽 시간과 안정도는 변화가 없다.

④ 흡수율은 감소하나 반죽 시간과 안정도는 변화가 없다.

20 단백질 분해 효소인 프로테아제(Protease)를 햄버거빵에 첨가하는 이유로 가장 알맞은 것은?

① 저장성 증기를 위하여

② 팬 흐름성을 좋게 히기 위하여

③ 껍질색 개선을 위하여

④ 발효 내구력을 증가시키기 위하여

답안 표기란				
16	①	②	③	④
17	①	②	③	④
18	①	②	③	④
19	①	②	③	④
20	①	②	③	④

글자
크기 100% 150% 200%

화면
배치

답안 표기란

21	①	②	③	④
22	①	②	③	④
23	①	②	③	④
24	①	②	③	④
25	①	②	③	④

21 빵 제품의 껍질색이 여리고, 부스러지기 쉬운 껍질이 되는 경우에 가장 크게 영향을 미치는 요인은?

① 지나친 발효

② 발효 부족

③ 지나친 반죽

④ 반죽 부족

22 제과 · 제빵의 부패 요인과 관계가 가장 먼 것은?

① 수분 함량

② 제품 색

③ 보관 온도

④ pH

23 세균의 형태학적 분류 명칭과 관계가 먼 것은?

① 사상균

② 나선균

③ 간균

④ 구균

24 부패의 진행에 수반하여 생기는 부패산물이 아닌 것은?

① 암모니아

② 황화수소

③ 메르캅탄

④ 일산화탄소

25 식품첨가물의 사용조건으로 바람직하지 않은 것은?

① 식품의 영양가를 유지할 것

② 다량으로 충분한 효과를 낼 것

③ 이미, 이취 등의 영향이 없을 것

④ 인체에 유해한 영향을 끼치지 않을 것

계산기

◀ 이전 5/12 다음 ▶

안 푼 문제

답안 제출

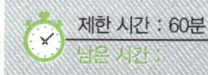
글자
크기 100% 150% 200%

화면
배치

전체 문제 수 :
안 푼 문제 수 :

답안 표기란

26	①	②	③	④
27	①	②	③	④
28	①	②	③	④
29	①	②	③	④
30	①	②	③	④

26 식품첨가물공전상 표준온도는?

① 20[℃]

② 25[℃]

③ 30[℃]

④ 35[℃]

27 식품첨가물 중 보존료의 구비조건과 거리가 먼 것은?

① 사용법이 간단해야 한다.

② 미생물의 발육저지력이 약해야 한다.

③ 식품에 악영향을 주지 않아야 한다.

④ 값이 저렴해야 한다.

28 우리나라에서 지정된 식품첨가물 중 버터류에 사용할 수 없는 것은?

① 터셔리부틸히드로퀴논(TBHQ)

② 식용색소황색4호

③ 부틸히드록시아니솔(BHA)

④ 디부틸히드록시톨루엔(BHT)

29 다음 중 식품위생법에서 정하는 식품접객업에 속하지 않는 것은?

① 식품소분업

② 유흥주점

③ 제과점

④ 휴게음식점

30 세균성 식중독의 예방원칙에 해당되지 않는 것은?

① 세균 오염 방지

② 세균 가열 방지

③ 세균 증식 방지

④ 세균의 사멸

 계산기

◀ 이전   6/12   다음 ▶

 안 푼 문제   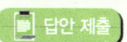 답안 제출

실전모의고사
CBT

제빵산업기사 제1회 CBT 실전모의고사 **101**

글자 크기 ⊖ 100% Ⓜ 150% ⊕ 200% 화면 배치 ▬ ▯▯ ▯▯▯

전체 문제 수 :
안 푼 문제 수 :

답안 표기란

31	①	②	③	④
32	①	②	③	④
33	①	②	③	④
34	①	②	③	④
35	①	②	③	④

31 다음 중 감염형 식중독 세균이 아닌 것은?

① 살모넬라균

② 장염 비브리오균

③ 황색포도상구균

④ 캠필로박터균

32 병원성 대장균 식중독의 원인균에 관한 설명으로 옳은 것은?

① 독소를 생산하는 것도 있다.

② 보통의 대장균과 똑같다.

③ 혐기성 또는 강한 혐기성이다.

④ 장내 상재균총이 대표적이다.

33 알레르기성 식중독의 원인이 될 수 있는 가능성이 가장 높은 식품은?

① 오징어

② 꽁치

③ 갈치

④ 광어

34 다음 중 곰팡이 독이 아닌 것은?

① 아플라톡신

② 시트리닌

③ 삭시톡신

④ 파튤린

35 다음 중 음식물을 매개로 전파되지 않는 것은?

① 이질

② 장티푸스

③ 콜레라

④ 광견병

계산기   ◀ 이전   7/12   다음 ▶   안 푼 문제   답안 제출

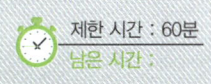
글자
크기   100% 150% 200%   화면
배치

전체 문제 수 :
안푼 문제 수 :

답안 표기란				
36	①	②	③	④
37	①	②	③	④
38	①	②	③	④
39	①	②	③	④
40	①	②	③	④

36 사람과 동물이 같은 병원체에 의하여 발생되는 감염병과 거리가 먼 것은?

① 탄저병
② 결핵
③ 동양모양선충
④ 브루셀라증

37 밀가루 단백질 중 알코올에 녹고 주로 점성이 높아지는 성질을 가진 것은?

① 글루테닌
② 글로불린
③ 알부민
④ 글리아딘

38 다음 중 밀가루에 대한 설명으로 틀린 것은?

① 밀가루는 회분 함량에 따라 강력분, 중력분, 박력분으로 구분한다.
② 전체 밀알에 대해 껍질은 13~14[%], 배아는 2~3[%], 내배유는 83~85[%] 정도 차지한다.
③ 제분 직후의 밀가루는 제빵 적성이 좋지 않다.
④ 숙성한 밀가루는 글루텐의 질이 개선되고 흡수성을 좋게 한다.

39 주방설계 레이아웃(Lay-out)에 고려해야 할 사항이 아닌 것은?

① 재료의 반입구와 직원의 출퇴근 동선
② 재료 창고와 쓰레기 처리공간의 배치와 효율적 이용
③ 사무실, 화장실, 직원의 휴게 공간
④ 매장과 사무실의 동선 근기

40 빵을 만들 때 설탕의 기능이 아닌 것은?

① 이스트의 영양원
② 빵 껍질의 색
③ 풍미 제공
④ 기포성 부여

계산기   ◀ 이전   8/12   다음 ▶    안 푼 문제   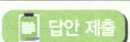 답안 제출

실전모의고사
CBT

수험번호 :

수험자명 :

제한 시간 : 60분
남은 시간 :

글자 크기 100% 150% 200%   화면 배치

전체 문제 수 :
안 푼 문제 수 :

답안 표기란

41	①	②	③	④
42	①	②	③	④
43	①	②	③	④
44	①	②	③	④
45	①	②	③	④

41 식염이 반죽의 물성 및 발효에 미치는 영향에 대한 설명으로 틀린 것은?

① 흡수율이 감소한다.
② 반죽 시간이 길어진다.
③ 껍질 색상을 더 진하게 한다.
④ 프로테아제의 활성을 증가시킨다.

42 밀 단백질 1[%] 증가에 대한 흡수율 증가는?

① 0~1[%]
② 1~2[%]
③ 3~4[%]
④ 5~6[%]

43 가수분해나 산화에 의하여 튀김 기름을 나쁘게 만드는 요인이 아닌 것은?

① 온도
② 물
③ 공기 또는 산소
④ 비타민 E(토코페롤)

44 빵에서 탈지분유의 역할이 아닌 것은?

① 흡수율 감소
② 조직 개선
③ 완충제 역할
④ 껍질색 개선

45 다음 중 달걀에 대한 설명이 틀린 것은?

① 노른자의 수분 함량은 약 50[%] 정도이다.
② 전란의 수분 함량은 75[%] 정도이다.
③ 노른자에는 유화기능을 갖는 레시틴이 함유되어 있다.
④ 달걀은 −10~−5[℃]로 냉동 저장하여야 품질을 보장할 수 있다.

계산기   ◀ 이전 9/12 다음 ▶   안 푼 문제   답안 제출

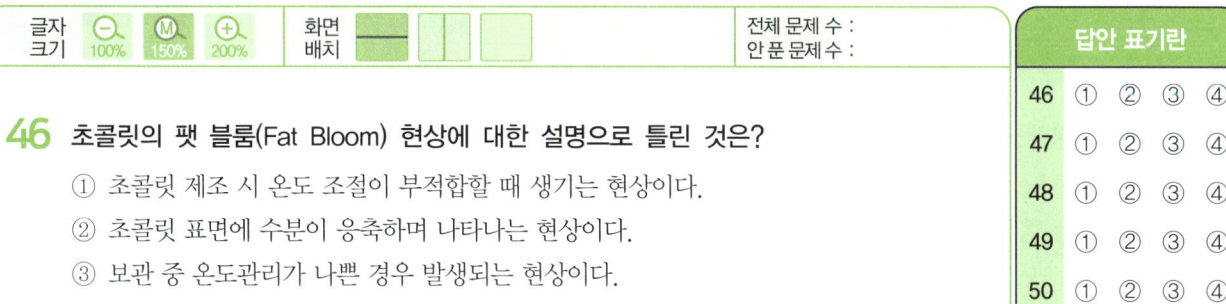

글자
크기 100% 150% 200%

화면
배치

전체 문제 수 :
안 푼 문제 수 :

답안 표기란				
46	①	②	③	④
47	①	②	③	④
48	①	②	③	④
49	①	②	③	④
50	①	②	③	④

46 초콜릿의 팻 블룸(Fat Bloom) 현상에 대한 설명으로 틀린 것은?

① 초콜릿 제조 시 온도 조절이 부적합할 때 생기는 현상이다.
② 초콜릿 표면에 수분이 응축하며 나타나는 현상이다.
③ 보관 중 온도관리가 나쁜 경우 발생되는 현상이다.
④ 초콜릿의 균열을 통해서 표면에 침출하는 현상이다.

47 다음 중 효과적인 구매계획을 위한 고려사항으로 표준화하고 매뉴얼화할 필요가 없는 것은?

① 원 · 부재료의 원산지
② 원 · 부재료의 검수방법
③ 원 · 부재료의 저장장치 또는 설비
④ 원 · 부재료의 저장능력 및 저장방법

48 생산 활동의 구성요소(4M)가 아닌 것은?

① 사람(Man)
② 자본(Money)
③ 기계(Machine)
④ 방법(Method)

49 생산하여야 할 상품의 생산계획을 수립할 때 참고하여야 할 사항이 아닌 것은?

① 종류, 수량, 가격
② 실행예산, 생산시기
③ 재고량 파악
④ 월간 생산계획의 기초자료

50 원가의 구성 중 직접 원가에 해당하지 않는 것은?

① 직접 재료비
② 직접 경비
③ 직접 노무비
④ 직접 판매비

계산기
◀ 이전 10/12 다음 ▶
 안 푼 문제
 답안 제출

실전모의고사 CBT

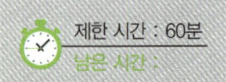

수험번호 :
수험자명 :

제한 시간 : 60분
남은 시간 :

글자 크기 100% 150% 200%　화면 배치

전체 문제 수 :
안 푼 문제 수 :

답안 표기란
51　① ② ③ ④
52　① ② ③ ④
53　① ② ③ ④
54　① ② ③ ④
55　① ② ③ ④

51 원가의 절감방법이 아닌 것은?

① 불량률을 최소화한다.
② 창고의 재고를 최대로 한다.
③ 제조 공정 설계를 최적으로 한다.
④ 구매관리를 철저히 한다.

52 다음 중 식자재 보관 온도로 잘못된 것은?

① 냉장보관 : 5~10[℃]
② 냉동보관 : -18[℃] 이하
③ 건조보관 : 0~10[℃]
④ 상온보관 : 15~25[℃]

53 개인위생 관리 중 손 세척용 소독제가 아닌 것은?

① 클로르헥시딘(CHG)
② 알코올
③ 요오드 살균제
④ 크레졸

54 생활용수 검사 기준으로 잘못된 것은?

① 일반세균 수는 100[CFU/mL] 이하
② 대장균은 불검출/100[mL]
③ 총 대장균군 수는 5,000 이하/1,000[mL]
④ 노로바이러스는 불검출

55 제과 · 제빵 주방 청소 중 매일 하지 않아도 되는 구역은?

① 배기후드
② 주방 바닥
③ 기구 및 기계류
④ 창고 및 화장실

계산기　◀ 이전　11/12　다음 ▶　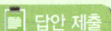 안 푼 문제　답안 제출

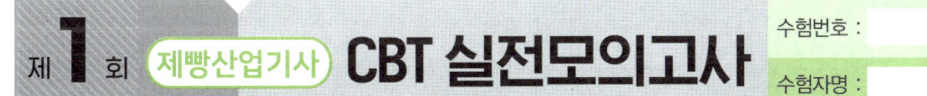
글자 크기 ⊖ 100% Ⓜ 150% ⊕ 200% 화면 배치   전체 문제 수 : 안 푼 문제 수 :

답안 표기란

56	①	②	③	④
57	①	②	③	④
58	①	②	③	④
59	①	②	③	④
60	①	②	③	④

56 밀가루 반죽을 경화시키는 재료가 아닌 것은?

① 소금
② 비타민 C
③ 칼슘염
④ 식초

57 대두분에 대한 설명으로 잘못된 것은?

① 필수 아미노산인 라이신과 류신이 많아 밀가루 영양의 보강제로 쓰인다.
② 빵 속의 수분 증발 속도를 감소시켜 빵의 저장성을 증가시킨다.
③ 밀가루 단백질과 화학적, 물리적 특성이 같아 빵의 기능성이 좋아진다.
④ 빵 속 조직을 개선시킨다.

58 빵 반죽에 감자 가루를 첨가할 경우 장점이 아닌 것은?

① 독특한 맛의 생성
② 밀가루의 풍미 증가
③ 식감, 저장성 증가
④ 단백질 보강

59 다음 중 모세혈관의 삼투성을 조절하여 혈관강화 작용을 하는 비타민은?

① 비타민 A
② 비타민 D
③ 비타민 E
④ 비타민 P

60 포장재의 유해 물질에 대한 설명 중 잘못된 것은?

① 송이봉부와 판시 세품에는 착색제, 충신제, 표백제, 방부제, 형광염료 등이 포함될 수 있다.
② 플라스틱 제품은 납, 도료성분, 주석 등이 포함될 수 있다.
③ 도자기와 유리 제품은 납, 유약, 물감 등이 포함될 수 있다.
④ 합성수지에는 안정제, 열기초성제, 산화방지제, 금속, 과산화물이 포함될 수 있다.

 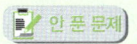

글자
크기 ⊖ 100% Ⓜ 150% ⊕ 200%

화면
배치 ▭ ▯▯ ▭

전체 문제 수 :
안 푼 문제 수 :

◆ 정답 및 해설 p. 130

01 미생물 없이 발생되는 식품의 변화는 무엇인가?

① 발효
② 산패
③ 부패
④ 변패

02 대장균의 일반적인 특성에 대한 설명으로 옳은 것은?

① 분변오염의 지표가 된다.
② 경피 감염병을 일으킨다.
③ 독소형 식중독을 일으킨다.
④ 발효식품 제조에 유용한 세균이다.

03 조리빵류의 부재료로 활용되는 육가공품의 부패로 인해 암모니아와 염기성 물질이 형성될 때 pH 변화는?

① 변화가 없다.
② 산성이 된다.
③ 중성이 된다.
④ 알칼리성이 된다.

04 빵 포장의 목적으로 부적합한 것은?

① 빵의 저장성 증대
② 빵의 미생물 오염 방지
③ 수분 증발 촉진
④ 상품의 가치 향상

05 식품첨가물에 대한 설명 중 틀린 것은?

① 성분규격은 위생적인 품질을 확보하기 위한 것이다.
② 모든 품목은 사용대상 식품의 종류 및 사용량에 제한을 받지 않는다.
③ 조금씩 사용하더라도 장기간 섭취할 경우 인체에 유해할 수도 있으므로 사용에 유의한다.
④ 용도에 따라 보존료, 산화방지제 등이 있다.

1	①	②	③	④
2	①	②	③	④
3	①	②	③	④
4	①	②	③	④
5	①	②	③	④

▦ 계산기   1/12 다음 ▶   📝 안 푼 문제   📱 답안 제출

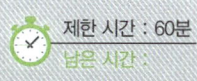
글자
크기 ⊖ 100% Ⓜ 150% ⊕ 200% 화면 배치 전체 문제 수 :
안 푼 문제 수 :

답안 표기란				
6	①	②	③	④
7	①	②	③	④
8	①	②	③	④
9	①	②	③	④
10	①	②	③	④

06 우리나라 식중독 월별 발생상황 중 환자의 수가 92[%] 이상을 차지하는 계절은?

① 1~2월

② 3~4월

③ 5~9월

④ 10~12월

07 살모넬라 식중독의 예방대책으로 틀린 것은?

① 조리된 식품을 냉장고에 장기 보관한다.

② 음식물을 철저히 가열하여 섭취한다.

③ 개인위생 관리를 철저히 한다.

④ 유해동물과 해충을 방제한다.

08 다음 세균성 식중독 중 일반적으로 치사율이 가장 높은 것은?

① 살모넬라균에 의한 식중독

② 보툴리누스균에 의한 식중독

③ 장염 비브리오균에 의한 식중독

④ 포도상구균에 의한 식중독

09 이스트 푸드에 대한 설명으로 틀린 것은?

① 발효를 조절한다.

② 밀가루 중량 대비 1~5[%]를 사용한다.

③ 이스트의 영양을 보급한다.

④ 반죽 조절제로 사용한다.

10 노로바이러스 식중독에 대한 설명으로 틀린 것은?

① 완치되면 바이러스를 방출하지 않으므로 임상증상이 나타나지 않으면 비로 일상생활로 복귀한다.

② 주요 증상은 설사, 복통, 구토 등이다.

③ 양성 환자의 분변으로 오염된 물로 씻은 채소류에 의해 발생될 수 있다.

④ 바이러스는 물리/화학적으로 인정하며 일반 환경에서 생존이 기능하다.

計算기 ◀ 이전 2/12 다음 ▶  안 푼 문제  답안 제출

실전모의고사 CBT

글자 크기 100% 150% 200% 화면 배치 전체 문제 수 : 안 푼 문제 수 :

답안 표기란

11	① ② ③ ④
12	① ② ③ ④
13	① ② ③ ④
14	① ② ③ ④
15	① ② ③ ④
16	① ② ③ ④

11 "제1급 감염병"이라 함은 치명률이 높거나 집단 발생의 우려가 커서 발생 또는 유행 즉시 신고하여야 하는데, 다음 중 여기에 속하지 않는 감염병은?

① 콜레라
② 두창
③ 디프테리아
④ 보툴리눔독소증

12 경구 감염병과 거리가 먼 것은?

① 유행성간염
② 콜레라
③ 세균성이질
④ 페스트

13 장티푸스에 대한 일반적인 설명으로 잘못된 것은?

① 잠복기간은 7~14일이다.
② 사망률은 10~20[%]이다.
③ 앓고 난 뒤 강한 면역이 생긴다.
④ 예방할 수 있는 백신은 개발되어 있지 않다.

14 다음 중 감염병과 관련 내용이 바르게 연결되지 않은 것은?

① 콜레라 – 외래 감염병
② 파상열 – 바이러스성 인수공통감염병
③ 장티푸스 – 고열 수반
④ 세균성이질 – 점액성 혈변

15 오염된 우유를 먹었을 때 발생할 수 있는 인수공통감염병이 아닌 것은?

① 파상열
② 결핵
③ Q열
④ 야토병

16 냉동 반죽의 장점이 아닌 것은?

① 노동력 절약
② 작업 효율의 극대화
③ 설비와 공간의 절약
④ 이스트 푸드의 절감

계산기 ◀ 이전 3/12 다음 ▶ 안 푼 문제 답안 제출

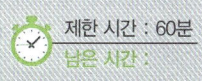
글자 크기 ⊖ 100% Ⓜ 150% ⊕ 200%　화면 배치 ▭ ⊟ ⊞

전체 문제 수 :
안 푼 문제 수 :

답안 표기란

17	①	②	③	④
18	①	②	③	④
19	①	②	③	④
20	①	②	③	④
21	①	②	③	④

17 노타임법에 의한 빵 제조에 관한 설명으로 잘못된 것은?

① 믹싱 시간을 20~25[%] 길게 한다.
② 산화제와 환원제를 사용한다.
③ 물의 양을 1[%] 정도 줄인다.
④ 설탕의 사용량을 다소 감소시킨다.

18 냉동제품에 대한 설명 중 틀린 것은?

① 저장기간이 길수록 품질 저하가 일어난다.
② 상대습도를 100[%]로 하여 해동한다.
③ 냉동 반죽의 분할량이 크면 좋지 않다.
④ 수분이 결빙할 때 다량의 잠열을 요구한다.

19 단백질의 가장 주요한 기능은?

① 체온 유지
② 유화 작용
③ 체조직 구성
④ 체액의 압력 조절

20 빵 반죽의 흡수에 대한 설명으로 잘못된 것은?

① 반죽 온도가 높아지면 흡수율이 감소된다.
② 연수는 경수보다 흡수율이 증가한다.
③ 설탕 사용량이 많아지면 흡수율이 감소된다.
④ 손상전분이 적량 이상이면 흡수율이 증가한다.

21 반죽을 발효시키는 목적이 아닌 것은?

① 향 생성
② 반죽의 숙성 작용
③ 반죽의 펭칭 작용
④ 글루텐 응고

실전모의고사 CBT

🖩 계산기　◀ 이전　4/12　다음 ▶　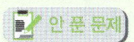 안 푼 문제　 답안 제출

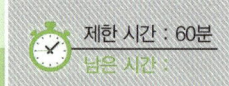
글자 크기 100% 150% 200% 화면 배치

전체 문제 수 :
안 푼 문제 수 :

답안 표기란

22	①	②	③	④
23	①	②	③	④
24	①	②	③	④
25	①	②	③	④
26	①	②	③	④

22 빵 제조 시 발효 공정의 직접적인 목적이 아닌 것은?

① 탄산가스의 발생으로 팽창 작용을 한다.

② 유기산, 알코올 등을 생성시켜 빵 고유의 향을 발달시킨다.

③ 글루텐을 발전, 숙성시켜 가스의 포집과 보유 능력을 증대시킨다.

④ 발효성 탄수화물의 공급으로 이스트 세포수를 증가시킨다.

23 발효에 직접적으로 영향을 주는 요소와 가장 거리가 먼 것은?

① 반죽 온도

② 달걀의 신선도

③ 이스트의 양

④ pH

24 발효의 설명으로 잘못된 것은?

① 발효 속도는 발효의 온도가 38[℃]일 때 최대이다.

② 이스트의 최적 pH는 4.7이다.

③ 알코올 농도가 최고에 달했을 때, 즉 발효의 마지막 단계에서 발효 속도는 증가한다.

④ 소금은 약 1[%] 이상에서 발효를 지연시킨다.

25 성형 시 둥글리기의 목적과 거리가 먼 것은?

① 표피를 형성시킨다.

② 가스포집을 돕는다.

③ 끈적거림을 제거한다.

④ 껍질색을 좋게 한다.

26 중간 발효에 대한 설명으로 틀린 것은?

① 글루텐 구조를 재정돈한다.

② 가스 발생으로 반죽의 유연성을 회복한다.

③ 오버헤드 프루프(Overhead proof)라고 한다.

④ 탄력성과 신장성에는 나쁜 영향을 미친다.

계산기   ◀ 이전 5/12 다음 ▶    안 푼 문제    답안 제출

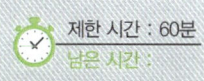
글자
크기 ⊖ 100% Ⓜ 150% ⊕ 200%

화면
배치

전체 문제 수 :
안 푼 문제 수 :

답안 표기란

27	①	②	③	④
28	①	②	③	④
29	①	②	③	④
30	①	②	③	④
31	①	②	③	④

27 이형유에 관한 설명 중 틀린 것은?

① 틀을 실리콘으로 코팅하면 이형유 사용을 줄일 수 있다.

② 이형유는 발연점이 높은 기름을 사용한다.

③ 이형유 사용량은 반죽 무게에 대하여 0.1~0.2[%] 정도이다.

④ 이형유 사용량이 많으면 밑껍질이 얇아지고 색상이 밝아진다.

28 2차 발효 시 3가지 기본적 요소가 아닌 것은?

① 온도

② pH

③ 습도

④ 시간

29 오븐에서의 부피 팽창 시 나타나는 현상이 아닌 것은?

① 탄산가스가 발생한다.

② 발효에서 생긴 가스가 팽창한다.

③ 약 80[℃]에서 알코올이 증발한다.

④ 약 90[℃]까지 이스트의 활동이 활발하다.

30 단백질 효율(PER)은 무엇을 측정하는 것인가?

① 단백질의 질

② 단백질의 열량

③ 단백질의 양

④ 아미노산 구성

31 빵 굽기의 일반적인 설명으로 틀린 것은?

① 높은 온도에서 구울 때 오버 베이킹이 된다.

② 고율배합의 빵은 비교적 낮은 온도에서 굽는다.

③ 너무 뜨거운 오븐은 빵의 부피가 적고 껍질이 진하다.

④ 잔당 함유량이 높은 어린 반죽은 낮은 온도에서 굽는다.

▦ 계산기

◀ 이전 6/12 다음 ▶

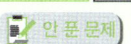 안 푼 문제

 답안 제출

글자 크기 ⊖ 100% Ⓜ 150% ⊕ 200% 화면 배치 ▤ ▥ ▢

전체 문제 수 :
안 푼 문제 수 :

답안 표기란

32	①	②	③	④
33	①	②	③	④
34	①	②	③	④
35	①	②	③	④
36	①	②	③	④
37	①	②	③	④

32 갓 구워낸 빵을 식혀 상온으로 낮추는 냉각에 관한 설명으로 틀린 것은?

① 빵 속의 온도를 35~40[℃]로 낮추는 것이다.

② 곰팡이 및 기타 균의 피해를 막는다.

③ 절단, 포장을 용이하게 한다.

④ 수분 함량을 25[%]로 낮추는 것이다.

33 제품을 포장하는 목적이 아닌 것은?

① 미생물에 의한 오염 방지

② 빵의 노화 지연

③ 수분 증발 촉진

④ 상품 가치 향상

34 다음 중 빵 제품의 노화(Staling) 현상이 가장 일어나지 않는 온도는?

① 0~4[℃]

② 7~10[℃]

③ -20~-18[℃]

④ 18~20[℃]

35 패리노그래프(Farinograph)의 기능이 아닌 것은?

① 흡수율 측정

② 믹싱 시간 측정

③ 500[B.U.]를 중심으로 그래프 작성

④ 전분 호화력 측정

36 프랑스빵 제조 시 스팀 주입이 많을 경우 생기는 현상은?

① 껍질이 바삭바삭하다.

② 껍질이 벌어진다.

③ 질긴 껍질이 된다.

④ 균열이 생긴다.

37 빵의 품질평가 방법 중 내부특성에 대한 평가항목이 아닌 것은?

① 기공

② 속색

③ 조직

④ 껍질의 특성

計算機 계산기 ◀ 이전 7/12 다음 ▶ ✔ 안 푼 문제 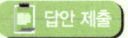 답안 제출

답안 표기란				
38	①	②	③	④
39	①	②	③	④
40	①	②	③	④
41	①	②	③	④
42	①	②	③	④

38 과발효된(Over proof) 반죽으로 만들어진 제품의 결함이 아닌 것은?

① 조직이 거칠다.

② 식감이 건조하고 단단하다.

③ 내부에 구멍이나 터널현상이 나타난다.

④ 제품의 발효 향이 약하다.

39 전분은 밀가루 중량의 약 몇 [%] 정도인가?

① 30[%]　　　　　　② 50[%]

③ 70[%]　　　　　　④ 90[%]

40 빵 제조 시 설탕의 사용 효과와 거리가 가장 먼 것은?

① 효모의 영양원　　　② 빵의 노화 지연

③ 글루텐 강화　　　　④ 빵의 색상 부여

41 버터를 쇼트닝으로 대체하려 할 때 고려해야 할 재료와 거리가 먼 것은?

① 유지 고형질　　　　② 수분

③ 소금　　　　　　　④ 유당

42 유지가 산패되는 경우가 아닌 것은?

① 실온에 가까운 온도 범위에서 온도를 상승시킬 때

② 햇빛이 잘 드는 곳에 보관할 때

③ 보고베콜을 첨가할 내

④ 수분이 많은 식품을 넣고 튀길 때

제**2**회 (제빵산업기사) CBT 실전모의고사

수험번호 :
수험자명 :

제한 시간 : 60분
남은 시간 :

글자 크기 100% 150% 200%   화면 배치

전체 문제 수 :
안푼 문제수 :

답안 표기란

43	①	②	③	④
44	①	②	③	④
45	①	②	③	④
46	①	②	③	④
47	①	②	③	④

43 좋은 튀김 기름의 조건이 아닌 것은?

① 천연의 항산화제가 있다.
② 발연점이 높다.
③ 수분이 10[%] 정도이다.
④ 저장성과 안정성이 높다.

44 이스트 푸드 성분 중 물 조절제로 사용되는 것은?

① 황산암모늄
② 전분
③ 칼슘염
④ 이스트

45 다음 중 우유에 관한 설명이 아닌 것은?

① 우유에 함유된 주 단백질은 카제인이다.
② 연유나 생크림은 농축우유의 일종이다.
③ 전지분유는 우유 중의 수분을 증발시키고 고형질 함량을 높인 것이다.
④ 우유 교반 시 비중의 차이로 지방입자가 뭉쳐 크림이 된다.

46 제빵 시 경수를 사용할 때 조치사항이 아닌 것은?

① 이스트 사용량 증가
② 맥아 첨가
③ 이스트 푸드 양 감소
④ 급수량 감소

47 제빵용 물에 대한 설명으로 틀린 것은?

① 제빵에는 아경수가 가장 적합하다.
② 알칼리 물은 이스트 발효에 의해 생성되는 정상적인 산도를 중화시킨다.
③ 경수를 사용할 때는 이스트 사용량을 증가시킨다.
④ 경수를 사용할 때는 이스트 푸드를 증가시킨다.

 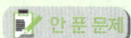

글자
크기 100% 150% 200%

화면
배치

전체 문제 수 :
안 푼 문제 수 :

답안 표기란

48	①	②	③	④
49	①	②	③	④
50	①	②	③	④
51	①	②	③	④
52	①	②	③	④

48 굽기 과정 중 당류의 캐러멜화가 개시되는 온도로 가장 적합한 것은?

① 100[℃]

② 120[℃]

③ 150[℃]

④ 185[℃]

49 다음 중 지방의 기능이 아닌 것은?

① 지용성 비타민의 흡수를 돕는다.

② 외부의 충격으로부터 장기를 보호한다.

③ 높은 열량을 제공한다.

④ 변의 크기를 증대시켜 장관 내 체류시간을 단축시킨다.

50 단백질에 대한 설명으로 틀린 것은?

① 기본 단위는 아미노산이다.

② 밀 단백질의 질소계수는 8.25이다.

③ 대부분의 단백질은 열에 응고된다.

④ 고온으로 가열하면 변성된다.

51 노인의 경우 필수 지방산의 흡수를 위하여 다음 중 어떤 종류의 기름을 섭취하는 것이 좋은가?

① 콩기름

② 닭기름

③ 돼지기름

④ 쇠기름

52 화학적 식중독을 유발하는 원인이 아닌 것은?

① 복어 독

② 불량한 포장용기

③ 유해한 식품첨가물

④ 농약에 오염된 식품

계산기

◀ 이전 10/12 다음 ▶

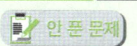 안 푼 문제

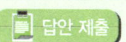 답안 제출

실전모의고사
CBT

글자 크기 100% 150% 200%   화면 배치

전체 문제 수 :
안 푼 문제 수 :

답안 표기란

53	①	②	③	④
54	①	②	③	④
55	①	②	③	④
56	①	②	③	④
57	①	②	③	④

53 생유의 미생물 오염에 대한 변화를 설명한 것 중 잘못된 것은?

① 대장균군의 오염이 있으면 거품을 일으키며 이상응고를 나타낸다.

② 단백분해균 중 일부는 우유를 점질화시키거나 쓴맛을 내는 것도 있다.

③ 생유 중의 산생성균은 산도 상승의 원인이 되어 선도를 저하시키기도 한다.

④ 냉장 중에는 우유에 변패를 일으키는 미생물이 증식하지 못한다.

54 다음 중 일반적인 상품의 표준 생산시간을 설정하는 목적이 아닌 것은?

① 소비자의 구매동기 자료   ② 원가 결정의 기초자료

③ 제품을 만드는 시간과 능력 파악   ④ 기술자 배치와 조정의 기초자료

55 제빵 공장에서 3명의 작업자가 10시간에 식빵 400개, 케이크 50개, 모카빵 200개를 만들고 있다. 1시간에 직원 1인에게 지급되는 비용이 1,000원이라 할 때, 평균적으로 제품의 개당 노무비는 약 얼마인가?

① 약 46원   ② 약 54원

③ 약 60원   ④ 약 73원

56 생산된 소득 중에서 인건비와 관련된 부분은?

① 노동 분배율   ② 생산가치율

③ 가치적 생산성   ④ 물량적 생산성

57 마케팅 분석 기법의 하나인 STP 분석 내용이 아닌 것은?

① 테스팅   ② 타깃팅

③ 포지셔닝   ④ 세분화

계산기   ◀ 이전 11/12 다음 ▶    안 푼 문제   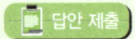 답안 제출

글자 크기 ⊖ 100% Ⓜ 150% ⊕ 200%   화면 배치

전체 문제 수 :
안 푼 문제 수 :

58 분유에 대한 설명 중 옳은 것은?

① 롤러법에 의해 제조된 분유는 스프레이법에 의한 것보다 물에 더 쉽게 풀리고 비타민의 함량은 적다.

② 탈지분유를 물에 풀어 액체유로 만들었을 때 비타민 C가 손실되는 것 이외에는 생우유보다 영양가의 손실은 거의 없다.

③ 전지분유는 흡습성이 강하여 빨리 부패하므로 뚜껑을 꼭 닫아 공기와 차단해서 보관해야 한다.

④ 조제분유는 유청 분말로 약 8[%]의 회분과 34[%]의 단백질을 함유하여 pH 변화에 대한 완충 작용을 한다.

59 치즈에 다음 설명 중 옳은 것은?

① 자연 치즈는 산에 의해 우유단백질을 응고시켜 만든 고형물을 우유와 미생물에 있는 효소에 의해 숙성시켜 만든다.

② 가공 치즈는 숙성과정에서 유당이 유산균에 의해 유산으로 변하기 때문에 유당은 치즈에 거의 존재하지 않는다.

③ 자연 치즈는 가공 치즈보다 더 얇게 잘 썰어지고 덩어리지거나 들러붙지 않고 잘 녹는다.

④ 자연 치즈는 치즈의 휘발성 향기성분이 휘발되고 화학변화를 일으키므로 가공 치즈보다 맛이 덜하다.

60 제과용 술에 대한 설명 중 옳지 않은 것은?

① 알코올 성분이 세균 번식을 막아 제품의 보존성이 높아지며, 지방분을 중화시켜 제품의 풍미를 높여준다.

② 럼(Rum)은 향이 높고 열에 강한 성질로 각종 과자를 만들 때 사용된다.

③ 위스키는 주니퍼 베리로 향을 내는 무색 투명한 증류주로 과일 푸딩, 초콜릿, 시럽 등에 사용된다.

④ 그랑 마르니에는 쿠앵트로와는 달리 오렌지 껍질을 코냑에 담그며 새콤달콤한 향이 초콜릿과 잘 어울린다.

계산기   ◀ 이전 12/12 다음 ▶    안 푼 문제    답안 제출

실전모의고사 정답 및 해설

🌱 제1회 제과산업기사 실전모의고사　　◆ 문제 p. 72

01	②	02	④	03	②	04	④	05	④
06	④	07	③	08	③	09	①	10	③
11	②	12	③	13	②	14	③	15	③
16	④	17	④	18	④	19	①	20	③
21	④	22	④	23	③	24	④	25	④
26	④	27	②	28	②	29	③	30	②
31	④	32	①	33	④	34	④	35	④
36	①	37	②	38	②	39	④	40	④
41	④	42	②	43	①	44	②	45	①
46	④	47	③	48	④	49	③	50	③
51	④	52	②	53	③	54	②	55	②
56	④	57	④	58	③	59	④	60	①

01 　　　　　　　　　　　　　　　　▶ ②
저율배합은 설탕량이 적고, 수분량이 적어서 고온에서 단시간 굽는 편이다.
• 설탕량이 적으면 오븐에서 색이 잘 나지 않아 고온에서 굽는 편이다.
• 수분량이 적으면 너무 많은 수분 손실이 생겨 제품이 건조해지지 않도록 짧게 굽는 편이다.

02 　　　　　　　　　　　　　　　　▶ ④
엔젤 푸드 케이크만의 특수한 경우가 아니라 제과 반죽 전체에 대한 현상이다.
반죽 온도가 낮으면
• 증기압을 형성하는 데 걸리는 시간이 길다.
• 제품의 기공이 조밀하고 부피가 작다.
• 색상이 진하다.

03 　　　　　　　　　　　　　　　　▶ ②
반죽 온도가 정상보다 낮을 때는 조밀한 기포가 형성된다.

04 　　　　　　　　　　　　　　　　▶ ④
• 높은 비중 = 공기가 적다. = 기공이 조밀하다. = 작은 부피
• 낮은 비중 = 공기가 많다. = 기공이 서로 열린다. = 큰 부피

05 　　　　　　　　　　　　　　　　▶ ④
과일의 유기산이 숙성되어서 산도가 낮다.

06 　　　　　　　　　　　　　　　　▶ ④
• 전체 틀 부피 = 가로 × 세로 × 높이 × 팬의 개수
• 비용적 = 2.4[cm³/g]
• 반죽 무게 = 30,000 ÷ 2.4 = 12,500[g] = 12.5[kg]

07 　　　　　　　　　　　　　　　　▶ ③
생우유는 수분이 많아 부적합하다.

08 　　　　　　　　　　　　　　　　▶ ③
퐁당은 114~118[℃]로 끓인 시럽을 40[℃] 전후로 식힌 후 저어서 하얗게 만든다.

09 　　　　　　　　　　　　　　　　▶ ①
마지팬이란 아몬드와 설탕을 분쇄하여 만드는 것으로, 아몬드의 기름 성분과 설탕이 만나 끈적끈적한 반죽처럼 된다.
아몬드 : 설탕의 비율이 1 : 2인 것은 주로 공예용으로 사용하고, 2 : 1인 것은 초콜릿이나 슈틀렌 등의 재료로 사용하며 로-마지팬이라고 부른다.

10 　　　　　　　　　　　　　　　　▶ ③
뜨거운 시럽을 서서히 흘려 넣어야 흰자가 익지 않는다.

11 　　　　　　　　　　　　　　　　▶ ②
고농도의 당액 제조 시 설탕의 재결정화를 막아주는 재료에는 주석산, 물엿, 전화당 등이 있다.

12 　　　　　　　　　　　　　　　　▶ ③
포장재는 공기가 통하면 수분 증발로 인해 제품의 노화가 빨라질 수 있으므로 통기성이 없어야 한다.

13 ▶ ②
스펀지 케이크의 기본적인 필수 재료는 소맥분(밀가루), 달걀, 설탕, 소금이다.

14 ▶ ③
밀가루의 혼합은 반죽할 때 일어나는 일이다.

15 ▶ ③
60[g] 중 흰자는 60[%]이므로
60 × 0.6 = 36[g]
360 ÷ 36 = 10이므로 달걀은 10개 있어야 한다.

16 ▶ ④
▶ 충전물 또는 젤리가 롤 케이크에 축축하게 스미는 현상 방지를 위한 조치사항
- 굽는 온도를 낮추고 시간을 늘린다.
- 수분의 비율을 줄인다.
- 밀가루의 양을 조금 늘린다.
- 비중이 너무 낮지 않도록 가루 재료 투입 후 섞는 작업을 조금 더 한다.

17 ▶ ④
무리한 힘을 가해 밀어 편 반죽은 탄력성에 의해 다시 수축한다.

18 ▶ ④
공기가 통하도록 파이 반죽에 포크 등을 이용해 구멍을 내면 제품에 기포나 수포가 생기는 것을 막을 수 있다.

19 ▶ ①
도넛에 대두분을 사용하면 대두단백질로 인해 영양 강화, 껍질 구조 강화 및 껍질색 개선, 바삭한 식감으로의 개선, 보습성으로 인한 노화 지연 등의 효과를 볼 수 있다.

20 ▶ ③
굽기 온도가 낮으면 껍질이 형성될 때까지 시간이 오래 걸리고 그 사이 퍼짐이 커진다.

21 ▶ ④
▶ 슈에 분무나 침지를 하는 목적
- 팽창 전에 껍질이 형성되는 것을 막음.
- 팽창 전에 색이 나는 것을 막음.
- 슈 껍질을 얇게 함.
- 표면이 균일하게 터지며 팽창함.

22 ▶ ④
① 단백질 함량이 많은 밀가루를 쓰면 단단하고 질기다.
② 반죽형 케이크의 경우 달걀의 양이 많으면 분리가 일어날 가능성이 크고, 분리가 일어난 반죽은 단단하고 질겨진다.
③ 높은 온도로 구우면 껍질이 빨리 형성되어 부피가 작아지고 질긴 식감이 된다.
④ 팽창제를 과다 사용하면 기공이 많아서 거칠고 부스러지는 조직이 된다.

23 ▶ ③
저온균은 물속이나 냉장고에서 증식하며, 증식이 가장 활발한 온도는 15~20[℃]이다.

24 ▶ ④
① 중온균의 발육 적온은 25~37[℃]
② 효모의 생육최적 pH는 4~6
③ 자유수의 함량이 많을수록 부패가 촉진

25 ▶ ④
▶ 부패 판정 검사 : 음식이 썩었는지 판단하기 위한 검사로 관능검사, 물리적 검사, 생균수 검사, 화학적 검사 등의 방법이 있다.

26 ▶ ③
보존료가 식품에 변화를 주면 안 된다.

27 ▶ ②
② 말라카이트 그린 – 산업용 염료

28 ▶ ②
▶ HACCP 적용 7원칙 : 위해요소 분석, 중요관리점 결정, 중요관리점의 한계기준 설정, 중요관리점의 모니터링 체계 확립, 개선조치방법 수립, 검증절차 및 방법 수립, 문서화 및 기록유지방법 설정

29 ▶ ②
장염 비브리오균은 감염형 식중독 세균이며, 원인식품은 어패류이나.

30 ▶ ②
병원성 대장균은 그람음성의 무아포 간균이다.

31 ▶ ④

발열이 24시간 이내 회복된다.

32 ▶ ①

복어의 독인 테트로도톡신은 자연적 독성으로 자연독 식중독을 유발한다.

33 ▶ ④

❍ 질병 발생의 3대 요소 : 감염원, 감염경로, 감수성을 가진 숙주

34 ▶ ④

오염이 의심되는 물건은 폐기한다.

35 ▶ ④

환기만으로는 감염병에 대비한 공기의 청결을 유지하기 어려우므로 공기소독 등 화학적 방법을 이용한다.

36 ▶ ①

바이러스성 감염병은 소아마비(폴리오, 급성회백수염), 유행성간염, 천열, 전염성설사 등이 있다.

37 ▶ ②

❍ 파상열 : 브루셀라증이라고도 하며, 세균성 인수공통감염병이다.

38 ▶ ②

제분율이 높다는 것은 밀의 무게에 대해 밀가루의 무게가 많다는 것이다. 이는 회분 함량에 따른 밀가루의 등급에 관한 설명이다.

39 ▶ ④

❍ 숙성 후 밀가루 특징
  • 2~3개월 정도 공기 중의 산소에 의해 자연산화되면 황색 색소가 산화에 의해 탈색되어 흰색을 띤다.
  • 환원성 물질이 산화되어 반죽 글루텐의 파괴를 막아준다.
  • 밀가루의 pH가 5.8~5.9로 낮아져, 이스트 발효 작용을 촉진하고, 글루텐의 질을 개선하여 흡수성을 좋게 한다.

40 ▶ ④

전화당은 가스 발생력과는 관계가 없다.

41 ▶ ④

쇼트닝은 수분이 전혀 없고, 지방 100[%]로 구성되어 있다.

42 ▶ ②

보수력이 있어서 노화를 지연시킨다.

43 ▶ ①

저온 장시간	63~65[℃], 30분간 살균
고온 단시간	72~75[℃], 15초간 살균
초고온 순간	125~138[℃], 최소한 2~4초 동안 살균

44 ▶ ②

달걀은 평균 껍질 10[%], 흰자 60[%], 노른자 30[%]로 구성되어 있다.
60[g] 중 전란은 90[%]이므로
$60 \times 0.9 = 54$[g]
$1,000 \div 54 ≒ 18.5$이므로 달걀은 19개 있어야 한다.

45 ▶ ①

입안에서의 용해성이 좋다.

46 ▶ ④

이스트파우더는 중조와 암모늄계 팽창제인 염화암모늄 두 종류의 가스 발생제를 합성한 팽창제이다.

47 ▶ ③

❍ 시장조사의 6요소 : 품질, 가격, 수량, 조건, 시기, 구매처

48 ▶ ④

생산관리의 목표는 원가, 품질, 납기를 관리하며 양질의 제품을 생산하는 데 있다.

49 ▶ ④

제품당 평균 단가는 단가의 변동사항이 있을 때 점검한다.

50 ▶ ③

기계설비는 자동화하여 자동률을 높인다.

51 ▶ ④

판매이익 + 총원가 = 판매가격

52 ▶ ②

❍ 노동 분배율 : 생산가치에 대한 인건비가 차지하는 비율
노동 분배율 = (인건비 ÷ 생산가치) × 100
            = (1,500 ÷ 3,000) × 100 = 50[%]

53 ▶ ③

타깃 시장에서 기업이 경쟁우위를 얻기 위해 제품이나 서비스의 차별화 전략 중 특정 브랜드를 인식시키는 포지셔닝 전략이 있다.

54 ▶ ②

냉동 저장 시 냉동고 용량의 70[%] 이하로 보관한다.

55 ▶ ②

세척하기는 3대 예방요령에 포함되지 않는다.

56 ▶ ④

구제작업은 연 2회 – 1년간 기록을 보관한다.

57 ▶ ④

퇴실 시 발바닥 소독기를 사용하지 않아도 된다.

58 ▶ ③

부패 방지 효과는 방부제의 장점이다.

59 ▶ ④

키르슈는 체리 과즙을 발효, 증류시켜 만든 술이다.

60 ▶ ①

제빵에서 밀가루, 물, 소금, 이스트 등 기본 재료를 포함하여 달걀, 설탕, 유지 등 필수 재료는 모두 원재료이다.

제2회 제과산업기사 실전모의고사 ✦ 문제 p.84

01	①	02	②	03	③	04	②	05	②
06	①	07	④	08	②	09	①	10	③
11	②	12	①	13	④	14	③	15	④
16	④	17	④	18	①	19	①	20	①
21	①	22	②	23	④	24	④	25	④
26	③	27	①	28	④	29	③	30	②
31	②	32	③	33	③	34	①	35	④
36	③	37	①	38	①	39	②	40	④
41	④	42	②	43	②	44	②	45	③
46	②	47	②	48	②	49	③	50	④
51	③	52	②	53	②	54	④	55	①
56	③	57	④	58	④	59	②	60	②

01 ▶ ①

밀가루 단백질인 글루텐 함량이 많을수록 반죽에 수분을 많이 흡수할 수 있는 능력이 있으며 튼튼한 구조를 형성하고, 믹싱이나 발효 중 손상되지 않고 견디는 힘도 좋아져서 결론적으로 좋은 부피와 내상을 가진 빵을 만들 수 있다. 글루텐의 함량이 많은 빵일수록 쫄깃한 맛에 가깝고 적은 빵일수록 부드러운 맛에 가깝다.

02 ▶ ②

• 단백질 함량 : 강력분 > 중력분 > 박력분
• 경질소맥(단단한 질감의 밀, 강력분) > 연질소맥(부드러운 질감의 밀, 박력분)

03 ▶ ③

▶ 밀가루 구성 성분 : 단백질 6~15[%], 지방 1~2[%], 전분 70[%], 회분 0.3~2[%]

04 ▶ ②

▶ 손상전분
  • 제분 중에 밀알이 기계적으로 절단 및 파쇄됨으로써 손상을 받게 되는 전분 입자기 일부분 생기는데, 이를 손상전분이라고 한다.
  • 빵을 만들기에 가장 적합한 손상전분이 양은 밀가루이 4.5~8[%]이다.

05 ▶ ②

호밀은 펜토산 함량이 높아 수분 흡수율이 높고 반죽이 끈적거리
며 뚝뚝 끊어지고 탄력성이 약해 글루텐 형성을 방해한다. 사워종
을 사용하면 완화된다.

06 ▶ ①

전화당은 자당을 가수분해하여 만들며, 포도당과 과당이 1 : 1 동
량으로 혼합되어 있는 혼합물이다.

07 ▶ ④

유지의 물리적인 특성인 크림성은 버터 크림, 파운드 케이크 제조
시에 필요한 기능이다.

08 ▶ ②

소금은 함께 사용한 다른 재료들의 향미를 증진시키는 역할을 하
며 껍질색을 진하게 한다.

09 ▶ ①

단맛을 주는 것은 설탕의 기능이다.

10 ▶ ③

❯ 유지의 경화 : 불포화지방산에 니켈을 촉매로 하여 수소를 첨
   가한다.

11 ▶ ②

WHO는 하루 섭취량의 1[%]의 트랜스지방을 허용하고 있다.

12 ▶ ①

발연점(가열할 때 연기가 나기 시작하는 온도)이 낮아진다.

13 ▶ ④

락토오스는 유당을 말하며, 유당은 탄수화물이다.
우유 단백질 중 카제인은 우유 전체의 3[%] 정도, 락토알부민과 락
토글로불린은 0.5[%] 정도 함유되어 있다.

14 ▶ ③

60[g] 중 노른자는 30[%]이므로
60 × 0.3 = 18[g]
500 ÷ 18 ≒ 27.8이므로 달걀은 28개 있어야 한다.

15 ▶ ④

① **오브알부민** : 흰자에 가장 많이 들어 있는 단백질
② **콘알부민** : 달걀의 흰자 속에 있는 단백질의 약 15[%]를 차지하
   고 있으며, 철이나 아연과 가역적으로 결합하여 안정하게 된다.
③ **라이소자임** : 흰자에 들어 있는 항균성 효소. 인체의 침, 눈물,
   모유 등에도 들어 있다.
④ 카로틴은 흰자에 들어 있지 않다.

16 ▶ ④

융점(녹는점)이 겨울에는 낮고 여름에는 높아서 겨울철 추운 날씨
에는 낮은 온도에서 녹고, 여름철 더운 날씨에는 높은 온도에서 녹
는 것이 좋다.

17 ▶ ④

• 다크 초콜릿의 처음 녹이는 공정의 온도 범위는 40~50[℃]이다.
• 초콜릿의 종류에 따라 템퍼링 온도는 다르다.

18 ▶ ①

수분이나 수증기가 새어 들어가지 않도록 중탕 그릇이 초콜릿 그
릇보다 작아야 한다. 중탕 물에 초콜릿 그릇이 직접 닿지 않아도
수증기의 열로 녹일 수 있다.

19 ▶ ①

❯ **초콜릿 보관방법** : 온도 15~18[℃], 습도 40~50[%], 습기와
   직사광선을 피해 보관한다. (정답에 가장 가까운 것은 ①이다.)
   초콜릿은 냄새를 흡수하는 성질이 강해 다른 음식들이 있는 일
   반 냉장고에 보관하면 좋지 않다. 게다가 초콜릿을 보관하기에
   일반 냉장고는 온도는 너무 낮고 습도는 너무 높다.

20 ▶ ①

물은 유화 작용을 하지 않는다.

21 ▶ ①

베이킹파우더, 베이킹소다와 같은 화학적 팽창제는 반죽하여 바로
굽는 제과에 사용하는 것으로 발효를 해야 하는 효모(이스트)보다
가스 생산이 빠르다.

22 ▶ ②

모노-디 글리세리드의 디아세틸 타르타르산 에스테르라는 유화제
는 친유성기와 친수성기가 1 : 1로 구성되어 있지만 모든 유화제
가 다 그런 것은 아니다.

23 ▶ ④
무기질, 비타민은 조절 영양소이다.

24 ▶ ④
지방의 가수분해로 얻는다. 지방을 가수분해하면 글리세린과 지방
산으로 분해된다. 지방산이 점차 떨어져 나가면서 디글리세리드,
모노글리세리드의 중간 산물을 거쳐 글리세린을 얻을 수 있다.

25 ▶ ④
반죽 온도가 높으면 기공이 열려 내상이 거칠고 노화가 빠르다.

26 ▶ ③
공립법의 공립이란 "달걀의 흰자와 노른자를 함께 사용한다."라는
뜻이다.

27 ▶ ①
① 퍼프 페이스트리 반죽은 충전용 유지와 단단한 정도를 맞추기
  위해 냉장 휴지를 해야 하므로 반죽 결과 온도는 20[℃]로 맞
  춘다.
② 레이어 케이크 : 23[℃]
③ 파운드 케이크 : 23[℃]
④ 스펀지 케이크 : 25[℃]

28 ▶ ④
비중은 같은 부피의 반죽 무게를 같은 부피의 물 무게로 나눈 것
이다.

29 ▶ ③
비중과 색깔과는 관계가 없다.

30 ▶ ②
1[g]당 가장 많이 팽창하는 것, 즉 비용적이 큰 것을 찾는 문제이
다. 비용적이 가장 큰 것은 스펀지 케이크이다.
① 파운드 케이크 : 2.4[cm³/g]
② 스펀지 케이크 : 5.08[cm³/g]
③ 레이어 케이크 : 2.96[cm³/g]
④ 엔젤 푸드 케이크 : 4.71[cm³/g]

31 ▶ ③
제품에 수분이 많다.

32 ▶ ③
광택이 나게 하며 터진 부분의 수분 증발을 막아줌으로써 보존
기간을 개선하고 촉촉함을 유지할 수 있어 맛의 변화를 막을 수
있다.

33 ▶ ③
퍼프 페이스트리는 유지의 물리적 성질을 이용하여 팽창시키는 제
품으로 CO_2 가스를 발생시키지 않는다.

34 ▶ ①
팬 종이의 높이가 너무 높으면 그림자 지는 부위만 색이 덜 날 수
있으므로 팬 종이는 팬 높이 정도까지 재단한다.

35 ▶ ④
④ 물을 분무한 팬에 넣어 굽는다.
• **이형제로 물을 사용하는 제품** : 시퐁 케이크, 엔젤 푸드 케이크
• **이형제로 유지를 사용하는 제품** : 반죽형 케이크
• **산 사전처리법** : 머랭에 주석산을 넣는 방법으로 튼튼하고 탄력
  있는 제품을 만들 때 사용한다.
• **산후처리법** : 주석산을 밀가루에 넣는 방법이며, 반죽 순서가 머
  랭을 먼저 만들고 밀가루를 나중에 섞기 때문에 이러한 이름이
  붙었다.

36 ▶ ③
퍼프 페이스트리는 설탕을 넣지 않은 반죽이기 때문에 일반적인
제과 제품에 비해 고온에서 구워 색을 낸다. 낮은 온도에서 구우면
표피가 말라버려서 글루텐의 신장성이 적어지고 증기압이 잘 발생
되지 않아 부피가 작아진다.
① 파운드 케이크 : 180[℃]
② 시퐁 케이크 : 180[℃]
③ 퍼프 페이스트리 : 210[℃]
④ 과일 케이크 : 180[℃]

37 ▶ ①
파이는 반죽을 한 후 냉장 휴지를 시키는 제품이므로 반죽 온도를
18[℃] 정도로 맞춘다. 마찰열이나 실내 온도, 다른 재료의 온도도
반죽 온도를 높이는 요인이 되므로 찬물을 넣어 18[℃]의 반죽을
만든다. (보기에서 반죽 희망 온도인 18[℃] 이상의 것들은 답이
될 수 없다.)

38 ▶ ①
오븐 온도가 낮다.

실전모의고사
CBT

39 ▶ ②

○ 설탕의 재결정화를 방지할 목적으로 주석산을 사용하는 경우
- 이탈리안 머랭을 제조하기 위하여 시럽을 만들 때
- 버터 크림을 제조하기 위하여 시럽을 만들 때
- 설탕공예용 당액(시럽)을 만들 때

40 ▶ ④

껍데기에 구멍을 내주어야 옆으로 터지면서 충전물이 끓어 넘치는 것을 방지할 수 있고 껍질 사이가 잘 봉해져 있어야 한다.

41 ▶ ④

○ 과도한 흡유의 원인
- 반죽의 수분이 많을 때
- 믹싱이 짧아 글루텐이 부족할 때(빵도넛)
- 튀김 기름의 온도가 낮고 튀김 시간이 길었을 때
- 설탕, 유지, 팽창제의 양이 많았을 때
- 반죽 온도가 부적절했을 때

42 ▶ ②

- 스냅 쿠키는 수분이 적은 편이어서 밀어 펴는 형태로 성형할 수 있다.
- 드롭 쿠키는 반죽형 쿠키 중에서 수분이 가장 많은 쿠키이다(짜는 쿠키).
- 스펀지 쿠키와 머랭 쿠키는 거품형 쿠키로 달걀이 많이 사용되었기 때문에 수분이 많다.

43 ▶ ②

에클레어는 슈를 길쭉한 모양으로 짜서 크림을 넣고 초콜릿 등을 토핑한 슈의 응용제품이다.

44 ▶ ②

물은 윗면에 뿌리는 것으로 구운 후 분리와는 관계가 없다.

45 ▶ ③

강력분의 단백질 함량은 11~13[%]이므로 10[%] 이상의 단백질 함량을 가진 밀가루는 강력분을 가리키는 것이다. 강력분으로 케이크를 만들면 제품의 부피가 작다.

46 ▶ ②

커스터드 크림의 농후화제는 달걀이고, 전분 크림의 농후화제는 전분이다.

47 ▶ ②

① 경조직 구성 성분 : 무기질(칼슘, 인, 마그네슘)
② 열량 공급원 : 탄수화물, 지방, 단백질의 기능
③ 효소의 기능 촉진 : 무기질(염소, 나트륨)
④ 세포의 삼투압 평형 유지 : 무기질(칼륨, 나트륨, 염소)

48 ▶ ②

입출고 카드는 물품별로 준비하며 사용자와는 관계가 없다.

49 ▶ ③

1인당 생산가치 = 생산가치 ÷ 인원수

50 ▶ ④

생산 원가를 계산하는 목적은 원 · 부재료 등의 생산 원가, 이익 산출 및 계산, 판매가격을 책정하기 위함이다.

51 ▶ ③

원가관리 3단계 협조체제는 생산부서의 절약, 구매부의 원가 절감, 판매원의 원가 절감이다.

52 ▶ ③

$$노동\ 분배율 = \frac{인건비}{생산가치} \times 100$$
$$= \frac{1,400만}{3,000만} \times 100 ≒ 47[\%]$$

53 ▶ ②

보증기간, 고객서비스, 포장은 제품(Product)에 관련된 사항이다.

54 ▶ ④

낮은 온도에서 오븐 안의 바람에 의한 해동은 대류식 오븐을 이용하는 방법으로 급속 해동에 해당한다.

55 ▶ ①

식품위생 검사의 종류에는 관능검사, 생물학적 검사, 화학적 검사, 물리적 검사, 독성검사 등이 있다.
① 냄새는 관능검사의 한 방법이다.

56 ▶ ③

사용한 행주는 3회 이상 깨끗하게 씻고 소독한다.

57 ▶ ④

① 밀가루의 전체 단백질 중 프롤라민, 글리아딘, 글루테닌 등은 글루텐을 형성하는 단백질이다.
② 전분의 호화는 가열 온도가 높을수록, 전분 입자가 작을수록, 첨가하는 물의 양이 많을수록, 가열 전 물에 담그는 시간이 길수록, 도정률이 높을수록, 물의 pH가 높을수록 잘 일어난다.
③ 밀가루의 회분은 밀의 정제도를 나타내며 제분율에 정비례하고 강력분일수록 회분 함량이 높다.

58 ▶ ④

잔당이 아미노산과 환원당으로 반응하여 껍질색을 내는 메일라드 반응이다.

59 ▶ ②

① 중조와 베이킹파우더는 이산화탄소를 발생시키는 팽창제로 작용한다.
③ 소금은 반죽과정에서 흡수율이 감소하고 반죽의 저항성이 증가되는 특성이 있다.
④ 황산칼슘은 반죽 조설제로 연수를 아경수로 바꾸어 반죽의 탄력성을 준다.

60 ▶ ②

필수 지방산인 리놀레산, 리놀렌산, 아라키돈산은 불포화지방산으로 주로 식물성 유지에 많이 함유되어 있다.

🌾 제1회 제빵산업기사 실전모의고사   ✦ 문제 p. 96

01	③	02	④	03	①	04	②	05	④
06	③	07	④	08	③	09	④	10	③
11	④	12	②	13	②	14	④	15	③
16	④	17	③	18	③	19	①	20	②
21	①	22	②	23	①	24	④	25	②
26	①	27	②	28	②	29	①	30	②
31	③	32	①	33	②	34	③	35	④
36	③	37	④	38	①	39	④	40	④
41	④	42	②	43	④	44	①	45	④
46	②	47	①	48	②	49	④	50	④
51	②	52	③	53	④	54	③	55	①
56	④	57	③	58	④	59	④	60	②

01 ▶ ③

③ 유리지방산 : 3분자의 지방산과 1분자의 글리세린의 결합이 유지의 가수분해 과정에서 분해되어 나온 지방산을 유리지방산이라고 한다.

02 ▶ ④

펀치와 성형과는 관계가 없다.

03 ▶ ①

도우 제조 시 반죽 시간이 짧아진다.

04 ▶ ②

연속식 제빵법은 산화제 첨가로 인해 발효 향이 감소한다.

05 ▶ ④

• 산화제 : 비타민 C, 브롬산칼륨, 요오드칼륨, 아조디카본아마이드
• 환원제 : L-시스테인, 소르브산

06 ▶ ③

냉동 중 이스트의 사멸로 인해 가스 발생력이 떨어지므로 이스트 사용량을 2배로 늘린다.

07 ▶ ④

급속 냉동은 해동과는 관계가 없다.

08 ▶ ③

소금은 밀가루를 기준으로 1.75~2[%] 정도 사용하는 것이 적당하다.

09 ▶ ④

작업자의 위생상태는 유통기한과 관계가 없다.

10 ▶ ③

밀가루 단백질이 1[%] 증가하면 물 흡수율은 1.5[%] 증가한다.

11 ▶ ④

이스트 푸드는 이스트의 활성을 촉진시키는 등의 역할로 발효와 관계있으며, 반죽의 수분 흡수나 믹싱 시간과는 큰 관계가 없다.

12 ▶ ②

① 이스트의 양 : 이스트의 양이 많으면 가스 발생량이 많다.
③ 반죽 온도 : 반죽 온도가 높을수록 가스 발생력은 커지고 발효 시간은 짧아진다.
④ pH : 반죽의 pH가 낮을수록 가스 발생력이 커지나 pH 4.0 이 하로 떨어지면 가스 발생력이 작아진다.

13 ▶ ②

발효실 온도가 낮은 경우 정상보다 발효 시간이 더 길어진다.

14 ▶ ④

중간 발효를 함으로써 둥글리기를 하느라 잃었던 가스를 회복하고, 탄력성과 신장성의 밸런스를 갖게 해서 성형할 때 찢어지지 않도록 반죽에 유연성을 부여한다.

15 ▶ ③

산형 식빵(봉우리가 3개인 식빵)의 비용적은 3.36[cm³/g]이다.

16 ▶ ④

수포가 생기거나 껍질이 질겨지는 경우는 습도가 높을 때 나타나는 현상이다.

17 ▶ ③

단당류가 이당류보다 메일라드 반응 속도가 빠르며, 단당류 중에서도 감미도가 높은 당이 반응이 빠르다.
과당(단당류, 감미도 175) - 포도당(단당류, 감미도 75) - 설탕(이 당류, 감미도 100)

18 ▶ ③

풀먼 식빵은 뚜껑을 덮어 굽는 제품으로 노출부분이 적어서 굽기 손실은 약 7~9[%]로 적은 편이다.

19 ▶ ①

밀가루의 등급이 낮다는 것은 회분 함량이 높다는 의미이고, 껍질 부위가 많이 첨가되었다는 뜻이다. 껍질부위로 갈수록 단백질의 함량이 높아 흡수율이 증가할 수는 있으나, 껍질부위의 단백질은 제빵 적성의 질이 낮은 단백질로 반죽 시간과 안정도는 감소한다.

20 ▶ ②

단백질 분해 효소인 프로테아제를 첨가하면 반죽이 연화되어 팬 흐름성이 좋아진다.

21 ▶ ①

가장 크게 영향을 미치는 요인은 '지나친 발효'이다.

22 ▶ ②

◐ 제과 · 제빵 제품의 변질 요인 : 영양소, 수분, 온도, 산소, pH, 삼투압 등

23 ▶ ①

실 모양의 균이라고 하며 곰팡이를 사상균이라고 부른다.

24 ▶ ④

단백질이 부패하면 황화수소, 아민류, 암모니아, 페놀, 메르캅탄이 생성된다.

25 ▶ ②

식품첨가물은 적은 양으로도 효과가 충분해서 식품첨가물이 식품 내에 차지하는 비율이 낮은 것이 좋다.

26 ▶ ①

표준온도는 20[℃], 상온은 15~25[℃], 실온은 1~35[℃], 미온은 30~40[℃], 찬 곳은 따로 규정이 없는 한 0~15[℃]의 장소를 말한다.

27 ▶ ②
미생물의 발육저지력이 강해야 한다.

28 ▶ ②
타르계 식용색소인 황색4호(타트라진)는 버터, 카스텔라, 단무지, 카레, 식빵 등에 사용할 수 없다.

29 ▶ ①
식품소분업은 식품을 적은 용량으로 나누어 소포장하여 판매하는 업종이다.

30 ▶ ②
가열하여 세균을 살균하면 식중독의 예방에 도움이 된다.

31 ▶ ③
감염형 식중독이란 세균이 대량으로 증식한 식품을 섭취하여 걸리는 병이다.

32 ▶ ①
① 대장균 O-157이 독소를 생산한다.
④ 장내 상재균총이란 사람과 동물의 생후부터 장내에 형성되어 항상 존재하고 있는 세균의 무리를 말한다.

33 ▶ ②
알레르기성 식중독은 꽁치, 전갱이, 청어 등의 등 푸른 생선에 축적된 히스타민과 아민류를 섭취하면 발병한다.

34 ▶ ③
③ 삭시톡신 – 섭조개, 대합 독

35 ▶ ④
경구 감염병에 관한 문제로 세균성이질, 장티푸스, 콜레라는 음식물을 매개로 한 경구 감염병이다.

36 ▶ ③
동양고양선충은 인수공통감염병이 아닌 기생충에 의한 질병이다.

37 ▶ ④
글리아딘은 70[%]의 알코올에 녹고, 빵 반죽에 신장성과 점성을 준다.

38 ▶ ①
밀가루는 단백질 함량에 따라 강력분, 중력분, 박력분으로 구분한다.

39 ▶ ④
④ 매장과 주방의 동선 관리

40 ▶ ④
기포성은 제과와 관련된 용어이다.

41 ▶ ④
식염과 프로테아제는 관계가 없다.

42 ▶ ②
• 전분 1[%] 증가 시 흡수율 0.5[%] 증가
• 손상전분 1[%] 증가 시 흡수율 2[%] 증가
• 난백실 1[%] 증가 시 흡수율 1.5~2[%] 증가

43 ▶ ④
비타민 E는 항산화제이다.

44 ▶ ①
분유를 넣으면 분유의 단백질에 의해 흡수율이 증가한다.

45 ▶ ④
달걀은 1~10[℃]로 냉장 저장하여야 품질을 보장할 수 있다.

46 ▶ ②
습도가 높은 환경으로 인해 초콜릿 표면에 수분이 응축되어 초콜릿의 설탕 성분이 녹았다가 다시 굳으며 하얗게 되는 것은 슈가 블룸이다.

47 ▶ ①
원·부재료의 원산지와 구매계획을 세우는 것과는 관계가 없다.

48 ▶ ②
▶ 생산 활동의 구성요소(4M) : 사람(Man), 재료(Material), 기계(Machine), 방법(Method)

49 ▶ ④
생산계획 수립 시 연간 생산계획의 기초자료를 확인한다.

50 ▶ ④

▶ 직접 원가 : 제품의 생산에 직접 필요한 원가이다.
직접 원가 = 직접 재료비 + 직접 노무비 + 직접 경비

51 ▶ ②

재고를 최소화하여 원가를 절감한다.

52 ▶ ③

건조보관은 10~20[℃]이다.

53 ▶ ④

3[%] 크레졸은 배설물, 화장실 소독에 사용한다.

54 ▶ ③

총 대장균군 수는 5,000 이하/100[mL]이다.

55 ▶ ①

배기후드는 주 단위로 청소한다.

56 ▶ ④

• 소금, 비타민 C, 칼슘염, 마그네슘염 등은 글루텐 형성과 탄성을
강하게 한다.
• 식초, 레몬즙은 글루테닌을 녹이기 쉬워 반죽의 신장성이 좋아
진다.

57 ▶ ③

밀가루 단백질과는 화학적 구성과 물리적 특성이 다르며 신장성이
결여된다.

58 ▶ ④

감자 가루는 감자전분과 다르며 노화 지연, 향료, 이스트의 영양제
로 사용된다.

59 ▶ ④

비타민 P는 모세혈관의 삼투성을 조절하여 혈관강화 작용을 하고,
부족하면 피하출혈이 생긴다.

60 ▶ ②

금속재질에는 납, 도료성분, 주석 등이 포함될 수 있다.

🌱 제2회 제빵산업기사 실전모의고사   ✦ 문제 p. 108

01	②	02	①	03	④	04	③	05	②
06	③	07	①	08	②	09	②	10	①
11	①	12	④	13	④	14	②	15	④
16	④	17	①	18	②	19	③	20	②
21	④	22	④	23	②	24	③	25	④
26	④	27	④	28	②	29	④	30	①
31	①	32	④	33	③	34	③	35	④
36	③	37	④	38	④	39	③	40	③
41	④	42	③	43	③	44	③	45	③
46	④	47	③	48	③	49	④	50	②
51	①	52	①	53	④	54	①	55	①
56	①	57	①	58	③	59	①	60	③

01 ▶ ②

▶ 산패 : 지방이 산화 등에 의해 악취, 변색이 일어나는 현상

02 ▶ ①

분변에 있는 세균이 식품에 남아 있다는 것은 위생적인 처리가 되
지 않았음을 말해준다. 대장균은 분변에 다량 존재하며 병원균과
항상 공존하는 세균으로 분변오염의 지표가 된다.

03 ▶ ④

육류는 도살 이후 젖산분비로 인해 산성이 되었다가 암모니아와
염기성(알칼리성) 물질이 형성되면서 알칼리성이 된다.
▶ 육류의 사후변화 : 도살(pH 7) → 사후경직(젖산분비로 인해 pH
하강, pH 5.5) → 자가소화(숙성, pH 7) → 부패(pH 9, 알칼리성)

04 ▶ ③

빵을 포장지로 포장하면 수분 증발을 방지하여 빵의 노화를 억제
할 수 있다.

05 ▶ ②

모든 품목은 사용대상 식품의 종류 및 사용량에 제한을 받는다.

06 ▶ ③

식중독을 일으키는 세균은 25~37[℃]의 온도에서 최적의 증식을
하므로 5~9월에 가장 많이 발생한다.

07 ▶ ①

조리된 식품은 가급적 빨리 소모하고, 이용하고 남은 음식은 폐기한다.

08 ▶ ②

보툴리누스균에 의한 클로스트리디움 보툴리눔 식중독은 신경마비 증상을 일으키며 호흡곤란, 사망에 이르는 등 치사율이 가장 높다.

09 ▶ ②

이스트 푸드는 밀가루 중량 대비 0.1~1.0[%] 정도로 소량 사용한다. 제빵 개량제는 밀가루 중량 대비 1~2[%] 정도 사용한다.

10 ▶ ①

노로바이러스 감염자는 회복 후에도 바이러스를 방출하므로 3일 동안은 음식을 조리하지 않는다.

11 ▶ ①

콜레라는 제2급 감염병이다.

12 ▶ ④

○ **경구 감염병** : 콜레라, 장티푸스, 파라티푸스, 세균성이질, 유행성간염 등

13 ▶ ④

장티푸스 백신이 존재한다.

14 ▶ ②

① **콜레라** : 항구나 공항에서 검역에 신경 써서 콜레라가 국내에 들어오는 것을 막아야 한다.
② **파상열** : 브루셀라증이라고도 하며, 세균성 인수공통감염병이다.
③ **장티푸스** : 우리나라에서 가장 흔히 걸리는 수인성 감염병으로 고열이 나서 열병이라고도 한다.
④ **세균성이질** : 점액성 혈변 증상을 보이는 수인성 감염병이다.

15 ▶ ④

오염된 우유 섭취 시 발생하는 인수공통감염병은 결핵, 파상열, Q열이다.
④ 야토병은 감염된 산토끼고기로 인해 감염된다

16 ▶ ④

냉동 반죽은 일부 이스트의 냉해로 인한 글루타치온의 생성으로 반죽이 퍼진다. 반죽이 퍼지는 것을 막기 위하여 이스트 푸드를 증가시킨다.

17 ▶ ①

환원제 사용으로 믹싱 시간이 단축된다.

18 ▶ ②

냉동 반죽은 해동 시 습도가 높으면 반죽이 너무 젖으므로 다른 제법에 비해 낮은 상대습도를 유지한다.

19 ▶ ③

단백질은 체조직과 혈액 단백질, 효소, 호르몬, 항체 등을 구성하는 것이 주된 기능이다.

20 ▶ ②

연수는 경수보다 글루텐을 약하게 하고, 반죽을 질게 만들기 때문에 흡수율이 감소한다.

21 ▶ ④

④ 글루텐의 응고는 구울 때 일어나는 현상이다.
○ **빵 반죽 발효의 목적** : 반죽의 팽창 작용, 반죽의 숙성 작용(향생성 및 반죽의 신장성, 탄력성 등의 물리적 변화)

22 ▶ ④

발효성 탄수화물의 공급은 당의 역할이다.

23 ▶ ②

달걀은 빵의 주재료가 아니며 발효에 영향을 미치지 않는다.

24 ▶ ③

발효 중 이스트의 발효산물인 알코올이 분해되어 초산(아세트산)으로 전환되며 이로 인해 반죽의 pH가 떨어지는데, 반죽의 pH가 낮을수록 가스 발생력이 커지다가 pH 4.0 정도로 떨어지면 오히려 가스 발생력이 작아진다.

25 ▶ ④

둥글리기와 껍질색은 관계가 없다.

26 ▶ ④

적당한 탄력성과 적당한 신장성의 회복으로 반죽을 유연하게 하여 성형이 용이해진다.

실전모의고사 CBT

27 ▶ ④

이형제를 많이 사용하면 껍질이 튀긴 듯이 두꺼워지고 색상도 어두워진다.

28 ▶ ②

2차 발효가 적절하게 되도록 관리하여야 할 3가지 요소는 온도, 습도, 시간이다.

29 ▶ ④

이스트는 60~63[℃]에서 사멸한다.

30 ▶ ①

● 단백질 효율(Protein Efficiency Ratio ; PER) : 어린 동물의 체중이 증가하는 양에 따라 단백질의 영양가를 판단하는 방법으로, 단백질의 질을 측정하는 방법이다.

31 ▶ ①

• 오버 베이킹 : 낮은 온도에서 오래(저온 장시간) 굽는 것
• 언더 베이킹 : 높은 온도에서 짧게(고온 장시간) 굽는 것

32 ▶ ④

빵 속 수분 함량은 구운 직후 45[%] 정도이지만 껍질로의 수분 이동, 냉각 손실 등의 이유로 적절한 냉각 후에는 38[%]로 줄어든다.

33 ▶ ③

포장을 함으로써 수분 증발을 막아 빵의 노화를 지연시켜 저장성을 늘려주고 미생물에의 노출을 차단하며 포장을 통해 상품성을 높인다.

34 ▶ ③

노화가 정지되는(전분의 노화가 잘 일어나지 않는) 온도는 냉동 온도인 −18[℃]이다.

35 ▶ ④

● 패리노그래프
• 밀가루의 흡수율, 믹싱 시간, 믹싱 내구성, 점탄성 측정
• 패리노그래프 곡선의 윗부분이 500[B.U.]에 도달하는 시간을 '도달(도착) 시간'이라고 하는데, 이를 중심으로 그래프를 작성한다.
④ 아밀로그래프를 통해 밀가루의 전분이 호화되는 온도를 알 수 있다. 밀가루를 호화시키면서 점도를 측정하는 것이 아밀로그래프의 특징이다.

36 ▶ ③

스팀이 과하면 껍질이 질겨진다. 또한 색이 너무 진해지고 칼집 자국이 희미해질 수 있다. 반면에 스팀이 적으면 얇고 바삭거리는 껍질과 광택을 얻을 수 없다.

37 ▶ ④

껍질의 특성은 외부특성이다.

38 ▶ ④

제품의 발효 향이 강하다.

39 ▶ ③

탄수화물은 밀가루 함량의 70[%]를 차지하며, 대부분은 전분이고 나머지는 덱스트린, 셀룰로오스, 당류, 펜토산이 있다.

40 ▶ ③

설탕은 글루텐의 결합을 방해하는 연화 작용을 한다.

41 ▶ ④

• 버터 : 유지 고형질 80~85[%], 수분 14~17[%], 소금 1~3[%], 기타 1[%]
• 쇼트닝 : 지방 100[%], 무색, 무취, 무미
① 유지의 고형질 함량이 같아지도록 계산하여 대체한다.
③ 가염인 경우 반죽에 들어가는 소금양을 조절한다.
④ 유당은 매우 미량이어서 영향을 미치지 못한다.

42 ▶ ③

토코페롤은 항산화제이다.

43 ▶ ③

수분은 산패의 요인이 된다.

44 ▶ ③

① 황산암모늄은 이스트 조절제이다.
② 전분은 분산제, 완충제, 계량 용이의 역할을 한다.
③ 칼슘염은 물 조절제이다.

45 ▶ ③

우유 중의 수분을 증발시키고 고형질 함량을 높인 것은 연유이다. 전지분유는 아예 수분을 없애고 분말화한 것이다.

46 ▶ ④

경수는 반죽을 단단하게 강화시키므로 연화시킬 수 있는 조치를 취한다.

① 된 반죽이 되어서 발효 시간이 증가하므로 이스트 사용량 증가
② 단단하고 강한 반죽을 효소의 작용으로 연화시키기 위해 맥아 사용
③ 반죽을 단단하게 만들어주는 역할을 하는 이스트 푸드 사용량을 감소(물의 경도를 높이는 칼슘염. 마그네슘염은 이스트 푸드의 성분 중 하나이다.)
④ 된 반죽을 부드럽게 연화하기 위해 물의 양을 늘려 되기를 맞춘다.

47 ▶ ④

경수를 사용할 때에는 칼슘염. 마그네슘염이 첨가되어 반죽을 강하고 단단하게 하는 이스트 푸드의 사용량을 감소시킨다.

48 ▶ ③

설탕 이외의 당류는 150[℃]에서 캐러멜화가 개시된다.

49 ▶ ④

탄수화물 중 섬유소(셀룰로오스)가 우리 몸에 소화효소가 없기 때문에 흡수되지 못하고 변의 크기를 증대시켜 대장 내 체류시간을 단축시킨다.

50 ▶ ②

질소계수란 식품에 포함된 질소의 양으로부터 단백질의 양을 환산하기 위한 수치이다. 질소는 단백질만 가지고 있는 원소로서 식품 단백질에 평균 16[%] 정도 들어 있다. 밀가루의 경우 단백질 중 질소의 퍼센트는 17.5[%]이나.

밀가루 중에 함유된 질소의 양을 구하려면 단백질의 양에 17.5[%], 즉 100분의 17.5를 곱하면 된다.

- 질소의 양 = 단백질의 양 $\times \dfrac{17.5}{100}$

- 단백질의 양 = 질소의 양 $\times \dfrac{100}{17.5}$

위의 식을 통해 밀가루의 단백질 양을 구하기 위해서는 항상 밀가루에 함유된 질소의 양에 $\dfrac{100}{17.5}(≒5.7)$을 곱하면 된다는 것을 알게 되었다. 이 수치를 질소계수라고 부른다.

51 ▶ ①

콩기름에는 필수 지방산인 리놀레산과 리놀렌산이 함유되어 있다.

52 ▶ ①

복어 독은 자연독에 의한 식중독으로, 테트로도톡신이 독소이다.

53 ▶ ④

부패세균 중 저온세균은 0~20[℃]에서도 증식을 한다.

54 ▶ ①

상품의 표준 생산시간을 설정하는 목적은 원가 결정, 제조 시간, 제조 능력, 기술자 배치와 조정 등의 기초자료가 되기 때문이다.

55 ▶ ①

- 총 노무비 = 1,000원 × 10시간 × 3명 = 30,000원
- 제품 개당 노무비 = 30,000 ÷ (400 + 50 + 200) ≒ 46.15원

56 ▶ ①

노동 분배율 = $\dfrac{인건비}{생산가치} \times 100$

57 ▶ ①

● STP 분석 : 세분화(Segmentation), 타깃팅(Targeting), 포지셔닝(Positioning)

58 ▶ ③

① 스프레이법에 의해 제조된 분유는 롤러법에 의한 것보다 물에 더 쉽게 풀리고 비타민의 함량은 적다.
② 전지분유를 물에 풀어 액체유로 만들었을 때 비타민 C가 손실되는 것 이외에는 생우유보다 영양가의 손실은 거의 없다.
④ 탈지분유는 약 8[%]의 회분과 34[%]의 단백질을 함유하여 pH 변화에 대한 완충 작용을 한다.

59 ▶ ①

② 자연 치즈는 숙성과정에서 유당이 유산균에 의해 유산으로 변하기 때문에 유당은 치즈에 거의 존재하지 않는다.
③ 가공 치즈는 자연 치즈보다 더 얇게 잘 썰어지고 덩어리지거나 늘러붙지 않고 잘 녹는다.
④ 가공 치즈는 치즈의 휘발성 향기성분이 휘발되고 화학변화를 일으키므로 자연 치즈보다 맛이 덜하다.

60 ▶ ③

진(Gin)은 수니퍼 베리로 향을 내는 무색 투명한 증류수로 레본 시럽, 사바랭 등에 쓰인다.

제과제빵산업기사 집필진

기능장	김경진

- 대한민국 제과기능장
- 한경대학교 이학석사(영양조리)
- 現 제과제빵기능사 시험감독

[저서]
- 제과제빵산업기사 필기(신지원)
- 제과제빵기능사 필기(신지원)
- 제과제빵기능사 실기(시대고시기획)

기능장	최성은

- 대한민국 제과기능장
- 단국대학교 이학석사(식품영양정보)
- 現 남양유업 R&D Team Top Patissier
  기능경기대회 심사위원

[저서]
- 제과제빵산업기사 필기(신지원)
- 제과제빵기능사 필기(신지원)

제과제빵산업기사 (필기)

- 발　　　행　　2026년 1월 10일
- 공 편 저　　김경진 · 최성은
- 발 행 인　　최현동
- 발 행 처　　신지원
- 주　　　소　　07532
　　　　　　서울특별시 강서구 양천로 551-17, 813호(가양동, 한화비즈메트로 1차)
- 전　　　화　　(02) 2013-8080
- 팩　　　스　　(02) 2013-8090
- 등록번호　　제315-2014-000091호
- 교재구입문의　(02) 2013-8080~1

저자와의
협의하에
인지 생략

정 가　22,000원
ISBN　979-11-6633-603-4　13590